MATTHIAS v. SALDERN

Erziehungswissenschaft und Neue Systemtheorie

ERFAHRUNG UND DENKEN

Schriften zur Förderung der Beziehungen zwischen Philosophie und Einzelwissenschaften

Band 73

Erziehungswissenschaft und Neue Systemtheorie

Von

Matthias v. Saldern

Duncker & Humblot · Berlin

Die Deutsche Bibliothek – CIP-Einheitsaufnahme

Saldern, Matthias von:
Erziehungswissenschaft und Neue Systemtheorie / von Matthias v. Saldern. – Berlin: Duncker und Humblot, 1991
  (Erfahrung und Denken; Bd. 73)
  ISBN 3-428-07121-2
NE: GT

Alle Rechte vorbehalten
© 1991 Duncker & Humblot GmbH, Berlin 41
Fotoprint: Werner Hildebrand, Berlin 65
Printed in Germany
ISSN 0425-1806
ISBN 3-428-07121-2

Vorwort

Das vorliegende Buch ist eine persönliche Zwischenbilanz des nicht nur für mich spürbaren Kampfes um die adäquate Beschreibung sozialer Realität. Gerade Erziehungswissenschaftler werden immer wieder mit Fragen aus der Praxis konfrontiert. Dies gilt insbesondere für den Bereich, in dem ich vorwiegend arbeite: den empirischen Zugang zur Realität.

Geschieht dieser Weg aber reflexionslos, dann verarmt er, verliert seine Aussagekraft und wird letztlich unfruchtbar. Für diese Erkenntnis danke ich Karlheinz Ingenkamp, der in den letzten 12 Jahren gemeinsamer Arbeit aus seinem Verständnis von Wissenschaft nie einen Hehl machte, aber dennoch andere z.T. divergierende Gedanken vorbehaltlos zuließ und diskutierte.

Für das Entstehen einer theoretischen Arbeit muß aber auch das Umfeld stimmen: Ich möchte dem Leiter Reinhold S. Jäger und den Kollegen des Zentrums für Empirische Pädagogische Forschung der Universität in Landau danken. Erster hat es verstanden, mir genügend Freiraum zu geben, letztere hatten oft Zeit für Diskussion und Kaffee.

Auch seien die Landauer Soziologen und Philosophen nicht vergessen. Ihre Lehrveranstaltungen und ihre Gesprächsbereitschaft sicherten interdisziplinäres Denken, ohne das Wissenschaft scheitert.

Viele Stunden wurden im Arbeitszimmer verbracht. Sie wurden auch dem gemeinsamen Leben mit meiner verständnisvollen Frau Christiane entzogen. Tochter Anna Katharina *half* mit ihren fast zwei Jahren öfter bei der Textverarbeitung am Computer. Ihnen beiden widme ich dieses Buch.

Landau, im Februar 1991   Matthias v. Saldern

Inhaltsverzeichnis

A. Einleitung	13
B. Zur klassischen Beschreibung der Institution Schule	18
I. Der Bürokratieansatz	18
1. Zum Begriff Bürokratie	21
2. Theoretische Konzeptionen	23
a) Das Bürokratiemodell Max Webers	23
aa) Berechtigte Kritik an Webers Modell	26
bb) Die unberechtigte Kritik an Webers Idealtypus	28
b) Aktuelle Vorstellungsinhalte zum Bürokratiebegriff	30
3. Bewertung der Bürokratie	31
4. Die Merkmale von Bürokratiemodellen nach Litwack (1971)	34
5. Ansichten über den Lehrer als Beamten	37
6. Verwaltung und Bürger	41
7. Die Beseitigung oder Kontrolle der Bürokratie	43
8. Fazit: Bürokratie in der Schule	44
II. Organisationstheoretische Ansätze	45
1. Definitionen von Organisation	45
2. Beschreibungen von Organisation	47
a) Organisation als umwelt-offenes Gebilde	47
b) Organisationen als zeitlich überdauernde Gebilde	47
c) Ziele von Organisation	48
d) Organisation als strukturierte Gebilde	49
3. Schule als Organisation	50
III. Der Konfliktansatz	52
1. Definition und Abgrenzung vom Streß-Konzept	53
2. Arten von Konflikten	54
3. Konflikte in Organisationen	56
a) Die Überkomplizierung	56
b) Die Übersteuerung	58
c) Überstabilisierung	60
4. Differenzierung, Formalisierung und Hierarchie	61
a) Differenzierung	61

b) Formalisierung ... 63
c) Hierarchie ... 63
5. Der zeitliche Ablauf eines Konfliktes ... 64
6. Konfliktvermeidung ... 65

C. Allgemeine Vorbemerkungen zur Systemtheorie ... 67

I. Die Kybernetik ... 67

II. Das Übertragbarkeitsproblem ... 69

III. Das Verhältnis der Systemtheorie zu den Wissenschaften ... 72

IV. Information ... 74

1. Das Informationsmodell von Shannon / Weaver ... 75
2. Kritik am Modell von Shannon / Weaver ... 77
3. Entropie und Information ... 78
4. Redundanz ... 79

V. System und Modell ... 80

1. System und Modell ... 81
2. Formalisierung ... 82
3. Validierung von Modellen ... 83
4. Welche Modelle gibt es in der Erziehungswissenschaft? ... 85
   a) Das Input-Output-Modell ... 85
   b) Das Prozeßmodell ... 85
   c) Das Organisationsmodell ... 86

D. Definition und Arten des Systems ... 88

I. Die Definition des Systems ... 88

1. Systemdifferenzierung nach Ropohl ... 90
2. Systemdifferenzierung nach v. Cranach ... 91
3. Systemdifferenzierung nach Bumann et al. ... 91

II. Die Arten des Systems ... 93

1. Die Klassifkation von Bumann et al. ... 93
2. Die Klassifikation von Ropohl ... 95

E. Quellen neueren systemtheoretischen Denkens ... 97

I. Die Thermodynamik ... 98

1. Grundaussagen der Thermodynamik ... 99
   a) Ein einleitendes Beispiel: die Benard-Zellen ... 99
   b) Die Hauptsätze der Thermodynamik ... 101
   c) Thermodynamische Systeme und ihre Umwelt ... 104
2. Spezielle Aspekte der Thermodynamik ... 105

Inhaltsverzeichnis

    a) Entropie 105
    b) Die drei Stufen des Gleichgewichtes 110
    c) Dissipative Struktur 111
    d) Reversibilität und Irreversibilität 112

  II. Evolutiontheoretische Ursprünge der Systemtheorie 114

    1. Evolutionstheoretische Ansätze 114
    2. Evolution und Zweiter Hauptsatz 116
    3. Zufall und Notwendigkeit 117
    4. Hinweise aus der Evolutionstheorie 118
    5. Fazit 118

F. Wissenschaftstheoretische Konsequenzen 120

  I. Vorbemerkungen 120

    1. Erziehungswissenschaft als Physik? 121
    2. Die Physiker 122
    3. Der ideale Forschungsprozeß 122
    4. Naturwissenschaft vs. Sozialwissenschaft 123

  II. Determinismus 124

    1. Newtons Weltbild 125
    2. Einstein 126
    3. Heisenberg 128
    4. Fazit 130

  III. Kausalität 130

    1. Zur Herkunft des Begriffes Kausalität 131
        a) Die Frühmenschen 132
        b) Griechische Naturphilosophie 133
        c) Die Atomisten 133
    2. Grundpositionen zur Kausalität 134
        a) Aristoteles 134
        b) David Hume 135
        c) Immanuel Kant 137
        d) John Stuart Mill 138
        e) Friedrich Nietzsche 138
        f) Bertrand Russell 139
        g) Karl R. Popper 140
    3. Kausalität und Gesetz 140
    4. Kausalität und Willensfreiheit/Determinismus 143
    5. Zur vermeintlichen Unmöglichkeit von Kausalität in komplexen Systemen 145
    6. Zur Verträglichkeit von Kausalität mit dem Systemgedanken 146
        a) Die Lösung Max Plancks: Seine Drei-Welten Theorie 146

b) Steuerungshierarchie komplexer Systeme 147
c) Die Zerlegung eines Systems 148

IV. Zweck 149

1. Definition von Zweck 150
2. Aristoteles 151
3. Die erste Ursache 152
4. Zweck als Erkenntnishilfe 153
5. Teleonomie 153
6. Teleologie versus Kausalität 155
7. Finalität 156
8. Fazit 157

V. Zeit 158

1. Definition der Zeit 159
   a) Aristoteles 160
   b) Bergson 161
2. Zeit als Konstruktion 162
3. Kant 163
4. Lineare Zeit 165
5. Thermodynamik und Zeit 167
6. Wahrheit und Zeit 169

VI. Der Wissenschaftler als beobachtendes, selbstreferentielles System 172

1. Der Beobachter als System 172
2. Der Konstruktivismus 175
   a) Der versteckte Konstruktivismus 176
   b) Entstehung des Weltbildes im Konstruktivismus 177
   c) Die Wahrheit 178
   d) Die Objektivität 178
   e) Kritik 179

VII. Die Reduktionismus-Debatte 180

1. Reduktionismus 181
2. Holismus 182
3. Lösung 184

VIII. Falsifikation 187

1. Experimentum Crucis 189
2. Das Exhaustionsprinzip 191

IX. Fazit 195

G. Beschreibungsmodi von Systemen 196

I. Selbstreferenz bzw. Autopoiese 196

II. Die Selbstorganisation 201

H. Systemtheorie in der Soziologie 208

I. Einleitung 208

II. Luhmann I 209

III. Luhmann II 211
   1. Einleitung 211
   2. Aufbau des Systems 211
   3. Luhmanns Verwendung des Begriffes Autopoiese 212
   4. Sinn und Grenze 214
   5. Phänomen Komplexität 216
   6. Interpenetration: Systeme verstehen Systeme 218
   7. Kritik 220
      a) Die Nutzung des Begriffes Autopoiese 221
      b) Zur Entstehung und Bildung von sozialen Systemen 222
      c) Komplexität 222
      d) Elemente von Systemen 224
      e) Systemgrenzen 224
      f) Stabilisierung der Realität 225
      g) Sinnbegriff 225
      h) Begrifflichkeit 226
      i) Empiriefeindlichkeit 227
      k) Der Mensch als Systemfunktionär 227

IV. Fazit 228

I. Konsequenzen für die Erziehungswissenschaft 229

I. Die Kritik an Luhmann aus der Sicht der Pädagogik 229

II. Die Schule als System 231
   1. Der alte Ansatz: die zwei Systeme in einer Schule 231
   2. Schule als Ökosystem 233
   3. Was ist ein soziales System? 235
      a) Sind soziale Systeme selbstorganisierend? 235
      b) Sind soziale Systeme autopoietisch? 236
      c) Soziale Systeme sind synreferentiell 238
   4. Der Mensch als humanes, soziales System 239

III. Innovationsmöglichkeiten im Schulsystem 242
   1. Definitionen und Rahmenbedingungen 243
   2. Barrieren gegen eine Innovation 244
      a) Die sachliche Barriere 245
      b) Die personelle Barriere 247

3. Erfolgskriterien für eine Innovation 251
4. Innovationsmodelle 252

IV. *Innovation in Systemen* 254

1. Systemische Innovation 255
   a) Innovation im autopoietischen System 256
   b) Innovation im selbstorganisierenden System 256
2. Substantielles und symbolisches Organisieren 258
   a) Substantielles Organisieren 258
   b) Symbolisches Organisieren 259
3. Ablauf einer systemischen Organisation 260
4. Komplexität 262

V. *Erhöht die Flexibilität!* 265

Epilog 268

Literaturverzeichnis 269

A. Einleitung

Thema dieses Buches ist die Einwirkung neuerer Entwicklungen der Systemtheorie auf die Erziehungswissenschaft und die Interpretation pädagogischer Institutionen wie die Schule vor diesem neuen Hintergrund. Als neuere Entwicklungen werden insbesondere die Arbeiten von Prigogine und Maturana betrachtet, die einerseits neue Konzepte schufen (wie Autopoiese), andererseits aber auch ältere Begriffe wenn auch nicht beabsichtigt - wieder in die Diskussion brachten (wie Selbstorganisation oder Kybernetik).

Es sind davon zwei Ebenen wissenschaftlichen Arbeitens berührt: die Objektebene, auf der Realität beschrieben werden wird, und die Metaebene, die der wissenschaftstheoretischen Diskussion vorbehalten ist.

Die Beschäftigung mit wissenschaftstheoretischen Fragen erscheint deshalb notwendig, weil bestimmte Disziplinen sich zu sehr außereuropäischen Traditionen geöffnet zu haben scheinen. Habermas charakterisiert die Lage wie folgt: "Wenn man unter diesem Gesichtspunkt Nachkriegsgeschichte der einzelnen Disziplinen vergleichen und eine Verallgemeinerung riskieren will, entsteht eine Skala. Auf der einen Seite steht dann die Psychologie als ein Fach, das dem amerikanischen Vorbild vielleicht am stärksten nachgeeifert ist, auf der anderen Seite die Theologie, die am ehesten noch eine deutsche Bastion zu sein scheint. Hier drängt sich dabei der Eindruck auf, daß in den Sozial- und Geisteswissenschaften die Diät einer vorbehaltlosen Öffnung ohne Preisgabe des Eigenen am bekömmlichsten gewesen ist" (Habermas, 1989, S. 9).

Die Psychologie hat sich offenbar stark an dem amerikanischen Pragmatismus (*Everything goes*) orientiert. Dies gilt sicher auch für die Soziologie, abgesehen von jüngeren, deutschen Theorieentwicklungen wie z.B. die Systemtheorie Luhmanns. Wie aber steht es um die Erziehungswissenschaft?

Die empirisch orientierten Sozialwissenschaften (so auch die empirische Erziehungswissenschaft) haben sich generell nicht nur an amerikanische Vorbilder gehalten, sondern sich auch - wissenschaftstheoretisch gesehen - sehr am Kritischen Rationalismus orientiert. Die geisteswissenschaftlich orientierte Pädagogik übernahm diese Kriterien nie. Sie orientierte sich nach wie vor auf hermeneutische Verfahren. Gerade aus der Kritik an dieser Richtung entstand die empirisch orientierte Erziehungswissenschaft und das nicht ganz unbegründet: Den Hermeneutikern ist es bis heute nicht gelungen, ein überzeugendes Konzept der Verbindung zwischen Theorie und Realität vorzulegen, von intersubjektiver Nachprüfbarkeit ihrer Ergebnisse ganz zu schweigen.

Aber auch die empirische Pädagogik muß über ihre Orientierung am Kritischen Rationalismus nachdenken. Die Wissenschaftstheoretiker sind von ihrer Ausbildung her meist Naturwissenschaftler, und dies mag ein Grund für die inhaltliche Gestaltung ihrer Konzepte sein. Denn besonders hier waren und sind Analyse und Kategorisierung die natürlichen Instrumente wissenschaftlichen Fortschritts. Maturana urteilt aber kritisch: "In dieser Weltanschauung werden reale Systeme durch den Versuch, sie zu verstehen, vernichtet". Und weiter: "Es ist eine eiserne Jungfrau, die die gegenwärtige Forschung in tödlicher Umarmung gefangen hält. Für viele ist dies eine durchaus befriedigende Situation, gerade weil diese Umarmung so vollkommen sicher ist" (1981, S. 171).

So stehen sich immer noch zwei erziehungswissenschaftliche Richtungen gegenüber: Die eine erkennt nicht die Notwendigkeit eines strengen Bezuges zur Realität, die andere verkennt, daß sie selbst in mehreren Phasen des Forschungsprozesses hermeneutisch arbeitet.

Hier soll aber nicht dieser Trennung das Wort geredet werden, ganz im Gegenteil: Die Grenzen der auf Eigenständigkeit bedachten Disziplinen müssen ignoriert werden, da sie sonst als institutionalisierte Denkverbote wirken. Beide Richtungen scheinen aber gar nicht so weit auseinanderzuliegen: die neuen Entwicklungen in der Systemtheorie geben genügend Hinweise für diesen Optimismus.

Der systemische Ansatz ist entstanden aus der Kritik an wissenschaftlichen Grundhaltungen wie Rationalismus und Empirimus, wie Maturana es in dem folgenden, etwas längeren Zitat deutlich macht: "Die Revolte der Rationalisten - Decartes, Spinoza, Leibnitz - entsprang einem Prinzip des "methodischen Zweifels". Sie verlor sich jedoch in dem Mechanismus, Individualismus und immer weitere Kategorisierungen, und endete schließlich mit der Leugnung jeder Relation schlechthin. Relationen sind jedoch der Stoff, aus dem Systeme gemacht werden. Relationen sind auch das Wesen aller Synthese. Die Revolte der Empiristen - Locke, Berkley, Hume - entsprang der Problematik des Verstehens der Umwelt. Analyse war jedoch immer noch Methode und Kategorisierung immer noch das praktische Werkzeug des Fortschritts. In dem bizarren Ergebnis dieser Geschichte - die Empiristen kamen soweit, die tatsächliche Existenz der empirischen Welt zu leugnen - überlebte die Relation, - aber nur im Begriff der geistigen Verknüpfung geistiger Ereignisse. Das System 'Draußen', das wir Natur nennen, war in dem Prozeß vernichtet worden. Als sich schließlich Kant mit seinem überragenden Geist an die Aufklärung dieser Probleme machte, war die Schlacht bereits verloren. Wenn nämlich - und ich (Maturana) zitiere ihn - unbewußtes Verstehen die Sinneserfahrung in Schemata, bewußtes Verstehen sich dagegen in Kategorien organisiert, dann bleibt der Begriff der Identität für immer transzendental" (Maturana, 1981, S. 171).

Die Pädagogik der Lehr- und Lernmaschinen sowie (aus heutiger Sicht) fragwürdige Interpretationen sozialen Verhaltens liegen noch nicht soweit zurück, als daß man nicht ein Unbehagen von Erziehungswissenschaftlern gegenüber kybernetischen und systemischen Ansätzen berücksichtigen müßte (siehe insbesondere die Kritik bei Menrath, 1979). Die *Kybernetische Pädagogik* im Sinne v. Cubes hat ihre wichtige Rolle in der pädagogischen Theorienbildung gehabt, konnte sich aber letztlich nicht als maßgebende Leitlinie durchsetzen, auch wenn das inzwischen aufgelöste Paderborner *Forschungs- und Entwicklungszentrum für objektivierte Lehr- und Lernverfahren* (FEoLL) Kybernetik und Bildungstheorie zu vereinen suchte.

Es scheint aber wegen des nach wie vor vorhandenen Skeptizismus gegenüber der Systemtheorie schwierig, sich mit ihr zu beschäftigen, auch wenn sich schon eine *Systemische Pädagogik* etabliert zu haben scheint. Die Systemtheorie stellt bei sauberer Anwendung dennoch ein Begriffsinventar zur Verfügung, welches zur Klärung offener Fragen dienlich sein kann. Vor Fehlanwendungen wie bei Luhmanns "Maschinenmoral" (so van Rossum, 1990) ist man allerdings nicht gefeit. Die "Theorie sozialer Systeme" unterscheidet sich von der Dürkheim/Parson-Tradition ... dadurch, daß der Normbegriff nicht mehr als letztinstantliche Erklärung für die Möglichkeit sozialer Ordnung fungiert" (Berger, 1987, S. 139).

Systemtheorie kann helfen, in Abwendung von starren Lebensweltbeschreibungen, die Komplexität erziehungswissenschaftlicher Wirklichkeit zu erfassen, ohne den damit oft befürchteten Bezug zur Realität zu verlieren. Damit wird es aber keineswegs einfacher: "Wir glauben, daß die bislang herrschenden Denktraditionen der Notwendigkeit, in <u>Problemnetzen</u> zu denken, nur wenig gerecht werden. Die Tendenz zum monokausalen Denken in Wirkungsketten statt in Wirkungsnetzen ist nicht verträglich mit der Notwendigkeit, <u>vernetzt</u> zu denken" (Dörner, 1983, S. 23). Dies scheint aber nicht so leicht zu sein: "Spezielle Schwierigkeiten scheinen Menschen beim Umgang mit <u>exponentiellen</u> Entwicklungen zu haben. Im Hinblick auf die Vorausschätzung exponentiellen Wachstums und Verfalls machen Menschen außerordentlich starke Schätzfehler" (Dörner, 1983, S. 24).

Gerade am Heisenberg-Schüler Frietjof Capra wird deutlich, daß die unhaltbar gewordene Trennung von Naturwissenschaften und Geistes- und Sozialwissenschaften die Bedeutung von Ökologie und Technologie für unser Handeln in der heutigen Welt aufzeigt. Capra fordert ein anderes Denken: komplex statt linear, in Netzen und Bögen statt in Zielgeraden und in Kurven der Statistik. Die Arbeiten von F. Vester stützen diese Einsicht und versuchen sogar Effekte bei den Rezipienten zu erzeugen (Das kybernetische Spiel *Ökolopoly* ist ein Beispiel dafür).

Die wissenschaftliche Arbeit wird aber durch die eben skizzierten Gedanken auch in anderer Hinsicht erschwert: es liegt eine Gefahr des Gebrauchs der Neuen Systemtheorie in der Mystifizierung wissenschaftlicher Tatsachen nach dem Motto: von der heisenbergschen Unschärferelation in direktem Sprung zum *New Age* oder zu spirituellen Traditionen (wie bei Kakuska, 1984; s. Steinbuchs Kritik an Capra, 1985). Diesem unkorrekten Schluß lieferten leider als erste bekannte Physiker Vorschub wie z.B. Capra oder Dürr, die zwar unzweifelhaft zur veränderten Interpretation unseres Weltbildes beigetragen haben, aber dabei die Grenze zu Metaphysik und Mystizismus überschreiten. "Das Endzeitempfinden rief die Wendezeittheorien hervor, die die offenkundig unzureichenden bisherigen technokratischen, ideologischen oder auch nur moralisierenden Denkansätze der modernen Weltwahrnehmung durch eine postmoderne ganzheitliche Sichtweise ersetzen wollen. Die Flucht nach vorne ist zugleich der Versuch einer Rückkehr zu verlorengegangenem mystischen Empfinden auf der höheren Ebene der Einbeziehung der erreichten Wissensfortschritte" (Theisen 1985, S. 373f).

Eine Diskussion darüber, ob systemisches Denken in der Erziehungswissenschaft sinnvoll und fruchtbar ist, läßt sich nur führen, wenn man diese Denkweise an einem Beispiel systematisch zu beschreiben versucht. Hierfür wurde die pädagogische Institution Schule ausgewählt. Eine Aufgabe besteht deshalb darin zu zeigen, wie Schule bisher beschrieben worden ist.

Dieses Buch gliedert sich in Kapitel, die über die Systemtheorie in ihrer neuesten Entwicklung ebenso berichten, wie über deren Einflüsse auf wissenschaftstheoretische Fragen der Erziehungswissenschaft.

Will man die Notwendigkeit einer Systemtheorie verstehen, muß erst erläutert werden, wo die Defizite anderer Beschreibungsmöglichkeiten liegen. Dies geschieht in Kapitel B, wo der alte bürokratische Ansatz ebenso aufgegriffen wird wie neuere organisationssoziologische Theorien und der Konfliktansatz. Die neue Systemtheorie hatte natürlich die herkömmliche Systemtheorie als Vorläufer. Diese 'alte' Systemtheorie wird in Kapitel C durch einen Rückgriff auf die Kybernetik und mit dem Systembegriff verbundene Inhalte wie Information und Redundanz skizziert. Es folgt im vierten Kapitel D eine Diskussion über diverse Definitionen und Arten des Systems, was die Vielfältigkeit der Verwendungsmöglichkeiten des Systembegriffs zeigt. In Kapitel E wird die so wichtige Erklärung, woher die neue Systemtheorie kommt und mit welcher Begründung ihre Annahmen gelten sollen, dargestellt. Kapitel F umfaßt dann die wissenschaftstheoretischen Konsequenzen aus der neuen Systemtheorie für die Erziehungswissenschaft. Dies umfaßt Konzepte wie Kausalität, Determinismus, aber auch Zeit etc.

Anschließend werden neue Beschreibungsmodi des Systems wie Selbstorganisation und Autopoiese zusammengefaßt (Kapitel G). Da man die Systemtheorie kaum ohne ihre Verwendung in der Soziologie durch insbesondere Luhmann verstehen kann, wird die soziologische Systemtheorie Gegenstand des Kapitels H sein, und zwar in ihrer alten und neuen Fassung. Schließlich werden spezielle Fragen der Erziehungswissenschaft in Kapitel I diskutiert, isnbesonders, was die Innovation in sozialen Systemen angeht.

B. Zur klassischen Beschreibung der Institution Schule

Die Beschreibung der Schule als System kann nur vor dem Hintergrund älterer Theorien richtig verstanden werden. Dies liegt zu einen daran, daß der Systembegriff mit unterschiedlichen Vorstellungsinhalten schon öfter verwendet wurde, zum anderen daran, daß systemische Aspekte bereits früher formuliert wurden, ohne dabei den Systembegriff zu verwenden. Drei ältere Ansätze sollen deshalb im folgenden diskutiert werden: der Bürokratieansatz (Abschnitt I), der organisationstheoretische Ansatz (Abschnitt II) sowie der Konfliktansatz (Abschnitt III).

I. Der Bürokratieansatz

Ist Schule bürokratisch? Schön (1980) definiert Schule unter Organisationsaspekten wie folgt: Schule ist charakterisiert durch Lehrpläne, Zensierung, 45-Minuten-Einheiten, Klassengröße und durch eine hierarchische Struktur. Die Grundlage für die Teilung der Unterrichtsarbeit liegt darin, daß einzelne Fächer kontinuierlich von einzelnen Lehrern gelehrt werden sollen. Dies ist einer der Gründe für die Einrichtung von Jahrgangsklassen (Fingerle, 1973, S. 167). Eine weitergehende nahezu vollständige Beschreibung von Schule als bürokratischen Apparat ist bei Vogel (1978; Baumert, 1980) zu finden. Damit gerät man in die Bürokratiediskussion, in der des öfteren dieser Gegensatz zwischen augenscheinlich einfachem Mittel und notwendiger Differenziertheit im Handeln formuliert worden ist.

Das Schulwesen ist eine der Erziehung und Bildung dienende Verwaltungsbürokratie. Dies ist durch ein "System von hierarchisch einander übergeordneten Ämtern mit jeweils bestimmten fest umrissenen Befugnissen" gekennzeichnet (Fürstenau, 1973, S. 336). Die Gefahr dieser Konstruktion liegt darin, "durch genügend enge und detaillierte Vorschriften die pädagogische Freiheit zumindest rechtlich substanzlos werden zu lassen" (Baumert, 1980, S. 445).

In seiner Analyse über den Vergleich verschiedener Formen bürokratischer Organisationen kommt Eisenstadt (1971) folgendem Ergebnis bezüglich der kulturellen Organisation, wie es die Schule beispielsweise sei: Seiner

Auffassung nach stehen diese nicht in einer so direkten Beziehung zu den Inhabern politischer Macht.

Dieser Auffassung wird man sich kaum anschließen können, denn mit der Institutionalisierung der Erziehung in der Schule wurde gleichzeitig der Prozeß ihrer Verstaatlichung abgewickelt. Dies hatte durchaus Vorteile: Einmal wurde das Schulsystem zumindest pro Bundesland vereinheitlicht (wie etwa in Frankreich), zum anderen wurde das Schulsystem bedingt eigenständig gegenüber kirchlichem und privatem Einfluß. Allerdings hat der Staat das Recht, steuernd und kontrollierend auf die Schularbeit einzuwirken, da die Schule immer auch den Zweck hatte, den Nachwuchs für die verschiedensten Bereiche des öffentlichen Lebens vorzubilden (Thomas, 1967, S. 12)

Unter historischem Aspekt ist es interessant festzustellen, daß die Demokratisierung in Mitteleuropa nicht unbedingt auch die Schule erfaßt hat. Die Schulverwaltung ist nach dem Muster der inneren Verwaltung ausgebaut worden, womit auch obrigkeitsstaatliche Prinzipien in die Schule hineingetragen wurde. Wiggershaus (1979) hat das daraus folgende Dilemma eines Pädagogen in einem vorwiegend bürokratisch strukturierten System wie folgt umschrieben: "Die Bremse bei uns ist immer die Schulleitung." Schule in Deutschland ist rechtlich betrachtet kaum über das preußische Allgemeine Landrecht von 1794 hinausgekommen.

Vogel (1977) geht deshalb wohl schlicht von der Inkompatibilität von Schule und Bildung aus. Schule als Institution habe heute nur noch parapädagogischen Charakter (S. 134). Die verwaltete Schule sei ein gelungenes Beispiel, um den Widerspruch zwischen demokratischem Auftrag und autoritärer Struktur aufzuzeigen. Die *Organisation des Pädagogischen* (S. 38) führt schließlich dazu, daß das Lehrerhandeln gegenüber den Schülern zur Unpersönlichkeit tendiert. Charlton et al. (1975, S. 270f) konnten dazu zeigen, wie Lehrer über ihr Verhältnis zu Schulräten und der Schulverwaltung denken. In einer gemeinsamen Tagung von Lehrern und Schulräten wurden von den Lehrern u.a. folgende Behauptungen aufgestellt:

"Die Schulräte entscheiden oft so bürokratisch, daß man sich nur fragen kann: Sind sie Schulräte geworden, weil sie schon als Lehrer so bürokratisch waren oder sind sie erst als Schulräte so geworden?!"

"Wenn den Schulen und den Lehrern größere Entscheidungskompetenzen zugestanden würde, könnte man die Stellen in der Schulverwaltung auf die Hälfte zusammenstreichen."

"Solange alle Zuständigen in einer Hand nämlich 'oben' vereinigt sind ... erwarte ich vom Schulrat auch keine Hilfe für meine Unterrichtsarbeit" (1975, S. 217).

Die Schulräte stellten dagegen folgende Behauptungen auf:

"Es wird ja keiner Schulrat, der sich nicht vorher in der Praxis bewährt hat."

"Jeder von uns hat lange genug unterrichtet, um zu wissen, wie es in der Schule aussieht...."

"Wir haben nie Zeit, uns selbst einmal fachlich und pädagogisch fortzubilden, weil wir völlig im Verwaltungskram ersticken."

"Wenn jeder Lehrer und jede Schule machen könnte, was sie wollte, wäre es bald zu Ende mit der Einheitlichkeit unseres Bildungswesens" (Charlton et al., 1975, S. 217f).

Die Autoren glauben einen Widerspruch zwischen der Schule als sozialer Dienstleistungsorganisation und der Schulverwaltung zu finden. In der Schule würden soziale Fähigkeiten verlangt, zudem müßten die Mitglieder der Organisation Schule ständig neue Entscheidungen treffen. Die Organisation der Schulverwaltung stehe dagegen im Widerspruch. Entscheidungen würden von oben in Hierarchie gefällt, die Basis hätte nur auszuführen und zu berichten. Dieser Widerspruch würde auch deutlich an dem Auseinanderklaffen von erzieherischen Zielen in der Schule (Initiierung von Lernprozessen) und der Organisation und Verwaltung des Schulwesens, die an Gesichtspunkten der Bewahrung, Behütung und Ordnung orientiert wäre.

"Nach unserer Verfassung bestimmt grundsätzlich der Staat über das öffentliche Schulwesen, d.h., Planung und Personal, Organisation und Curriculum werden durch den Staat geregelt." Mit diesem Satz beginnt die Arbeitsgruppe am Max-Planck-Institut für Bildungsforschung ihre Beschreibung des rechtlichen Status der Organisation Schule (Arbeitsgruppe, 1979). Es gibt einige schulspezifischen Grundrechte, wie das Recht auf die freie Wahl der Ausbildungsstätte (Art. 12, Abs. 1 GG) oder das Erziehungsrecht der Eltern (Art. 6, Abs. 2 GG). Grundsätzlich gelten in der Schule die Grundrechte, das der Meinungsfreiheit ist allerdings eingeschränkt. Schüler, Eltern und Lehrer können sich gegen staatliche Maßnahmen grundsätzlich nach Art. 19, Abs. 4 GG schützen. Es besteht also Rechtsschutz, allerdings nicht gegenüber rein pädagogischen oder organisatorischen Maßnahmen, sondern nur, wenn in die Rechtsstellung des Betroffenen eingegriffen wird (Arbeitsgruppe, 1979, S. 48).

Es besteht die Gefahr, daß die zunehmende Verrechtlichung des Schulwesens eine zunehmende Bürokratisierung der Schule und eine Beschränkung der pädagogischen Freiheit nach sich zieht. Dies wird schon deutlich an der Organisationsgewalt, die der Staat innehat: Öffentliche Schulen müssen zwar dann eingerichtet werden, wenn ein sogenanntes öffentliches Bedürfnis besteht, allerdings entscheiden Staat bzw. die Gemeinde über das Vorliegen eines öffentlichen Bedürfnisses.

Es gibt andere Bereiche, die juristisch noch nicht klar entschieden worden sind. Einer dieser Bereiche ist die Gegenüberstellung von *Kollegialverfassung* und *Direktorialverfassung* einer Schule. Bei dem ersten Typ ist die Lehrerkonferenz das höchste Gremium, bei dem letzten Typ der Schulleiter. Man kann derzeit von einer gewohnheitsrechtlichen Kompetenzabgrenzung zwischen Schulleitung und Lehrerkonferenz sprechen. Die Schulleitung ist damit zuständig für Recht- und Ordnungsmäßigkeit des Unterrichts, die Lehrerkonferenz für die pädagogisch-fachlichen Probleme des Unterrichts. "Daraus ergibt sich gleichzeitig, daß die konkrete Planung und Durchführung des Unterrichts, z. B. die der gesamten Unterrichtseinheit, weder eine Angelegenheit der Schulleitung noch einer Lehrerkonferenz ist, sondern daß sie in den Bereich der pädagogischen Verantwortung des einzelnen Lehrers fällt" (Arbeitsgruppe, 1979, S. 53).

An dieser Stelle kann keine juristische Analyse der Schule insgesamt gegeben werden. Es sollte aber deutlich geworden sein, daß ein Korsett von Gesetzen und Verordnungen der pädagogischen Freiheit enge Grenzen setzt. Es liegt nahe, den Bürokratieansatz zu präzisieren und die weitgehend interessengeleitete Diskussion über die Bürokratisierung der Schule auf ein festeres Fundament zu stellen.

1. Zum Begriff Bürokratie

In der Umgangssprache hat der Begriff Bürokratie meist eine negative Bedeutung. Auch Lenin hat in seinem Buch *Staat und Revolution* aus dem Jahre 1917 Bürokratie nicht positiv beurteilt. Er gibt zwar zu, daß ein Staat Beamte brauche, diese dürften aber keine privilegierten Personen sein, die vom Volk abgesondert sind und über dem Volk stehen, denn dies sei das Wesen der Bürokratie. Der Begriff der Bürokratie wird häufig benutzt, ist aber immer wieder anders definiert. "Zudem ist er emotional stark befrachtet" (Scott, 1986, S. 48). Bürokratie und Bürokrat sind gemeinhin Schimpfwörter, "mit der Implikation von Ineffizienz in Folge eines undurchdringlichen Regeldickichts und sinnloser Überkonformität", verbunden mit einem strukturellen Konservatismus (Häußermann, 1977, S. 42).

Drei Vorstellungsinhalte sind es vor allem, die von Organisationstheoretikern mit dem Begriff Bürokratie verbunden werden: Einmal ist es ein allgemeines Synonym für Organisation, ein anderes Mal die öffentliche Organisation oder das staatliche Verwaltungssystem, schließlich ein bestimmter Typus von Verwaltungsstruktur (Max Weber). Trotzdem: Beschäftigt man sich näher mit dem Begriff, wird man immer wieder auf der Suche nach einer klaren Definition enttäuscht werden. "Bei der Verwendung des Bürokratiebegriffs hat es unglücklicherweise an intellektueller Schärfe gefehlt" (Hall, 1971, S. 69). Zuweilen scheint man unter Bürokratie die Leistungsfähigkeit der Verwaltung zu verstehen, zu anderen Zeiten das genaue Gegenteil (Albrow, 1972, S. 10). Manchmal wird Bürokratie auch gerne als Synonym für Beamtentum oder die spezifischen Eigenschaften eines modernen Organisationsaufbaus eingesetzt. Ein Grund für die Verwirrung der Definition des Begriffes liegt vielleicht darin, daß der Begriff nach Methoden beschrieben wird, die untereinander in keinerlei Zusammenhang stehen.

Einen geschichtlichen Überblick über den Begriff Bürokratie leistet Albrow.[1] Er zeichnet die verschiedenen Ursprünge der Entstehung nach (China, Frankreich, England, und auch Deutschland; 1972, S. 13ff). Im deutschsprachigen Bereich wurde aus *Bureaucratie* schließlich das Wort Bürokratie. Weiterhin bildeten sich in der deutschen Sprache Ableitungen wie: Bürokrat, bürokratisch, Bürokratismus, bürokratisieren und Bürokratius. Die Begriffsbildung selbst ist wohl in Anlehnung an die Begriffe Demokratie bzw. Aristokratie geschehen. Hier deutet sich schon eine Auffassung von Bürokratie an: *Bürokratie als Herrschaftsform*.

Auch schon im 19. Jahrhundert war der Begriff Bürokratie mit negativen Vorstellungen verbunden, die von Balzac 1836 in seinem Roman *Les Employes* beschrieben worden sind: "Seit 1489 ist der Staat, oder, wenn man will, *La Patrie* an die Stelle des Herrschers getreten. Die Schreiber erhalten ihre Instruktionen nicht mehr direkt von einem der höchsten Beamten des Reiches... Die Bürokratie, eine riesenhafte Macht, erblickt das Licht der Welt und Pygmäen üben sie aus. Möglicherweise hat Napoleon ihren Einfluß eine Zeit lang hinausgezögert, denn alle und alles hatten sich seinem Willen zu beugen ... Endgültig wurde die Bürokratie aber unter einer konstitutionellen Regierung mit angeborenem Hang zum Mittelmäßigen, der Vorliebe für kategorische Behauptungen und Berichte organisiert, einer Regierung also, die so umständlich und aufdringlich ist wie ein Krämerweib" (zit. n. Albrow, 1972, S. 16). Humboldt hat seine Meinung über die *Büralisten* an einem Brief von Freiherr vom Stein im Jahre 1821 kundgetan. "... und daß wir fernerhin von besoldeten Buchgelehrten, Interessenlosen, ohne Eigenthum seyenden Buralisten regiert werden..." (zit. n. Albrow, 1972, S. 17). In diesem beiden Bemerkungen wird ein weiterer Aspekt der Bedeutung von Bürokratie deutlich: Nachdem bereits gezeigt wurde, daß Bürokratie eine Herrschaftsform sei, wird hier deutlich, daß Bürokratie auch als *Sammelname für die Beamtenschaft* an sich gebraucht wird.

In Deutschland wurde der Gedanke der Bürokratie nach dem Sieg Napoleons über Preußen im Jahre 1806 in die Praxis umgesetzt. Die neue

---

[1] Zur Geschichte der Bürokratie in Deutschland siehe Wunder (1986)

Verwaltung wurde durchaus kritisch beleuchtet, so z. B. im Großen Brockhaus des Jahres 1819: Dort wird insbesondere darauf hingewiesen, daß in der Bürokratie die Gefahr liege, daß Beamte ungemessene Gewalt über den Staatsbürger in die Hände bekommen (Albrow, 1972, S. 29). Bürokratie wurde als Verquickung von Überheblichkeit mit Servilität gesehen, verbunden mit einer uneingeschränkten Macht über den Bürger. Hier wird der dritte Vorstellungsinhalt des Begriffes Bürokratie deutlich: Bürokratie als *eine Form des Verwaltungswesens*.

Es kollidieren hierbei zwei Vorstellungsinhalte, die sich diametral gegenüberstehen: Einmal ist Bürokratie die Leistungsfähigkeit der Verwaltung, das andere Mal die Leistungs*un*fähigkeit der Behörden. Diese sich teilweise ausschließenden und historisch entstandenen Vorstellungsinhalte können keine Grundlage für wissenschaftliche Analysen sein. Welche wissenschaftlichen Konzeptionen liegen zum Phänomen Bürokratie vor? Dieser Frage soll im nächsten Abschnitt nachgegangen werden.

2. Theoretische Konzeptionen

Bis kurz vor der letzten Jahrhundertwende war Bürokratie niemals Gegenstand von theoretisch fundierten Analysen. Erst 1895 schrieb der Italiener Gaetano Moscas ein Werk über die Elemente der wissenschaftlichen Politik. Im deutschsprachigen Raum erschien schließlich im Jahre 1911 das Werk von Michels *Soziologie des Parteiwesens*. Die Darstellung beider Konzeptionen ist hier nicht notwendig, sie waren - und deshalb finden sie Erwähnung - Ausgangspunkt der Analysen Max Webers.

a) Das Bürokratiemodell Max Webers

Max Weber ist als Soziologe, Jurist und Historiker bekannt geworden. Sowohl Renate Mayntz (in ihrem Sammelband *Bürokratische Organisation* aus dem Jahre 1971) als auch F. Schönweiss (1984) weisen darauf hin, daß Webers Bürokratieansatz ein wesentlicher Beitrag zur Organisationssoziologie gewesen ist. Kieser / Kubicek (1978a, S. 81) sprechen gar von dem *Urvater* der Organisationssoziologie.[2]

Eine zentrale Arbeit Webers ist die über die Legalität von Herrschaft (Weber, 1972, S. 122ff). Unter diesem Aspekt diskutiert Weber die Rolle der Bürokratie. Grundlage einer jeden Herrschaft ist nach Weber die Fügsamkeit, der Glaube an das Prestige und die Legitimität zugunsten des

---

[2] Kurzdarstellungen über Webers Theorie siehe Schmid / Treiber, 1975, S. 21f; Neuberger, 1977, S. 22; Wunderer / Grunwald, 1980, Band 1, S. 313f.

Herrschenden. Herrschaft und Verwaltung sind für Weber untrennbar verbunden: "Jede Herrschaft äußert sich und funktioniert als Verwaltung. Jede Verwaltung bedarf irgendwie der Herrschaft,..." (1972, S. 545). Besondere Merkmale der demokratischen Verwaltung sind nach Weber einmal die prinzipiell gleiche Qualifikation Aller zur Führung einer Verwaltung und zum anderen die Minimisierung der Befehlsgewalt (1972, S. 546).

Die legale Herrschaft ist nach Weber einer der reinen Typen, der mit bürokratischem Verwaltungsstab versehen ist. Er ist durch acht Leitsätze definiert: Amtsgeschäfte werden kontinuierlich nach festen Regeln ausgeführt; Amtsgeschäfte werden nach Kompetenzen aufgeteilt; Ämter werden hierarchisch gestaffelt unter Einbeziehung von Kontroll- und Beschwerdemöglichkeiten; Regeln werden unter sachlichen oder legalen Gesichtspunkten durch fachlich geschultes Personal festgelegt; Alle Verwaltungs- und Beschaffungsmittel sind von den Privatmitteln der Mitglieder getrennt; Der Inhaber eines Amtes kann Verwaltungsmittel nicht privat vereinnahmen; Verwaltung stützt sich auf Schriftstücke; Legale Herrschaftssysteme kann man in vielerlei Form beobachten, die reinste Form ist der bürokratische Verwaltungsstab.

Ein Beamter gehorcht nur sachlichen Amtspflichten, steht in fester Amtshierarchie, hat feste Amtskompetenzen, arbeitet Kraft Kontrakts, hat eine Fachqualifikation, wird durch Geld entgolten, hat sein Amt als Hauptberuf inne, kann eine Laufbahn bestreiten, arbeitet in völliger Trennung von den Verwaltungsmitteln, unterliegt einer Amtsdisziplin und Kontrolle.

Weber hat folglich drei Grundforderungen:

Fachliche Qualifikation und spezialisierte Ausbildung: Der Bürokrat ist mit seinem Fachwissen unaufhebbar an die bürokratische Organisation gebunden. Außerhalb der Organisation hat er keine Berufschance (Bendix: Bürokratie als "Monopol spezialisierter Fachkenntnisse"; 1971, S. 362).

Arbeitsstil: Der ideale Beamte arbeitet ohne Haß und Leidenschaft, allerdings auch ohne Liebe und Enthusiasmus, geleitet durch Pflichtbegriffe, zudem sehr unpersönlich.

Ein- oder Unterordnung: Der Einzelne muß sich bedingungslos in die Organisation einreihen und Disziplin üben. Unbeirrte Sachlichkeit und das Einüben mechanisierter Fertigkeit hebt ihn vom Politiker ab, der selber Initiative ergreifen muß und seine Eigenverantwortung nicht ablegen kann. Webers Bürokratiemodell kann also gekennzeichnet werden durch: "unpersönliche soziale Beziehungen; Anstellung und Beförderung nach Verdienst; Autoritätsbefugnis und Pflichten, die a priori spezifiziert sind und eher an die Position gebunden sind als an das einzelne Individuum" (Litwak, 1971, S. 117).

Auch Weber hinterließ keine exakte Definition der Bürokratie. Dies mag wohl daran liegen, daß er die Begriffe Bürokratie und Beamtentum synonym verwendete, weil Bürokratie ohne Beamte nicht möglich sei. So ist z. B. der Begriff *Verwaltungsbeamter* in Webers Augen ein Plenonasmus. Trotz der Vereinheitlichung unterschied Weber deutlich zwischen dem Beamtentum und der Bürokratie: Ein Bürokrat wird immer vom Herrschenden ernannt; ein Beamter, der gewählt ist, gilt bei Weber nicht als Bürokrat.

Beamtenherrschaft war für Weber die Gefahr, die in der Bürokratie lag. In seinen Augen war Deutschland zur Zeit Bismarcks ein Beispiel, wie diese Gefahr in verheerender Form Wirklichkeit geworden ist. Aus diesem Grunde beschäftigte sich Weber auch mit der Frage, wie man die Handlungsfreiheit von Herrschaftssystemen einschränken könnte. Man kann die von ihm vorgeschlagenen Mechanismen in fünf Hauptgruppen unterscheiden (s. zsf. Albrow, 1972, S. 53f):

Kollegialitätsprinzip: Entscheidungen eines einzelnen Beamten werden auch von anderen Beamten mitgetragen. Dieses Kollegialitätsprinzip geht im monokratischen System verloren. In diesem System unterschreibt ein Beamter, wobei hinter diesem meist etwas nicht Greifbares wie 'der Staat' steht.

Gewaltenteilung: Die Aufteilung der Verantwortung für ein- und dieselbe Funktion kann auf mehr als zwei Institutionen durchgeführt werden. Das Problem liegt hierbei, daß meist einer der Autoritäten das Übergewicht gewinnen wird.

Verwaltung durch Nichtfachleute: Beamte können nicht auf jedem ihrer zugewiesenen Gebiete Spezialisten sein. Die Folge ist, daß Beamte sich sogenannte Fachleute besorgen. Somit wird die Entscheidung von den Beamten auf einen Nicht-Beamten verlagert. (Diese Aussage widerspricht Bunges Einteilung vom Allgemeinen (Generalisten) und Besonderen Verwaltungsdienst (Spezialisten); 1985, S. 18).

Unmittelbare Demokratie: Man könnte Beamte unter der direkten Leitung einer Versammlung arbeiten lassen. Die Beamten sind dieser Versammlung gegenüber rechenschaftspflichtig. Problem bei dieser Lösung: Der Beamte hat kaum Zeit, sich Sachkenntnis zu erwerben. Aktuell wurde dieses Verfahren durch die Einführung des Rotationsprinzips bei der Partei DIE GRÜNEN.

Repräsentation: De facto werden Beamtenstellen nicht nur durch die Sachkenntnis eines Beamten besetzt, sondern auch durch dessen parteipolitische Einstellung. Weber sah darin sogar etwas Positives: Die Parteien selbst hätten dadurch Kontrolle über Teile des Beamtensystems.

Weber hat die Theorie der Bürokratie im Vergleich zu seinen Vorläufern gewaltig weiterentwickelt und verfeinert. Die unterschiedlichen Strömungen, die die Bedingungen für die verschiedenen Vorstellungsinhalte des Begriffes Bürokratie waren, hat Weber zusammengefaßt. Einen Aspekt hat Weber allerdings konsequent aus seiner Theorie herausgelassen: Die Leistungsunfähigkeit der Bürokratie.

Es wurden eine ganze Reihe von Kritikpunkten an Webers Konzeption angebracht. Die Kritikpunkte lassen sich in zwei Hauptgruppen aufteilen: Einmal wurde berechtigterweise abgestritten, daß Webers Konzeption für die Entwicklung der modernen Verwaltung empirisch gültig ist. Zum anderen wurde Webers Behauptung abgelehnt, daß der Idealtypus seiner Bürokratie rational und leistungsfähig sei. Diese Kritik ist allerdings eine Fehlinterpretation Webers.

aa) Berechtigte Kritik an Webers Modell

In Webers Bürokratiebegriff fehlen vor allen Dingen informelle Elemente in der Organisation. Die soziale Natur der Mitglieder, ihre persönlichen Wertvorstellungen und Bedürfnisse sind nicht berücksichtigt (Mayntz, 1971, S. 29). Zudem vermißt man bei Webers Bürokratiebegriff "die Berücksichtigung von Zielsetzungsprozessen und von Umweltbeziehungen" (Mayntz, 1971, S. 29). Webers rationales Modell der Bürokratie beansprucht nur, im Hinblick auf ganz bestimmte Ziele, besonders zweckmäßig zu sein, "und zwar vor allem für die dauerhafte und technisch effiziente Ausübung legaler Herrschaft" (S. 30).

Aus der Sicht von Luhmanns Systemtheorie[3] muß man an Webers Ansatz kritisieren, daß Weber eine Interaktion zwischen System und Umwelt vernachlässigt. Im Mittelpunkt des Modells steht der Organisationszweck. Luhmann (1971a) kritisiert anhand mehrerer Punkte diese Auffassung:

Nicht alle Zwecke einer Organisation sind instruktiv im Sinne Webers. Oft sind Formulierungen über einen Organisationszweck sehr vage und vieldeutig, was u.a. dazu führt, daß sich die einzig richtigen Mittel zur Zweckerreichung nicht finden lassen.

Das Zweck-Mittel-Schema kann durch andere Formen der Rationalisierung ersetzt werden. "So werden Schulen heute kaum noch durch praktisch-instruktive Zwecke mit feststellbaren Folgen (etwa: möglichst viele Schüler durch das Examen zu bringen) rationalisiert, sondern durch einen mit den Zeitströmungen wechselnden Kodex pädagogischen Ver-

---

[3] Gemeint ist Luhmann I, dazu später mehr.

haltens, der nur in sehr unbestimmten Rechtfertigungsvorstellungen (Bildung, Erziehung) zusammengefaßt ist" (1971a, S. 40).

Die Orientierung des Handelnden kann Widersprüche beinhalten. Dies folgt daraus, weil Zwecke das Handeln oft nicht eindeutig determinieren.

Man kann Organisationen mit sich direkt widersprechenden Zielen ausrüsten. Dazu gehört z. B. die Lehre versus die Forschung an den Universitäten, die die akademische Freiheit der Professoren sichern helfen sollen.

Nicht alle Beteiligten müssen dem Organisationszweck zustimmen.

Der Zweck ist typischerweise nicht Motiv für das Handeln der Beteiligten.

Organisationszwecke können sich ändern, ohne daß eine neue Organisation damit begründet ist.

Die Zweckerfüllung alleine kann die Erhaltung eines organisierten Systems nicht sicherstellen.

Gouldner (1971) hat auf eine Kritik von Talcott Parsons[4] hingewiesen, daß Weber in seiner Bürokratietheorie zwei Autoritätstypen miteinander vermischt hätte: Einmal die Autorität, die sich auf das Innehaben eines legal bestimmten Amtes stützt, zum anderen die Autorität, die auf Sachverständigkeit beruht. Weber war der Auffassung, daß die Bürokratisierung ein unaufhaltsamer Prozeß ist. Er beschäftigte sich zwar eingehend mit dem Problem der Macht innerhalb der Bürokratie, vernachlässigte allerdings die mögliche Unfähigkeit eines einzelnen Beamten.

Schmid / Treiber (1975, S. 192ff) faßten folgende Kritikpunkte an Webers Bürokratiekonzept zusammen:

Das Webersche Bürokratiemodell leiste einer Staat-Gesellschaft-Dichotomie Vorschub.

Für Weber wird in die Herrschaft eingewilligt, weil sie legitim ist, und sie ist nicht legitim, weil sie auf Einwilligung beruht.

Webers Modell ist nur formal.

Die Frage nach Qualität und Quantität der beamtlichen Fachqualifikation wird nicht berücksichtigt.

---

[4] Parsons übersetzte Weber in das Englische (Kieser / Kubicek, 1978a, S. 114)

Webers Modell leistet der Vorstellung Vorschub, als ob es sich bei der staatlich-bürokratischen Verwaltung um einen einheitlichen Verwaltungskomplex handele.

Leistungs- und Laufbahnprinzip stehen sich als Dichotomie gegenüber.

Webers Modell setzt eine Rollenaskese des Personals voraus. Er abstrahiert vom Aspekt der persönlichen Selbstentfaltung und der beruflichen Selbstbestätigung des Verwaltungspersonals.

Die Vorstellung einer Unterordnung der gesamten Arbeitskraft unter die Belange des öffentlichen Dienstes ist nicht mehr aktuell.

Im öffentlichen Dienst schwindet der Anteil der Beamten ständig, die Angestellten im öffentlichen Dienst nehmen immer mehr zu. Aus diesem Grunde sei Webers Modell nicht mehr aktuell.

bb) Die unberechtigte Kritik an Webers Idealtypus

"Die häufigsten Mißverständnisse von Webers Bürokratiebegriff waren, ihn für einen nominalen Definitionsvorschlag, für eine Deskription, für einen induktiv ermittelten Gattungsbegriff oder für eine Theorie, für die Behauptung regelmäßiger empirischer Zusammenhänge zu halten" (Mayntz, 1971, S. 28). Die Konstruktion eines Idealtypus bedient sich Übertreibungen bzw. Überzeichnungen. Diese sind nützlich und erforderlich, um begriffliche Konturen zu verdeutlichen. Daraus folgt, daß ein Idealtypus in dieser Form der Wirklichkeit nicht auftritt: Idealtypen sind analytische Hilfsmittel, konstruierte Denkhilfen. Weber hat durch seine Methode des Idealtypus niemals empirische Gültigkeit und empirische Überprüfbarkeit behauptet. "Weber hat ... die funktionalistische und systemtheoretische Orientierung für sich eindeutig abgelehnt..., weil sie mit seiner verstehenden Soziologie und idealtypischen Methode unvereinbar ist" (Mayntz, 1971, S. 28). "Idealtypen können nicht direkt zur Analyse empirischer Daten benutzt werden. Stattdessen muß der Forscher entweder den Idealtypus von einem Modell umformen, indem er dessen Spezifizierungen als ein System von wechselseitig miteinander verbundenen Variablen neu formuliert, oder sich damit begnügen, zu untersuchen, inwiefern konkrete Fälle vom Idealtypus abweichen" (Udy, 1971, S. 62). Nach Hall (1971) werden bei einem Idealtypus "bestimmte Tendenzen konkreter Strukturen durch besondere Betonung hervorgerufen" (S. 70).

Niederberger (1984, S. 3) irrt deshalb, wenn er über Webers Idealtypus behauptet, er wolle mit diesem Begriff wahrscheinlich bloß markieren, daß die von ihm aufgestellte Merkmalskonfiguration der Bürokratie noch nicht an der Wirklichkeit geprüft war. Niederberger konstatiert deshalb einen starken Unterschied zwischen den Organisationssoziologen der 60er und 70er Jahre und der Konzeption von Max Weber. Diese Unterschiede sind allerdings verständlich, denn die Organisationssoziologen gingen mit empirischen Methoden an das Problem heran, etwas, was Weber in diesem Zusammenhang nicht wollte.

Udy (1971) versuchte, den Idealtypus *rationale Bürokratie* von Weber empirisch umzusetzen. Sein Ziel war es, eine formale Organisation zu beschreiben. Er weist darauf hin, daß eine formale Organisation noch mehr Merkmale besitzt, als die, mit deren Hilfe Weber die rationale Bürokratie definiert. Dazu gehören: eine hierarchische Autoritätsstruktur, ein spezialisierter Verwaltungsstab, die Abhängigkeit der Belohnungen von der Position, eine spezifische Zielorientierung, eine Leistungsorientierung, eine segmentäre Teilnahme (begrenzt gegenseitige Übereinkunft), kompensatorische Belohnungen (Mitglieder höherer Autorität belohnen Mitglieder geringerer Autorität als Gegenwert).

Nach Udys Analysen ist die *informale Organisation* ein Artefakt. Dieses Artefakt konnte nur im Kontrast zu Webers Idealtypen entstehen. Verzichte man auf Webers Idealtypen, so verschwinde auch die Gebrauchsfähigkeit des Begriffes *informale Organisation*.

Bei aller Kritik an dem Modell Webers darf nicht übersehen werden, daß er selbst vor der Bürokratie gewarnt und diese keineswegs als die beste Organisationsform angesehen hat. Kieser / Kubicek (1978a, S. 83) geben dazu eine Reihe von Originalzitaten.

"Warum wird Webers Analyse der bürokratischen Struktur noch immer als das klassische Werk auf diesem Gebiet angesehen - ein halbes Jahrhundert, nachdem es geschrieben worden ist und trotz der vielen, oftmals gerechtfertigten Kritiken, denen es ausgesetzt war?" (Blau, Hydebrandt / Stauffer, 1971, S. 94). Die Autoren beantworten die Frage damit, daß Webers bedeutender Beitrag darin bestünde, daß dieser einen Rahmen für eine systematische Theorie der formalen Organisation geschaffen hätte. Geser beurteilt Webers Theorie der bürokratischen Herrschaft als die "bisher kühnste, seither nie mehr auf demselben Niveau weitergeführte Versuch ..., die Entwicklung und Problematik der modernen Gesellschaft vom mesosoziologischen Niveau formaler Organisationen aus zu erhellen" (1982, S. 113). Nach einer Zusammenstellung der Bürokratietheorie Webers urteilt Scott (1986, S. 111) über Max Weber: "Auch wenn man Weber zweifellos in vielen einzelnen Punkten kritisieren und verbessern kann, bleibt er dennoch der anerkannte Meister der Organisationstheorie: der intellektuelle Riese, dessen Konzeptionen weiterhin die Definitionen der zentralen Elemente von Verwaltungssystemen prägen und dessen historische und komparative Sichtweise weiterhin unsere begrenzten Vorstellungen von Organisationsformen herausfordert und befruchtet."

b) Aktuelle Vorstellungsinhalte zum Bürokratiebegriff

In einer Übersicht über neuere Beiträge zur Theorie bürokratischer Organisationen vergleicht Hall (1971) die Merkmale der Bürokratie, wie sie von verschiedenen Autoren festgelegt worden sind. Bei dieser Übersicht, auf die nicht weiter eingegangen werden soll, wird deutlich, daß Weber die Bürokratie noch am differenziertesten beschrieben hat (damit aber auch am engsten). Derzeit kann man sieben Gruppen von Auffassungen über das Phänomen Bürokratie unterscheiden (Albrow, 1972, S. 103f), wobei diese auch die bereits genannten historischen Ansätze umfassen:

a) Die rationale Organisation als Bürokratie. Max Weber kombinierte in seiner Auffassung zwei Vorstellungen miteinander: Bürokratie als Idealtypus sollte gleichzeitig rational sein. Der Amerikaner Peter Blau ist der Auffassung, daß die Kombination der Bürokratie (als gesellschaftlicher Apparat mit maximaler Leistungsfähigkeit) mit einer sozialen Organisation nicht möglich ist. Aus dieser notwendigen Trennung folgten zwei Auffassungen über Bürokratie: Bürokratie als Organisation mit optimaler Leistungsfähigkeit versus Bürokratie als rationale und klar definierte Anordnung von Tätigkeiten zur Erfüllung von Organisationszielen.

b) Die Unfähigkeit einer Organisation als Bürokratie. Diese zweite Auffassung über das Wesen der Bürokratie geht von der Annahme aus, daß Bürokratie eine unbewegliche Institution ist, die zudem zur Entpersönlichung führt. Zu Symptomen der Bürokratie gehört "mangelnde Initiative, Auf-die-lange-Bank-schieben, üppige Vermehrung von Formalitäten und Formularen, Doppelarbeit und die Vorliebe für Abteilungen" (Albrow, 1972, S. 106). Bürokratie ist eine Organisation, die aus ihren Fehlern nicht lernen kann, die den status quo beibehält und das Gefüge als solches erstarren läßt.

c) Bürokratie im Sinne von Beamtenschaft. Mit dieser Auffassung wird Bürokratie zu den aus der Politikwissenschaft bekannten Regierungsformen vergleichbar gemacht. Diese Auffassung ist relativ alt. Gemeint ist damit u.a. die Macht durch Berufsverwaltungsbeamte. Dabei wird angenommen, daß die Elite in einem Staat aus Beamten besteht. Diese etwas einseitige Sichtweise von Bürokratie führt zum nächsten Punkt.

d) Die Bürokratie im Sinne von öffentlicher Verwaltung. In diesem Sinne ist Bürokratie durchaus wertfrei gebraucht, der Begriff hat keine negative Bedeutung. Mit Bürokratie ist eine Gruppe von Menschen bezeichnet, die in einer Gemeinschaft wesentliche Funktionen übernimmt.

e) Bürokratie im Sinne von Verwaltung durch Beamte. Bei diesem Ansatz ist der Begriff der Bürokratie etwas weiter gefaßt: Es geht nicht mehr darum, daß Beamte in einer Verwaltung arbeiten, sondern was eine moderne Verwaltung außer einem Stab ernannter Beamter noch aufweist.

f) Die Organisation als Bürokratie. Hier werden die beiden Begriffe Bürokratie und Organisation synonym gebraucht. Diese Auffassung resultiert aus der Überlegung, daß Organisationen Bürokratie benötigen, und damit letztendlich selbst Bürokratie werden. "Die Illusion der Übereinstimmung ist so groß, daß zeitweise der Unterschied zwischen den Begriffen Bürokratie und Organisation verwischt wurde" (Mayntz, 1971, S. 27). Man kann sich des Eindrucks schlecht erwehren, daß beide Begriffe doch etwas unterscheidbarer sein müssen. Vielleicht läßt es sich so differenzieren, daß Bürokratie eher eine Arbeitsweise ist, während Organisationen systemisch aufgefaßt werden könnten, womit sie Struktur und Grenzen erhält. Bürokratie kann aber offensichtlich eine Sonderform der Organisation sein: "Die Leistungsfähigkeit der Bürokratie wird ... in der Bewahrung einer kontinuierlichen Arbeitsweise gesehen. Das Bürokratiemodell entspricht dem mechanistischen Organisationsmodell" (Raiser, 1982, S. 79). Oder: "Organisationen, in denen die legale oder rationale Herrschaft verwirklicht ist, werden Bürokratien genannt" (ders. S. 91).

g) Die moderne Gesellschaft als Bürokratie. Betrachtet man Gesellschaft letztendlich als große Organisation, dann kann man -unter Berücksichtigung von Punkt f - auch die Gesellschaft als Bürokratie betrachten.

3. Bewertung der Bürokratie

Bereits die Analyse der verschiedenen Vorstellungsinhalten hat durchaus unterschiedliche Wertungen zu dem Bürokratiekonzept erbracht. Es wird kaum bezweifelt, daß die Erbringung und Vermittlung von Leistungen durch eine bürokratische Form durchaus adäquat ist, wenn "eine große Zahl von in ähnlicher Weise betroffenen Klienten möglichst rasch und kontinuierlich versorgt werden soll" (Hegner / Schmidt, 1979, S. 185).

"Eine Unternehmung, die im Lichte rationaler Entscheidungen, Organisierbarkeit, Machbarkeit, Einheit von Zweck und Werten usw. gestaltet wird, verlangt nach mehr formalen Strukturen, Zentralisation der Lenkung, Einheit in der Steuerung, logischen Sequenzen in den Entscheidungsprozessen, Hierarchie usw." (Probst, 1987, S. 12). Konsequenz dieser Überlegungen ist beispielsweise die Segmentierung in Stab- und Linienfunktionen, die eine Vernetzung des Gesamten verhindert. Rigidität und pathologische Zustände sind die notwendige Folge. Man kann nicht behaupten, daß solche streng bürokratischen Systeme sich nicht selbst organisieren. Ist die Konzeptualisierung allerdings inadäquat, so kommt es zweifelsohne zu negativen

Folgen (Frustration, Abbau von Motivation etc.). Scott (1986, S. 51) stellt deshalb die Frage: "Wie es kommt, daß Systeme, die konzipiert sind, um eine effiziente und flexible Verwaltungspraxis sicherzustellen, sich bisweilen - ja viel zu häufig - ins genaue Gegenteil verkehren." Niederberger (1984, S. 28) gibt dazu folgende Antworten:

Bürokratie fordert dazu auf, Aufgaben zu differenzieren, also mehrere Abteilungen zu begründen. Damit entstehen auch verschiedene Abteilungsziele, die dem Gesamtziel zwar dienen soll, in der Praxis allerdings dem Gesamtziel sogar entgegenlaufen. Extrem wird es dann, wenn das Abteilungsziel sogar über das Gesamtziel gestellt wird.

Verantwortung wird sowohl in horizontaler als auch vertikaler Richtung abgeschoben. Dieses Weiterleiten an andere Instanzen ist allerdings auch durchaus rational. Es wäre nämlich ein "organisatorisches Paradoxon, wenn Entscheide mit Präzedenzcharakter auf der untersten Stufe gefällt würden: Die Organisation würde ihre eigene Hierarchie negieren".

Es kann zu einem Konflikt zwischen den Anforderungen der Organisation und den Interessen des Individuums kommen. Wenn diese nicht aushandelbar sind, treten schwerwiegende Probleme auf.

"Die straff organisierte Verwaltung eines zentralisierten Staates mag in Krisenfällen schlagkräftig sein, im Alltag ist sie unbeweglich und langsam, da Entscheidungen im Zweifelsfall immer nach oben verlagert werden. Flexibilität setzt unkontrollierte Querverbindungen und einen höheren Ermessensspielraum der Beamten voraus" (v. Cranach, 1987, S. 113).

Dafür benötigt man eine Funktion eines soziotechnischen Systems wie die Bürokratie, nämlich die Erfassung und Reduktion von Komplexität.[5] Dem stehen allerdings drei Tendenzen entgegen (s. Wunderer / Grunwald, 1980, Band 2, S. 342f; Kieser / Kubicek, 1978a, S. 113):

Bürokratische Organisationen entwickeln mehr und mehr dysfunktionale Konsequenzen. Dies tritt z. B. dann auf, wenn die Umwelt von der Organisation Außergewöhnliches verlangt. Nun müßten eigentlich die bürokratischen Regeln geändert werden, um auf die neuen Anforderungen angemessen zu reagieren. Dies ist aber nicht der Fall: Man hält sich nun besonders nahe an die Regeln, weil man später - bei evtl. Mißerfolg - behaupten kann, daß man sich ja genauestens an die Regeln gehalten hätte. Eine paradoxe Situation: Die Regeln, die änderungsbedürftig werden, sind Maßstab für das Verhalten.

---

[5] Der Begriff Reduktion von Komplexität wird noch Gegenstand der Analyse sein.

Das karriereorientierte Verhalten der Organisationsmitglieder und andere mikropolitische Strategien laufen dem Ziel bürokratischer Organisationen entgegen. Dieses Phänomen tritt insbesondere dann auf, wenn die Ressourcen knapp werden und ein Wettbewerb um dieselben eintritt.

Der Totalitätsanspruch der Führungsspitze geht an dem Sinn einer bürokratischen Organisation vorbei.

Man kann die Kritik an der bürokratischen Organisation in einer kleinen Übersicht zusammenfassen (s. Tabelle 1).

Tabelle 1

Positive und negative Merkmale von bürokratischen Organisationen

Präzision	Pedanterie
Stetigkeit	Tendenz zur Macht
Disziplin	Gläubiger Gehorsam
Straffheit	Starke Kontrollen
Unerläßlichkeit	'Rädchen in der Maschine'
Gerechtigkeit	Versagen im Einzelfall
Eindeutigkeit	Schablone
Aktenkundig	'Von der Wiege bis zur Bahre - Formulare'
Diskretion	Vertuschungsgefahr
Straffe	Unterordnung Untertanengeist
Technische Überlegenheit	Perfektionismus
Unabhängigkeit	Überheblichkeit
Rationalität	Entpersönlichung

Bei so einmütiger Kritik muß man sich fragen, wie denn Verwaltung überhaupt aussehen soll, wenn das Bürokratiekonzept so völlig untauglich zu sein scheint. Nun, ganz so tragisch ist die Lage nicht, denn man wird einsehen müssen, daß einerseits Durchsetzung von Entscheidungen notwendig ist, andererseits die Nachteile der Bürokratie zu vermeiden sind. Diese beiden Forderungen führten zu drei theoretischen Modellen von Bürokratie, die teilweise durchaus verträglich für die Schule als Institution zu sein scheinen.

4. Die Merkmale von Bürokratiemodellen nach Litwack (1971)

Litwack hat drei Bürokratiemodelle sehr anschaulich gegenübergestellt und charakterisiert. In Tabelle 2 sind die drei von ihm diskutierten Modelle (Weber, *Human Relations* und *Professionales Modell*) skizziert.

Tabelle 2

Gegenüberstellung dreier Bürokratiemodelle nach Litwack (1971)

Merkmal	Weber	Human	Profess.
unpersönliche Beziehungen	extensiv	minimal	extensiv/minimal
Einstellung nach Verdienst	extensiv	extensiv	extensiv
Amtsbefugnis	extensiv	minimal	extensiv/minimal
hierarchische Autorität	extensiv	minimal	extensiv/minimal
Trennung politischer von organisatorischen Entscheidungen	extensiv	minimal	extensiv/minimal
Allgemeine Lenkungsregeln	extensiv	minimal	extensiv/minimal
Spezialisierung	extensiv	minimal	extensiv/minimal

a) Das Bürokratiemodell von Weber. Das *Bürokratiemodell* von Weber ist eingehend beschrieben worden. Es wäre dort von größter Effizienz, wo die Aufgaben traditionelle Wissensbereiche betreffen und gleichförmig strukturiert sind. Dazu gehören beispielsweise Regierungsbehörden, Kommunalbehörden etc.. Schule sollte zumindest in Teilbereichen nicht dazu gehören.

b) Das Human-Relations Modell. Das *Human-Relations-Modell* ist dort geeignet, wo es wenig gleichförmige Aufgaben gibt und von den Handelnden soziales Geschick verlangt wird. Dieses Modell ist dort stark, wo es Situationen gibt, die nicht durch Gesetze und Verordnungen geregelt werden können.

Fürstenau legte 1973 eine Analyse des Schulsystems vor, das sich an dem Human-Relations-Bürokratiemodell orientierte. Dieses Modell ist u.a. dadurch gekennzeichnet, daß es sich primär am Unternehmenszweck orientiert anstelle von vorweg geregelten Prozeduren. Daraus folgt, daß das durch die "Rolle nahegelegte persönliche Engagement, die persönliche Verflochtenheit mit dem Unternehmen" (= die Schule) stärker wird (Fürstenau, 1973, S. 338). Bei diesem Modell werden wesentliche Anteile der Entscheidungsfunktion auf die unterste Ebene der Hierarchie verlagert. Dies setzt allerdings auch eine hohe professionelle Qualifikation voraus. Nach Fürstenau kommt eine genaue Analyse des Schulwesens in der BRD zu dem Ergebnis, daß hier noch allzusehr die bürokratische Orientierung am Procedere im Bereich der Schule gegenüber den organisatorischen Bedingungen für eine primäre Zielorientierung vorliegt. Nach dem Human-Relations-Modell müßte den Lehrern (den Inhabern des untersten Ranges in der Schule) ein wesentlicher Anteil der Entscheidungsfunktion zukommen. Da das Schulwesen sich weitgehend am klassischen Bürokratiemodell orientiert, ergeben sich besonders für die Lehrer starke Spannungen und Konflikte im Rahmen von strukturell erzeugten sozialen Antagonismen.

Wie bereits erwähnt, wäre im Rahmen des Human-Relations-Modells eine stärkere Professionalisierung des Lehrerberufes nicht nur erwünscht, sondern auch notwendig. Nach Fürstenau haben Lehrer bisher eine höchstens semiprofessionalle Tätigkeit inne. Ausbildungseinrichtungen für die Hauptschul- und Realschullehrerausbildung gelten in der BRD als Ausbildungseinrichtungen minderen Ranges. Zwar ist die Ausbildung des Gymnasiallehrers wissenschaftlich anerkannt, sie basiert aber allein auf seiner Qualifikation als Fachwissenschaftler. Der pädagogische Anteil ist außerordentlich gering. Fürstenau weist nicht nur den Behörden in diesen Punkten Schuld zu, sondern auch den Berufsverbänden der Lehrer, die sich nicht in erster Linie fachlichen, sondern standespolitischen Fragen widmeten.

Ein zweites, typisches Merkmal des Human-Relations-Modells ist es, daß es auf der unteren Ebene des Systems (zwischen den Lehrern) nicht nur eine Kooperation durch die Kombination der Arbeitsgänge oder durch Anwendungen geregelt wird, sondern daß auch Spontanität und Initiative erlaubt, ja sogar gefordert sind. Im Bürokratiemodell sind informale Interaktionen des Personals (der Lehrer) mit den Forderungen der formalen Organisation nicht in Einklang zu bringen. Informale Beziehungen drohen dysfunktional zu sein, d.h. die optimale Effizienz der Bürokratie zu schmälern. Die horizontalen Beziehungen der Lehrer untereinander sind in starkem Maße unterentwickelt, was Kommunikation, Konsultation und Kooperation angeht. Da die Kooperation zwischen den Lehrern sachlich notwendig ist, aber eben nicht optimal gefördert wird, sind die Folgen auch hier Ärger, Quälerei und Intrigen.

Das Vorgesetztenverhältnis ist das dritte Merkmal, an dem deutlich wird, wie sich das klassische Bürokratiemodell von dem Human-Relations-Modell unterscheidet. Im klassischen Modell ist ein Spezifikum des Vorgesetzten, die Arbeit zu kontrollieren, d.h. die Funktion und Definition der Rolle des nächsten Vorgesetzten genau zu beschreiben. Im Human-Relations-Modell hat der Vorgesetzte in erster Linie aber nicht die Aufgabe, Entscheidungen zu fällen, sondern durch Beratung und organisatorische Hilfe die Arbeit der Lehrer zu unterstützen. Schuldirektoren sind nicht Anordner und Überwacher, sondern würden als Helfer erlebt. Für das Schulwesen wäre also eine "Abkehr von der ausschließlich Regel- und Prozedurorientierung und Autoritätsbindung" gefordert (Fürstenau, 1973, S. 344).

Das vierte und letzte wesentliche Kriterium in der Unterscheidung zwischen klassischen und Human-Relations-Modell ist die stärkere Gewichtung der politischen Aufgabe im letzteren. Der Erfolg von Schule muß kontrolliert werden. Ob aber das Schulsystem erfolgreich arbeitet, ist letztendlich nur bei dem Vorliegen von zwei sehr wichtigen Voraussetzungen gewährleistet: Es müssen klare Richtlinien vorliegen, und es muß eine breit angelegte und exakte Evaluation des Schulsystems durchgeführt werden.

Starre und nur durch Verwaltungsvorschriften geregelte Arbeitsvorschriften arbeiten weniger erfolgreich als Organisationen, in denen eine gewisse Elastizität der Arbeitsbedingungen zugelassen ist. Die Bürokratiespitze (also das Kultusministerium) muß die Arbeit differenziert organisieren und steuern, aber gleichzeitig vermeiden, daß die angesprochene Elastizität eingeschränkt wird. Die Schulpolitik darf nicht in die Verwaltung integriert werden, sondern Schulpolitik muß sich der Verwaltung bedienen.

Wunderer / Grunwald (1980, Band 2, S. 21f) haben zusammengestellt, wie Führungskräfte des öffentlichen Dienstes kooperative Führung im öffentlichen Dienst definieren. Dazu gehören eine Reihe von Aspekten, die hier verkürzt angesprochen werden sollen: Beteiligung der Mitarbeiter beim Entscheidungsprozeß, Einbinden von Entscheidungen in einer Mehrheit von Personen, Einbindung der Meinung und des Fachverstandes anderer in die Entscheidungsfindung, Mitarbeiter zu kreativen Leistungen anregen, Beteiligung der an einem Prozeß Mitwirkenden an der Entscheidung, gemeinsame Erarbeitung von Sachverhalten, gemeinsames Abwägen von Vor- und Nachteilen, Einbeziehen der Mitarbeiter in den Entscheidungsprozeß und Information über die Entscheidungsgründe, Beteiligung an der Entscheidungsfindung und Durchführung, Suche nach akzeptablen Kompromissen (wenn nötig), weitgehende Transparenz und Information, Entscheidungen nicht allein treffen.

c) Das Professionelle Modell. Das *Professionelle Modell* (Litwack, 1971) wäre eine Kombination zwischen den beiden erstgenannten. In diesem Falle gäbe es sowohl ungleichförmige wie gleichförmige Vorgänge, es würden soziale Fähigkeiten ebenso wie der Ablauf von regelhaften Entscheidungsfunktionen verlangt. Die Modell würde je nach Lage eingesetzt. Große professionelle Autonomie und fundiertes Wissen über genormte administrative Verfahren sind hier Voraussetzung. Hierzu gehören beispielsweise große Krankenhäuser, Forschungsinstitutionen und Hochschulen.

Entscheidende Rolle in dieser Diskrepanz der ersten beiden Bürokratiemodelle kommt dem Schulleiter zu. Er muß die grundsätzliche Unterscheidung der inneren von den äußeren Schulangelegenheiten tragen. Kommen im Inneren der Schule zunehmend Aspekte des Human-Relations-Modells zum Tragen, wird mit zunehmender Ausweitung dieser Aspekte die Diskrepanz zwischen den inneren Schulangelegenheiten und den äußeren Schulangelegenheiten (geprägt vom klassischen Bürokratiemodell) immer größer.

Bosetzky (1971) hat Industrieverwaltungen mit Behörden miteinander verglichen. Er kam u.a. zu dem Ergebnis, daß Industrieverwaltungen insgesamt weniger bürokratisch strukturiert sind. Bosetzky spricht von einer *Verdünnung* bürokratischer und das Aufkommen alternativer Strukturierungsprinzipien. Ob man noch von einer bürokratisch orientierten Organisation sprechen kann oder nicht, hängt von einer (nicht klar spezifizierten) *Bürokratieschwelle* ab. An dieser Stelle kann kein Präzisierungsversuch dieses Konzeptes erreicht werden, interessant ist es aber, daß oberhalb der Bürokratieschwelle herkömmliche Bürokratiemodelle die Wirklichkeit nicht mehr adäquat beschreiben können. Inwieweit ein solcher Vergleich auch für Schulen gilt, kann hier nicht geprüft werden. Es fehlen dazu die Analysen.

Neben Aspekten der Bürokratie als Prinzip spielen für unsere Analyse die Menschen in einer Bürokratie ein wichtige Rolle. Weber hat schon darauf hingewiesen, daß Bürokratie ohne Beamte nicht möglich ist. Aus diesem Grunde soll im folgenden gezeigt werden, wie Beamte in der Literatur gekennzeichnet werden.

5. Ansichten über den Lehrer als Beamten

Ansichten über den Beamten korrespondieren mit den verschiedenen Auffassungen über Bürokratie (schon bei Weber, 1872, S. 551 zu erkennen). Nach Albrow (1972, S. 132f) lassen sich derzeit drei Grundeinstellungen über die Funktion des Beamten im demokratischen Staatswesen unterscheiden: Der ersten zufolge ist der Beamte zu mächtig geworden und muß auf seine eigentliche Funktion zurückgestutzt werden. Der zweiten Auffassung nach nimmt die Macht des Beamten immer mehr zu, woraus sich die Frage ergibt, wie man diese Macht klug und maßvoll regulieren kann. Die letzte Grundeinstellung geht ebenfalls davon aus, daß der Machtzuwachs des Beamten unvermeidlich ist. Die Lösung sei darin zu suchen, den Beamten überflüssig zu machen.

"Die Selbstdarstellung des Berufsbeamtentums legt das Bild vom *neutralen Beamten* fest, der in seinem Fachreferat sitzt und dort als Experte *sine ira et studio* Probleme analysiert, die in seine Zuständigkeit fallen. Lösungen, die der neutrale Beamte ausarbeitet, kommen nur unter Abwägen sachlicher Gesichtspunkte zustande; d.h. der Beamte ergreift nicht Partei, sondern orientiert sich bei seiner Amtstätigkeit stets am Wohl der Allgemeinheit" (Schmid / Treiber, 1975, S. 180). In der verwaltungs- und politikwissenschaftlichen Literatur scheint dieses Bild des neutralen, sachgerecht und legalistisch handelnden, die Demokratie garantierenden Beamten noch weit verbreitet zu sein (so Schmid / Treiber, 1975, S. 191). Daran liegt nach Häußermann das Dilemma des Ministerialbeamten: "Zur politischen Neutralität verpflichtet, ohne dies sein zu können, soll er politische Probleme sachlich angehen" (1977, S. 85).

Unter legaler Herrschaft ist der Beamte durch Unabhängigkeit und Gehorsamspflicht definiert: Seine Entlassung ist nur zulässig unter besonderen und persönlich festgelegten Bedingungen; er darf den Gehorsam verweigern, wenn ein Befehl gegen allgemeine Regeln oder professionelle Standards verstößt; er darf den Gehorsam auch dann verweigern, wenn sich ein Befehl auf seine Privatsphäre bezieht (Wunderer / Grunwald, 1980, Band 1, S. 320).

Hejl (1982, S. 140) faßt die Grundsätze des Berufsbeamtentums zusammen: Die Bestandsgarantie für das Berufsbeamtentum, einseitige öffentlich-rechtliche Ausgestaltung, das Beamtenverhältnis als Lebenszeitverhältnis, der Einsatz der vollen Arbeitskraft, das Laufbahnprinzip, die Fürsorge des Dienstherren, die Sicherung der erworbenen Rechte, die Treuepflicht des Beamten, die Grundrechteinschränkung für Beamte, die parteipolitische Neutralität, das Leistungsprinzip, die gerichtliche Durchsetzbarkeit vermögensrechtlicher Ansprüche und, das Recht auf Personalvertretung.

Diese Auffassung über das Beamtentum ist Resultat des Absolutismus und kann heute als geschichtlich überholt angesehen werden. Heute ist eher eine starke Milderung der Sonderstellung des Beamten festzustellen, obwohl diese Gruppe noch einige Privilegien genießt. Hejl (1982, S. 143) folgert aus dem Zusammenspiel zwischen Privilegien, Treuepflicht, Grundrechteinschränkungen und parteipolitischer Neutralität, daß diese Kriterien immer noch und teilweise gegen den Willen der politisch Verantwortlichen eher eine Homogenisierung der Exekutivorganisation nach sich zieht, die nicht ein Teil der Gesellschaft ist, sondern dieser als Steuerungsinstrument gegenübergesetzt gedacht wird".

Bürokratische Ämter sind meist darauf angelegt, für das ganze Leben eingenommen zu werden. Bürokratie garantiert damit ein Höchstmaß an beruflicher Sicherheit. Pensionsberechtigung, regelmäßig steigende Gehälter und geregelte Beförderung geben dem einzelnen Beamten ein ausgeprägtes Sicherheitsgefühl. Andererseits steht der Beamte in einem System, dessen Techniken meist einer öffentlichen Diskussion völlig entzogen ist. Die Gültigkeit des Leistungsprinzips in der öffentlichen Verwaltung wird durch mehrere andere konkurrierende Prinzipien allerdings erheblich eingeschränkt (s. Wunderer / Grunwald, 1980, Band 2, S. 84f). Dazu gehört einmal die Beförderung nach Dienstaltersstufen, zum anderen das Alimentationsprinzips, wonach die Besoldung einen angemessenen und standesgemäßen Unterhalt sichern soll, das Lebenszeitprinzip hinsichtlich der Anstellung des Beamten (Sicherung von Unabhängigkeit und Überparteilichkeit), das Sozialstaatsprinzip, das im Grundgesetz kodifiziert ist.

Die Charakterisierung von Beamten ist in der Literatur aus psychologischer Sicht eher negativ. Man spricht von geschulter Unfähigkeit, von Berufspsychose oder von beruflicher Deformation. Die von Max Weber genannten Vorteile der Bürokratie (Präzision, Verläßlichkeit, Effizienz) haben für den einzelnen Beamten zur Folge, daß dieser dem dauernden Druck ausgesetzt ist, sich methodisch, klug, diszipliniert zu verhalten. Resultat ist ein ausgeprägtes Maß an Überkonformität. Die strukturellen Ursachen sind nach Merton:

Effektive Bürokratie fordert Verläßlichkeit in der Reaktion und strikte Befolgung des Reglements.

Diese Treue den Regeln gegenüber führt zu ihrer Umformung in absolute Werte, wodurch sie von vorgegebenen Zielsetzungen unabhängig werden.

Damit wird auch die rasche Anpassung an neue Bedingungen erschwert.

Letztlich wird damit die Bürokratie eines ihrer vermeintlich großen Vorteile beraubt: Der Wunsch nach Effektivität führt zur Ineffektivität.

Innerhalb der Beamtenschaft kommt es nach Merton zu einem Solidarakt, es setzt sich die Vorstellung von einer Art gemeinsamen Schicksal durch. Merton spitzt das ganze zu einem *Prozeß der Sanktifikation* als Gegenstück zum Prozeß der Säkularisierung zu.

Die Entpersönlichung von Beziehungen wird u.a. dadurch gefördert, daß der Bürokrat z.T. unabhängig von seiner Position innerhalb der Bürokratie nach außen hin immer als Repräsentant der Macht angesehen wird. Es resultiert eine Spannung zwischen der Ideologie und Realität: Das Behördenpersonal ist offiziell Diener des Volkes, andererseits scheint es dem Volk übergeordnet.

Wunderer / Grunwald (1980, Band 2, S. 198f) unterscheiden im weiteren in Anlehnung an Gordon vier Dimensionen der bürokratischen Gesinnung, die auch zur Entpersönlichung führen:

Die Selbstunterordnung: Die Bereitschaft, sich den Wünschen eines Vorgesetzten voll unterzuordnen.

Die Beziehungslosigkeit: die Vorliebe für unpersönliche und formale Beziehungen zum anderen.

Die Rollenkonformität: der Wunsch nach Sicherheit durch Befolgen von Regeln und standardisierten Arbeitsverfahren.

Der Traditionalismus: Identifikation mit der Organisation durch das Sicherheitsbedürfnis.

Der klassische Bürokrat aber, so wie er von Max Weber gedacht war, kann heute nicht mehr als das gültige Modell für den Bürokraten gelten. Insbesondere in höheren Beamtenpositionen herrscht das Modell des politischen Bürokraten vor. Der politische Bürokrat orientiert sich vielmehr an politisch divergierenden Interessen bzw. Gruppen und Zielvorstellungen als der klassische Bürokrat, der sein Handeln am Gemeinwohl und öffentlichen Interesse orientiert. Probleme werden im Sinne des klassischen Bürokraten neutral und objektiv gelöst, auf rein sachlicher Ebene. Der politische Bürokrat hingegen orientiert sich an Aushandlungsprozessen und Kompromissen, weil verschiedene politische Meinungen legitim sind.

Auf den Prozeß der Entpersönlichung hat auch Crozier (1971) hingewiesen. Das unpersönliche Klima innerhalb einer Bürokratie, die Schwierigkeiten, teilweise schlechten Ergebnisse und Frustrationen führen nach Crozier zu einem circulus vitiosus. Crozier geht aber noch ein bißchen weiter als Merton. In dem einzelnen Bürokraten erfolgt nicht nur eine Zielverschiebung, sondern es gibt auch strukturelle Ursachen, die diesen Prozeß beschleunigen. Dazu gehört die Zentralisierung von Entscheidungen, die Isolierung der hierarchischen Ebenen mit dem entsprechenden Gruppendruck auf den einzelnen und die Entwicklung von parallelen Machtbeziehungen rund um die verbleibenden Bereiche von Unsicherheit. Ziel müßte es sein, diese offensichtlichen Nachteile bürokratischer Organisationen zu wandeln. Ein Problem für ein solches Vorhaben liegt darin, daß bürokratische Organisationen weitgehend unfähig sind, die eigenen Fehler zu korrigieren. Der Überhand rationaler Muster gegenüber Gefühlslogik führt zu einer ausgesprochenen Rigidität. D.h. nicht, daß bürokratische Organisationen nicht wandelbar wären, auch sie müssen sich den gesellschaftlichen Erfordernissen anpassen können. Es besteht allerdings ein Spezifikum im Wandel bürokratischer Organisationen: Sie ändern sich universell, d.h. eine Änderung muß für die gesamte Organisation gelten und nicht für Teile dieser Organisation.

Die vorstehenden Analysen bezogen sich immer auf den Beamten an sich, weniger auf den Lehrer als Beamten. Lehrer sind juristisch Beamte, sind aber eine Sondergruppe im neutralen Sinne: Ein Lehrer führt aufgrund seiner wissenschaftlichen Ausbildung den Unterricht in eigener Verantwortung durch. Die damit verbundene pädagogische Freiheit des Lehrers ist allerdings nicht mit der Wissenschaftsfreiheit des Hochschullehrers oder der Meinungsfreiheit des Journalisten (Art. 5 GG) zu vergleichen, da der Lehrer Beamter ist und dem Weisungsrecht der Schulaufsicht untersteht. Im Berufskonzept des Lehrers stellt das Prinzip der pädagogischen Freiheit einen Eckpfeiler dar (Niederberger, 1984, S. 98). Wenn man aber mehr pädagogische Freiheit für den einzelnen Lehrer fordert (z. B. durch Vereinfachungen von Verordnungen), dann muß man sich darüber im klaren sein, daß damit die pädagogische Verantwortung des einzelnen Lehrers steigt.

Lehrer sind normalerweise Beamte im staatsrechtlichen Sinne (Füssel et al., 1987, S. 34). Das Verhältnis von Beamten zum Staat ist durch das Dienst- und Treueverhältnis gekennzeichnet, wobei nicht übersehen werden darf, das dies auch umgekehrt gilt. Dieses Verhältnis verlangt vom Beamten neben dem vollen Einsatz Arbeitskraft auch Übereinstimmung mit den Staatszielvorstellungen des Grundgesetzes. Nach Niederberger (1984, S. 2) werden die Leistungen in der Schule durch eine hineinreichende Verwaltung und den Beamtenstatus des Lehrers sichergestellt. Dieser Beamtenstatus zieht aber die bekannten Nachteile nach sich: Es scheint so zu sein, daß die Beschleunigung von Beförderungen nach Ansicht der Beamten überwiegend gefördert wird durch Strebsamkeit, Pflichterfüllung, Loyalität und Neutralität. Hinzu kommt die Ansicht, daß man Spezialist für ein Gebiet sein sollte (Hejl, 1982, S. 137). Der Status des Beamten beeinflußt maßgeblich sein Verhältnis zum Bürger, also im vorliegenden Falle zu den Eltern und zu den Schülern.

6. Verwaltung und Bürger

In der Arbeitsgruppe um F.X. Kaufmann (Bielefeld) entstanden eine ganze Reihe von Arbeiten, die sich dem Verhältnis von Bürger zu Beamten und Verwaltung widmeten. Dazu gehören z. B. *Das bürokratische Dilemma* (Hegner, 1978) und *Alltagskontakte mit der Verwaltung* (Grunow, 1978, 1988). Die Ergebnisse können hier im einzelnen nicht dargestellt werden; es sollen nur einige Aspekte des Verhältnisses zwischen Bürgern und Beamten hervorgehoben werden. Die oftmals bemängelte soziale Distanz zwischen Bürger und Verwaltung war Gegenstand einer Analyse von Grunow / Hegner aus dem Jahre 1979. An dieser Stelle interessiert vor allem ihr Ergebnis, wie die Distanzen und Diskrepanzen zwischen Bürger und Verwaltung abgebaut werden können. Dazu haben sie ein Ablaufschema, welches in Abbildung 1 wiedergegeben ist.

Abbildung 1

Zum Verhältnis zwischen Bürger und Verwaltung (Grunow / Hegner, 1979)

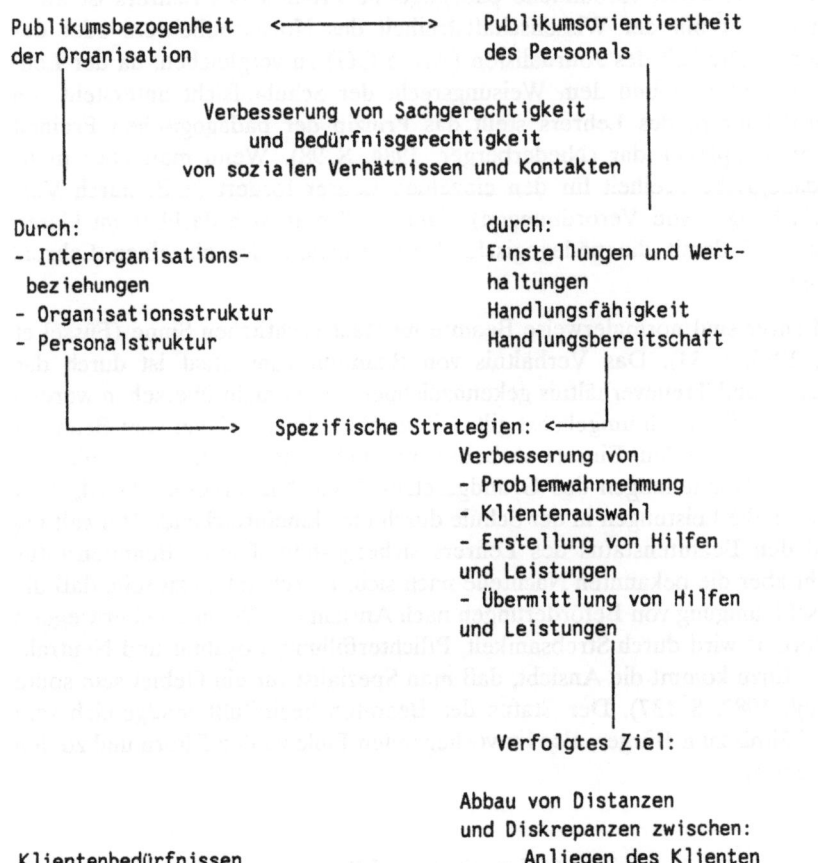

Scherer, Scherer / Klink haben im Jahre 1979 eine Untersuchung publiziert, in deren Rahmen ein Fragebogen für Beamte vorgestellt wird. In diesem Fragebogen sollten fünf relevante Einstellungsdimensionen zum Publikumsverkehr erfaßt werden. Die Publikumssituation kann einmal durch die berufliche Unzufriedenheit des Beamten beeinflußt werden. Zum zweiten wurde eine starke Abneigung gegen Publikumsverkehr genannt, der als zermürbend charakterisiert worden ist. Folge sei eine immer mehr zunehmende Abstumpfung des Beamten. Der dritte Bereich ist ein klientenorientiertes Verhalten, bei dem der Beamte die Einstellung hat, sich für den Bürger seines Staates einsetzen zu müssen. Der vorletzte Bereich war das

Ausspielen der Amtsautorität. Solche Beamte haben eine starke Neigung zum Ausspielen ihrer sozialen Macht. Der letzte Bereich war ein ziemlich stark idealisiertes Berufsbild, bei dem gezeigt wurde, daß Beamte sich voll mit den Vorschriften ihrer Organisation identifizieren.

Offensichtlich sind sozialwissenschaftliche Analysen für die Verwaltungspraxis entbehrlich. Die faktische Wirksamkeit des Verwaltungshandelns und seine Bedingungen sind anscheinend weniger wichtig als die rechtliche Normierung des Verwaltungshandelns. Zu diesem pessimistischen Urteil kommen Grunow, Hegner / Kaufmann (1978, S. 234). Dieses gilt auch für Untersuchungen, die sich z. B. auf den Kontakt zwischen Lehrer und Eltern beziehen.

Wenn es aber doch einmal zu sozialwissenschaftlichen Untersuchungen in der Verwaltungspraxis kommt, dann geschieht dies wohl meist im Interesse der Organisationsspitze, die sich zudem vor der Veröffentlichung von unerwünschten Ergebnissen durch Rechtskonstruktionen schützt. Der Wissenschaftler z.B. steht deshalb vor einem Dilemma: Einmal arbeitet er nur mit geliehener Macht, zum anderen glaubt man nicht so ohne weiteres an die Objektivität der Auftragsforschung.

7. Die Beseitigung oder Kontrolle der Bürokratie

Die Vorschläge zur Kontrolle resp. Beseitigung von Bürokratie reichen von einer gesteigerten Überwachung durch repräsentative Gremien bis zu einem Mehr an Gesetzen. Jeder Versuch, Bürokratie zu kontrollieren oder abzuschaffen, führt aber häufig wieder selbst zu mehr Bürokratie. Aus diesem Grunde ist es zu dem Vorschlag gekommen (s. Albrow, 1972, S. 142f), daß Beamte an demokratische Prinzipien gebunden werden müssen. Diese Anbindung sei sehr viel erfolgreicher als ein formales Kontrollsystem. Dazu müßte größter Wert auf berufliche Befähigung gelegt werden und gewährleistet sein, daß nur Personen mit hohem menschlichem Format verbeamtet werden. Die schulinternen Selektionskriterien genügen nicht.

Ein weiteres Problem ist die Verantwortung für das Handeln eines Beamten. Hinter dem Beamten steht letztendlich wieder ein Beamter; diese Kette ließe sich fortsetzen, bis man schließlich bei einem unspezifischen Begriff wie *das Volk* angelangt ist. Verantwortung ist also nicht ad personam festzumachen, sondern sie schwebt gewissermaßen in einem luftleeren Raum. Es wurde bereits darauf hingewiesen, daß die Korrektur bürokratischer Entscheidungen außerordentlich schwer ist. Die Erfahrungen zeigen, daß Korrekturen eigentlich nur dann durchgeführt werden, wenn der Anlaß der Fehlentscheidung nicht über den Dienstweg mitgeteilt wird, sondern an Institutionen, die außerhalb des Dienstweges liegen. Ein Beispiel aus der

BRD wäre die Institution des Wehrbeauftragten. An diesen dürfen sich alle Soldaten wenden, völlig Außerachtlassung des normalerweise einzuhaltenden Dienstweges (Evan, 1971, berichtet über eine ähnliche Institution in der US-Armee). Die Kontrolle von bürokratischen Organisationen birgt aber eine erneute Geefahr: die Bürokratisierung der Kontrolleure.

8. Fazit: Bürokratie in der Schule

Nach Hejl (1982, S. 94) setzt die Politik die "Ziele und bestimmte Zwecke, die Verwaltung sucht nach Mitteln und wendet sie an". Diese modellhafte Vorstellung scheint - auch für die Schule - nicht adäquat. Bereits Luhmann hat darauf hingewiesen, daß Zwecke nicht ohne die Berücksichtigung bereits verfügbarer Mittel gewählt werden können. Hinzu kommt, daß die nachgeordneten Stellen sehr wohl die Möglichkeit der Beeinflussung formal vorgegebener Instanzen haben. Die Problematik Bürokratie und Schule kann innerhalb des Bürokratiekonzeptes nicht gelöst werden, auch und gerade, weil Lehrer Freiheiten haben: Kern (1986, S. 214) formuliert prägnant, daß sich die Lehrer etwas ins Bockshorn jagen lassen, obwohl Selbstbewußtsein angesagt sei: "In einer Situation, wo manchmal keiner ganz genau weiß, wie es rechtlich nun ganz genau sein müßte, kommt es darauf an, vernünftige Entscheidungen mit allen an der Situation Beteiligten auszuhandeln." Auch Baumert kommt zu einem ähnlichen Ergebnis: "Der Lehrer besitzt vor allem im Kernbereich seiner Tätigkeit faktisch ein relativ hohes Maß an Autonomie" (1980, S. 460). Nach Kern (1986, S. 213) ist "der Handlungsspielraum des Lehrers vergleichsweise weitreichend und seine Ausfüllung durch persönliche Entscheidungen qualitativ zentral für die Aufgabenerfüllung" der Schule. Also nicht die Reduktion der Welt auf einfache Gesetzmäßigkeiten ist die Lösung, sondern weit erstrebenswerter ist ein stärkerer Verzicht auf zentrale Lenkung (Wagner, 1987, S. 54). Oder wie Mach es bereits 1926 sagte: "Hüten wir uns vor allzufesten starren Formen!" (Mach, 1987, S. 87).

Eine Erscheinung, der sich die Synergetik erst jetzt zuzuwenden beginnt, ist die Bürokratie oder, genauer gesagt, das ständige Anwachsen der Bürokratie. Das Anwachsen der Bürokratie mit immer höherem finanziellen Aufwand an Personalkosten scheint in einem völligen Widerspruch zum Verhalten bei wirtschaftlichen Vorgängen zu sein, bei denen immer wieder effiziente Rationalisierungen vorgenommen werden. Es scheint, daß "hier grundlegende Prinzipien der Selbstorganisation, die uns ja immer wieder in der Natur begegnen, völlig vernachlässigt werden" (Haken, 1981, S. 182f).

Nun aber zu einer jungen Fassung des Bürokratiekonzeptes: der Organisationstheorie.

II. Organisationstheoretische Ansätze

Die Organisationstheorie hat zwar eine recht lange Tradition, ist jedoch als Erweiterung des Bürokratie-Ansatzes zu verstehen. Innerhalb der Erziehungswissenschaft ist ein allerdings nicht geringer Nachholbedarf zu beobachten: "Die Pädagogik ... kann sich zwar ... auf eine bis ins Altertum zurückgreifende Wissenschaftstradition berufen, hat sich aber vergleichsweise spät und zögerlich der Organisationsproblematik von Bildungsprozessen und -einrichtungen angenommen" (Haug / Pfister, 1985, S. 10). Im folgenden soll deshalb zwar keine eingehende Analyse der Schule als Organisation gegeben werden, aber eine Skizzierung der aktuellen Ansätze scheint vor dem Hintergrund der Kritik am alten Bürokratieansatz unerläßlich.

1. Definitionen von Organisation

Organisation als Begriff wird mit den verschiedensten Vorstellungsinhalten belegt (Büschges, 1983, S. 17f). Die Vielfalt ist am besten in Lehrbüchern zur Organisationstheorie nachzuvollziehen, so z.B. bei Neuberger (1977, S. 12f), der eine Übersicht über vorliegende Organisationsbegriffe aufgestellt hat. Dies schien notwendig, denn Kieser / Kubicek (1978a, S. 11) sprechen von einer babylonischen Vielfalt an Paradigmen innerhalb der Organisationstheorien. Allerdings reduziert sich die Unüberschaubarkeit der Definitionen, wenn man Typen ausfindig machen kann. So hat Scott drei Organisationstypen gegenübergestellt, die unterschiedlich definiert werden:

Die Organisation als *rationales System*. Eine Organisation ist eine Verfolgung relativ spezifischer zieleorientierter Kollektivität mit einer relativ stark formalisierten Sozialstruktur.

Die Organisation als *natürliches System*. Eine Organisation ist eine Kollektivität, deren Mitglieder in ihrem Verhalten durch die formale Struktur oder die offiziellen Ziele kaum beeinflußt werden, jedoch ein gemeinsames Interesse am Fortbestehen des Systems haben und sich an informell strukturierten Kollektivaktivitäten zugunsten seiner Erhaltung beteiligen."

Die Organisation als *offenes System*. "Eine Organisation ist eine Koalition wechselnder Interessengruppen, die ihre Ziele in Verhandlungen entwickelt; die Struktur dieser Koalition, ihre Aktivitäten und deren Resultate sind stark geprägt durch Umweltfaktoren" (Scott, 1986, S. 45ff).[6]

---

[6] Scott präferiert damit die Auffassung der Organisation als System, ja sogar der Organisation als *multilevel system*. Dieser Systembegriff soll im folgenden nicht verwendet werden, um eine Überlappung von Vorstellungsinhalten zu vermeiden. Dies gilt auch für den Versuch Greifs

Nach dieser Kategorisierung müßte man die Schulklasse als eine rationale Organisation bezeichnen. Schoof (1980, S. 167) ist der Ansicht, daß Schulklassen im allgemeinen drei Ziele verfolgen: Die unmittelbare Befriedigung individueller Bedürfnisse, die Aufrechterhaltung der Bedingungen der Bedürfnisbefriedigung und Verfolgung eines kollektiven Ziels. Diese Ansicht steht im krassen Widerspruch zu Ulichs Charakterisierung der Schulklasse als *Zwangsaggregat*. Schoofs Bild einer Schulklasse ist dennoch kaum nachvollziehbar, denn die drei von ihm genannten Ziele setzen voraus, daß die Zielfindung durch das Kollektiv selbst festgelegt werden. Im günstigsten Falle gilt dies aber nur für einen Teilbereich von Verhaltenszielen in der Schulklasse.

Organisationen profilieren sich gegenüber anderen Sozialsystemen nach Geser (1972, S. 114) wie folgt: Einmal sind Organisationen nicht gemeinschaftlich konstituierte Sozialsysteme wie z.B. Familien- und Verwandtschaftsgruppen, "bei denen sich vor allem der Aspekt der personalen Zusammensetzung ... der entscheidungsmäßigen Steuerbarkeit entzieht". Weiterhin sind Organisationen auch nicht traditionalistisch fundierte Strukturformen wie z.B. ständische Berufsgruppen etc.. Bei diesen liegt der Schwerpunkt vor allem auf sachlichen Systemparametern wie Wertmaßstäben, Normen oder Rollendefinitionen. Organisationen gehören drittens auch nicht zu den informell-spontanen Sozialsystemen, bei den Bekanntschafts-, Sympathie- und Solidaritätsbeziehungen die Grundlage bilden.

Nach Gebert (1978, S. 12ff), Haug / Pfister (1985, S. 6), Probst (1987, S. 9) und Meißner (1989, S. 15) weist eine Organisation folgende allgemeine Merkmale auf: sie zeichnet für eine Ordnung verantwortlich, sie ist gegenüber der Umwelt offen, sie existiert über die Zeit, hat die Fähigkeit zur *Biographie*, sie verfolgt spezifische Ziele, sie setzt sich aus Individuen zusammen und kann daher als soziales Gebilde bezeichnet werden, sie weist eine formale Struktur auf, mit deren Hilfe das Handeln der Individuen in Richtung des Organisationsziels gewährleistet werden soll.

(1978), Organisation als System mit menschlichen und nicht-menschlichen Objekten zu definieren. Oder für die Charakterisierung der Organisation als kybernetisches System (Scott, 1986, S. 152f; s.a. Hoyos, 1974, S. 45). v. Cranach et al. (1987) zufolge sind Organisationen nichts anderes als soziale Systeme von größerer Komplexität. Organisationen bestehen meist aus Systemen auf mehreren Stufen, zeichnen sich durch hohe Formalisierung aus und konkretisieren sich in "materiellen Substraten und Prozessen" (1987, S. 218).

2. Beschreibungen von Organisation

Organisationen lassen sich in fünffacher Hinsicht beschreiben:

a) Organisation als umwelt-offenes Gebilde

Unter Umwelt versteht man die außerhalb der Organisation liegenden Daten, die für die Organisation entscheidungs- und zielrelevant sind. Umwelt wird aus der Organisation heraus klassifiziert. Diese Klassifikation beruht auf einer bestimmten Theorie, die die Zielerreichung der Organisation widerspiegelt. Die Grenzziehung zwischen Organisation und Umwelt ist aber nicht ganz einfach. Wer meint, daß die Grenze einer Organisation der Gartenzaun ist, der irrt. "Wo hört Organisation auf, und wo fängt Umwelt an?" (Gebert, 1978, S. 12). Eine schöne Metafer verdeutlicht das Problem um die Grenzziehung zwischen Umwelt und Organisation: "Organisationen sind wie Wolken: je nach Betrachtungsstandpunkt verändern sich ihre Konturen, und kommt man ihnen näher, so verschwimmen sie" (Starbuck, 1976, zit. nach Gebert, 1978, S. 13). Die Grenzziehung zwischen Organisation und Umwelt kann also nicht ausschließlich physikalisch-räumlich durchgeführt werden, wie man es bei einer Schule evtl. über das Schulgebäude machen könnte. Ganz im Gegenteil: Die Austauschprozesse zwischen Organisation und Umwelt vollziehen sich unabhängig von dem räumlichen Grenzfall. Unter diesem Aspekt ist auch die Frage der Mitgliedschaft in einer Organisation zu betrachten: Wer ist Mitglied in einer Organisation und wer nicht? Mitgliedschaft ist - und das macht die Sache nicht einfacher - zunächst eine Frage des Grades der Mitgliedschaft. Die Grenzen sind fließend. Es kann sein, daß Mitglieder Merkmale der Organisation tragen, während hingegen andere Merkmale für Mitglieder nicht zutreffen. Wenn man die Organisationsgrenze als offen definiert, dann stellt sich auch zwangsläufig die Frage, wie die Diffusion zwischen Umwelt und Organisation (Grenzdiffusion) abläuft. Gebert (1978) weist darauf hin, daß Grenzdiffusion vor allem ein psychologisches Problem sei. Dies gilt wohl weniger für klar umrissene Organisationen, wie es die Schulen sind.

b) Organisationen als zeitlich überdauernde Gebilde

Ein weiteres Grenzproblem zeigt sich hinsichtlich der Frage, ab welchem Zeitpunkt eine Organisation existiert und wann sie ihre Identität aufgibt. Eine vorübergehende Ansammlung von Menschen wird man kaum als Organisation bezeichnen wollen. Was sind die Kriterien dafür, ob eine Organisation noch existiert oder nicht mehr existiert? Die Organisation Schule mit ihren stark bürokratischen Merkmalen ist hier leichter abgrenzbar. Die

Frage nach der zeitlichen Stabilität ist zugleich die Frage nach der Identität einer Organisation. Unter dem Gesichtspunkt der Stabilität ist eine Organisation im allgemeinen nicht eindeutig definierbar. Die Schule als Organisation zeichnet sich dagegen durch starke Stabilität aus.

c) Ziele von Organisation

Ein Merkmal einer Organisation ist ihre Zielgerichtetheit. Als Organisationsziel wird der Zweck verstanden, um deren Willen eine Organisation gegründet wird und dessen Erfüllung die Organisation erreichen will (Büschges, 1983, S. 90). Allgemeines Ziel von Organisationen ist es, das Zweck-Mittel-Verhältnis zu optimieren. "Das Ziel, entweder bei gegebenem Zweck das kostengünstigste Mittel bzw. bei beschränkten Mitteln den besten Zweck zu bewirken, ist nur bei abwechselnder Konstantsetzung der Zwecke und Mittel feststellbar" (Hejl, 1982, S. 95). Der Zweck der Schule ist nicht so leicht zu bestimmen. Es gibt sehr allgemein formulierte Ziele in den einzelnen Länderverfassungen und deren recht subjektive Interpretation durch Richtlinien. Aber auch wenn man den Zweck der Schule eindeutig formulieren könnte, es würden dabei die nicht-offiziellen Ziele unberücksichtigt bleiben. Was sind dies für Ziele? Nach Westerlund / Sjöstrand (1981, S. 63), gibt es verschiedene Zielformen, die in einer Organisation vorkommen können:

Paradeziele, Pfadfinderregeln: Fiktive Ziele, die als sozial erwünscht gelten.

Tabuziele: Ziele die man eigentlich hat, aber nicht nennen will oder darf.

Stereotype Ziele: Dies sind die Regeln der Zielbildung, denen der eigentliche organisationsspezifische Inhalt fehlt.

Wirkliche Ziele: Das Bild von den Anstrengungen der Individuen, Gruppen in einer Organisation.

Angegebene Ziele: Dies sind z.B. stereotype Ziele oder Paradeziele anstelle dessen, was Tabu oder Realität ist.

Verdrängte Ziele: Die einer Konfrontation mit eigenen Bewertungsmaßstäben und dem eigenen Selbstbild nicht standhalten.

Professionelle Ziele: Ziele, zu deren Formulierung und Verwirklichung man ausgebildet wurde.

Unbewußte Ziele: Man meint, daß man daran arbeitet, X zu erreichen, man bewegt sich aber tatsächlich nach Y.

Es ergeben sich daraus bei genauerem Hinsehen drei Problemfelder:

Ziele sind häufig nicht eindeutig definiert (s.o.). Gebert (1978) fragt deshalb danach, welche Um-Interpretationsleistungen von dem einzelnen Organisationsmitglied erbracht werden müssen, damit dieses trotz unklarer Zielstruktur die Organisation als eindeutig zielgerichtet wahrnimmt.

Die Probleme ergeben sich auch beim Wandel von Organisationszielen, da Organisationen normalerweise eine gewisse "Beharrungstendenz" aufweisen (Büschges, 1983, S. 100). Jede Lehrplan-Änderung bedeutet für Lehrer erneute Umstellung.

Es treten Konflikte zwischen Organisationszielen auf, die lösungsbedürftig sind (Kieser / Kubicek, 1978b, S. 56). Dieses Problem ist für Lehrer von großer Bedeutung, da Ziele nicht nur von der Organisation angetragen werden, sondern auch von außen (z.B. Eltern) Anforderungen formuliert werden.

Allein die Existanz von Zielen, die nicht primäre Organisationsziele sind, offenbart die Eingeschräktheit oberflächlicher Analysen. Vielleicht helfen sich allerdings auch die Schulen so, wie es Hondrich (1987, S. 298) aufgezeigt hat: Er unterscheidet eine Dimension sozialer Differenzierung, die nach seiner Ansicht in Differenzierungstheorien so gut wie nicht vorkommt: die Gegenüberstellung von Offizial- und Untergrunddifferenzierung sozialer Systeme. Offizialdifferenzierung erkennt man an der idealtypischen oder idealisierenden Selbstbeschreibung sozialer Systeme" (S. 298). Untergrunddifferenzierung entsteht insbesondere dann, wenn die Offizialdifferenzierung zu rigide ist, um bestimmte segmentäre und funktionale Differenzierungsformen, die notwendig wären, nicht durchführen. Verallgemeinernd kann man annehmen, daß das Spannungsverhältnis zwischen Offizial- und Untergrunddifferenzierung eines sozialen Systems umso größer wird, je mehr das System ein willentlich gemachtes und organisiertes ist. So gesehen sind Untergrunddifferenzierungen der Preis, den ein System dafür zahlt, daß es von einem *Tugendpfad der Naturwüchsigkeit* abweicht" (Hondrich, 1987, S. 299).

d) Organisation als strukturierte Gebilde

Die drei Begriffe Spezialisierung, Zentralisierung und Formalisierung kennzeichnen die *Struktur* einer Organisation. Die *Spezialisierung* "drückt sich aus im Umfang der einer Position (Stelle) übertragenen Aufgabe (Tätigkeiten)" (Neuberger, 1977, S. 15). Damit werden also bestimmte Produktionsabschnitte in nicht selbständige Einheiten zerlegt. Die "*Formalisierung* wird oft als das zentrale Merkmal von Organisiertheit gesehen" (Neuberger, 1977, S., 19). Damit bezeichnet man "Umfang und Grad der technischen und/oder schriftlich vorgegebenen und fixierten Regelungen des Tätigkeitsablaufes". Professionalisierung und *Zentralisierung* sind alternative Formen von Organisation und schließen sich deshalb gegenseitig aus (Niederberger, 1984, S. 5). Diese drei Begriffe haben sich weitgehend durchgesetzt, obwohl Autoren vereinzelt weitere Beschreibungsmodi hinzuziehen: Pugh / Hickson (1971) haben z.B. Organisation mit Hilfe folgender Begriffe zu beschreiben versucht: Spezialisierung, Standardisierung, Formalisierung, Zentralisierung und Konfiguration (Zahl und Verhältnis der Positionen untereinander). Standardisierung und Konfiguration sind aber subsumierbar und stellen deshalb keine eigene Qualität dar.

3. Schule als Organisation

Man kann die Schule als Organisation im Licht sehr unterschiedlicher Forschungsansätze betrachten (s. zsf. Haug / Pfister, 1985). Die *rechts- und verwaltungswissenschaftliche Sicht* umfaßt Aspekte wie Schulverfassung, Schulverwaltung und Schulmanagement. Die *soziologische Sicht* sieht Schule als soziales System bzw. als gesellschaftliche Institution. Aspekte der sozialen Interaktion zwischen Schülern und Lehrern, Fragen nach deren Rollen sowie der Bereich der Professionalisierung der Lehrer wird unter *sozial-psychologischen Gesichtspunkten* erörtert. *Organisationstheoretisch* schließlich werden Fragen nach der strukturellen und prozessualen Erscheinungsform von Schule als Organisation umrissen. Mit ein bißchen Phantasie kann man nahezu jedes Forschen in und über die Schule unter diese vier Ansätze subsumieren. Es kann aber nicht Sinn sein, die organisationstheoretische Beschreibung der Schule derart undifferenziert zu betreiben. Aus diesem Grunde soll nun eine klare Beschreibung der Schule als Organisation durchgeführt werden. Eine Hilfe dazu ist eine Arbeit von Niederberger (1984, S. 13). Er hat in Anlehnung an Müller (1973) Organisationen nach ihrer Umwelt und vorhandenen Technologie eingeteilt (s. Abbildung 2).

Die Organisationsstruktur ist als eine abhängige Variable gekennzeichnet. Sie reicht von der idealtypischen Bürokratie hin zur sogenannten organischen Organisation. Niederberger (1984, S. 19) versucht nun, die schulische Realität durch diese Modelle zu beschreiben. Ihm geht es dabei vor allem um das Lehrerverhalten innerhalb des Unterrichts. Das reine stoffzentrierte Unterrichtshandeln ordnet er dem bürokratischen, mechanistischen Typus zu, das schülerzentrierte Modell hat seiner Ansicht nach eine Entsprechung im Handwerksmodell. Weitreichender müßten Analysen der gesamten Schule als Organisation sein. Diesbezüglich liegen aber nur wenige Studien vor. In der sehr materialreichen Zusammenfassung über Messungen der Organisationsstruktur von Kubicek / Walter (1985) gibt es nur vier Studien aus den USA, die dem Bereich Schulwesen zugeordnet werden können (S. 143, 309, 373 und 654): In einer Arbeit geht es um die Differenzierung des Stellengefüges, zwei Arbeiten beschäftigen sich mit dem Einfluß auf Entscheidungen (Zentralisation), die vierte Arbeit beschäftigt sich mit der Vorgabe von Verfahren. Daran wird deutlich, daß die Schule - zumindest in den Vereinigten Staaten - als Organisation von den Organisationstheoretikern und -praktikern noch gar nicht richtig erkannt ist.

Abbildung 2

Klassifizierung von Bürokratie- und Organisationsansätzen nach Niederberger (1984)

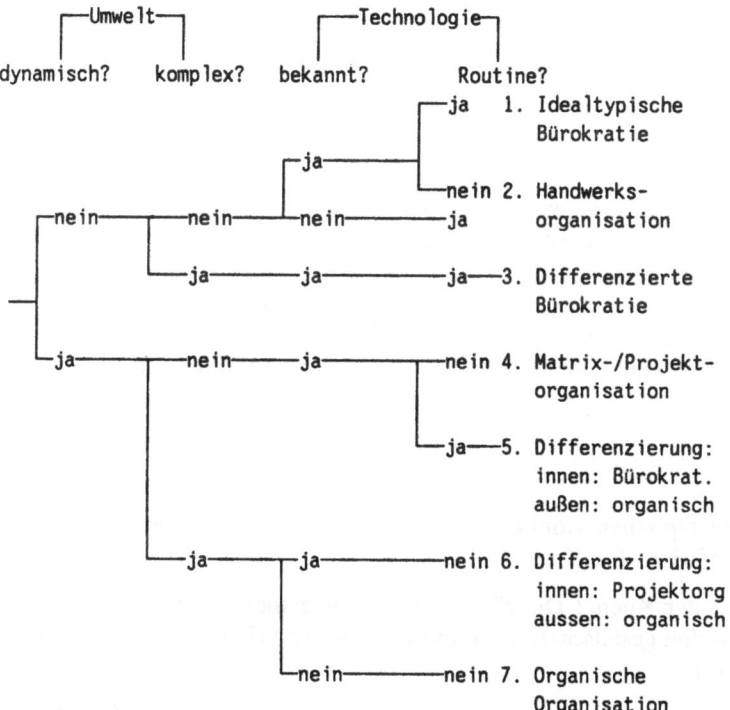

Wie könnte man Schule als Organisation definieren? Haug / Pfister (1985, S. 8), die eine der wenigen Analysen zu diesem Themenbereich für die BRD vorgelegt haben, dazu: Schule ist eine organisierte, auf eine Mindestdauer angelegte Einrichtung, in der unabhängig vom Wechsel der Lehrer und der Schüler durch planmäßige, gemeinschaftliche Unterweisung in einer Mehrzahl von Gegenständen bestimmte Lern- und Erziehungsziele verfolgt werden. Haug / Pfister fassen ihre organisationstheoretische Analyse der Schule als Organisation wie folgt zusammen:

> Schule wird überwiegend aus funktionalistischer Sicht betrachtet
>
> das Zielsystem der Schule ist doppeldeutig: gesellschaftliche Funktion vs. pädagogische Intention
>
> Schule wird überwiegend als die Gesellschaft reproduzierende Sozialisationsinstanz gesehen
>
> Schulen werden überwiegend als hierarchische Gebilde verstanden
>
> Schule wird in Bezug auf die Schulpflicht als Zwangsorganisation gesehen
>
> Schule wird überwiegend als bürokratisch geregelte Organisation mit akzeptierten Freiräumen gesehen
>
> Schulen werden überwiegend als staatliche Einrichtungen gesehen (S. 18f).

Wenn diese Analyse auch nur annähernd stimmt, dann ist Schule nach wie vor ein eher bürokratisch organisiertes Gebilde und kann nicht als offene Organisation angesprochen werden. Der Organisationsansatz berücksichtigt zwar 'akzeptierte Freiräume', dies genügt aber bei weitem nicht, weil nicht erklärt wird, was in diesen Freiräumen geschieht. Ein dritter Zugang könnte helfen, dies zu klären: der Konfliktansatz.

III. Der Konfliktansatz

Welchen typischen Konflikten sind Lehrer ausgesetzt? Reinhardt (1978, S. 516ff) referiert drei Konfliktdimensionen:

> Wer ist der Klient? Die Förderung des einzelnen Schülers widerspricht oftmals den gesellschaftlichen Funktionen der Schule (Selektion, Allokation etc.).
>
> Was will der Klient Schüler? Der Lehrer muß den Schüler auf ein Leben in der Zukunft vorbereiten, was der Schüler noch nicht kennen kann. Der Pädagoge ist gegenwartsorientiert, der Fachwissenschaftler zukunftsorientiert.
>
> Wie lebt der Klient Schüler? Der Lehrer muß eine Gruppe von Schülern unterrichten und nicht einen einzelnen.

Diese drei Bereiche decken aber noch keineswegs die volle Breite möglicher Konflikte ab: Der Grundkonflikt des Lehrers ist nach Niederberger

(1984, S. 22) nämlich darauf zurückzuführen, daß zwei verschiedene Organisationstypen innerhalb der Schule aufeinanderprallen. Je mehr das präferierte Unterrichtsmodell des Lehrers schülerzentriert ist, desto weiter entfernt sich das bürokratische von dem Unterrichtsmodell. Die Konfliktträchtigkeit dieser Situation wächst mit der Entfernung dieser beiden Modelle. Die Auseinandersetzung mit Konflikten in der Organisation Schule ist deshalb unumgehbar (s. zfd. Rüttinger, 1980, S. 94f), vorher ist allerdings eine Abgrenzung zum Streßkonzept notwendig.

1. Definition und Abgrenzung vom Streß-Konzept

Bei einem Konflikt stehen sich zwei oder mehrere Parteien gegenüber. Diesen Parteien ist ein gemeinsamer Verhaltensraum gleich. Ein solcher Verhaltensraum ist definiert durch eine Situation, in der die psychologischen Beziehungen in irgendeiner Form antagonistisch sind (Esser, 1975, S. 21). Die unter personenzentrierte Perspektive diskutierten Konflikte werden in der Literatur häufig unter dem Begriff Streß subsumiert. Man geht davon aus, daß je länger ein Konflikt ungelöst anhält (also latent ist), dieser sich wahrscheinlich zum Streß entwickelt. Konflikt und Streß sind nicht dasselbe: Der Begriff Streß entstammt ursprünglich aus der Naturwissenschaft und Technik (Materialprüfung). Streß wurde in der anglo-amerikanischen Umgangssprache des siebzehnten Jahrhunderts für Bedrängnis, Beklemmung, Mißgeschick, Leid verwendet. Im Laufe des späten achtzehnten Jahrhunderts bezeichnete man mit dem Wort Zwang, Druck, Anpassung, starke Anstrengung, in erster Linie in Verbindung mit einem menschlichen Subjekt bzw. dessen Organen oder geistiger Potenz. Es folgte die Übernahme dieses Begriffes zur Beschreibung organischer Zustände und Prozesse. Schließlich wurde Mitte der 60er Jahre das Streßkonzept in die Psychologie durch Lazarus übernommen.

Betrachtet man die Veränderung des Streßkonzeptes, so läßt sich folgendes festhalten.

Aus der rein physikalischen Konzeption wurde eine organische,

aus der organischen Konzeption (des Arztes Selye) wurde eine psychophysiologische, psychosomatische und psychosoziale,

von der Suche nach konkreten äußeren Belastungen (Stressoren) wandte man sich immer mehr der Interaktion zwischen objektiven und subjektiven Bedingungen zu.

Streß wird zu einem interdisziplinären Thema.

Streß wird ein gängiger Begriff in der Alltags- und Umgangssprache[7].

Versucht man, den Streß- von dem Konfliktbegriff zu trennen, so fallen drei Bereiche auf, in denen die Unterschiedlichkeit deutlich wird.

Das Streßkonzept hat eine andere Herkunft (s.o.)

in der Streßforschung wird vor allem die Beeinträchtigung personaler Bestimmungsfaktoren untersucht (physiologische, motorische und psychologische).

Dem psychologischen Streßbegriff liegt oftmals noch eine relativ statistische Konzeption des Menschen als ein primär reagierendes Wesen vor (Berkel, 1984, S. 259, zeigt hier die zirkuläre Definition des Streßbegriffes: "weil Menschen hilflos reagieren, liegt eine Belastungssituation vor; es gilt aber auch gleichzeitig der Umkehrschluß: weil sie keine Situationskontrolle haben, reagieren sie hilflos").

Im Gegensatz dazu liegt der Ursprung des Konfliktbegriffes eher nicht im medizinischen, sondern im philosophischen Theoriefeld. Im Konfliktbegriff ist implementiert, daß sich Alternativen gegenüberstehen. Hinzu kommt, daß die Beschäftigung mit einem Konflikt nicht nur negative Aspekte hat, sondern auch eine Person dahin führen kann, neue, schöpferische Verhaltensweisen zu entfalten. Schließlich wird der Mensch nicht nur als reagierendes, sondern auch als agierendes Wesen angesehen. Es gibt zahlreiche Konfliktdefinitionen, die bei Wunderer / Grunwald (1980, Band 2, S. 235f) sehr anschaulich gegenübergestellt sind.

2. Arten von Konflikten

Wenn man von Konflikt redet, dann muß man sich darüber bewußt sein, daß es Konflikte auf verschiedenen Ebenen gibt. In Tabelle 3 wird deutlich, daß man unterscheiden muß zwischen Konflikten auf der Individual- bzw. Kollektivebene und zwischen den Konflikten innerhalb eines Systems und zwischen Systemen (System von Esser hier verstanden als Organisation). Im folgenden werden allerdings die Konflikte zwischen Systemen nicht berücksichtigt, da diese nicht zur Diskussion stehen.

---

[7] Eine Analyse des Streßkonzeptes aus der Sicht von Laien legte Weber (1987) vor.

Tabelle 3

Die vier Klassen von Konflikten (n. Esser, 1975, S. 13)

	Konflikt innerhalb eines System	Konflikt zwischen Systemen
Individualebene	a. intraindividueller Konflikt	interindividueller Konflikt
Kollektivebene	b. intraorganisatorischer Konflikt	interorganisatorischer Konflikt

Intraindividuelle Konflikte haben ihre Ursachen meist im individuellen Überzeugungssystem. "Je besser der einzelne seine Bedürfnisstruktur auf diese Erfordernisse (der Organisation; der Verfasser) abstellen kann, je mehr Spaß und je weniger Unlust er bei der Ausübung dieser Anforderungen empfindet, je weniger inneren Konflikt er also zwischen seinen Motiven und den von außen kommenden Rollenanforderungen sieht, desto erfolgreicher ist er" (Berkel, 1984, S. 252).

Wie kommt es zu unterschiedlichen Meinungen und Überzeugungen? Dies ist letztendlich die Kernfrage, die die Entstehung eines Konfliktes erklärt. Eine zentrale Rolle spielt sicherlich der Wissensstand des Individuums über einen bestimmten Sachverhalt. Der Wissensstand alleine ist allerdings nicht verantwortlich für die Entstehung von Konflikten. Es gibt noch verschiedene Prozesse, die die Wahrnehmung entstellen (s. zsf. v. Saldern / Stiller, 1980): Stereotypen, Abwehrmechanismen, Projektion und der Halo-Effekt. Ein Konflikt kann auch dann entstehen, wenn die individuellen Werte eingeschränkt bzw. bedroht werden. Dazu gehört z.B. eine behinderte Wunscherfüllung oder auftretende Frustration. Wenn Werte inkompatibel sind, dann kommt es zu einem sogenannten Wertkonflikt. Schulleiter sind beispielsweise in den seltensten Fällen nur von einem Wert geleitet. Da sie zum einen pädagogische Werte vertreten müssen, dabei andererseits aber ministerielle Werte berücksichtigen müssen, ist ein Wertekonflikt geradezu programmiert, es sei denn, die pädagogischen Werte werden ganz aufgegeben (s.a. Dörner, 1988, S. 88).

Esser (1975, S. 119) referiert folgende Merkmale, die den intraorganisatorischen Konflikt auszeichnen:

Mitglieder einer Gruppe versuchen durch Vorbringen eigener Meinungen die Entscheidung der Gruppe zu beeinflussen.

Die Mitglieder lehnen die Vorschläge häufiger ab, als sie ihnen zustimmen.

Die Lösungsbeiträge werden geringer geschätzt.

Die Mitglieder stehen ihrer Gruppe kritisch gegenüber.

Es herrscht ein schlechtes Klima in der Gruppe.

Im folgenden gilt es, die unterschiedlichen Konflikte genauer zu analysieren.

3. Konflikte in Organisationen

Berkel (1984) unterscheidet drei verschiedene Perspektiven der Konfliktuntersuchung: Einmal die *personzentrierte Konfliktperspektive*, bei der die Umwelt der Person völlig außer Acht gelassen wird, zum zweiten die *interaktionszentrierte Konfliktperspektive*, bei der die Handlung der Person in dem entsprechenden Bezugsrahmen betrachtet wird, zum dritten die *strukturzentrierte Konfliktperspektive*, bei der der Konflikt an den situativen Merkmalen selbst festgemacht wird. Diese Konfliktperspektive ist die angemessene, weil sie diejenige ist, die Konflikte in formalen Organisationen am besten verständlich und erklärbar machen kann. Damit ergänzt die strukturzentrierte Konfliktperspektive mit dem bürokratischen Organisationskonzept (Berkel, 1984, S. 224f): Das Leiden der Menschen in Organisationssystemen kann man durchaus interpretieren als das Mißlingen totaler Steuerung des menschlichen Verhaltens. Türk (1976) stellte ebenso wie Raiser fest, daß Organisationsmitglieder durch Bürokratisierung einer Übersteuerung (a) bzw. einer Überkomplizierung (b) unterliegen können. Türk selbst fügt noch ein drittes Verhaltensmuster dazu: die Überstabilisierung (c). Diese drei Konzepte sollen im folgenden kurz erläutert werden (s.a. Matis / Stiefel, 1987).

a) Die Überkomplizierung

Überkomplizierung ist ein Resultat der wahrgenommenen Komplexität und Kontingenz von Situationen. Es ist insofern ein relationaler Begriff, als die Komplexität und Kontingenz des Organisationssystems der Komplexität und Kontingenz des Personensystems gegenübersteht. Überkomplizierung ist in drei Erscheinungsformen beobachtbar. Einmal in der sogenannten *strukturellen Überlastung*, worin das Ausmaß der Ansprüche und die zu berücksichtigenden Möglichkeiten bzw. Sachverhalten gemeint ist. Wenn sich das Personalsystem an das Organisationssystem hinsichtlich der Komplexität anpaßt, dann kommt es zu einer Reduktion der Eigenkomplexität. Das Fatale an dieser Abfolge ist, daß der letzte Schritt (Reduktion von Eigenkomplexität) wiederum zu einer Steigerung der Umweltkomplexität führt. Die

Diskrepanzen zwischen Spezialisten und Generalisten müssen auch hier berücksichtigt werden. Die zunehmende Spezialisierung (= Reduktion von Eigenkomplexität) führt über die gesamte Organisation hinweg dazu, daß die Organisation immer komplexer und heterogener wird. Gerade in hochspezialisierten Organisationen fällt immer wieder auf, daß die Doppelfunktion von Koordination und Sachentscheidung häufig eine Überlastung für den einzelnen darstellt.

Die zweite Erscheinungsform der Überkomplizierung ist nach Türk die *strukturelle Ambivalenz*. Hier geht es nicht um übermäßige Komplexität von Organisationsstrukturen, sondern um übermäßige Kontingenz im Sinne von Unsicherheit, die überwiegend durch Mehrwertigkeit von Organisationsstrukturen entsteht. Strukturelle Ambivalenz tritt vor allem dann auf, wenn orientierungsfördernde Strategien nicht oder nur teilweise gegeben werden. Eine Übersicht über die Folgen struktureller Ambivalenz ist in Tabelle 4 zu finden.

Tabelle 4

Quellen struktureller Ambivalenz (n. Türk, 1976, S. 117)

dysfunktional	unklare Zweckvorgaben stiften Unsicherheit	Flexibel interpetierbare Normen negative Handlungen	positive Rückmeldung bei
nicht ausreichend	mangelhafte Abgrenzung von Kompetenzen	mangelhafte Ausbildung neuer Mitarbeiter	mangelhafte Rückmeldung durch Vorg.
nicht eingesetzt	fehlende kommunikative Differenzierung	fehlende Information über allg. Geschäftspolitik	fehlende Sichtbarkeit über Erfolge

Die dritte Erscheinungsform der Überkomplizierung ist die *strukturelle Widersprüchlichkeit*. Türk unterscheidet folgende Sachverhalte:

Funktionale Interdependenz: Hier sind besonders die Friktionen zwischen Stabs- und Linienfunktionen zu finden.

Das Problem der Legitimation: Hier ist das Gegenüber zwischen Spezialisten und Bürokraten zu finden (s. Tabelle 5).

Koordinative Interdependenzen: Das Zerbrechen der im Weberschen Idealtypus postulierten Einheit von funktionaler und Amtsautorität

(Siehe die Kritik an Weber seitens Parsons) ist vorwiegend Ursache für die strukturelle Widersprüchlichkeit. Die Koordinative Interdependenz ist ein Resultat des bereits problematisierten Bereiches Spezialist versus Bürokrat.

Entwicklung reziproker Erwartungsstrukturen: In hierarchischen Organisationen kommt es zum Rollenkonflikt schon dadurch, daß man gleichzeitig Vorgesetzter und Untergebener ist.

Etablierung spezieller Aufstiegsnormen: Hierunter fallen Widersprüche zwischen den Leistungszielen des kulturellen Systems und den Handlungsorientierungen im sozialen System.

Tabelle 5

Bürokraten und Spezialisten (n. Türk, 1976, S. 120)

	Bürokrat	Spezialist
Orientierung	Organisationsinteressen	Klienteninteressen
Autoritätsbasis	Position / Status	Expertenschaft
Verpflichtetheit	Organisationsnormen	Berufsethos
Kontrolle	durch Organisationsleitung	durch Kollegen
Umgang mit Unsicherheit	Verringerung des Bereiches	Informations- und Handlungsverbesserung

b) Die Übersteuerung

Die übermäßige Reduktion von Komplexität und Kontingenz bezeichnet Türk als Übersteuerung. Die Übersteuerung hat korrespondierende Erscheinungsformen zur Überkomplizierung. Bei der letzteren wurden eben die Vielfältigkeit (Überlastung), Mehrdeutigkeit (Ambivalenz) und Gegensätzlichkeit (Widersprüchlichkeit) diskutiert. Diesen steht unter dem Oberbegriff der Übersteuerung die Einfältigkeit, die Beschränktheit und die Unterdrückung gegenüber. Türk unterscheidet also ebenso wie bei der Überkomplizierung drei Erscheinungsformen der Übersteuerung.

Bei der *strukturellen Simplizität* liegt eine Unterauslastung bzw. Unterforderung vor. Schon Marx erkannte, daß monotone Arbeit zur Entfremdung führt. Das schwierigste Problem in dem Bereich der strukturellen Simplizität ist, daß intrinsische Motivationen nicht entwickelt werden können.

Die *strukturelle Rigidität* bezieht sich auf die möglichen Freiräume innerhalb der Organisation. Simplizität bezieht sich auf das Niveau der Anforderungen, definiert durch Minimums- und Maximums-Werte. Strukturelle Rigidität verlangt die genaue Entsprechung des Verhaltens an bestimmte Anforderungswerte. Die Überprägnanz von Normen und die Schaffung reiner Vollzugsnormen gehört in diese Kategorie. Merton hat ein Modell zur strukturellen Rigidität vorgelegt, das in Abwandlung durch Türk in Tabelle 6 wiedergegeben ist.

Tabelle 6

Der Croziersche Bürokratische Circulus Vitiosus (n. Türk, 1976, S. 130)

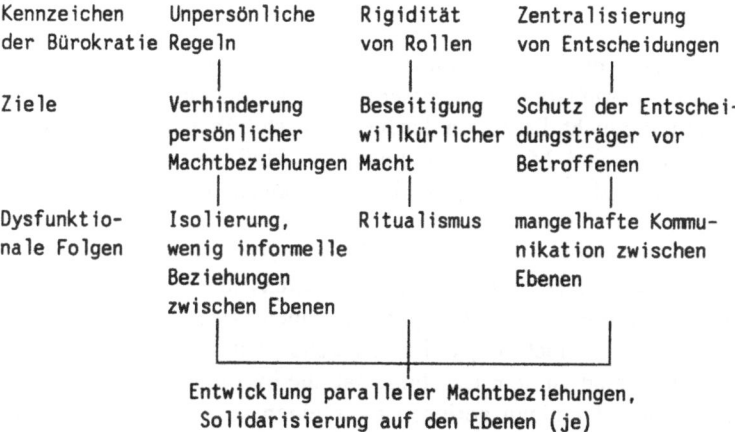

Strukturelle Repressivität (die dritte Erscheinungsform) zeigt sich durch Unterdrückung nicht benötigter bzw. geforderter Elemente personaler Handlungspotentiale. Auch hier liegt eine übermäßige Reduktion der Umweltkomplexität vor, die organisationalen Handlungspotentionale decken nur einen geringen Teil des personellen Handlungsrepertoires ab.

Übersteuerung und Überkomplizierung kann man durchaus als Beschreibungspolar für den Begriff *Aufgabenschwierigkeit* betrachten. Die Motivationsforschung hat auf die Bedeutung eines mittleren Aufgabenschwierigkeitsgrades für die leistungsmotivierte Teilnahmebereitschaft erarbeitet. Diese Fragestellung hängt unmittelbar mit der Theorie der kognitiven Komplexität zusammen (mittlerer Komplexitätsgrad), was dazu führt, diese Ansätze im Zusammenhang mit bürokratischen Organisationsformen zu diskutieren. Die Frage könnte lauten, welchen Aufgabenschwierigkeitsgrad die Bürokratie organisationsintern gegenüber ihren Mitgliedern erzeugt.

Weiterhin könnte man fragen, wie sich kognitiv komplexe und hochleistungsmotivierte Personen im bürokratischen Kontext entfalten. Raiser (1982) versucht einer Antwort dieser beiden Fragen näherzukommen: Ein Individuum in einer bürokratischen Organisation könnte sich weitergehende Aufgaben wünschen, als die Organisation ihm zuweist. Andererseits aber könnte ein Individuum auch so reagieren, daß es eine exaktere Aufgabendefinition verlangt. Innerhalb der Organisation scheint die Devise zu herrschen, die Aufgabenschwierigkeit zu minimieren. Dies wird einmal durch ihre streng hierarchische Gestalt impliziert (der übergeordnete Plan lenkt und kontrolliert die Leistungen des Untergeordneten), damit reduziert sich die Ausbildung auf den Erwerb von Fähigkeiten in einem ganz bestimmten Bereich, hinzukommt, daß die Motivation vorwiegend extrinsisch erzeugt wird. Die Folge ist, daß die Organisationsmitglieder auf allen Hierarchieebenen Aufgaben mit geringem Aufgabenschwierigkeitsgrad gegenübergestellt sind.

Andererseits aber muß der Organisationsteilnehmer auch Tätigkeiten mit besonders hohem Aufgabenschwierigkeitsgrad bewältigen. Dazu gehören die Tätigkeiten, die nicht direkt von der hierarchisch höheren Ebene präzise vorgegeben worden sind. Man könnte einwenden, daß die Höhe des Aufgabenschwierigkeitsgrades überwiegend durch personale Faktoren bestimmt würde. Dies ist allgemein betrachtet auch richtig, in bürokratischen Organisationen allerdings wird selbst ein einfach gestecktes Handlungsziel sehr komplex und erhält einen hohen Aufgabenschwierigkeitsgrad, weil dieses Handlungsziel nur durch ein sehr rigides Normensystem erreicht werden kann. Damit werden auch eigentlich einfache Aufgaben komplex und schwierig. Man gelangt zu dem Ergebnis, daß die bürokratische Umwelt eines Beamten entweder einen geringen oder einen sehr hohen Aufgabenschwierigkeitsgrad hat. Die Reaktion auf diese Situation hin ist bekannt: Entweder neigt das Individuum dazu, nur noch Routinetätigkeiten durchzuführen oder es steht des gesamten System mit Ohnmacht gegenüber.

c) Überstabilisierung

Überstabilisierung ist gekennzeichnet "durch das mangelnde Bewußtsein der Menschen über die Selbstkontingenz des Organisationssystems" (Türk, 1976, S. 136). Wenn Organisationen etwas Selbstständiges werden, dann bezeichnet man diesen Prozeß als Entfremdung. Überstabilisierung kann sich in zwei Erscheinungsformen niederschlagen: Einmal in der Entfremdung des Produzenten von seinem Produkt (*Verselbständigung*), zum anderen durch die Entfremdung von Individuum und Organisationssystem (*Verdinglichung*).

Es wird anschaulich, welche Vielzahl von Anforderungen an ein Organisationsmitglied gestellt werden kann. Weitere Hinweise zur Konfliktträchtigkeit ergeben sich durch die Strukturierung von Organisationen.

4. Differenzierung, Formalisierung und Hierarchie

Differenzierung, Formalisierung und Hierarchie können weitere Ursachen von Konflikten sein.

a) Differenzierung

Das Strukturmodell einer Organisation *Differenzierung* kann sowohl Aufgaben- als auch Funktionsdifferenzierung heißen. Die Schaffung mehrerer Abteilungen auf einer Hierarchieebene (horizontale Gliederung nach Funktionen) nennt man *Funktionsdifferenzierung*. Sie kann zu Konflikten zwischen den einzelnen Abteilungen führen. Einer der Gründe wird sicherlich in einer gewissen Konkurrenzsituation zu finden sein. Für die vorliegende Fragestellung ist aber eine andere Form der Differenzierung wichtiger: Die *Aufgabendifferenzierung* ist herkömmlich bekannt durch den Begriff Arbeitsteilung, Funktionsdifferenzierung ist die Anzahl der verschiedenen Funktionen innerhalb einer Organisation. Die Dichotomie Spezialist versus Hierarchie muß besondere Aufmerksamkeit gewidmet werden, denn Spezialisten (wie z. B. Lehrer) "halten ihren Beruf für einen wichtigen und nützlichen gesellschaftlichen Beitrag, legen ihrer Tätigkeit die wissenschaftstechnischen Standards und ethischen Regeln ihrer Berufskollegen zugrunde, fühlen sich demgemäß auch nur von ihnen kontrollierbar, sind eher intrinsisch motiviert und beanspruchen einen Grad an Autonomie für die Ausübung ihrer Arbeit" (Berkel, 1984, S. 314).

Problematisch ist oftmals die Zusammenarbeit zwischen einer bürokratischen Organisation (Kultusministerium, Bezirksregierung, Schule) mit einem auf einem Fachgebiet ausgewiesenen Spezialisten (Lehrer). Dieses Problem war auch schon Gegenstand einiger Untersuchungen. Scott (1971) referiert vier Konfliktbereiche, die aus einer solchen Beziehung resultieren können:

Der Widerstand der Spezialisten gegen bürokratische Regeln: Wenn Spezialisten in einer bürokratischen Organisation arbeiten, dann ergibt sich ein grundlegender Wandel ihrer persönlichen Situation. Sie müssen einen Teil ihrer Autonomie opfern, sich nach bestimmten Regeln richten und werden somit Teil eines größeren Systems. Der Wunsch nach einem maximalen Entscheidungsspielraum des Spezialisten steht der Notwendigkeit der Koordination von Entscheidung gegenüber. Daraus kann Widerstand gegen bürokratische Regeln resultieren.

Die Zurückweisung von bürokratischen Standards durch die Spezialisten: Spezialisten kollidieren innerhalb einer bürokratischen Organisation aber nicht nur mit den dort aufgestellten Regeln. Da die Spezialisten aus Berufen mit eigenen Standards, mit eigenem Prestigedenken kommen, wird es notwendigerweise dazu kommen, daß die Spezialisten ihre beruflichen Standards innerhalb der Organisation verteidigen und aufrechtzuerhalten versuchen.

Der Widerstand der Spezialisten gegen bürokratische Überwachung: Kollisionen sind in den Fällen denkbar, in denen Spezialisten von hierarchisch höher stehenden Generalisten Anordnungen bekommen, die einer möglichen eigenverantwortlichen Entscheidung aufgrund des besserne fachlichen Wissensstandes widersprechen. Dieses Phänomen tritt naturgemäß immer bei Kontrollfunktionen durch den hierarchisch Höherstehenden auf.

Die bedingte Loyalität der Spezialisten gegenüber der Bürokratie: Der Bürokrat verfolgt seinen beruflichen Erfolg damit, daß er innerhalb der einzelnen Organisation aufsteigt. Der Spezialist dagegen verfolgt seine Karriere durch den Wechsel zwischen den Organisationen. Daraus folgt, daß der Spezialist der einzelnen Organisation, in der er gerade beschäftigt ist, weniger Loyalität entgegenbringt als der Bürokrat.

Aus der Tätigkeit der Spezialisten resultiert daher ein inhärenter Orientierungskonflikt zwischen organisatorischen und professionellen Normen. Man kann nicht sagen, daß Bürokratie an sich zu einem möglichen Konflikt zwischen Spezialisten und Hierarchie führt, sondern es ist von dem Maße der Ausprägungsbürokratisierung abhängig. Berkel referiert Untersuchungen, nach denen der Grad der Professionalisierung versus Bürokratisierung abhängig ist von der Hierarchiehöhe, in der sich der einzelne Beamte befindet: Mit steigender Hierarchiehöhe nimmt die Bürokratie zu, die Professionalisierung dagegen ab. Augenscheinlich hängt die professionelle und die bürokratische Orientierung mit der Zufriedenheit des einzelnen zusammen. Professionell orientierte Mitglieder einer bürokratischen Organisation sind unzufriedener als ihre Kollegen, die eine höhere bürokratische Orientierung als professionelle Orientierung empfinden.

Der Zusammenhang zwischen bürokratischer Orientierung und Hierarchiehöhe ist dahingehend interpretierbar, daß Sozialisationswirkungen hier eine starke Rolle spielen. Über die Zeit hinweg und mit steigender Hierarchiehöhe wird eine intrapersonale Umstrukturierung des Bezugsrahmens und der Werte der Personen ablaufen. Simmel hat bereits sehr früh das Dilemma zwischen Spezialisten in einer Hierarchie beschrieben. Er schreibt, "daß die Sachlagen nur in der Nähe richtig gesehen und mit Interesse und Sorgfalt behandelt werden, daß dagegen nur aus der Distanz, die die Zentralstelle hat, ein gerechtes und reguläres Verhältnis aller Einzelheiten zueinander herzustellen ist (1968, S. 39).

b) Formalisierung

Wie wir bereits gesehen haben, begründet Weber die Formalisierung mit der Sachlichkeit, die in einer bürokratischen Organisation notwendig ist, um Konflikte zu vermeiden. Insbesondere in Schulen und Schulverwaltungen scheint Formalisierung unlösbar mit Spannungen und Unstimmigkeiten innerhalb der Lehrergruppe sowie zwischen den Lehrern und der Schulverwaltung zu bestehen. Formalisierung ist offensichtlich nicht imstande, Konflikte zu verhindern, sie scheint sie sogar eher zu fördern. Die Folge ist Widerstand, Apathie und innerer Konflikt.

Man muß dabei allerdings unterscheiden, daß Formalisierung bei Routineaufgaben durchaus erwünscht ist (auch von den Organistionsmitgliedern), während Formalisierung bei Nicht-Routineaufgaben hinderlich wirkt. Darin kann allerdings auch wieder eine Quelle des Konfliktes liegen: Während die Schulverwaltung bei bestimmten Problemen nach formalisierten Lösungen verlangt, verlangen Lehrer eher innovative und professionelle Lösungen.

c) Hierarchie

Hierarchie ist das wohl offensichtlichste Merkmal einer Organisation: "Grundsätzlich läßt sich wohl sagen, daß zwischen der Rechtsstellung der Schule als unterstem Glied in der Hierarchie der öffentlichen Schulverwaltung und dem Postulat pädagogischer Freiheit und den in der Verfassung verankerten demokratischen Zielsetzungen der Schularbeit eine Diskrepanz besteht, die auf allen Bereichen der Schulorganisation Konfliktmöglichkeiten enthält" (Thomas, 1967, S. 14). Die Grundlagen solcher organisationsinterner Konflikte, die durch Hierarchie und Spezialisierung entstehen, werden von Thompson wie folgt zusammengefaßt:

> Konflikt ist eine Funktion der Uneinigkeit über die Realität der Interdependenz. Diese entsteht aus der Nichtakzeptierung der Spezialistenfunktion. Der fehlende Berechtigungsnachweis einer Spezialistenfunktion ist eine Funktion ihrer Neuheit und/oder der Schaffung dieser Funktionen durch autoritäre Akte unter Mißachtung technischer Kriterien. Die eben angesprochene Uneinigkeit über die Realität der Interdependenz ist auch eine Funktion differierender Wahrnehmung der Realität

(Autoritätssystem, Statussystem, System zwischenmenschlicher Kommunikation).

Konflikt ist auch eine Funktion des Grades der Disparität zwischen Autorität und der Fähigkeit, zu Zielen beizutragen. Diese Disparität entsteht einmal durch die wachsende Abhängigkeit von Spezialisten und der Verteilung der Rechte unter Mißachtung der Notwendigkeit der Spezialisierung (Akte bloßer Autorität).

Der Konflikt ist abhängig von dem Grad der in der Interaktion einbezogenen Statusverletzung. Diese ergibt sich aus der fortschreitenden Spezialisierung und der damit notwendigerweise wachsenden Interdependenz von Positionen mit hohem und niedrigem Status.

Der Konflikt wird durch die relative Bedeutsamkeit der Interdependenz für den Organisationserfolg mehr oder weniger intensiviert.

Konflikt ist eine Funktion des Fehlens gemeinsamer Werte und Realitätswahrnehmung. Diese resultieren u.a. durch ein Fehlen von Spontanität der Freiheit in der kommunikativen Interaktion, was wiederum eine Folge der Undurchdringlichkeit des Autoritätssystems, des Statussystems und des technischen Systems ist (Thompson, 1971, S. 224f).

5. Der zeitliche Ablauf eines Konfliktes

Der zeitliche Verlauf eines Konfliktes ist deshalb wichtig für weitere Überlegungen, weil ein Konflikt vollständig aufgelöst werden sollte, dies aber oft nicht der Fall ist. Nach Rosenstiel et al. (1972, S. 96f) verläuft ein Konflikt in drei Phasen: (a) Die Phase des stillen, nicht geäußerten Konfliktes, (b) Die Phase der Diskussion, (c) Die Phase der offenen Auseinandersetzung.

Ob und wie diese Phasen durchlaufen werden, hängt von verschiedenen Faktoren ab. Zum einen sind es die Machtverhältnisse innerhalb der Schule, der Führungsstil des Schulleiters gegenüber seinen Lehrern bzw. des Lehrers gegenüber seinen Schülern, die Wichtigkeit einer bestimmten Entscheidung oder Erwartung und die Normen, die zum Teil schriftlich fixiert sind, zum Teil auch nicht. Rosenstiels Modell ist aber unvollständig, weil der zeitliche Zusammenhang mehrerer Konflikte nicht deutlich wird. Abhilfe leistet hier die sog. Konfliktepisode von Esser (1975, S. 25), die in Abbildung 3 dargestellt ist.

III. Der Konfliktansatz

Abbildung 3

Die Konfliktepisode (n. Esser, 1975, S. 25)

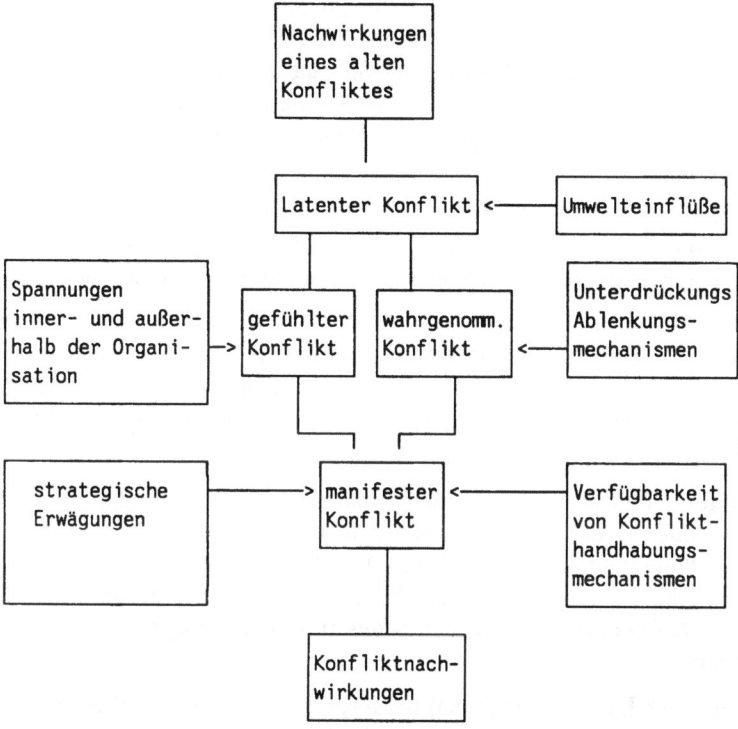

6. Konfliktvermeidung

Welche Maßnahmen kann man ansetzen, um Konflikte zu vermeiden? Einmal ist es möglich, den Bezugsrahmen des einzelnen zu erweitern. Zudem muß kooperatives Verhalten belohnt werden.

Man kann - zweitens - Mitglieder zwischen verschiedenen Gruppen und Abteilungen routieren lassen, um das gegenseitige Verständnis für die Tätigkeit des anderen zu fördern. Generalisten können für eine Organisation durchaus von Vorteil sein: Mitarbeiter, die ihr ganzes Berufsleben in ein und derselben Spezialisierung verbracht haben, entwickeln suboptimale Ziele, die sich auf ihre Spezialisierung beschränken. Damit sind sie nicht in der Lage, das Unternehmen als ganzes zu sehen. Eine mögliche Abhilfe liegt demnach in dem sog. *job rotation*, wobei ein Mitarbeiter innerhalb der Organisation hintereinander mehrere unterschiedliche Funktionen wahrnimmt. Es stellt sich die Frage, ob nicht das gegenseitige Verständnis der verschiedenen Teilbereiche des Schulsystems wachsen würde, wenn auch in diesem Bereich eine Art Rotationsprinzip eingeführt würde. Dies ist in einer Schule natürlich nur bedingt möglich. Vorstellbar wäre eine solche Lösung aber zwischen praktischer Lehrtätigkeit und Verwaltungstätigkeit. So könnte man sich doch vorstellen, daß ein Lehrer für eine Zeit Schulverwaltungsbeamter wird, danach allerdings wieder in die Schule zurückkehrt. Ein solcher Austausch könnte auch sinnvoll sein zwischen Schule und anderen Bereichen des öffentlichen Lebens.

Ein dritter notwendiger Weg zur Konfliktvermeidung ist die Erhöhung von Kommunikation und Information, um Wahrnehmungsverzerrungen zu verhindern. Dazu gehört vor allem die Begründung bürokratischer Entscheidungen.

Ein vierter Weg besteht darin, die Betroffenen an Entscheidungen partizipieren zu lassen. Wünsche sollten zumindest artikuliert werden, sonst liegt die Gefahr nahe, daß die Betroffenen sich mit der Entscheidung nicht identifizieren.

Ein letzter - fünfter - Weg zur dauerhaften Konfliktvermeidung ist die bessere Ausbildung der Entscheidungsträger und der Betroffenen. Auf der Seite der Schulleitung und Lehrer hieße das, daß berufsbegleitende Ausbildungen besucht werden müßten, auf der Seite der Schüler hieße das, daß Lehrer innerhalb der Schulklasse den Schülern Entscheidungswege transparent machen.

Es scheint sich nach Berkel (1984) herausgestellt zu haben, daß es zur Lösung der Konflikte innerhalb einer Organisation nicht eine alleinige Lösung gibt. Die Lösung muß auf die Spezifika einer bürokratischen Organisation abgestimmt werden. Es zeigte sich allerdings dabei, daß leistungsstarke Organisationen mit ihren Konflikten besser umzugehen wissen, als leistungsschwache Organisationen. Nach der strukturzentrierten Konfliktperspektive sind die Prozesse der Konfliktlösung unmittelbar abhängig von Umwelt- und organisatorischen Variablen. Dabei wird aber vernachlässigt, daß die soziale Kompetenz der einzelnen Mitglieder in der Organisation auch einen starken Einfluß auf Konfliktlösungen haben kann.

Man kann resümierend festhalten, daß die Modelle von Schule, seien es nun bürokratische oder organisationssoziologische, den Zwiespalt, in denen Lehrer sich befinden, nicht genügend klären können. Der Konfliktansatz hilft bei der Analye der Folgen von schulischen Prozessen recht erfolgreich, klärt aber nicht deren Entstehung. Aus diesem Grunde wird im weiteren der systemtheoretische Ansatz zur Beschreibung von Schule gewählt. Bevor allerdings allerdings diese Beschreibung ansatzweise versucht wird, muß in die Neue Systemtheorie eingeführt werden.

C. Allgemeine Vorbemerkungen zur Systemtheorie

In jüngster Zeit hat es eine gewaltige Renaissance der Systemtheorie gegeben: Dies gilt nicht nur für einzelne Wissenschaften, sondern "systemisches Denken gehört in verschiedenen Wissenschaften bereits zur Selbstverständlichkeit" (Reinecker, 1987, S. 174). Nach Haken / Wunderlin (1986, S. 35) hat die *Synergetik* (Lehre vom Zusammenwirken), also auch Systemtheorie, mittlerweile einen festen Platz innerhalb der modernen Wissenschaft errungen. Dieses muß eine Ursache haben, denn die Systemtheorie ist als solche ja massiver Kritik ausgesetzt gewesen (auf die noch eingegangen wird).

Im folgenden werden einige Vorbemerkungen gemacht, ohne die die Entstehung und Struktur der Neuen Systemtheorie nicht verständlich ist. Zum Beginn wird die klassische Kybernetik vorgestellt (3.1), es folgt eine kurze Beantwortung der Frage, ob Erkenntnisse aus den Naturwissenschaften wirklich auf die Sozialwissenschaften übertragbar sind (3.2). Dann wird die Rolle der Systemtheorie in den Wissenschaften diskutiert (3.3). Danach soll eine zentraler Begriff der Systemtheorie vorgestellt werden: die Information (3.4), schließlich folgt eine Analyse der Verbindung der beiden Begriffe System und Modell (3.5).

I. Die Kybernetik

Die Kybernetik ist einer der zentralen historischen Vorläufer der Systemtheorie. Sie ist "die Wissenschaft von den Wirkungsgefügen, und sie hat es insbesondere mit geregelten Systemen zu tun" (Sachsse, 1979, S. 15). Ashby definiert klarer: Kybernetik ist die "Erforschung von Systemen, die offen für Energie, aber geschlossen für Information, Regelung und Steuerung sind, - von Systemen, die *informationsdicht* sind" (1985, S. 19). Als Vater der Kybernetik gilt Norbert Wiener. 1949 erschien sein Buch mit dem Titel *Kybernetik - Regelung und Nachrichtenübertragung im Lebewesen und in der Maschine.*[1] Seine Arbeiten zur Kybernetik entstammten aus einem Auf-

---

[1] Wiener war Professor an der Technischen Hochschule von Massachusetts (*MIT*). Wiener galt als Wunderkind: Er promovierte mit 18 an der Harvard-Universität. Er war Mathematiker, Philosoph und Sprachgenie (14 Sprachen).

trag, der ihm während des 2. Weltkrieges zugeteilt wurde: Er sollte eine wirksame Zielautomatik für Flugabwehrkanonen zu entwickeln.

Aus dieser doch recht eingegrenzten Aufgabenstellung entwickelte sich eines der tragfähigsten und weitgreifensten Ansätze zur Beschreibung der Wirklichkeit. C.F. v. Weizsäcker ist sogar der Auffassung, "daß wir bisher gar keine Grenze für die Tragweite kybernetischer Modelle absehen können" (1972, S. 282). Er vertritt die These, "daß jeder Versuch, anzugeben, welche Leistung im Organismus oder welcher Vorgang im Leben nicht kybernetisch erfaßt werden kann, jedenfalls nach heutigen Kenntnissen zum Scheitern verurteilt ist" (1972, S. 282). Man kann anscheinend jeden Problembereich kybernetisch darstellen. Heterogene Beispiele lassen sich leicht finden: Einen derartigen Versuch lieferte z.B. Stachowiak (1982, S. 96), der die Bezugsrahmen *Schiff, Chor, Staat* und *Welt* mit ähnlichen kybernetischen Begriffen beschrieb. Oder man denke an die Bionik, ein spezielles Gebiet der Kybernetik: "Sie erforscht Systeme, deren Funktion natürlichen Systemen nachgebildet ist, die natürlichen Systemen in charakteristischen Eigenschaften gleichen oder ihnen analog sind" (Gérardin, 1972, S. 11).

Aber gibt es denn nicht auch Beispiele für das Scheitern des kybernetischen Ansatzes, gerade in der Erziehungswissenschaft? Offensichtlich doch, wenn man an die *Kybernetischen Pädagogik* denkt: Menschliches Verhalten, höhere kognitive Funktionen wurden durch "Automaten, Blockschaltbilder und Relais" (Revermann, 1986, S. 196) zu erklären gesucht (siehe z.B. in Tulodzieki, 1975). Hier liegt allerdings ein Anwendungsfehler vor: Die hier vorgenommene Reduktion der Kybernetik auf ihre technischen Anwendungen war falsch. Man reduzierte hochkomplexe Erziehungsprozesse auf deren einfachsten Fall, den Thermostaten, um anschließend die Anwendung einer derart verkürzten technischen *Thermostat-Kybernetik* auf gesellschaftliche Probleme zu kritisieren. "Durch einen derartigen *reduktionistischen* bzw. *technizistischen Fehlschluß* wird die kybernetische Systemtheorie ohne die Mühe einer methodologischen Beweisführung in die Reihe jener mechanistischen Modelle manövriert, von denen heute jeder Sozialwissenschaftler weiß, daß sie der Spezifik gesellschaftlicher Prozesse nicht gerecht werden". Dieser Fehlschluß und die richtige Anwendungsweise der Kybernetik ist in Abbildung 4 dargestellt (Friedrich / Sens, 1976, S. 33 u. 40)

Folgende Kritik verdeutlicht basiert beispielsweise auf den technizistischen Fehlschluß: "Die Kybernetik mit ihren theoretischen Voraussetzungen und mit der aus ihr entwickelten System- und Kommunikationstheorie, wie sie für Bateson wissenschaftliches Rüstzeug war und wie er sie verstand, ist ein typisch angelsächsisches, ein ganz und gar undeutsches Phänomen, so daß sie bei der kulturellen Assimilation im deutschen Sprachraum eine nicht

Abbildung 4

Der technizistische Fehlschluß

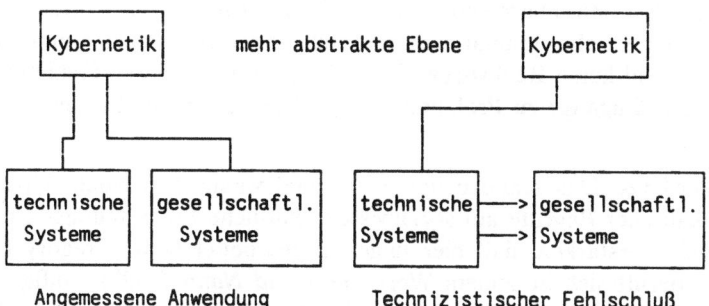

unerhebliche Verzerrung erleidet. In der deutschen Tradition herrscht nämlich, wahrscheinlich aufgrund mangelnden politischen Selbstbewußtseins, eine verbissen kleinbürgerliche Haltung zur Welt und damit zur Erkenntnistheorie und Ontologie vor, die immer in dem Wahn zu leben scheint, die Welt höchstpersönlich erfunden zu haben und so auch für ihre Apologie, ja für ihr Funktionieren verantwortlich zu sein. Insofern verläßt hier die Epistemologie häufig den Rahmen der deskriptiven Verallgemeinerung, geht in Ontologie über und nähert sich ihrem Wesen nach einer Gebrauchsanweisung des Herstellers an." (Hans Günther Holl, Gregory Bateson: Wissenschaft und Macht. Ein Portrait, Basler Magazin Nr. 19, 15.5.82).

Die sog. *Kybernetik Erster Ordnung* umfaßt die genannten Anätze. Sie beschreibt Prozesse der Informationsspeicherung und -verarbeitung, der Kontrolle und der Regelung. Das reaktive Verhalten auf Umwelt-'störungen' in Abhängigkeit vom jeweiligen Zweck des System ist ein weiterer Hauptbestandteil der Kybernetik Erster Ordnung. So bezeichnet man die Kybernetik der von außen geregelten Systeme, die Kybernetik Zweiter Ordnung beschäftigt sich mit den Problemen der Selbstregelung eines Systems.

Zentral ist die Frage, ob man systemtheoretische Überlegungen z.b. aus der Physik, aus deren Anwendungsbereich viele Gedanken der Neuen Systemtheorie kommen, unbesehen auf die Sozial- und Geisteswissenschaften übertragen darf.

II. Das Übertragbarkeitsproblem

Gerne wird der Vorwurf formuliert, daß die Sozialwissenschaften Theorien aus Nachbarwissenschaften übernehmen - so auch die systemtheoretischen Überlegungen vor allem der Naturwissenschaften. Andererseits scheint die Erziehungswissenschaft ebenso wie benachbarte Einzelwissenschaften darauf angewiesen zu sein, Theoriengebäude anderer wissenschaftlicher Disziplinen zur Lösung ihrer eigenen Probleme heranzuziehen. Meinberg (1983, S. 481) bezeichnet diese Haltung zwar als *Paradigmasucht*. Diese Bewertung ist aber einmal nicht hilfreich, sondern destruktiv, zum anderen gibt es wohl keine Realwissenschaft, die nicht aus anderen Gebieten Theorien oder Zugänge zu Problemen *ausprobiert*, um mehr Erkenntnis zu gewinnen.

Allerdings: Das schnelle und manchmal wenig begründete Übertragen physikalischer Begriffe auf sozialwissenschaftliche Fragestellungen muß die Anssicht verstärken, daß hier ungenau gearbeitet wird. Gregory Bateson bspw. beruft sich in seinem Werk *Geist und Natur* (1987) häufig auf den *Zweiten Hauptsatz der Thermodynamik*, ohne dieses zu erklären, geschweige denn zu hinterfragen. Für Roth stellt sich die Frage, "ob diese Theorie auch auf überindividuelle Systeme wie Gesellschaft und soziales Handeln angewandt werden kann" (1986, S. 176). Ob dies möglich und sinnvoll ist, soll im folgenden diskutiert werden. Die Meinungen dazu sind durchaus unterschiedlich. Denn die noch zu diskutierenden Begriffe wie Autopoiese, Selbstreferenz und dissipative Struktur sind den Naturwissenschaften entnommen. Die Relativierung dieser Naturwissenschaften durch diese Begriffe könne andererseits die Erziehungswissenschaft nicht "kalt lassen" (Oelkers / Tenorth 1987, S. 30f).

Lenk stellt kritisch fest, daß die soziologischen Systemtheorien mit den naturwissenschaftlichen Ansätzen oft nicht viel mehr gemeinsam haben als den "Namen und vage verbale Analogien" (Lenk, 1986, S. 192). Woher kommen die - zumindest begrifflichen - Parallelen? Hilfreich für die Beantwortung dieser Frage ist eine Übersicht von Kieser / Kubicek (1978b, S. 77f), die zwei Typen von Systemtheorien gegenüberstellten: die materialistische und die phänomenalistische Systemtheorie (s. Tabelle 7).

Es sind aber nicht nur die Sozialwissenschaftler, die dieser vielleicht unberechtigten Übertragung von Konzepten Vorschub leisten. Zunehmend nehmen Naturwissenschaftler für ihre Wissenschaften einen höheren Geltungsbereich in Anspruch, ohne die dabei berührten sozial- oder geisteswissenschaftlichen Erkenntnisse zur Genüge zur Kenntnis zu nehmen. Ein Beispiel dafür ist die Buchreihe *Dimensionen der modernen Biologie* (hrsg. von Nagl / Wuketits). Hier wird die Biologie zum Zentrum aller Wissenschaften (Vorwort).

Tabelle 7

Die materialistische und die phänomenalistische Systemtheorie

	Materialistische	Phänomenalistische
Bezeichnungen	Allgemeine Systemtheorie techno-kybernetische Systemtheorie	Handlungstheorie soziologische Systemtheorie
Wissenschaftliche Abstammung	Biologie Regelungstechnik	Soziologie Gesellschaftstheorie Entscheidungstheorie
Systemkonzept	Komplex von Elementen	Sinnzusammenhang von Handlungen
Prototypisches System	Organismus	Gesellschaft
Dominantes Problem	Überleben Gleichgewicht	Soziale Ordnung Entlastung von Komplexität
Erkenntnisziel	Nachweis allgemeiner Funktionsprinzipien Gestaltung von Regelungsschemata	Erklärung sozialer Ordnung Aufklärung

Die Problematik der Übertragung wird erst recht deutlich, wenn man sich verschiedene Ansätze dazu vor Augen hält: Jensen (1978, S. 121f) weist z.B. darauf hin, daß schon Parsons biologische und Handlungssysteme miteinander vereinbarte: "We postulate a complete continuity between biological systems and systems of action; from this point of view, action is a specialist aspect of life" (Parsons 1959, S. 616; zit. n. Jensen 1978, S. 121). Demgegenüber Monod: "Beim Menschen sind die gesellschaftlichen Institutionen rein kulturbedingt und werden niemals eine derartige Stabilität (die z.B. des Ameisenstaates, der Verfasser) erreichen können. Wer sollte das übrigens auch wünschen?" (Monod, 1988, S. 146f; ähnlich auch: Saladin, 1984, S. 236). Prigogine und seine Mitarbeiter haben sich allerdings nach eigenen Worten vor allem der Frage gewidmet, wie das Komplexe erforscht werden kann, "sei es auf der Ebene von Molekülen, von biologischen Systemen oder sogar von sozialen Systemen" (Nicolis / Prigogine, 1987, S. 13). Röpke folgert: "Die Evolution organischer Systeme scheint uns mit der sozial-kultureller Systeme nicht nur vergleichbar, sondern auch im Hinblick auf ihre Erklärung durch allgemeine systemtheoretische Sätze identisch zu sein" (Röpke, 1977, S. 73).

Das Problem der Übertragbarkeit läßt sich - dies zeigt dieser kurze Abriß des Diskussionsstandes - so nicht lösen. Die Frage ist vielmehr, inwieweit ein Versuch, eine Übertragung durchzuführen, gelungen ist, oder nicht. Auch wenn dieser Versuch scheitern sollte, es wäre ein großer Erkenntnisgewinn. Voraussetzung für die Analyse ist allerdings die eingehende Beschäftigung mit der Systemtheorie und systemtheoretischer Anwendungen in den verschiedensten Wissenschaften. Genauer betrachtet stellt sich das Problem einer Übertragung nicht, weil die Systemtheorie an sich ja unabhängig von Einzelwissenschaften existiert. Dies wird im folgenden gezeigt.

III. Das Verhältnis der Systemtheorie zu den Wissenschaften

Das Ziel der Systemtheorie ist die Integration verschiedener Wissenschaftsbereiche durch ein gemeinsames Vokabular. Weiterhin gilt die Systemtheorie als "der Versuch, als Reaktion auf Atomismus, Mechanismus und Physikalismus-Chemismus, ganzheitliches Denken in dynamisierter Form im Rahmen und mit den Mitteln moderner Wissenschaft erneut aufzunehmen" (Hejl, 1982, S. 23).

Nach Ropohl (1978, S. 45f; s.a. Lenk / Rohpohl, 1978, S. 3) liegt die Bedeutung der allgemeinen Systemtheorie in den folgenden drei Perspektiven:

In der supra-, inter- und multidisziplinären Generalisierung wissenschaftlicher Modellbildung

in der Fundierung von Handlungswissenschaften zur Vermittlung von Theorie und Praxis

in der Synthese zwischen dem adhumistischen und dem holistischen Prinzip in den Wissenschaften.

Ein wesentlicher Aspekt, der in den Zielen der Systemtheorie deutlich wird, ist, daß sie keine eigenständige Wissenschaft zu sein scheint: Grundsätzlich ist die Systemtheorie von den bestehenden Wissenschaftsdisziplinen weitgehend unabhängig. Die Vernetztheit, so Probst (1987, S. 43), "erfordert also ein adisziplinäres Abgrenzen und Behandeln von Kontexten". Und weiter: "Das Verhalten komplexer sozialer Systeme ist mit Hilfe der Hypothesen einer wissenschaftlichen Disziplin grundsätzlich nicht erklärbar". (S. 43).

Systemtheoretische Ansätze ordnen sich (noch) nicht in eine einheitliche empirisch-wissenschaftliche Theorie. Unter Systemtheorie muß man eher ein Sammelreservoire (so Lenk, 1978, S. 245) sehen, in dem theoretisch und methodologisch unterschiedliche Modellansätze zu fassen sind. Nach Ropohl (1979, S. 90) ist die allgemeine Systemtheorie gewissermaßen zwischen den Formal- und den Realwissenschaften angesiedelt.

Ein besonderes Problem liegt darin, daß man von der Systemtheorie etwas erwartet, was sie nicht leisten kann: den direkten Bezug zur Wirklichkeit. Besonders deutlich wird dies durch eine Einteilung vom Wissenschaften, so wie sie Vollmer (1980) vorgestellt hat. Er unterscheidet Wirklichkeits- und Strukturwissenschaften, Metatheorien und normative Wissenschaften voneinander. Wie er die Einzelwissenschaften zuordnet, wird in Tabelle 8 widergegeben.

Tabelle 8

Einteilung der Wissenschaften modifiziert nach Vollmer (1980)

Wirklichkeitswissenschaften
    Physik, Chemie, Biologie, Verhaltensforschung, Psychologie
    Soziologie,
Strukturwissenschaften
    Logik, Mathematik, Informationstheorie, Automatentheorie, Kybernetik, Spieltheorie, Theorie formaler
    Sprachen, Systemtheorie
Metatheorien
    Erkenntnistheorie, Wissenschaftstheorie, Semiotik
Normative Wissenschaften
    Rechtswissenschaft, Ethik, Ästhetik
Historische Wissenschaften
    Geschichte, Archäologie
Angewandte Wissenschaften
    Medizin, Technik, Psychatrie, Pädagogik

Auch in anderen Versuchen, Wissenschaftsdisziplinen zueinander in Beziehung zu setzen, wird die Systemtheorie als unabhängig von den sog. Fachwissenschaften dargestellt. Stachowiak (1984) bspw. ordnet die Wissenschaften derart, daß die Systemtheorie wie folgt in die *Wissenschaftshauptgruppe Philosophie und allgemeinwissenschaftliche Disziplinen* eingeordnet ist:

        Allgemeine Philosophie ->
        Wissenschaftsphilosophie/-geschichte ->
          System- und Modelltheorie ->
            Kybernetik

Systemtheoretische Ansätze sind wegen ihres weitgehend formalen Charakters in der Wissenschaft keineswegs unumstritten. Dies mag wohl auch daran liegen, daß man - wie eben angedeutet - die Systemtheorie nicht klar von anderen sozialwissenschaftlichen Ansätzen abgrenzen kann. Kreibich (1986) hat z.B. gezeigt, daß kybernetisches und systemisches Denken schon große Bereiche einzelner Wissenschaften erfaßt hat, wenn auch teilweise mit eigenen Begriffen belegt. Teile von systemtheoretischen Annahmen finden sich auch in Theorien wieder, die man nicht auf den ersten Blick als systemtheoretisch erkennen würde. Daher kommt es wohl auch, daß man nicht von *der* Systemtheorie sprechen kann (Hejl, 1982, S. 13). Wenn man andererseits die Kybernetik kritiklos als fundamentales Prinzip und absolute Wahrheit einer allgemeinen philosophischen Weltauffassung zu interpretieren sucht, dann kann man dies in Anlehnung an v. Cube (s. zsf. Wuchterl, 1977, S. 252f) als *Kybernetismus* bezeichnen.

IV. Information

In den verschiedensten Systemtheorien taucht immer wieder ein Begriff auf, der für systemisches Denken überhaupt konstituierend zu sein scheint: die Information. Sie ist bereits fester Definitionsbestandteil in der eingangs erwähnten Definiton von Ashby. Information ist nicht nur oberflächlich ein reizvolles Thema (*Auf dem Weg in die Informationsgesellschaft*) oder nur ein Modewort (Stever, 1988). Es eröffnen sich Wege, die Systemtheorien für sozialwissenschaftliche Fragestellungen nutzbar zu machen. Wehrt drückte den Stellenwert der Information sehr prägnant aus: "Voraussetzung der Untersuchung der Relevanz der Information ist die Grundthese, Information ist die Grundgröße unseres Jahrhunderts, analog, wie es die Energie für das vorige Jahrhundert gewesen war" (1984, S. 418). V. Cranach geht noch weiter: "Offensichtlich kann das Modell der dissipativen Struktur in allgemeiner Weise auf Tiere, Menschen und soziale Systeme angewendet werden. Vorausgesetzt, es gelingt uns, der Tatsache Rechnung zu tragen, daß diese Systeme nicht nur Energie, sondern vor allem auch Information umsetzen" (v. Cranach, 1987, S. 16).

Solche apodiktischen Aussagen sind für den pädagogischen Praktiker nicht hilfreich. Dennoch muß begründet werden, warum der Informationsbegriff der richtige Zugang ist. Dies kann nur dann gelingen, wenn sich zum einen zeigen läßt, daß Information Wirkung hat: "Es ist ... geradezu das Wesen der Information, daß sie die Speicherung von 'Ursachen' und ihre Umsetzung in 'Wirkung' bei veränderten raum-zeitlichen Koordinaten ermöglicht" (Klement, 1973, S. 133). Zum anderen müssen die Prozesse in einer Schulklasse (insbesondere das Lehrerverhalten) über den Informationsbegriff definiert werden können: "Die Gestaltungs- und Lenkungspotentiale und -mechanismen sind Eigenschaft des Systems als Ganzes, und es besteht das Prinzip, daß jene Elemente des Systems gestaltend und lenkend handeln, die (am meisten) Informationen haben" (Probst, 1987, S. 81), was ja für den Lehrer, auf das Fach bezogen, gilt.

1. Das Informationsmodell von Shannon / Weaver

Das bekannte Modell der Nachrichtenübertragung von Shannon (1948 publiziert, in dem selben Jahr, in dem Wiener seine *Cybernetics* veröffentlichte) gehört im weitesten Sinne zur Kommunikationstheorie. Die Informationstheorie von Shannon / Weaver (1949, deutsch: 1976) entstand aus der Lösung technischer Probleme der Nachrichtenübermittlung: Man wollte herausfinden, inwieweit Störungen zwischen Sender und Empfänger auf die Qualität der Nachricht einen Einfluß haben. Das grundsätzliche Problem, das Shannon untersuchte, liegt darin, an einem bestimmten Punkt eine Botschaft entweder völlig exakt oder annähernd exakt so zu reproduzieren, wie sie von einer anderen Stelle ausgewählt und ausgesendet wird. Shannon geht von der Vorstellung aus, daß eine Informationsquelle Botschaften generiert, die auf bestimmte Weise das Kommunikationsziel erreichen soll. Aus diesem Grunde wird die übermittelnde Nachricht kodiert und von einem Sender ausgestrahlt. Diese Signale gelangen über einen Kommunikationskanal zum Empfänger, der schließlich die Botschaften entschlüsselt und an den Bestimmungsort des Prozesses weiterleitet. Bleibt der Kanal störungsfrei, so erreicht die Nachricht das Ziel so, wie es von der Quelle intendiert war. Die zugrundegelegte Informationseinheit ist der Buchstabe, ein Zeichen. Der Sender selegiert aus seinem Zeichenvorrat einzelne Elemente und stellt sie nach bestimmten Regeln zu einer Nachricht zusammen. In der freien Kombination der Zeichen liegt der Neuigkeitswert einer Nachricht.

Anhand eines kleinen Beispiels soll in das Informationsmaß eingeführt werden (siehe auch Schuster, 1984, S. 189f; Hägele, 1984, S. 245ff; Haken / Haken-Krell, 1989). Nehmen wir einen Apfel, der in einer Kiste mit Fächern liegt. Wie gelangt man an die Information, wo der Apfel liegt?

Fall 1: Zwei Fächer in der Apfelkiste. Hat die Kiste zwei Fächer, so genügt eine Frage: Liegt der Apfel links? Es sind nur zwei Antworten möglich: ja oder nein. Diese maximale Information ist darstellbar durch ein *bit* (aus der Computerwelt längst bekannt: 0 oder 1). Es gibt also zwei Möglichkeiten, wo der Apfel liegen könnte. Dies wird dargestellt wie folgt: $2^1 = 2$.

Fall 2: Vier Fächer in der Apfelkiste. Wir brauchen nunmehr zwei Fragen, um an die gewünschte Information zu kommen: Liegt er oben oder unten? Liegt er links oder rechts? Es gibt maximal vier Möglichkeiten

($2^2 = 4$). Die maximale Information I im letzten Falle ist I = 2(bits). Dies kann auch auf der Basis des Logarithmus 2 geschrieben werden (*bit* fällt weg): I = *ld* 4

Die maximale Information ist also generell: I = *ld* N (wobei N die Zahl der möglichen Zustände ist; hier die Fächer in der Kiste). Hier wird deutlich, daß die Komplexität der Situation sich verändert: "Einem schwachen Anwachsen der zur Beschreibung einer komplizierten Situation nötigen Information entspricht eine starke Vergrößerung der Komplexität dieser Situation" (Gérardin, 1972, S. 33).

Information ist nach Shannon ein Maß dieses Neuheitseffektes, der nach stochastischen Gesetzmäßigkeiten produzierten Zeichen folgen. Die Wahrscheinlichkeit, mit der ein bestimmtes Zeichen aus einem Zeichenvorrat gewählt und gesendet wird, ist umgekehrt proportional zu seinem Informationsbeitrag. M.a.W.: Mit steigender Wahrscheinlichkeit des Auftretens sinkt der Informationswert, bei verminderter Wahrscheinlichkeit nimmt er zu. Damit ist die Information eines Zeichens ein Maß seiner Unwahrscheinlichkeit. Der Informationsgehalt wird positiv, wenn "bei dem Empfänger einer Nachricht eine Ungewißheit über die Nachricht, die eintreffen wird, besteht - so wie bei einem stochastischen Versuch Unsicherheit über das eintretende Ereignis besteht" (Stever, 1988, S. 164).

Henning (1980, S. 22) faßt wie folgt zusammen:

Sehr unwahrscheinliche Ereignisse enthalten sehr viel Information.

Sehr wahrscheinliche Ereignisse enthalten fast keine Information.

Ereignisse, deren Eintreten genauso wahrscheinlich ist wie deren Nichteintreten, enthalten die Information von einem Bit.

"Information ist etwas, was, psychologisch gesehen, für den, der sie empfängt, Neuigkeitswert hat. Das für einen Informationsempfänger Neue, Überraschende, ist stets das für ihn Unwahrscheinliche" (Stachowiak, 1982, S. 100)[2]. Ist ein Ereignis von vornherein gewiß, so ist der Neuigkeitswert null. Andererseits: "Eine völlig zufällige Situation kann nur mit einem Maximum an Information beschrieben werden" (Gérardin, 1972, S. 34). Oder wie Bateson es sagt: "Ohne das Zufällige gibt es nichts Neues" (1987, S. 181). Die Information ist also eine monotone Funktion der Wahrscheinlichkeit: $I_k = -ld\, p_k$

Dies ist die von Shannon als *Masterinformation* eingeführte und als auch *Entropie* bezeichnete Größe. Nach Shannon / Weaver ist der Entropiebegriff in der Physik ein Maß für die Zufälligkeit oder Vermischtheit einer Si-

---

[2] Zur ideengeschichtlichen Begründung des Informationsbegriffes s. Capurro (1978).

tuation. Dabei werden physikalische Systeme immer weniger und weniger organisiert und immer mehr vermischt. Entropie in der Informationstheorie ist eine Funktion "der Wahrscheinlichkeit, einen bestimmten Zustand in einem Nachrichten erzeugenden Prozeß zu erreichen" (S. 22).

2. Kritik am Modell von Shannon / Weaver

Unter psychologischen Gesichtspunkten ist dieser Informationsbegriff nicht hinreichend, wie v. Cube (1960) gezeigt hat: Die subjektiven Wahrscheinlichkeiten des Empfängers können von den objektiven Wahrscheinlichkeiten des Senders durchaus verschieden sein. v. Cube nannte als relevantes Maß die *mittlere subjektive Information*, für die Stever (1969; s.a. 1988) deren eindeutige Bestimmung zeigen konnte.

Dies gilt ja auch für die menschliche Sprache: Hört man den Artikel *die*, dann erwartet man kaum ein Wort wie *Hund*. Diese Zunahme von Wahrscheinlichkeiten gilt natürlich nicht nur für Begriffe, sondern auch für einzelne Buchstaben innerhalb eines Begriffes: Liest man den Buchstaben *j*, so folgt meist ein Vokal, kaum ein Konsonant (siehe dazu auch das Beispiel *Sprachlernen* bei Zierer, 1973).

Die Informationstheorie von Shannon / Weaver wird insbesondere von Köck (1987, S. 355f) aus konstruktivistischer Sicht kritisiert:

Das Modell suggeriere und perpetuiere die Vorstellung einer einzig stabilen und autonomen Wirklichkeit.

Das Modell suggeriere Exaktheit.

Die jeweils beteiligten Subjekte würden als statische Objekte betrachtet werden.

Die Beteiligten würden als *black box* angesehen werden, wodurch nicht erklärt werden könne, wie und warum Kommunikation wirken kann.

Man muß sich deshalb darüber im klaren sein, daß der Shannonsche Informationsbegriff ein ganz spezieller, ja sehr restringierter ist. Er reduziert den Begriff auf rein statistische Aspekte der Informationsübermittlung. Der Informationsbegriff hat aber mehrere Ebenen, die in Anlehnung an Gitt (1981, S. 10) wie folgt beschrieben werden können, wobei sich der Shannonsche Informationsbegriff nur auf die unterste, erstgenannte Ebene (vlg. Oeser, 1985) beschränkt.[3]

---

[3] Zu den anderen Ebenen s. v. Saldern (1990)

Statistik -	Signal empfangen	- Womit?
Syntax -	Code verstehen	- Wie?
Semantik -	Bedeutung verstehen	- Was?
Pragmatik-	handeln	- Wodurch?
Apobetik -	Ergebnis des Handelns	- Wozu?

3. Entropie und Information

Der Informationsbegriff ist - wie bereits erwähnt- immer wieder mit dem Entropiebegriff zusammen genannt worden. Der Biologe und Nobelpreisträger Jacob dazu: "Entropie und Information sind so eng miteinander verbunden wie die beiden Flächen einer Münze. In einem gegebenen System ist die Entropie gleichzeitig ein Maß für die Unordnung und ein Maß für unsere Unkenntnis der inneren Struktur; die Information gibt ein Maß der Ordnung und unsere Erkenntnis. Beide werden auf gleiche Weise gemessen, die eine ist der negative Ausdruck der anderen" (1972, S. 269). Dies mag Gitt zu seiner Beurteilung geführt haben: "Es ist heute klar, daß die Entropie ein grundlegender und universeller Begriff ist" (1981, S. 6). Gitte faßt zusammen: "Je höher die Entropie

desto kleiner die Ordnung, d.h. desto größer die Unordnung,

desto kleiner die aktuelle Information, d.h. desto größer die potentielle Information und

desto höher die Wahrscheinlichkeit des Zustandes" (1981, S. 8)

Allerdings ist diese Gleichförmigkeit nicht unproblematisch: "Es muß davor gewarnt werden, nachlässig und lediglich verbal mit den beiden Entropien Shannons und der statistischen Mechanik umzugehen" (Ashby, 1985, S. 259). Diesem Rat folgt C.F.v. Weizsäcker: "Man hat Information mit Wissen, Entropie mit Nichtwissen korreliert und folglich die Information als *Negentropie* bezeichnet. Shannons *H* ist auch dem Vorzeichen nach gleich der Entropie. *H* ist der Erwartungswert des Neuigkeitsgehalts eines noch nicht geschehenen Ereignisses, also ein Maß dessen, was ich wissen könnte, aber z.Zt. nicht weiß. *H* ist ein Maß potentiellen Wissens und insofern ein Maß einer definierten Art von Nichtwissen. Genau dies gilt auch von der thermodynamischen Entropie. Sie ist ein Maß der Anzahl der Mikrozustände im Makrozustand. Sie mißt also, wieviel derjenige, der den Makrozustand kennt, noch wissen könnte, wenn er auch den Mikrozustand kennenlernte. Bei konstanter Gesamtanzahl der möglichen Mikrozustände eines Systems besagt das Wachstum der Entropie in der Tat ein Anwachsen derjenigen Menge an Wissen, die der Kenner der bloßen Makrozustände nicht hat, aber durch Feststellung des jeweiligen Mikrozustandes grundsätzlich gewinnen könnte" (C.F. v. Weizsäcker, 1985, S. 170f).

Der Informationsbegriff spielt also eine nicht unerhebliche Rolle bei der Beschreibung mikroskopischer Prozesse. Diese werden oft über den Makrozustand eines Systems erschlossen. Entropie ist in diesem Zusammenhang das Maß der Information, die jemand, der den Makrozustand kennt, noch wissen würde, wenn er den Mikrozustand hinzuziehen könnte. Es gilt also: Entropie = Information (Mikrozustand) - Information (Makrozustand). Die aktuelle Information wird deshalb auch als negative Entropie bezeichnet, weil es die Informationen über den Mikrozustand ist, die man schon dadurch besitze, daß man den Makrozustand kennt.

Der Makrozustand (besser: Makrobeschreibung) eines Systems ist durch wenige Parameter gekennzeichnet. In der Physik sind dies Temperatur, Druck, Volumen etc., in den Sozialwissenschaften z.B. Werte wie Gruppengröße etc. Die Mikrobeschreibung ist eine detaillierte Angabe der Orts- und Impulskoordinaten (in der Physik) bzw. der kleinsten Verhaltenssegmente z.B. von Schülern in Schulklassen. In diesem Sinne ist die Entropiezunahme keine Beschreibung des Systems, sondern eine Beschreibung unseres Wissens über das System.

Dieser Auffassung der Äquivalenz von Entropie und Information ist allerdings von verschiedener Seite widersprochen worden. So konnte Budjko (1972) zeigen, daß sich die Information über ein System ändern kann, wenn die Entropie stabil bleibt. Entropie sei ein Zustand der Objekte der Aussenwelt, Information dagegen unser Wissen über diesen Zustand der Objekte. Wie leicht zu erkennen ist, wird in dieser Auffassung zwischen realer und zu erkennender Welt unterschieden. Nur darauf basiert die Kritik. "Die generelle Deutung der Entropie als Maß der Unordnung ist nichts als eine sprachliche und logische Schlamperei" (v. Weizsäcker, 1985, S. 165).

4. Redundanz

Der Begriff Redundanz hängt eng mit den Shannonschen Informationskonzept zusammen. Information und Redundanz stehen nämlich umgekehrt proportional zueinander: "Eine Nachricht mit hohem Informationswert weist wenig redundante Strukturen auf, eine Botschaft dagegen mit geringem Informationsgehalt für den Rezipienten deutet auf hohe Redundanz" hin (Rösel, 1975, S. 921). Redundant an einer Nachricht ist der Teil, der wegfallen könnte, ohne daß man die Nachricht dann noch mißversteht.

Shannon / Weaver weisen beispielsweise darauf hin, daß die englische Sprache zu etwa 50% redundant sei. Man könnte also die Hälfte der Zeit durch eine passende Kodierung einsparen, wobei man allerdings voraussetzt, daß keinerlei Störungen auftreten.

Redundanz hat eine Ordnungsfunktion: Die Komplexität objektiver Informationsstrukturen wird in einer tendenziell chaotischen Umwelt reduziert. So muß sich ein Autor beim Verfassen eines Manuskriptes immer wieder fragen, ob er eine weit vorher gebrachte Information an der aktuellen Stelle zur Erhöhung der Verständlichkeit noch einmal bringen muß (Erhöhung der Redundanz), oder nicht (Krah, 1977). Ähnliches wird sich jeder Lehrer fragen müssen, wenn es um die Vermittlung von Lehrinhalten geht.

"Wirksame Information (Information ist, was Information erzeugt) ist nur möglich, wenn einiges gesetzmäßig abläuft (Bestätigung) und doch einiges neue geschieht (Erstmaligkeit). Lauter Erstmaligkeit ohne Bestätigung ist Chaos, in dem nichts verstanden werden kann, schiere Bestätigung ist keine Information (bringt keine Überraschung)" (C.F. v. Weizäcker, 1985, S. 203). Wenn man telefoniert und die Leitung schlecht ist, dann wird Information vernichtet, also Unsicherheit erzeugt. "Irreversible Prozesse führen zu einem Informationsverlust; sie erzeugen Ungewißheit und vergrößern die Unordnung" (Schreiner / Schreiner, 1983, S. 44). Die übertragende Informationsmenge kann man definieren als die Unwissenheit zu Beginn der Übertragung minus der Unwissenheit am Schluß derselben (Gérardin, 1972, S. 28).

Es kann durchaus sein, daß der Zugang über den Informationsbegriff nur vorläufig gültig ist: "Die Existenzgrundlage aller Organisationen, aller Systeme, aller Hierarchien beruht letzten Endes auf der Eigenschaft der Atome, die von denen elektromagnetischen Gesetzen Maxwells beschrieben werden. Vielleicht sind andere Zusammenhänge für eine Darstellung möglich. Die Wissenschaft kann jedoch dem Käfig ihres Erklärungssystems nicht entweichen. Die heutige Welt besteht aus Botschaften, Codes, Informationen. Welches Skalpell wird morgen unsere Welt zerteilen, um sie in einem neuen Raum von neuem zusammenzusetzen? Welche neue russische Puppe wird in ihm zum Vorschein treten?" - so Jacob auf der letzten Seite seines Werkes (1972, S. 343).

V. System und Modell

Das Denken in Modellen ist integraler Bestandteil wissenschaftlichen Arbeitens überhaupt: "Jedes menschliche Denken, soweit es sich auf die Realität bezieht, ist stets ein Denken in Modellen. Dies gilt sowohl für die Realität, wie wir sie vorfinden, als auch für hypothetische Weltausschnitte, wie etwa Pläne, Entwürfe, Sollkonzepte oder Szenarius" (Gernert, 1984, S. 19). Da menschliches Denken also Modelldenken ist, verwundert es nicht, wenn auch die systemisch orientierten Theorien die Modellbildung hervorheben. So beschreibt Hejl (1987, S. 305) seine konstruktivistische Sozialtheorie wie folgt:

Sie erarbeitet Konstrukte (Modelle, Systeme)

Die Überprüfungskriterien dieser Modelle sind: Problemlösungskapazität, Konsistenz und ihre Verknüpfbarkeit mit Modellen aus anderen Disziplinen und nicht die Entsprechung mit *der* Realität.

Soziale Prozesse sind als Prozesse der Erzeugung von Realitäten und auf sie abgestimmte Handlungen zu verstehen.

Hier wird deutlich, daß es für eine Realität (die man nicht kennt) mehrere Modelle geben kann. Ashby (1974, S. 329) hat deshalb schon frühzeitig genug vor einer Ontologisierung des Systembegriffs gewarnt. Er betont: "... wie unbrauchbar die Definition des *Systems* durch seine Gleichsetzung mit einem realen Gegenstand ist. Reale Gegenstände können eine Vielzahl von gleichermaßen plausiblen *Systemen* nahelegen, die sich in den Eigenschaften, an denen wir hier interessiert sind, stark voneinander unterscheiden; und die Antwort auf eine bestimmte Frage wird wesentlich davon abhängen, auf welches dieser Systeme sie sich bezieht." Und weiter: "Jedes materielle Objekt enthält nicht weniger als eine Unendlichkeit von Variablen und somit möglichen Systemen" (Ashby, 1985, S. 68)

1. System und Modell

Wie hängen die beiden Begriffe System und Modell miteinander zusammen? Nach Stachowiak (1973, S. 131ff; s. zsf. Wuchterl, 1977, S. 249) hat der allgemeine Modellbegriff drei Merkmale:[4]

Abbildungsmerkmal: Modelle sind stets Modelle von etwas

Verkürzungsmerkmal: Modelle erfassen nur solche Attribute, die dem Theoretiker relevant erscheinen

Pragmatikmerkmal: Die Zuordnungen der Modelle zum Original erfolgen relativ zu bestimmten Subjekten, für bestimmte Zeitabschnitte und für bestimmte Zwecke.

Bei dem Aufbau eines Modells sind also vier Fragen zu beantworten: Von was? Für wen? Wann? und Wozu? Systeme sind also wie Modelle keine Gegenstände der Erfahrungswelt, sondern theoretische Konstruktionen (Ropohl, 1979, S. 90). Was unterscheidet sie dann? Ropohl weiter: "Ein Sy-

---

[4] Zur Herkunft des Begriffes s. Müller, 1980

stem ist streng genommen nichts anderes als ein formales Modellkonzept. Es bedarf inhaltlicher Interpretation, um mit empirischem Gehalt gefüllt zu werden" (1979, S. 104). Gerade diesen letzten Aspekt deuteten auch Friedrich / Sens an: "Abgesehen von der erkenntnistheoretischen Frage der Relativität der Systemgrenzen muß in jedem Einzelfall die Identität eines Systems konkret bestimmt werden. Kriterien für diese Festlegung liefert nur die inhaltliche Theorie über den Gegenstand, nicht aber eine immer nur instrumentell zu verstehende Systemtheorie, die ja nur die allgemeine Methode der am Systembegriff orientierten Analyse angibt" (1976, S. 31).

Insbesondere Troitzsch (1987, S. 24f) sieht zahlreiche Parallelen zwischen der Modellbildung und der Verstehensmethode der geisteswissenschaftlichen Pädagogik: Modellbildung sei ein heuristisches Verfahren und sei nicht in der Lage, einzelne Hypothesen zu testen, sondern sie liefere eher Hypothesen über ein System. Eine weitere Parallele sieht Troitzsch darin, daß sowohl die Modellbildung als auch das Verstehen durch den Prozeß des Konstruierens erklärt werden können. "Das Ergebnis von Verstehen ist damit ein Konstrukt, der Prozeß des Verstehens gedankliches Konstruieren" (S. 25).

2. Formalisierung

Ein zentrales Merkmal der Modellbildung liegt in der Formalisierung von Modellen. Ein Formalismus ist, wie Bertrand Russell gesagt hat, nur dazu da, "ums das Denken zu ersparen: der Formalismus denkt für uns. Damit er für uns denken kann, müssen wir wissen, was er kann" (v. Foerster, 1988, S. 20). Dies bedeutet aber auch Mathematisierung, für Sozialwissenschaftler oft Grund, einer exakten Modellbildung aus dem Weg zu gehen. Diese Problematik beschreibt Riesenhuber wie folgt: "Es ist kein Unglück ... wenn ein Geisteswissenschaftler von Mathematik nichts versteht. Die Sache wird schwierig, wenn er stolz darauf ist, von Mathematik nichts zu verstehen" (1989, S. 16).

Formalisierung hat nach Suppes (1968, S. 28-30) folgende Vorteile:

a) "Formalisierung liefert einen Grad von Objektivität, der für Theorien, die nicht in dieser Weise gegeben sind, unmöglich ist. In Wissensgebieten, wo schon über die elementarsten Begriffe große Kontroversen bestehen, kann der Wert solcher Formalisierung wesentlich sein".

b) "Formalisierung stellt einen Weg dar, im Wald der impliziten Annahmen und dem umgebenden Dickicht der Verwirrung den festen Grund auszumachen, der für die betrachtete Theorie benötigt wird".

c) "Die Formalisierung einer Theorie ermöglicht eine objektive Analyse der minimalen Annahmen, die zur Formulierung der Theorie nötig sind".

Die Formalisierung (genauer: Mathematisierung) nimmt also in den Wissenschaften einen großen Raum ein, denn die Vorteile eines solchen Vorgehen liegen auf der Hand. Allerdings wird einer Formalisierung oft mehr Nutzen zugesprochen als sie tatsächlich hat. Das Operieren mit Zahlen schafft keine neuen logischen Regeln und setzt auch keine alten außer Kraft. Zudem bietet sie kein Mittel einer besseren Vorhersage, weil es immer die Annahmen der formalisierten Wissenschaft selbst sind, die inhaltliche Aussagen zulassen und nicht deren mathematisierte Form (Wessel, 1977, S. 24). Damit wird das Problem der Validierung von Modellen angesprochen, auf das auch schon Gernert hinwies: "Nun ist eine *größere Strenge der Formalisierung* keineswegs gleichbedeutend mit *höherer Qualität*" (1984, S. 23).

3. Validierung von Modellen

"Man kann nicht beides haben: Exaktheit, wie sie nur einem rigide idealisierten Modell zukommt, *und* Realitätsnähe im Sinne bequemer, möglichst unmittelbarer Handhabung des theoretischen Instruments - unter Bedingungen seiner empirischen Validität" (Stachowiak, 1982, S. 100). Nach Apel (1979, S. 149) fallen die Bereiche Realität und Theorie nur im Subjekt auseinander. Daraus folgt, daß die Homomorphie vom Modell und Subjekt "im strengen Sinn also nicht Homomorphie von theoretischem Konstrukt und Realität, sondern Homomorphie von einem theoretischen zu einem empirisch definierten Konstrukt" ist (Apel, 1979, S. 150). "Der Grad der Homomorphie und die Prognoseleistung ... ist letztendlich eine Frage der Intelligenz der Modellkonstrukteure" (Apel, 1979, S. 151). Daraus folgt, daß die Systemtheorie auch noch keine substantive, nomologische Hypothesen umfassende, erfahrungswissenschaftlich erklärende Theorie ist. Sie umfaßt zunächst nur operationale Modelle, Formalisierungs- oder Kalkülisierungsinstrumente. Ihr Charakter ist eher instrumentell (Lenk, 1978, S. 247). Damit ist etwas verbunden, was den meisten Wissenschaftlern widerstreben wird: Systemtheoretische Ansätze umfassen keine Gesetze und sie genügen auch oft nicht den strikten Bestätigungs- und Prüfungskriterien.

Nach Ropohl (1978) ist die allgemeine Systemtheorie (ähnlich wie die angewandte Mathematik) angesiedelt zwischen Formal- und Realwissenschaften. Sie konstruiere formale Modelle, die erst darin ihren Sinn fänden, daß sie auf reale Gegenstände interpretiert würden. Das Problem mit der Verwendung des Begriffes System bestünde häufig darin, daß es im objektsprachlichen Sinne verwendet wird. Es würde also eine wirkliche Existenz nicht nur der Objekte, sondern auch ihre Systemhaftigkeit unterstellt. Dies könne so aber nicht richtig sein, wie er an dem folgenden Beispiel zeigt:

"Was etwa wäre, das wirklich existierende ganzheitliche Gebilde. Das soziale System Familie, das technischen System Wohnung oder das soziotechnische System Privathaushalt?" (1978, S. 10). Systeme sind also keine Gegenstände der Erfahrungswelt, sondern theoretische Konstruktionen. Damit sind sie kognitive Organisationsinstrumente, und keine Objekte.

Friedrich / Sens (1976, S. 44) formulierten deshalb vor dem Hintergrund einer analytischen Trennung von Instrument und Inhalt für die Beurteilung kybernetischer Modelle folgende Fragen:

1. Welche inhaltliche Theorie liegt der Modellbildung zugrunde?

2a. Welche spezifischen Teilbereiche der kybernetischen Systemtheorie sind in die Modellbildung eingegangen?

2b. Ist das Instrumentarium der kybernetischen Systemtheorie stimmig angewandt worden?

3. Ist die Zuordnung von Instrument und Theorie, die Analogiebildung also unter dem Gesichtspunkt der (die Modellbildung leitenden) Fragestellung zu rechtfertigen?

4a. Welche Ergebnisse der Modellbildung dürfen, da es sich um Schlußfolgerungen aus abudanten Modelleigenschaften handelt, nicht sozialwissenschaftlich interpretiert werden?

4b. Welche gesellschaftlichen Phänomene können aufgrund der zu beachtenden präferierten Originaleigenschaften durch das Modell nicht erklärt werden?

Lisrel-Modelle haben beispielsweise den sogenannten *goodness of fit*. Der Programmbenutzer validiert stufenweise sein Modell, bis er *goodness of fit* nicht mehr wächst. Diese Methode verlangt allerdings ein Metakriterium, da sonst die iterative Anpassung eines Modells an die Daten seine Stichprobenabhängigkeit nur erhöht. Ein solches Metakriterium könnte die Plausibilität sein (Apel, 1979, S. 146). Plausibilität vermittelt die Praxis in den Forschungsprozeß, allerdings tritt auch damit ein Validierungsdilemma auf, denn die Praxis kann in den seltensten Fällen in den Forschungsprozeß unvermittelt eindringen.

Man kann drei Dimensionen der Modellgültigkeit unterscheiden: formale Gültigkeit (oder Zuverlässigkeit), empirische Gültigkeit (oder Ähnlichkeit) und die pragmatische Gültigkeit (oder Zielangemessenheit).

Die formale Gültigkeit entspricht im wesentlichen den Test zum bereits genannten *goodness of fit*. Die Verwendung des Begriffes *Zuverlässigkeit* ist deshalb irreführend, weil Zuverlässigkeit im klassischen Sinne die Voraussetzung für die Gültigkeit ist. Die empirische Gültigkeit (Ähnlichkeit) ist die mindestens homomorphe Korrespondenz zwischen Modell und Wirklichkeit bezüglich des Verhaltens und der Struktur beider Bereiche. Wenn das Modell die ersten beiden Validierungsdimensionen erfolgreich besteht, wird in der dritten Phase (die pragmatische Gültigkeit) als Metakriterium herangezogen. Die pragmatische Gültigkeit bezieht das Subjekt (den Wissenschaftler) in die Analyse mit ein. Inwieweit ein Modell Sinn besitzt, hängt wesentlich mit dem Verwertungszusammenhang zusammen. Apel (1979, S. 149) weist mir Recht darauf hin, daß pragmatische Gültigkeit so etwas wie Sachangemessenheit sei, was zur Folge habe, daß dies im Grunde kein Metakriterium sei, sondern eine Aufgabe.

4. Welche Modelle gibt es in der Erziehungswissenschaft?

Averch et al. (1971) konnten die in ihrem Forschungsüberblick herangezogenen Einzeluntersuchungen fünf Vorgehensweisen zuordnen, die sich unterscheiden lassen. Die Eingruppierung der Einzelstudien in diese verschiedenen Strategien kann helfen, die Komplexität und Vielfalt der Forschungsergebnisse auf ein übersichtliches Maß zu reduzieren.

a) Das Input-Output-Modell

Die meisten Studien konnten dem sogenannten Input-Output-Modell zugeordnet werden. Dabei wird Schule als Black Box gesehen, in der Schüler sitzen. Der Output ist normalerweise über standardisierte Leistungstests erfaßt. Der Input wird beschrieben durch die verschiedenen Ressourcen, die einer Schule zur Verfügung stehen. Die Frage, die diesem Modell zugrunde liegt, ist, inwieweit die Schülerleistung abhängig von den schulischen Bedingungen ist. (Siehe Abbildung 5)

Abbildung 5

Das Input-output Modell nach Averch et al. (1971)

b) Das Prozeßmodell

Das zweite Modell ist in Abbildung 6 dargestellt. Erziehung wird als Prozeß gesehen. Der Forscher interessiert sich für das "Innere" der Black Box. Die Ressourcen werden weiterhin als unveränderbar betrachtet, die Auf-

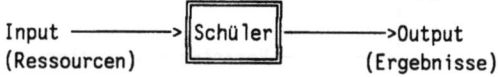

merksamkeit wird dabei allerdings darauf gerichtet, wie die Ressourcen auf den einzelnen Schüler wirken. Im Gegensatz zum Input-Output-Modell ist die Verwendung von solchen Studien für die politische Entscheidungsfindung nicht so einfach, da die Prozesse innerhalb der Schule sich meist als heterogen herausstellen.

Abbildung 6

Das Prozeß-Modell nach Averch et al. (1971)

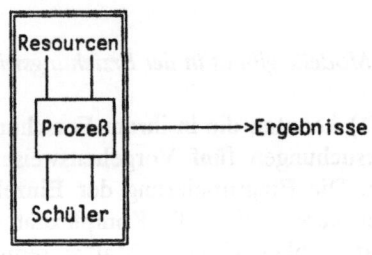

c) Das Organisationsmodell

In dem Organisationsmodell (s. Abbildung 6) fehlt das Interesse an den Ergebnissen des Erziehungsprozesses. Vielmehr sollen die Geschichte der Schule, soziale Anforderungen und sozialer Wandel des Systems Schule reflektiert werden. Der Input gestaltet sich durch die sozialen Normen, bürokratische Verfahrensweisen und die Anreize, die das System dem Einzelnen gibt. Dieses Modell konzentriert sich auf die Beteiligten innerhalb der

Abbildung 7

Das Organisationsmodell nach Averch et al. (1971)

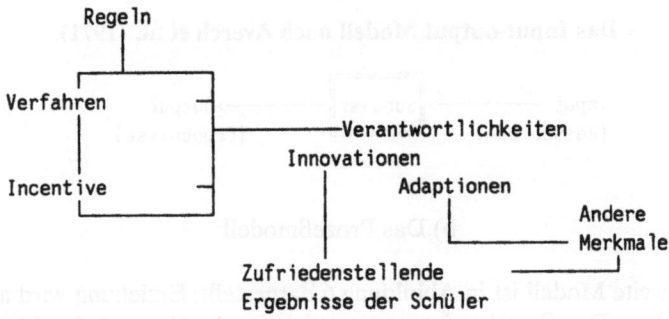

Schule (Lehrer, Schüler, Schulleitung etc.). Die entscheidende Frage nach diesem Modell ist die der Verantwortlichkeit von schulinternen Maßnahmen. Dem Modell liegt die Annahme zugrunde, daß eine verantwortlich geleitete Schule zu befriedigenden Leistungen kommt, die allerdings nicht den maximal möglichen Ergebnissen entsprechen. In diesem Modell hat Schule viele Ziele, nicht nur die, kognitive Leistung zu fördern. Untersuchungen, die diesem Modell zuzuordnen sind, konzentrieren sich auf das System Schule in seinem ganzen Facettenreichtum, und nicht nur auf die Schülerleistung. Unter dieses Modell fallen vorwiegend Einzelfallstudien. Dies erschwert natürlich den Vergleich der Studien untereinander.

Soweit zu den Vorbemerkungen zur Systemtheorie. Es folgt nunmehr eine Begriffsbestimmung und eine Charakterisierung der Arten unterschiedlicher Systeme.

D. Definition und Arten des Systems

Der Systembegriff wurde in der Erziehungswissenschaft oft verwendet, aber nicht präzise definiert, oft sogar mißbraucht. Mag sein, daß er deshalb bei vielen Vertretern auf Ablehnung stößt. In diesem Kapitel soll deshalb die Breite der Systemdefinitionen genauso vorgestellt werden wie das Gemeinsame an diesen Definitionen.

I. Die Definition des Systems

Der Systembegriff erfuhr in den letzten Jahrzehnten unterschiedliche Konkretisierungen. Es gilt deshalb, das Gemeinsame der Definitionen herauszuarbeiten. Es ist dabei sicher ein Problem, daß die Definitionen zum Systembegriff z.T. ungenau sind: Wuchterl (1977, S. 243f) fordert, daß der Systembegriff präziser definiert werden muß, damit insbesondere die Luhmannsche Berufung auf den Systembegriff nicht metaphorisches Gerede wird, durch welches Genauigkeit nur vorgetäuscht wird. Ashby zeichnet sich aber auch nicht gerade durch Präzision aus, wenn er ein System eine Liste von Variablen nennt, die es zu berücksichtigen gilt (1974, S. 69).

Eine Übersicht über die Entwicklung des Systembegriffs seit der Antike gibt von der Stein (1968). Interessant bei seiner Analyse ist, daß bereits der altgriechische Sprachgebrauch "die vollständige Basis für einen Systembegriff nach heutigem Verständnis geschaffen" hat (v.d. Stein, 1968, S. 5). Die Bedeutung, die die alten Griechen dem Begriff System (*Systema*) zugewiesen hatten, war: ein Gebilde, das irgend ein Ganzes ausmacht und dessen einzelne Teile in ihrer Verknüpfung irgend eine Ordnung aufweisen. Damit sind die drei Hauptbestandteile einer allgemeinen Systemdefinitionen genannt: Element (Bestandteil), Relation (Beziehung zwischen Bestandteilen) und Umwelt (Abgrenzung der Ganzheit).[1]

Man definiert also System häufig derart, wie es das folgende Beispiel zeigt: "Unter *System* (zu deutsch: Zusammenstand) pflegen wir eine Ordnung zu verstehen, in der jedem Element, das in ihr vorkommt, eine jeweils

---

[1] "Mit der Fixierung dessen, was zu einem konkreten System gehört, ist gleichzeitig auch bestimmt, was nicht zu ihm gehört, was seine Umgebung ausmacht" (Friedrich / Sens, 1976, S. 30)

eindeutig bestimmbare Position zugewiesen werden kann" (Picht, 1981, S. 9). Es muß eine Mindestzahl von Verbindungen zwischen den Elementen geben (Kornwachs / v. Lucadou, 1978)

Systemdefinitionen dieser Art gibt es anscheinend zuhauf. Folgende scheint die umfassenste zu sein, obgleich sie auch die Abstraktheit des Ansatzes gut verdeutlicht: "Ein System wird allgemein definiert als eine Menge von Elementen, die in Interaktionsbeziehungen zueinander stehen. Jedes System besteht somit aus Objekten als den Elementen oder Teilen des Systems. Die Objekte besitzen Merkmale und die Objekte und ihre Merkmale werden durch Beziehungen untereinander zu einem System verbunden. Die Interaktion von Elementen kann für sich genommen keine systembegründende Eigenschaft sein. Denn von Elementen zu sprechen, heißt bereits vorauszusetzen, daß sie Teile einer Gesamtheit sind" (Röpke, 1977, S. 14). Das System bezeichnet also eine Ordnungsform, die ein Elementengesamt in einen Strukturzusammenhang bringt, der seinerseits, rein für sich genommen, häufig auch schon System genannt wird - wie Luhmann es ausdrückt.[2]

Diese Art von Definitionen sind allerdings nicht ganz unproblematisch: Wenn man festlegt, daß ein System eine Menge von Elementen ist, zwischen denen Wechselbeziehungen bestehen, dann ist diese Definition nämlich aus drei Gründen leicht angreifbar (Lenk, 1978, S. 240f): Einmal unterscheidet die Systemdefinition nicht von dem mathematischen Begriff der *strukturierten Menge* oder eines Gebildes und zweitens wäre dann die Systemtheorie mit der gesamten mengentheoretisch interpretierten Mathematik identisch und drittens gäbe es nichts, was nicht selbst ein System oder Teil von Systemen wäre. Dies wäre aber von Nachteil, denn dieser Begriff wäre allumfassend und man könnte nichts dagegen kontrastieren. Lenk weist allerdings darauf hin, daß der Systembegriff ein perspektivischer Begriff ist. D.h., daß nicht jeder Gegenstand ein Relativ oder ein System ist, sondern daß dieser Gegenstand als solches analysiert und interpretiert werden kann. Um von dem einfachen Definitionstypus *Element-Ganzheit* wegzukommen, haben zwei Autoren eine Differenzierung vorschlagen: Ropohl, v. Cranach und Bumann et al.

---

[2] Definitionen zum Systembegriff können sehr verschwommen sein. French / Bell (1977, S. 100) z. B. definieren ein System als eine Reihe von Elementen, die untereinander *und mit ihren Teilen* verknüpft seien (Hervorhebung d. Vf). Demnach sind Elemente noch in Teile zerlegt.

1. Systemdifferenzierung nach Ropohl

Nach Ropohl (1978, S. 14f) verbergen sich hinter dem Systembegriff drei unterschiedliche Systemkonzepte: das *strukturale*, das *funktionale* und das *hierarchische* Konzept.

Das strukturale Systemkonzept basiert auf der Annahme, daß ein System eine Ganzheit miteinander verknüpfter Elemente ist. Das Ganze ist hier mehr als die Summe seiner Teile, weil zu den Teilen selbst die Relationen zwischen den Teilen hinzukommen.

Im funktionalen Konzept ist das System eine *black box*, es werden nur die Beziehungen zwischen den äußeren Eigenschaften analysiert (*Input* und *Output*). Vorgänge im Inneren des Systems bleiben unberücksichtigt.[3]

Das hierarchische Konzept betont, daß Elemente eines Systems wiederum Systeme sind. Dieser mehrstufige Systemaufbau hat forschungspraktische Konsequenzen: Bewegt man sich in der Hierarchie abwärts, so erhält man detailliertere Angaben über das System, während man durch eine Aufwärtsbewegung ein tieferes Verständnis an Bedeutung gewinnt.

Ropohls Anliegen war es, eine Systemdefinition zu entwickeln, in der alle drei Systemkonzepte miteinander verknüpft sind. Seine Definition besagt, daß ein echtes System "dann und nur dann vorliegt, wenn gleichermaßen Funktionen, eine Struktur und eine Umgebung angebbar sind" (Ropohl, 1978, S. 31). Um mit der bereits vorliegenden systemtheoretischen Literatur nicht zu kollidieren, läßt Ropohl auch schwächere Formulierungen als System zu, "wenn mindestens Attribute und Funktionen oder mindestens Subsysteme (*Elemente*) und Relationen definiert sind" (S. 10). Ropohls Definition umfaßt drei Aspekte: "Ein System ist eine Ganzheit, die (a) Beziehungen zwischen bestimmten Attributen aufweist, die (b) aus miteinander verknüpften Teilen bzw. Subsystemen besteht und die (c) auf einem bestimmten Rang von ihrer Umgebung abgegrenzt bzw. aus einem Supersystem ausgegrenzt wird" (S. 10). Damit hat Ropohl erreicht, daß das funktionale, das strukturale und das hierarchische Konzept vereinigt sind.

---

[3] Beispiel dafür: das Vorhersage-Analogon von Meehl, s. Westmeyer, 1979

2. Systemdifferenzierung nach v. Cranach

Mario v. Cranach hebt die Bedeutung der drei Begriffe *Struktur*, *Funktion* und *Prozeß* für die Definition des Systembegriffes hervor: "Systeme sind strukturierte Ganzheiten aus Elementen und deren strukturellen und prozessualen Beziehungen" (v. Cranach, 1987, S. 8). Im Einzelnen:

Struktur: "Strukturen sind die als mehr oder weniger statisch betrachteten Konfigurationen der Elemente" (v. Cranach, 1987, S. 8; Kornwachs, 1975, S. 51: Struktur ist die "Auflistung aller tatsächlichen Verbindungen" des Systems).[4]

Prozeß: "Prozesse sind das Verhalten der Strukturen, aber tatsächlich bestehen die Strukturen aus Prozessen. Was jeweils Struktur und was Prozeß ist, liegt weitgehend von der Feinheit der Beobachtung ab und ist insofern eine willkürliche Setzung. Verhalten, über längere Zeit betrachtet, offenbart strukturhafte Regelmäßigkeiten, die wir etwa als Persönlichkeitseigenschaften wahrnehmen. Eine scheinbar feste Struktur hingegen kann bei geeigneter Auflösung zum Prozeß werden" (v. Cranach, 1987, S. 8).

Funktion: "Wir sprechen immer von Funktion, wenn wir die Bedeutung eines Systembestandteiles oder seines Verhaltens für einen anderen meinen ... In dieser Verwendung kennzeichnet Funktion den wichtigsten Aspekt des Systems, den Zusammenhang seiner Teile, und ist völlig unentbehrlich" (v. Cranach, 1987, S. 9). Ropohl (1978, S. 43) faßt sinngemäß zusammen, "daß wohl die Funktion eines Systems aus seiner Struktur abgeleitet werden kann, umgekehrt jedoch eine bestimmte Funktion durch mehrere verschiedene Systemstrukturen zu realisieren ist".

3. Systemdifferenzierung nach Bumann et al.

Eine schon ältere, aber deshalb keineswegs uninteressante Hilfe zum Verständnis des Systembegriffes bietet die Klassifikation von Bumann et al. (1968). Die Autoren machen folgende Unterscheidungen, die den Systembegriff klären sollen:

Systematifizieren: Dieser Begriff wird dann verwendet, wenn man die Systemprinzipien vorgibt oder die Systemstruktur entwickelt. Das Gesamt aller Systemprinzipien nennen sie

---

[4] Röpke (1977, S. 43) unterscheidet drei Systemstrukturen: 1. Gleichgewichtsstrukturen, die in umweltisolierten Systemen verwirklicht sind, 2. homöostatische Strukturen, die sich an die Umwelt stufenweise anpassen können, und 3. evolvierende Strukturen, die eine Steigerung der Eigenkomplexität durch Evolutionsprozesse als typisches Merkmal innehaben.

Systematifikator, die Systemstruktur das

Systematifikat (also das *formale System*). Die Einordnung von Elementen in eine Struktur heißt

Systemieren (= systematisieren). Das Gesamt des Systemierten wird als

Systemat bezeichnet (oder auch als System, *materiales System*). Eine Stellenwert im System, der von Elementen eingenommen werden kann, wird als

Elementstelle definiert.

Die Autoren präzisieren - etwas fremd in ihrer Begrifflichkeit - wie folgt: "Um ein Gesamt definierter Elemente in einen bestimmten Zusammenhang zu bringen, bedarf es der Vorgabe von Systemprinzipien, eines Systematifikators, aus dem die Systemstruktur, durch welche die möglichen Elementstellen konstituiert, d.h. die jeweiligen Stellenwerte bestimmt werden, entwickelt wird. Diese Tätigkeit heißt Systematifizieren, ihr Ergebnis Systematifikat. Das Systematifikat ist die objektive Bedingung der Möglichkeit des Systemierens, des Einordnens der definierten Elemente in die Systemstruktur, den Elementenstellenplan. Das Gesamt des derart Systemierten heißt Systemat" (Bumann et al., 1968, S. 151f).

Keine Frage, diese Definitionen sind eindeutig, offensichtlich haben sich die Begriffe nicht durchgesetzt. Sie dienen uns aber im folgenden trotzdem als Versuch, verschiedene *Systemarten* zu unterscheiden. Bevor aber die verschiedenen System-Arten vorgestellt werden, muß der Systembegriff noch von zwei ähnlichen Begriffen abgegrenzt werden: *Klassifikation* und *Netzwerk*.

<u>Klassifikation</u>. Der alte Systembegriff wurde vor allem von dem der Klassifikation abgegrenzt ("Whether good or bad, classification is unavoidable", Dreger, 1968). Dieser Mühe unterzogen sich Bumann et al. (1968). Klassifikation ist ein Gesamt von Elementen (Dinge, Ideen, Mengen, Klassifikationen oder auch Systemen), die nach gemeinsamen Merkmalen zusammengestellt wurden. Ein System hingegen ist nicht nur eine Ordnungsform - so wie die Klassifikation -, sondern es bringt die Elemente gleichzeitig in einen Strukturzusammenhang (Dieser Strukturzusammenhang wird auch alleine schon oft als System bezeichnet).

<u>Netzwerk</u>. Schwierig wird die Abgrenzung des Systembegriffes, wenn man ihm dem Begriff des *Netzwerkes* gegenüberstellt: Soziale Netzwerke setzen sich aus einer Menge von Elementen, meistens Personen, und aus der Menge der zwischen diesen Elementen bestehenden sozialen Relationen zusammen. Dieser Netzwerk-Begriff ist zweifellos mit dem o.g.

undifferenzierten Systembegriff identisch. Im weiteren wird dieser Begriff nicht verwendet.

II. Die Arten des Systems

Der Systembegriff wird sehr heterogen verwendet. Dies liegt aber nicht nur daran, daß die verschiedenen Autoren selbst eine unklare Vorstellung von dem Begriff haben, sondern daran, daß sie einen ganz spezifischen Typus von System meinen. Im folgenden werden deshalb zwei Klassifikationen von Systemen vorgestellt, einen Überblick über die möglichen Verwendungen geben sollen.

1. Die Klassifkation von Bumann et al.

Bumann et al. (1968) haben eine sehr differenzierte Einteilung von Systemarten, wie sie in der Wissenschaft verwendet werden, vorgenommen. Sie gingen dabei so vor, Systeme unter einem ganz spezifischen Aspekt zu ordnen, nämlich hinsichtlich

der Elemente (Woraus bestehen die Elemente?)

der Elementenstellen (Wieviel und welche Elemente?)

des Systematifikators (Ordnung, zeitliche Veränderung)

des Systematifikats (Vollständigkeit, Repräsentation)

des Systemats (Seinsweise, Autonomie, kinetischer Zustand)

Zu den Gliederungen im Einzelnen:

Gliederung nach Elementen
    Individuensysteme
    Satzsysteme
    Klassensysteme
    System-Systeme (Systeme höherer Ordnung)
Gliederung nach Elementenstellen
    Grad der Besetzung
        vollständige Systeme
        unvollständige Systeme
    Anzahl der Stellen
        endliche Systeme (z. B. Schachspiel)
        unendliche Systeme (z. B. Funktionenkörper)

Gliederung nach Systematifikator
   Art der Ordnungsmaßgabe
      serielle Systeme
      mechanische Systeme
      hierarchische Systeme
      organismische Systeme
   Art der zeitlichen Veränderung
      statische Systeme
      dynamische Systeme
   Konstanzgrad
      identische Systeme (z.B. logische Systeme)
      flexible Systeme (z.B. Entwicklung des Organismus)
      fluktuierende Systeme (Wechsel nach Bedarf)
Gliederung nach Systematifikat
   Grad der Vollständigkeit der Explikation
      vollständig ausgeführte Systeme (z.B. Sprachsysteme)
      unvollständig ausgeführte Systeme
   Repräsentationsbezug
      leere Systeme (rein formal)
      interpretierte Systeme (Modell etc.)
   Beständigkeitscharaker
      Eigensysteme
      Lehnsysteme
Gliederung nach Systemats
   "Seinsweise"
      empirische Systeme
      theoretische Systeme
         empirisch konstruierte Systeme
         theoretisch konstruierte Systeme
      theoretisch-ideale Systeme
   Grad der Autonomie
      offene Systeme
      geschlossene Systeme
   Stabilitätsgrad
      stabile Systeme
      instabile Systeme
   Kinetischer Zustand
      ruhende Systeme
      bewegte Systeme

Die meisten Bezeichnungen sprechen für sich selbst. Muß man berücksichtigen, daß üblicherweise die Beschreibung eines Systems durch Kombination der Merkmale vorgenommen wird. So gibt es z.B. stabile, bewegte, offene Systeme etc. Die Art der Ordnungsmaßstäbe kann durch verschiedene Verhältnisarten beschrieben werden, die in ihrer Kombination zu den genannten Systemen (seriell, mechanisch etc.) führen.

Bei Bumann et al. fällt allerdings auf, daß die Abfolgeform keine Systemart eindeutig von einer anderen abgrenzt. Es sind Beschreibungen aus unterschiedlicher Perspektive: Serielle, mechanische, hierarchische und organismische Systeme können also periodisch sein oder auch nicht.

Man kann die Ordnungsmaßstäbe wie folgt beschreiben:

Wertigkeit
    Äquivalenz der Elemente
    differente Valenz der Elemente (z.B. Hierarchie)
Abhängigkeitsform
    Umgebungszusammenhang
    Stützungszusammenhang
    Begründungszusammenhang
Abfolgeform
    Periodizität
    Nichtperiodizität

2. Die Klassifikation von Ropohl

Ropohl (1978, S. 34) hat Systeme und ihre Merkmale tabellarisch zusammengefaßt (s. Tabelle 9).

Tabelle 9

Morphologische Systematik der Systeme nach Ropohl (1978, S. 34)

Merkmale	Merkmalsausprägungen		
Seinsbereich	konkret	abstrakt	
Entstehungsart	natürlich	künstlich	
Verhältnis zur Umgebung	abgeschlossen	relativ isoliert	offen
Zeitabhängigkeit (Funktion)	statisch	dynamisch	
Zeitverteilung	kontinuierlich	diskret	
Funktionstyp	linear	nicht linear	
Grad der Bestimmtheit	deterministisch	stochastisch	
Zeitabhängigkeit (Struktur)	starr	flexibel	
Anzahl der Subsysteme	einfach	kompliziert	
Anzahl der Relationen	einfach	komplex	sehr komplex
Verhaltensform	instabil	stabil	ultrastabil
Strukturform	nicht rückgekoppelt	rückgekoppelt	

Problematisch - wie schon bei Bumann et al. - an dieser tabellarischen Zusammenfassung (und das sieht Ropohl auch) ist, daß Systeme sich durch die Kombination verschiedener Merkmalsausprägungen zwar klassifizieren lassen, daß aber aus logischen Gründen nicht alle Kombinationen von Merkmalsausprägungen möglich sind.

Diese beiden Klassifikationen könnten abschreckend wirken: Zum einen liegt offensichtlich eine enorme Heterogenität in der möglichen Beschaffenheit von Systemen, zum anderen eröffnen sich aber eine Reihe von theoretischen Perspektiven, die mit einem Begriffsinventar beschrieben werden können. Darin liegt die Stärke des Systemansatzes, so daß dieser auch für die Erziehungswissenschaft fruchtbar gemacht werden kann.

E. Quellen neueren systemtheoretischen Denkens

Für das Verständnis des Einflusses der Neuen Systemtheorie auf die Erziehungswissenschaft ist es notwendig, die Herkunft und die Bedeutung der Begrifflichkeit dieses neuen Ansatzes zu verstehen, damit die Tragweite dieses Ansatzes begriffen wird. Man kann die Wurzeln der Systemtheorie wie folgt klassifizieren (Krohn, Küppers / Paslack, 1987, S. 447ff; Ropohl, 1978, S. 11f; 1979, S. 50f):

a) Vorläufer: die allgemeine Systemtheorie L. v. Bertalanffys; die Kybernetik N. Wieners (mit dem auch Gregory Bateson arbeitete) einschl. ihrer regelungs- und nachrichtentechnologischen Vorläufer und Nachfolger; die praxisorientierten Systemansätze wie *operations research*, Systemanalyse und Systemtechnik; die moderne Mathematik (*Bourbaki-Schule*);[1] die Informationstheorie (Shannon / Weaver); die Automatentheorie (Turing, v. Neumann); die Arbeiten von Heinz v. Foerster zur Selbstorganisation (1960).

b) Ilya Prigogines Arbeiten zur irreversiblen Thermodynamik und zu dissipativen Strukturen

c) Manfred Eigens Arbeiten zur molekularen Selbstorganisation

d) Hermann Hakens Arbeiten zur sog. *Synergetik* (Lehre vom Zusammenwirken)

e) die Arbeiten zur modernen Ökologie

Es mag auf den ersten Blick nicht verständlich sein, wieso im folgenden Beispiele aus der Naturwissenschaft zur Erklärung herangezogen werden. Dies hängt vorwiegend mit zwei Gründen zusammen: Einmal weil hier die Auffassung vertreten wird, daß es keinen Unterschied zwischen Natur- und Sozial- bzw. Geisteswissenschaften in methodischer Hinsicht gibt). Zum anderen sind die Beispiele gut nachvollziehbar und entstammen einem weniger komplexen Bereich, als es beispielsweise die Schulklasse ist.

---

[1] *Bourbaki* war eine Gruppe französischer Mathematiker, die unter dem Pseudonym *Bourbaki* publizierte.

Diese Haltung widerspricht offensichtlich einer Besprechung der Nobelpreisvergabe für Chemie an Prigogine im Jahre 1977: "Die wissenschaftlichen Arbeiten, die in diesem Jahr mit dem Chemie-Nobelpreis ausgezeichnet wurden, sind kaum noch allgemeinverständlich darstellbar. Ein wirkliches Verständnis ist ohne ein mehrsemestriges Studium nicht möglich..." (Becker, 1977, S. 784). Prigogine war es allerdings selbst, der es schaffte, seine Arbeiten verständlich zu machen. Dies gilt auch für Arbeiten von Monod (Biologie) oder C.F.v. Weizsäcker (Physik).

Es fällt zudem auf, daß die die Quellen der neuen Systemtheorie gerade in Chemie, Physik und Biologie liegen. Liegt hier nicht wieder die Gefahr, daß sich die Erziehungswissenschaft auf eine Methodologie beruft, die ihr nicht angemessen ist? Diese Frage ist zwar schon unter dem Begriff Übertragbarkeitsproblem in Kapitel 3 abgehandelt worden, trotzdem bleibt die Verpflichtung, immer wieder die dieses neu aufgefaßten Systembegriffs in der Erziehungswissenschaft zu begründen. Nun allerdings zu den Quellen des neuen Denkens.

I. Die Thermodynamik

Jantsch (1986, S. 55) umreißt die drei Betrachtungsebenen der Physik: die klassische oder Newtonsche Dynamik, die Thermodynamik (Entropie und Irreversibilität) und die dissipativen Strukturen.

Die Thermodynamik ist eigentlich keine Dynamik im eigentlichen, umgangssprachlichen Sinne, da ihre Vorgänge nicht in einem zeitlichen Ablauf beschrieben werden. Nach C.F. v. Weizsäcker ist die Thermodynamik eine eigenständige Fundamentalwissenschaft (1985, S. 222), nach Wagner (1977, S. 112) nimmt sie im Rahmen der theoretischen Physik zumindest eine Sonderstellung ein, "da sie die Vorgänge nicht in Raum und Zeit beschreibt und sich auch nicht für die mikroskopischen Eigenschaften der Materie interessieren".[2] Insbesondere die Arbeiten der Arbeitsgruppe um Prigogine haben neue Aspekte der Beschreibung der Natur aufgetan.[3] Diese haben aber auch andere Wissenschaftsbereiche beeinflußt: "Auch das menschliche Sozialverhalten basiert auf dissipativer Strukturbildung, etwa wenn sich ein Ehepaar 'zusammenrauft', oder wenn sich in einer jungen Bande eine

---

[2] Biografische Notizen zu den für die Thermodynamik irreversibler Prozesse wichtigsten Wissenschaftler und Wissenschaftlerinnen sind bei Keller (1977, S. 543f) zu finden.
[3] Die Kritik an der Konzeption von Prigogine und seiner Arbeitsgruppe sind durchaus unterschiedlich hinsichtlich ihrer Qualität der Argumente. Zu den weniger starken zählt sicherlich die Auseinandersetzung mit den Buchtiteln (Dialog mit der Natur; Vom Sein zum Werden). Sie würden Versprechungen suggerieren, die in den Texten nicht erfüllt würden (so Hohlfeld et al., 1986, S. 33). Die Diskussion wird auch nicht durch Hinweise bereichert, daß Prigogine in seinen Werken den Schleimpilz mit der Nacktamöbe verwechselt (Regelmann / Schramm,

Rangordnung einstellt. Darüber hinaus beobachten wir aber beim Menschen noch ein spezifisches Bedürfnis, die spontan entstandene Organisation durch Skelette dauerhaft zu machen. Und der Inbegriff solcher konservativer Strukturen, die aus ursprünglich dissipativen erwachsen sind, sich ihnen wie eine Kruste angelagert haben, dann in steigendem Maße überhand nehmen und ihrerseits den weiteren Entwicklungsprozeß irreversibel determinieren, bis sie ihn schließlich als dürre Gerippe noch Generationen überdauern - das eben ist es, was wir als Kultur bezeichnen" (Bischof 1979, S.573).

1. Grundaussagen der Thermodynamik

Im folgenden werden die Grundaussagen der Thermodynamik - soweit für die eigene Themenstellung relvant - dargestellt: als einleitendes Beispiel werden die Benard-Zellen herangezogen, es folgt eine Zusammenfassung der Hauptsätze, schließlich wird das Verhältnis zwischen System und seiner Umwelt diskutiert.

a) Ein einleitendes Beispiel: die Benard-Zellen

Was ist Thermodynamik? Die Thermodynamik ist die Lehre von den Gleichgewichtszuständen und den Vorgängen in thermodynamischen Systemen. In dieser Definition klingt schon der Bezug zur Systemtheorie deutlich an. Nicolis / Prigogine (1987, S. 21f) geben zur Verdeutlichung von Selbstorganisationsphänomenen in der Physik ein Beispiel aus dem Bereich der thermischen Konvektion: Man stelle sich eine Schicht einer Flüssigkeit vor, die von zwei horizontal verlaufenden parallelen Platten begrenzt sind. Dies könnten z.B. zwei Glasplatten sein, zwischen denen sich eine dünne Wasserschicht befindet. Wenn man diese Glasplatten und das Wasser sich selbst überläßt, geht die Flüssigkeit sehr schnell in einen homogenen Zustand über, in dem statisch gesehen alle ihre Teile identisch sind. Ein sehr kleiner Beobachter könnte z.B. durch ausschließliche Beobachtung seiner Umgebung nicht feststellen, wo er sich zwischen den Glasplatten befindet. Der kleine Beobachter kann den Raum nicht wahrnehmen. Wenn man nun eine der Glasplatten kurz mit einem Finger berührt, dann verändert sich die Temperatur von Glasplatte und Wasser. Es werden einige Eigenschaften des Systems schwach und lokal verändert. Eine solche Veränderung wird als <u>Störung</u> bezeichnet. Da der Finger aber gleich wieder weggenommen wird, wird das System sehr schnell wieder homogen, die Temperatur sinkt auf ihren Anfangswert zurück. "M.a.W.: Die Störung stirbt aus, und im System

---

1986, S. 65).

bleibt keine Spur davon zurück" (Nicolis / Prigogine, 1987, S. 22). Das System bleibt stabil, also im Gleichgewicht. In diesem Sinne kann man kaum von dem aktiven Verhalten des Systems sprechen, wenn das System sich an einer derart einfachen Situation befindet. Die Autoren bezeichnen ein System, bei dem die einwirkenden Störungen wieder aussterben als <u>asymptotisch stabil</u>.

Gehen wir nun davon aus, daß eine der beiden Glasplatten systematisch erwärmt wird, und zwar so stark, daß das System nicht mehr zum Gleichgewicht zurückfindet. Eine solche externe Zwangsbedingung erlaubt also nicht, den Gleichgewichtszustand wieder zu erreichen. Physikalisch gesehen liegt jetzt eine Wärmeleitung vor, die allerdings unproblematisch ist, da das System sich wieder stabilisiert: Die Wärme wird geleitet, ohne daß irgendetwas das System letztendlich stört.

Wenn nun eine der beiden Platten immer weiter erhitzt wird, also das System immer weiter vom Gleichgewicht weggetrieben wird, und dabei ein kritischer Wert übersprungen wird, dann beginnt das System plötzlich makroskopische Bewegungen auszuführen: "Die Flüssigkeit strukturiert sich in einer regelmäßigen Anordnung kleiner Zellen ..., die unter dem Namen Benard-Zellen bekannt sind" (Nicolis / Prigogine, 1987, S. 23). Dabei bilden sich *Schläuche*, die in sich rotieren. Nebeneinanderliegende Schläuche rotieren unterschiedlich: der eine gegen den, der andere im Uhrzeigersinn. Man wird sich nun fragen, warum dieses Phänomen nicht gleich zu Beginn aufgetreten ist, als z.B. nur der Finger kurz auf die Glasplatte gedrückt worden ist. Die Antwort liegt darin, daß den destabilisierenden Effekten stabilisierende Effekte entgegengewirkt haben.

Es ist keine Frage, daß dieses eben gezeigte System außergewöhnlich einfach, also wenig komplex ist. Konzentriert man sich aber im folgenden noch einmal auf den kleinen Beobachter, der ja im stabilen Zustand nicht feststellen konnte, wo er sich befindet, dann muß man feststellen, daß sich sein Universum plötzlich verändert hat. Der Beobachter kann sich jetzt eine wirkungsvolle Raumvorstellung erschließen, weil die Zellen mit ihm und um ihn herum in Bewegung geraten sind.[4]

Wenn man eine der beiden Glasplatten noch weiter erwärmt (also den thermischen Zwang noch weiter erhöht und das Gesamtsystem noch weiter vom Gleichgewichtszustand wegbringt), dann erreicht man irgendwann eine

---

[4] An diesem kleinen Beispiel wird noch ein weiteres Problem offensichtlich: Das Wechselspiel zwischen strengem Determinismus und dem Zufall. Man kann nämlich erklären, warum die Bernard-Zellen entstehen (Determinismus), man kann allerdings nicht vorhersagen, in welchem Sinne die Rotation der Zellen abläuft: "Nur der Zufall in Gestalt einer bestimmten Anfangsstörung entscheidet darüber, ob eine gegebene Zelle rechts- oder linksherum rotiert. Wir stoßen hier auf ein bemerkenswertes Zusammenwirken von Zufall und Determinismus" (Nicolis / Prigogine, 1987, S. 27).

weitere kritische Schwelle, die dazu führt, daß die Zellenstrukturen verwaschen werden und ein erratisches Zeitverhalten der Systemvariablen charakteristisch ist. Das System beginnt sich jetzt *chaotisch* zu verhalten (Turbulenz).

Die Nichtgleichgewichtsbedingungen des Systems haben es möglich gemacht, Unordnung zu vermeiden und ein Teil der ihm von der Umgebung zugeführten Energie in geordnetes Verhalten eines neuen Typs umzusetzen, in dem es eine sog. *dissipative* (zerstreute) Struktur bildet. Eine dissipative Struktur liegt vor, wenn ein System durch Symmetriebrechung, vielfältige Ausfallmöglichkeiten und durch Zusammenhänge makroskopischer Reichweite charakterisiert werden kann. "Wir können daher sagen, daß wir buchstäblich die Geburt von Komplexität erlebt haben" (Nicolis / Prigogine, 1987, S. 29).

b) Die Hauptsätze der Thermodynamik

Die Grundannahmen der Thermodynamik sind in sog. Hauptsätzen formuliert. Die Hauptsätze sind Lehrinhalt des Physik-Oberstufen-Unterrichtes. Trotzdem werden sie hier in der notwendigen Kürze zusammengefasst, weil sonst nicht deutlich werden kann, wie es zu der Begrifflichkeit der neuen Physik gekommen ist.

Was sind Hauptsätze? "Allgemeine Behauptungen über physikalische Systeme oder über die Realisierungen ihrer Prozesse, die ausnahmslos und unter allen Umständen Gültigkeit beanspruchen, nennt man Hauptsätze. Hauptsätze sind ... meist Unmöglichkeitsaussagen" (Falk / Ruppel, 1976, S. 353).

Es gibt vier Hauptsätze: null bis drei (zur Bezeichnung später). Diese Hauptsätze enthalten keine Aussagen über die mikroskopische Natur von physikalischen Systemen (wie Lage und Standort der Teilchen), sondern ausschließlich über ihren makroskopischen Inhalt (wie Temperatur etc.; Reif, 1985, S. 141). "Die Zustandsgrößen werden phänomenologisch durch eine Meßvorschrift definiert. Über die mikroskopischen Ursachen und Interpretationen, die zumeist modellabhängig sind, kann die Thermodynamik keine Aussagen machen" (Greiner, Neise / Stöcker, 1987, S. 2).

Der Nullte Hauptsatz. Dieser Hauptsatz heißt deshalb Nullter Hauptsatz, weil man in lange Zeit übersehen hatte. Man wollte die Hauptsätze schlicht und einfach nicht noch einmal neu numerieren. Dieser Hauptsatz besagt, daß für jedes thermodynamische System eine Temperatur existiert (Leuschner, 1979, S. 42). Alle makroskopischen Teile eines abgeschlossenen Systems haben die *gleiche* Temperatur. Ein lebensnahes Beispiel ist das Fieberthermometer: Es zeigt nicht die Temperatur des menschlichen

Körpers, sondern seine eigene. Diese eigene Temperatur ist nach dem Nullten Hauptsatz mit der Körpertemperatur identisch. Aus diesem Grunde kann man behaupten, man habe die Körpertemperatur *gemessen*.

Der Erste Hauptsatz (Energieprinzip). Der Erste Hauptsatz besagt, daß in jedem abgeschlossenen System die Gesamtenergie konstant ist (deshalb auch: Energieprinzip). Energie, so wissen wir aus der Schule, kann weder erzeugt noch vernichtet werden (Reich, 1978, S. 39f). Es gilt:

Energie bleibt immer erhalten

Es gibt keine Maschine, die dauernd mehr Energie abgibt, als sie aufnimmt (Ein *Perpetuum mobile erster Art* ist unmöglich.).

In einem abgeschlossenen System ist die Energie konstant.

Die *Innere Energie* in einem geschlossenen System kann nur verändert werden durch Zufuhr von Wärme und Arbeit.

Zweiter Hauptsatz (Entropieprinzip). "Kaum eine Aussage der theoretischen Physik ist in so mannigfaltiger und verschiedener Weise formuliert und interpretiert worden, wie der von R. Clausius um 1850 entdeckte und um 1865 explizit ausgesprochene 2. Hauptsatz der Thermodynamik. Kaum eine Aussage ist aber auch so tiefliegend und von so grundsätzlicher Bedeutung für die Physik der makroskopischen Gleichgewichts- bzw. Nichtgleichgewichtserscheinungen - d.h. für die Thermostatik bzw. die Thermodynamik der Vorgänge - wie eben dieser Satz. Seine Geschichte kann schlechthin als Geschichte dieser beiden Disziplinen der theoretischen Physik bezeichnet werden" (Keller, 1976, S. 9). Dieses Urteil muß - wie noch gezeigt wird - stark erweitert werden, denn die Tragweite dieses Zweiten Hauptsatzes reicht weit über die Physik hinaus.

Grundgedanke des Zweiten Hauptsatzes (über den übrigens Max Planck seine Dissertation schrieb) ist es, daß eine thermische Energieübertragung niemals von selbst von einem Körper tieferer Temperatur auf einen Körper höherer Temperatur erfolgt. Nach dem Ersten Hauptsatz könnte z.B. ein Kupferstab, der anfangs eine gleiche Temperatur hat, an einem Ende heiß, an dem anderen kalt werden (die Energie wäre konstant - siehe Erster Hauptsatz). Der Zweite Hauptsatz verbietet dies.

Ein weiteres Beispiel: Man stelle sich einen rotierenden Zylinder vor, der in einer Bremssubstanz eingebettet ist. Durch Reibung wird die Rotationsenergie in Wärme überführt - der Zylinder wird gebremst. "Es widerspricht jedoch gänzlich der Alltagserfahrung, daß der umgekehrte Prozeß stattfindet, nämlich daß der Zylinder zu rotieren beginnt unter Abkühlung der Bremssubstanz" (Wagner, 1977, S. 135). Ein weiteres Beispiel: Fahren wir mit dem Auto und bremsen, so kommt das Auto schließlich zum Stehen, wobei sich die Bremsen und evtl. auch die Reifen erhitzen. Durch das Erwärmen von Bremsen und Reifen ist hingegen ein Auto noch nie zum Laufen gebracht worden (Haken, 1981, S. 26). Fazit: "Es ist unmöglich, eine periodisch arbeitende Maschine zu konstruieren, die weiter nichts bewirkt als Arbeit zu leisten und ein Wärmereservoire abzukühlen" (Falk / Ruppel, 1976, S. 367; Reich, 1978, S. 88). Der Zweite Hauptsatz besagt also, daß es ein *Perpetuum Mobile zweiter Art* nicht geben kann. So kann also ein Schiff niemals dadurch fahren, daß es dem Ozean Wärme entzieht und diesen Betrag an Arbeit an die Umgebung wieder abgibt.

Dieser Zweite Hauptsatz spielt eine zentrale Rolle in der Physik. Eddington hat es prägnant formuliert, wie eine Theorie zu reagieren hat, wenn sie gegen den Zweiten Hauptsatz verstößt: "Dann bleibt ihr nichts mehr übrig als in tiefster Demut in der Versenkung zu verschwinden" (1929, zit. n. Meixner, 1976, S. 51).

Der zweite Hauptsatz gilt nur in geschlossenen Systemen. Es besteht aber die Möglichkeit, daß "offene Systeme durch Hinzunahme hinreichend großer Umgebungen oft in guter Näherung zu abgeschlossenen Systemen gemacht werden können. Für diese abgeschlossenen Systeme muß dann wieder der zweite Hauptsatz gelten" (Ebert, 1986, S. 223). Diese Vorgehensweise kann aber soweit getrieben werden, daß das gesamte Weltall als geschlossenes System betrachtet wird.

Der Grundgedanke des zweiten Hauptsatzes ist, "daß Entropievernichtung in der Natur nicht vorkommt" (Falk / Ruppel, 1976, S. 248). Zum Entropiebegriff später.

Der Dritte Hauptsatz. Nicht nur der Vollständigkeit halber hier die Aussage des Dritten Hauptsatzes: Bei einem Stoff, der auf den absoluten Nullpunkt abgekühlt wurde, geht die Energie gegen Null. Dies ist der Punkt, bei dem es eigentlich keinen Unterschied zwischen Makro- und Mikrozustand eines Systems gibt: Der Mikrozustand ist dadurch charakterisiert, daß beispielsweise die Teilchen *festgefroren* sind. Ohne der weiteren Diskussion vorwegzugreifen, kann man ein Beispiel aus dem sozialen Bereich nennen: Eine Gruppe von Soldaten, die sich in Formation absolut identisch verhalten müssen, ist auch *festgefroren*: Das Verhalten der Gruppe ist durch das Verhalten eines Soldaten beschreibbar (mal abgesehen von der Zahl der Elemente).

Soweit die kurze Darstellung der vier Hauptsätze der Thermodynamik. Aus Gründen der Verständlichkeit wurden einige Aspekte weggelassen, die aber später gesondert aufgegriffen werden.

Im folgenden soll gezeigt werden, wie physikalische Systeme und ihre Umwelt zueinander stehen können. Dies ist deshalb notwendig, weil ein System immer nur dort System ist, wo es eine Umwelt gibt.

c) Thermodynamische Systeme und ihre Umwelt

Ein wesentliches Merkmal von Systemen ist ihr Verhältnis zur Umwelt (In dem Beispiel der beiden Glasplatten gab es einen massiven Umwelteinfluß, die Wärme). Dieses Verhältnis zur Umwelt bestimmt maßgeblich Vorgänge im System. Griener et al. (1987, S. 3f) unterscheiden unter *diesem* Aspekt folgende Systemarten:

Isolierte oder *abgeschlossene* Systeme, bei denen jede Wechselwirkung mit der Umgebung ausgeschlossen ist

Geschlossene Systeme, bei denen kein Materialtausch, wohl aber Energieaustausch mit der Umgebung zugelassen ist,

Offene Systeme, die sowohl Energie als auch Materie mit ihrer Umgebung austauschen können.

Man kann diese System-Umwelt-Verhältnisse noch etwas genauer spezifizieren. Röpke (1977) unterscheidet offene und geschlossene Systeme. Geschlossene Systeme sind nach seiner Definition von der Umwelt isoliert, offene in jeder Hinsicht zu einem Austausch mit ihrer Umwelt prädestiniert. Popper, auf den sich viele empirisch arbeitende Erziehungswissenschaftler berufen: "Unter einem physikalisch abgeschlossenen System verstehe ich eine Menge oder ein System physikalischer Gegenstände wie Atome oder Elementarteilchen oder physikalische Kräfte oder Kraftfelder, die aufeinander - und zwar nur aufeinander - nach bestimmten Grenzen wirken, die keinen Platz für Wechselwirkungen mit oder Einflüsse von außerhalb dieses abgeschlossenen Systems physikalischer Gegenstände lassen. Diese 'Abgeschlossenheit' des Systems erzeugt den deterministischen Alptraum" (1974, S. 245). Und weiter: "Daher habe ich ein anderes Weltbild entworfen - nach ihm ist die physikalische Welt ein offenes System" (S. 282).

Als Zwischenstufe zwischen beiden Typen offen/geschlossen sieht Röpke solche Systeme, die umweltoffen gegenüber Information sind, hinsichtlich des Austausches von Energie und Materie mit der Umwelt nach wie vor geschlossen sind. In Anlehnung an Reich (1978) und Hägele (1984) ist in Tabelle 10 eine Übersicht gegeben.

Für Röpke sind es vor allen Dingen Newton und Descartes, die als Begründer einer Wissenschaft geschlossener Systeme gelten. Der mechanistisch-konstruktivistische Grundzug eines geschlossenen Systems ist die "alte" Grundauffassung der Naturwissenschaften.

Tabelle 10

Arten von thermodynamischen Systemen

Austausch mit Umwelt	Bezeichnung	Beschreibung	Hinweise
total isoliert	abgeschlossen	$dE=0$ (da $dA=0, dQ=0$)	E = Energie
wärmeisoliert	adiabetisch	$dQ=0$	Q = Wärme
arbeitsisoliert	anergisch	$dA=0$	A = Arbeit
masseisoliert	geschlossen	$dE=dA+dQ$	
nicht isoliert	offen	$dE=dA+dQ$ (fiktiv)	

Auch die noch näher zu diskutierende Selbstorganisation setzt Austausch mit der Umwelt voraus: "Dissipative Selbstorganisation beruht ... immer auf Austausch mit der Umgebung, wodurch ein Zustand fern vom Gleichgewicht aufrechterhalten wird" (Jantsch, 1986, S. 255). Um solche Aussagen verständlicher erscheinen zu lassen, müssen noch weitere Aspekte der Thermodynamik diskutiert werden, denn das Verhältnis System-Umwelt ist auch deshalb maßgeblich für das Verständnis der Systemtheorie, weil damit u.a. das sog. *Entropiekonzept* eingeführt wird, welches Aussagen zur Energie und deren Verschwendung in einem System macht. Dieses Konzept sowie weitere spezielle Aspekte der Thermodynamik werden im folgenden Abschnitt behandelt.

2. Spezielle Aspekte der Thermodynamik

Im folgenden werden vier zentrale Apsekte aus der Thermodynamik noch einmal gesondert aufgegriffen: die Entropie, das Gleichgewicht, die dissipative Struktur und die Reversibilität.

a) Entropie

Der Begriff Entropie wurde in der Thermodynamik durch den Zweiten Hauptsatz eingeführt (s.o.). Seine Reichweite wurde zwischenzeitlich aber erheblich erweitert, so weit, daß es unumgänglich ist, ihn hier noch einmal gesondert zu erklären.

Was ist Entropie? Ein einleitendes Beispiel. Das Problem des Entropie-Begriffs liegt darin, daß er anfangs schwer verständlich ist.[5] Im Grunde wird mit der Entropie aus formalen Gründen eine künstliche Größe in die Physik eingeführt. Mit der Entropie wird ein Maß für die Energieübertragung in der Thermodynamik geschaffen, ein Maß, was es in anderen Feldern der Physik schon gibt. Dazu ein Beispiel: Wenn man ein Auto mit der Kraft F um eine Strecke ds schiebt, dann ist die Verschiebungsarbeit (die übertragende Energie) wie folgt definiert: $dF = F * ds$.

Angenommen, das Auto ist so schwer (und damit die Reibung so hoch), daß es nicht bewegt werden kann: In diesem Falle ist ds = 0, also kommt es trotz großer Anstrengung zu keiner Energieübertragung, das Auto bleibt stehen. Daran sieht man, daß es unsinnig ist, die Kraft F mit der Energieübertragung dF gleichzusetzen. Allgemein gilt: "Jeder Art der Übertragung frei konvertierbarer Energie wird als Produkt einer für die Art der Energieübertragung charakteristischen Größe und der Veränderung einer extensiven Größe dargestellt" (Schreiner / Schreiner, 1983, S. 144).

Für die thermisch übertragene Energie dQ muß es also auch so etwas geben, wie die Strecke, die wir das Auto vorher bewegt haben. Die charakterische Größe (beim Auto die Kraft F) ist hier die Temperatur T. Es gilt also:[6]

$$dQ = T * dS$$

Damit wurde also aus rein formalen Gründen und der einheitlichen Darstellung wegen eine neue Größe S eingeführt, die Entropie. Mit jeder Übertragung thermischer Energie wird also die Entropie mit übertragen, so wie bei jeder Kraftausübung auf das Auto dieses geschoben wird.

Wärme unterscheidet sich von frei konvertierbarer Energie dadurch, daß hinsichtlich ihrer Verteilung auf viele Freiheitsgrade (Teilchen) eines Systems eine gewisse Unsicherheit besteht. Wird Energie thermisch übertragen, dann wird diese Unsicherheit mit übertragen. Deshalb sagt man auch, daß die Entropie ein <u>Maß für die Unsicherheit</u> ist. Demnach ist es wie in Kapitel 3 bei der Diskussion um den Informationsbegriff schon angedeutet auch Maß für die fehlende Information über den Mikrozustand eines Systems (s. Kapitel 3).

Entropie ist damit Maß für die molekulare Unordnung (Reich, 1978, S. 146). Mit dieser Interpretation sind allerdings nicht alle einverstanden. C.F. v. Weizsäcker relativiert: Wenn man Entropie als Unordnung bezeichnet, dann umfaßt dies lediglich eine Unterscheidung verschiedener Grade

---

[5] Sätze wie der folgende sind auch nicht gerade ermutigend: "Im übrigen entsteht das Gefühl der Anschaulichkeit einer physikalischen Größe im Grunde erst durch die Gewöhnung im häufigen Umgang mit dieser Größe!" (Hägele, 1984, S. 232).
[6] Vorsicht: s war die Strecke aus dem ersten Beispiel, S ist jetzt die sog. *Entropie*.

von Wissen: "Die auf meinem Schreibtisch gestapelte Menge beschriebenen und bedruckten Papiers ist, wenn ich weiß, was wo auf den Papieren steht, eine außerordentliche Gestaltenfülle; wenn ich (oder die Putzfrau) es nicht weiß, so ist sie Unordnung" (1985, S. 168).

Liegt keine Unordnung vor (z.B. beim absoluten Nullpunkt, wenn kein Molekül sich mehr bewegt), ist die Entropie null: "Die Entropie eines Systems wird also null, wenn der Makrozustand des Systems nur noch durch einen einzigen Mikrozustand realisiert werden kann" (Reich, 1978, S. 153).

Zum Begriff. Nach Eigen / Winkler (1987, S. 164) wurde der Begriff *Entropie* von Rudolf Clausius im 19. Jahrhundert geprägt, um "den Unterschied zwischen den Begriffen der Erhaltung und der Reversibilität deutlich zu machen" (Prigogine / Stengers, 1986, S. 125). Er wollte mit diesem Begriff die Vergeudung von Energie innerhalb eines Kreisprozesses fassen. Das alte Prinzip der Erhaltung der Energie kann nämlich nicht klären, wie man die *dissipierte*, irreversibel (unwiderruflich) vergeudete Energie messen soll. Der Erste Hauptsatz der Thermodynamik sagt aus, daß in einem abgeschlossenen System, in dem alle möglichen physikochemischen Umwandlungen ablaufen können, die Gesamtenergie erhalten bleibt: "Bedenken wir zunächst, daß in allen Systemen, die von ihrer Außenwelt isoliert sind (oder wie das Universum keine Außenwelt haben), Energie nur aus einem Gefälle zwischen den Untersystemen verfügbar wird; jeder Prozeß verringert das Gefälle und führt in die Richtung des thermodynamischen Gleichgewichts, in dem keine Energie mehr verfügbar ist" (v. Cranach, 1987, S. 26).

Die Verteilung von Energie auf viele Teilchen (auf Teilchen mit mehr Bewegungsmöglichkeiten) nennt man Energiedissipation, oder auch: Energiezerstreuung. Was wir gemeinhin als Energienutzung bezeichnen ist eigentlich Energiedissipation. Energie bleibt ja nach dem 1. Hauptsatz erhalten, deshalb wird - sprachlich genauer - Energie nie verbraucht. Durch die Nutzung von Energie wird diese entwertet, sie ist nicht wieder verwendbar, weil sie zerstreut worden ist. Das Problem ist demnach nicht die Herstellung von Energie, sondern die Herstellung von nutzbarer Energie.

Wird Energie vergeudet, dann nimmt die Entropie zu. Die Entropieerzeugung ist also Ausdruck irreversibler Änderungen, die sich innerhalb eines Systems vollziehen. Entropie ist demnach ein Maß für die Zunahme des thermodynamischen Gleichgewichtszustandes bzw. für die Abnahme verfügbarer Energie. Wenn Entropie zunimmt, nimmt Energie ab.[7]

Jede Änderung der Entropie S in einem System kann nur durch Austausch und/oder Erzeugung geschehen. Da es keine Entropievernichtung

---

[7] Entropie wird auch als *innere Energie* bezeichnet, Haken / Wunderlin, 1986, S. 37.

gibt, ist die Veränderung immer größer gleich Null: dS/dt >= 0. Das Gleichheitszeichen gehört zu reversiblen Prozessen, das Ungleichheitszeichen zu irreversiblen Vorgängen (Reich, 1978, S. 151). Negative Werte sind unmöglich.

Der Begriff der Entropie wird demnach herangezogen, um den Unterschied zwischen geschlossenen und offenen Systemen deutlich zu machen. Entropie ist Energieverlust bzw. Energie, die nicht in Arbeit umgewandelt werden kann. Geschlossene Systeme streben dem Zustand maximaler Entropie (Folge: Gleichgewichtszustand) zu: "Der zweite Hauptsatz sagt aus, daß die Entropie eines abgeschlossenen Systems zunehmen muß, bis dieses im Gleichgewicht ist" (Eigen / Winkler, 1987, S. 175). Der Gleichgewichtszustand kann beschrieben werden durch die zufällige Anordnung ihrer Elemente, die Auflösung ihrer differenzierten Strukturen, einen Zustand maximaler Unordnung: Der zweite Hauptsatz sagt aus, daß "Strukturen zerfallen und Systeme immer homogener werden, zumindest auf einem makroskopischen Niveau. Auf dem mikroskopischen Niveau herrscht das sogenannte Chaos, d. h. eine völlig ungeordnete Bewegung der Atome" (Haken, 1987, S. 132).

Entropie ist - vereinfacht gesagt - das Maß für jenen Teil der Gesamtenergie, der nicht frei verfügbar ist und nicht in gerichtetem Energiefluß oder Arbeit umgesetzt werden kann. Damit ist Entropie ein Maß für die Qualität der im System befindlichen Energie (Jantsch, 1986, S. 56f). Im Gegensatz zur mechanischen Beschreibung wird hierbei also die Nichtumkehrbarkeit oder Gerichtetheit zeitlicher Abläufe als Kennzeichen eingeführt (Irreversibilität). Wichtig ist: "Nur irreversible Prozesse tragen zur Entropieerzeugung bei" (Prigogine, 1985, S. 13). Die Zunahme der Entropie entspricht der Entwicklung zum wahrscheinlichsten Zustand hin (S. 35). "Tatsächlich führen alle von uns untersuchten dissipativen Prozesse zu einer positiven Entropieproduktion" (Nicolis / Prigogine, 1987, S. 267). Auch dies widerspricht der Auffassung Einsteins, nach der Zeit eine Illusion sei (Alles ist reversibel).

Dies war ein neuer Aspekt in der Erklärung der Bewegung z.B. von Gasmolekülen wie sie Boltzmann untersucht hat. Ihm ging es darum zu erklären, mit welcher Wahrscheinlichkeit zwei Gase in einem Behälter gleich verteilt werden.[8] Er nahm eine ideale Situation an, bei der man sich jedes Gasmolekül als Billardkugel vorstellen kann. Auch gibt es keine Einflüsse von aussen. Sein Schluß lautete, daß man die Wahrscheinlichkeit einführen müsse, um überhaupt zu einer Aussage kommen zu können. Seine Antwort auf die Entropiefrage war daraus resultierend denkbar einfach: Entropie ist

---

[8] Das Bolzmannsche Prinzip sagt, daß die Natur solche Zustände anstrebt, "bei denen es die größte Zahl von Möglichkeiten gibt, die verwirklicht werden können" (Haken, 1981, S. 28).

der Logarithmus der Wahrscheinlichkeit, daß die Gasmoleküle sich gleichverteilen: $S = k \, log \, W^9$

k ist die Universalkonstante Boltzmanns, W die Wahrscheinlichkeit der Konfiguration des betrachteten Systems. Mit dieser Formel ist auch die Beziehung zwischen der Entropie und der Ordnung gegeben: Ist nämlich die Wahrscheinlichkeit gleich eins, dann gibt es keine Möglichkeit anderer Konfigurationen. Unter diesen Umständen ist die Entropie gleich null (da $log \, 1 = 0$). Mit dieser Auffassung erntete Boltzmann heftige Kritik, was nicht verwunderlich ist, denn das Weltbild seiner Kollegen begründete sich immer noch auf Newton.

Im Gegensatz dazu können offene Systeme Energie aus ihrer Umwelt aufnehmen. In diesem Falle kann sog. *negative Entropie* oder *Negentropie* auftreten: Der Input ist von größerer Komplexität als der Output des Systems. Damit gewinnen offene Systeme ständig neue Energie und können so Schäden und Mängel in der eigenen Organisation beheben (Scott, 1986, S. 158). Das System erreicht nie einen Gleichgewichtszustand.

Die Entropieänderung in einem System (dS) ist also abhängig von der Entropieänderung durch einen Input (dS_i) und der Entropieänderung, die durch irreversible Prozesse innerhalb des Systems (dSe) erzeugt wird. Es gilt (s. Lazslo, 1978, S. 237, Anm. 10): $dS = dS_i + dS_e$.

dS_e ist immer positiv, dS_i kann dagegen positiv wie negativ sein. Ist dS_i negativ, dann vermindert das System seine Entropie (siehe Gleichung, dS wird kleiner, da dS_i negativ), es gewinnt an Information.

"Als Student las ich mit Vorteil ein kleines Buch von F. Wall: *Die Herren der Welt und ihr Schatten*. Damit waren Energie und Entropie gemeint. Mit zunehmender Einsicht scheinen mir die beiden ihre Plätze gewechselt zu haben. In der riesigen Fabrik der Naturprozesse nimmt das Entropieprinzip die Stelle des Direktors ein, denn es schreibt die Art und den Ablauf des ganzen Geschäftsvorganges vor. Das Energieprinzip spielt nur die Rolle des Buchhalters, in dem es Soll und Haben ins Gleichgewicht bringt" (Wagner, 1977).

Halten wir fest, was der Entropiebegriff Neues gebracht hat gegenüber dem alten newtonschen Weltbild:

Es gibt Prozesse ohne Zeitumkehr (Irreversibilität)

Prozesse erhalten einen Wahrscheinlichkeitscharakter, sind also nicht deterministisch

---

[9] Jacob (1972, S. 215) bezeichnet die Entropie als "sogar das Musterbeispiel eines statistischen Gesetzes".

Die Begriffe Ordnung und Unordnung erhalten ein naturwissenschaftliches Pendant.

Entropie in sozialen Systemen. Diese letzten drei genannten Erkenntnisse haben dazu geführt, daß der Entropiebegriff auch zur Interpretation sozialer Phänomene herangezogen wurde. Entropie wurde plötzlich zur Weltformel. Vorschub für diese optimistische Haltung waren vorwiegend Naturwissenschaftler, die sich in sozialen Phänomenen nicht auskennen. Deshalb kam es zu geradezu primitiven Interpretationen sozialer Wirklichkeit.

Es gibt aber auch erstzunehmende Übertragungen des Entropiebegriffes. So z.B. für die Analyse von Gesellschaften (Hofmann, 1969) oder der menschlichen Sprache (Lauter, 1966). Auch in der Politikwissenschaft bei Hütter (1976, S. 123), ebenso wie innerhalb der Soziometrie ist der Entropiebegriff verwendet worden (s. z.B. Gunzenhäuser, 1971, dessen Maß auch einging in das Soziometrie-Computerprogramm SDAS von Langeheine). Es bleibt die Erkenntnis, daß dieser Begriff - richtig verwendet - einen Erkenntniszuwachs bringt.

b) Die drei Stufen des Gleichgewichtes

Nach dieser Erörterung zum Entropiebegriff werden die drei Stufen der Gleichgewichtsveränderung, die schon in dem o.g. Beispiel der zwei Glasplatten angeklungen war, noch einmal zusammenfassend dargestellt.

Fluß und Kraft. Entropieänderung kann mit zwei Termen geschrieben werden. Der eine Term enthält den Austausch zwischen dem System und der übrigen Welt, der andere Term (Produktionsterm) umfaßt den irreversiblen Prozeß innerhalb des Systems. Dieser letzte Term ist immer positiv, außer im Gleichgewicht, wo er gleich Null wird. In einem isolierten System entspricht der Gleichgewichtszustand einem Zustand maximaler Entropie (Prigogine / Stengers, 1986, S. 139). Alle irreversiblen Prozesse treten in der Entropieerzeugung zutage. Im Gleichgewicht eines Systems ist die Entropieerzeugung gleich Null.

In der Nähe des Gleichgewichts. Wenn ein System im Gleichgewicht ist, dann bezeichnet man es auch als *tot*. Der Gleichgewichtszustand ist ein Sonderfall, der dann auftritt, "wenn die Randbedingungen eine verschwindende Entropieerzeugung zulassen" (Prigogine / Stengers, 1986, S. 147).

Das Theorem der minimalen Entropieerzeugung drückt eine Art von Trägheit aus: Wenn die Randbedingungen das System am Erreichen des Gleichgewichts hindern, so tut das System das nächstbeste: "Es strebt einen

Zustand minimaler Entropieerzeugung an, also einen Zustand, der dem Gleichgewicht "so nahe wie möglich kommt" (Prigogine / Stengers, 1986, S. 147). Diese Prozesse nahe am Gleichgewicht lassen sich durch lineare Modelle beschreiben.

Fern vom Gleichgewicht. Weit vom Gleichgewicht entfernte Systeme führen zu dissipativen Strukturen (Prigogine, 1985, S. 117; S. 114). Wenn sich ein System fern vom Gleichgewicht befindet, dann glaubt man, Turbulenz, Unordnung und Rauschen festzustellen. Auf der makroskopischen Ebene "erscheint die turbulente Bewegung zwar als irregulär und chaotisch, doch ist sie auf der mikroskopischen Ebene im Gegenteil hochgradig organisiert" (Prigogine / Stengers, 1986, S. 150). Daraus ergibt sich zunächst die paradoxe Verbindung zwischen Struktur und Ordnung auf der einen Seite und Unordnung und Dissipation auf der anderen.

Fliedner (1986) hat wohl aus diesem Verhältnis von Gleichgewicht und Ungleichgewicht geschlossen, daß sich Systeme - egal welchen Bereiches !! - immer so verhalten:

Wenn keine Engerie eingebracht wird, zerfällt das System.

Der Energiefluß hält das System im Gleichgewicht.

Auf geringe Änderungen des Energieflußes reagiert das System elastisch.

Bei starken Änderungen des Energieflußes reagiert das System mit Strukturmodifikation.

c) Dissipative Struktur

Wenn ein System weit vom Gleichgewicht entfernt ist, entsteht eine sog. dissipative (= verschwenderische, zerstreute) Struktur. Dissipative Strukturen lassen sich erst einmal am einfachsten durch den Begriff *Chaos* erklären: Dieser ist umgangsprachlich bekannt: Es wird in etwa eine nicht überschaubare Situation gemeint. Folgendes Beispiel ist alltäglich: Wenn man einen Wasserhahn aufdreht, so kann man feststellen, daß der Wasserstrahl zunächst glatt und durchsichtig ist. Bei Verstärkung des Drucks (durch weiteres Aufdrehen des Wasserhahnes) ändert sich jedoch das Bild schlagartig: Die Strömung wird strähnig und turbulent. Dieses offensichtliche Chaos ist nur makrosophisch betrachtet vorhanden. Mikroskopisch sieht die Sache anders aus: "Unordnung und Chaos können sich unter gleichgewichtsfernen Bedingungen in Ordnung verwandeln ... Wir haben diese neuen Strukturen als dissipative Strukturen bezeichnet" (Prigogine / Stengers, 1986, S. 21).

"Dissipative Strukturen weisen zwei verschiedene Arten von Verhalten auf: Nahe dem Gleichgewichtszustand wird ihre Ordnung (wie bei isolierten Systemen) zerstört, während fern vom Gleichgewichtszustand Ordnung aufrechterhalten werden oder über Instabilitäten neue Ordnung entstehen kann (kohärentes Verhalten). Solange dissipative Struktruren bestehen, produzieren sie Entropie, die aber nicht einfach im System akkumuliert wird, sondern Teil eines fortwährenden Energieaustausches mit der Umgebung bildet. Nicht das statische Maß des in einem bestimmten Moment bestehenden Entropieanteils an der Gesamtenergie des Systems ist charakteristisch für eine dissipative Struktur, sondern das dynamische Maß der Produktionsrate der Entropie und des Austausches mit der Umgebung - m. a. W.: die Intensität des Energiedurchsatzes und - umsatzes" (Jantsch, 1986, S. 63). Dissipative Strukturen sind also verschwenderisch, "weil sie ständig arbeiten und Energie ausgeben" (v. Cranach, 1987, S. 16). Dissipative Strukturen sind Systeme, die Energie im Verlauf ihrer Selbsterhaltung und Selbstorganisation verbrauchen (Laszlo, 1978, S. 223).

Nach Dürr (1986, S. 9) ist gerade deshalb der Begriff *Dissipatives System* eine irreführende Bezeichnung, "da die wesentliche Eigenschaft dieser Systeme, nämlich durch äußere Einflüsse, z.B. eine stetige Energiezufuhr, weit vom termodynamischen Gleichgewicht entfernt zu sein, in der Terminologie nicht zum Ausdruck kommt".

d) Reversibilität und Irreversibilität

"Non-repeating systems resists prediction" (Cronbach, 1988, S. 48). Ein anschauliches Beispiel zur Erklärung der Irreversibilität wurde von Jantsch (1986, S. 59) genannt: "Gieße ich von einer Seite heißes und von der anderen Seite kaltes Wasser in eine Schüssel, so wird daraus lauwarmes Wasser; lauwarmes Wasser hingegen teilt sich nie von selbst in heißes und kaltes Wasser." Der Prozeß des Temperaturausgleiches ist also nicht mehr rückgängig zu machen: "Wenn ich meine Finger müßig über die Tasten einer Schreibmaschine wandern lasse, so könnte es geschehen, daß mein Getippe einen verständlichen Satz bildet. Wenn ein Heer von Affen auf Schreibmaschinen losklopfte, so *könnten* sie alle Bücher des britischen Museums schreiben. Die Wahrscheinlichkeit, daß dies eintritt, ist jedenfalls viel größer als die, daß die Moleküle in die eine Hälfte des Gefäßes zurückkehren." Diese schöne Umschreibung stammt von Bertrand Russell (1953, S. 78). Das gleiche gilt z.B., wenn man Tinte in ein Eimer Wasser gießt: Die blaue Farbe verteilt sich völlig gleichmäßig, eine Rückkehr zum alten Zustand ist unmöglich. Zu Beginn dieses Prozesses war Energie durch das Verhältnis der beiden Untersysteme vorhanden. Nach Vermischen der beiden Lösungen ist alle Energie verbraucht, gleichzeitig erreicht die Entropie ein Maximum. "Prozesse heißen *irreversibel*, wenn sie auf keine einzige Weise unter der vorliegenden Isolierung vollständig rückgängig gemacht werden können, alle anderen heißen *reversibel*" (Häußling, 1969, S. 97).[10]

Es ist kennzeichnend für irreversible Prozesse, daß sie über Nichtgleichgewichtszustände führen. Es laufen in einem abgeschlossenen System solange von selbst Prozesse ab, bis sich ein Gleichgewichtszustand eingestellt hat. Da sich solche Prozesse nie von selbst umkehren können, nennt man sie irreversibel (Greiner, 1987, S. 24). Dabei ist aber zu bedenken, daß ein irreversibler Prozeß nicht unbedingt ein Prozeß ist, der grundsätzlich *nie* mehr rückgängig gemacht werden kann. Ein solcher Prozeß kann rückgängig gemacht werden, *wenn die Umgebung des Systems geändert wird*.

Die ausschließlich in der Thermodynamik entdeckte Irreversibiltät (C.F. v. Weizsäcker, 1985, S. 125) hatte große Auswirkungen für die sog. Naturwissenschaften. Für Max Planck ist die Einteilung von physikalischen Prozessen in reversible und irreversible die wichtigste überhaupt (1965, S. 37). Aber "wie verträgt sich die Reversibilität der Naturgesetze mit der Erfahrungstatsache der Existenz irreversibler Prozesse?" (Kraus, 1973, S. 9). Oder wie C.F. v. Weizsäcker anschaulich schrieb: "Ein Problem entsteht aber in der klassischen Physik dadurch, daß diese Physik in ihren Grundgleichungen die uns aus dem Alltag zu selbstverständliche Unumkehrbarkeit des Geschehens nicht mehr vorfindet. Die Physik findet sich konfrontiert mit dem für ein unverbildetes Gemüt völlig verblüffenden Faktum der Reversibilität der elementaren Abläufe" (1985, S. 120).

"Wissen ist Wissen von Fakten und Möglichkeiten. Es bedarf also des Gedächtnisses und der Antizipation. Im Gedächtnis sind, wie wir sagen, Fakten gespeichert. Gedächtnis setzt also irreversible Vorgänge voraus. Irreversibilität ist selbst eine Modalität: Sie ist die Unmöglichkeit der Umkehr. Sie ist stets nur eine Näherung. Die Umkehr bleibt möglich, ist aber eminent unwahrscheinlich (C.F. v. Weizsäcker, 1981, S. 29).

Die weitreichende chemo-physikalischen Arbeiten der Arbeitsgruppe um Prigogine und Stengers haben nicht nur ein neues naturwissenschaftliches Weltbild untermauert, sondern auch neue Sichtweisen der Prozesse in einem System geliefert. Inwieweit diese Entdeckungen auf soziale Phänomene übertragbar sind, wird noch eingehend diskutiert werden müssen.

---

[10] Zum Beispiel auf die Medizin: Wie Hartmann (1986) einleuchtend begründet, ist das Krankwerden und der Verlauf der Krankheit ein irreversibler Vorgang. Am gleichen Menschen wiederholt sich die gleiche Krankheit auch körperlich nicht in der gleichen Weise. Krankheiten hinterlassen am Körper vielfache Spuren; am bekanntesten sind die immunologischen nach Infektionskrankheiten (1986, S. 92).

II. Evolutiontheoretische Ursprünge der Systemtheorie

Ein weiterer großer wissenschaftlicher Bereich, in dem systemtheoretische Argumentationen immer wieder für Zündstoff sorgten, ist die Evolutionstheorie (Pickenhain, 1989; Wuketits, 1982, 1988). Es gibt zwar eine eigene Systemtheorie der Evolution, aber auf diese soll hier nicht eingegangen werden,[11] sondern auf die systemtheoretischen Interpretationen der klassischen Evolutionstheorien.

"Entropie ist potentielle Information, negative Entropie ist aktuelle Information. Man kann zeigen, daß Evolution als Wachstum einer geeignet definierten potentiellen Information erklärt werden kann, also in der Tat als Wachstum der Entropie. Die viel erörterte Schwierigkeit, Entropiewachstum und Evolution zu vereinbaren, erweist sich als bloße Folge und schafft definierte Begriffe. Die generelle Deutung der Entropie als Maß der Unordnung ist nichts als eine sprachliche und logische Schlamperei" (v. Weizsäcker, 1985, S. 165).

"Irreversibilität und Evolution sind zwei Grundphänomene der Natur. Entropie und Information sind zwei Begriffe, mit deren Hilfe wir diese Phänomene quantitativ zu beschreiben und schließlich zu erklären versuchen" (C.F. v. Weizsäcker, 1985, S. 163).

1. Evolutionstheoretische Ansätze

Es gibt eine Reihe guter Publikationen, in denen die unterschiedlichen Evolutionstheorien dargestellt werden (zuletzt: Wuketits, 1988). Es kommt hier nicht drauf an, die Theorien noch einmal darzustellen, sondern zu erklären, warum die Evolutionstheorie zu ähnlichen Erklärungsansätzen gekommen ist wie die Thermodynamik.

Erste Hinweise zu einer wissenschaftlichen Evolutionstheorie wurden von Jean Baptiste Lamarck (1744-1829) gegeben.[12] Er war der erste, der einen Stammbaum der Tiere erstellte. Dies Evolution erklärt er durch vier Prinzipien (Lang, 1984, S. 13):

ein allen Organismen eigener Drang zur Höherentwicklung,

die Fähigkeit zur Anpassung an die Lebensumstände,

---

[11] Der Begriff *Leben* ist für Schmidt nur als kybernetisches System verständlich (Schmidt, 1985, S. 85). Zu Schmidt kybernetischer Evolutionstheorie siehe Frankfurter Rundschau, 1987, S. 9. Vehementester Gegner einer Systemtheorie der Evolution: Regelmann, 1982.
[12] Recht einfach strukturierte und heute überholte Ansätze sind die <u>Animismus</u> und der <u>Vitalismus</u>. Auf diese Ansätze wird nicht näher eingegangen.

häufiges Vorkommen spontanen Enstehens von Lebewesen aus Materie, Vererbung erworbener Merkmale.

Darauf baute der bekannteste Vertreter der Evolutionstheorie, Charles Darwin, auf. Eigen (1982) formuliert die Evolutionstheorie Darwins aus heutiger Sicht wie folgt: komplexe Systeme entstehen evolutiv; Evolution basiert auf natürlicher Selektion; natürliche Selektion ist der natürliche Prozeß der Selbstreproduktion.

Der Neodarwinismus entstand aus der Kombination des Darwinismus (was hier soviel heißt wie: Annahme einer natürlichen Selektion) und der modernen Vererbungslehre. Er ist gekennzeichnet durch die radikale Ablehnung der Vererbung erworbener Merkmale, die Annahme einer schrittweisen Evolution und die Annahme einer natürlichen Selektion.[13]

Die Evolutionstheorie Darwins ist der Kritik des Zirkelschlusses ausgesetzt: "Die Darwinsche Auffassung des Überlebens des Lebenstüchtigsten ist tautologisch, solange man nicht ein Kriterium für Lebenstüchtigkeit hat" (Balmer / E.U. v. Weizsäcker, 1986, S. 254). Etwas prägnanter: "Wer überlebt? Die Tauglichsten. Wer sind die Tauglichsten? Jene, die überleben, genauer: jene mit höherer Nachkommenschaft. Warum? Weil ein überlegener Gentypus eine größere Wahrscheinlichkeit besitzt, Nachkommen zu hinterlassen als ein Inferiorer. Überleben heißt somit höhere Nachkommenschaft, reproduktive Effizienz, womit der Zirkel geschlossen ist" (Röpke, 1977, S. 67; s. zfd. Vollmer, 1980, S. 63f). Gigerenzer (1988, S. 93) weist darauf hin, wie es zu dieser tautologischen Erklärung Darwins kommen konnte: Darwin kannte sich außerordentlich gut in der Pflanzenzüchtung aus und schloß daraus, daß die Natur eine natürliche Züchtung betreibe (so wie der Züchter eine künstliche Züchtung durchführt). Die Natur hingegen ist kein Züchter, sie ist es nur metaphorisch. Lebenstüchtigkeit selbst kann zudem verschiedene Bedeutungen annehmen: Einmal ist es die *Spezialisierung* einer Art, das andere mal die *Diversifizierung*, manchmal die *Komplizierung*, manchmal die *Vereinfachung* einer Art usw.

Trotzdem: Die Darwinsche Theorie hat im Grunde schon die Tür für die Gedanken Prigogines geöffnet. Zu der damaligen Zeit haben die stimmführenden Biologen mechanistisch gedacht, weshalb diese revolutionäre Theorieentwicklung nicht erkannt worden ist: "Die Biologen, die im wesentlichen auf das mechanistische Paradigma der Newtonschen Physik fixiert waren,

---

[13] Selektion, Evolution und Anpassung an ein Optimum sind Eigen zufolge Prozesse, die nach physikalischen Gesetzen ablaufen und sich quantitativ formulieren lassen. Er betont allerdings, daß eine solche Theorie "keineswegs den realiter in der Natur ablaufenden Prozeß beschreibt", da die Störeinflüsse und komplexen Randbedingungen weitgehend unbekannt seien. Die Theorie beschreibe nur ein 'Wenn-Dann-Verhalten', daß frei von Fehlern sei.

erkannten also nicht, daß mit der Evolutionstheorie eine Theorie der Geschichtlichkeit der Natur angeboten war" (Altner, 1986b, S. 165).

2. Evolution und Zweiter Hauptsatz

Der Zweite Hauptsatz "ist anerkanntermaßen der Grundsatz für jegliches Verhalten der Natur ... Das Naturgeschehen ist, verallgemeinernd gesprochen, grundsätzlich unumkehrbar und unwiederholbar" (Häußling, 1969, S. 95). Die Evolutionstheorie und der Zweite Hauptsatz der Thermodynamik haben unübersehbare Parallelen: "Der zweite Hauptsatz und die Irreversibilität der Evolutionen beruhen auf gleichartigen statistischen Überlegungen. Es ist in der Tat berechtigt, die Irreversibilität der Evolution als Ausdruck des zweiten Hauptsatzes in der belebten Natur zu betrachten" (Monod, 1988, S. 114). C.F.v. Weizsäcker weist hin, daß Evolution ein Spezialfall der Irreversibilität des Geschehens ist. Ein Beispiel dazu: "Ein Film vom Werden, Blühen und Vergehen einer Blume werde rückwärts vorgeführt. Jeder Betrachter dieses Films wird sogleich bemerken, daß er einen solchen Vorgang noch nie in der Natur erlebt hat und daß offensichtlich der Vorführer den Film falsch eingelegt hat" (Muschik, 1986, S. 74).

Eine Annahme der Evolutionstheorie ist, daß durch lebende Organismen Ordnung erzeugt (und damit also Entropie vernichtet) wird. Dies steht offensichtlich im Gegensatz zum Zweite Hauptsatz der Thermodynamik.[14] Woraus wiederum folgt, daß Lebewesen nicht den klassischen Naturgesetzen unterliegen. Wenn man Entropie als Unordnung definiert, andererseits Evolution als Wachstum der Gestaltenfülle[15] und damit Ordnung, müßte eigentlich Evolution der Irreversibilität entgegengesetzt werden: "Während physikalische Naturvorgänge in Richtung größerer Entropie oder Komplexität verlaufen (s. Zweite Hauptsatz der Wärmelehre), sind biologische Vorgänge und geistige Aktivitäten, die Ordnung aufbauen, dieser natürlichen Tendenz entgegengesetzt" (Wuchterl, 1977, S. 248).

Man kann allerdings zeigen, daß die Erde keine abgeschlossenes System ist (Heinrich, 1987, S. 87). Dies wird schon durch die Vorstellung deutlich, daß die Sonne der Erde Energie liefert. Letztendlich - so zeigen Schreiner / Schreiner (1978) - kann gezeigt werden, daß der Zweite Hauptsatz sogar bestätigt wird. "Jedenfalls ist es ein Faktum, daß lebende Organismen unter scheinbaren Verstoß gegen das Entropiegesetz durch ständige aktive Ener-

---

[14] So auch Planck 1933 vor dem Verein Deutscher Ingenieure in Berlin (Haase, 1957, S. 33)
[15] "Ein anderer Aspekt des Zweiten Hauptsatzes der Thermodynamik ist das Gesetz vom Wachstum der Fülle der Gestalten" (C.F. v. Weizsäcker, 1978, S. 402).

giezufuhr jenes Fließgleichgewicht aufrechterhalten, das wir Leben nennen" (Schmidt, 1985, S. 81).

Da es in der Natur nur irreversible Vorgänge gibt, bezeichnete Max Planck irreversible Prozesse als *natürliche Prozesse* (Planck, 1965, S. 16; Orig. 1949). Dies schließe - so Planck weiter - allerdings nicht aus, daß einmal abgelaufene Prozesse durch bestimmte Vorrichtungen nicht wieder rückgängig gemacht werden könnten.

3. Zufall und Notwendigkeit

Innerhalb der Evolutionstheorien stellte sich immer wieder die Frage, ob hinter der Evolution Sinn und Zweck stehe. Eine Antwort darauf war äußerst markant: Die Entwicklung wird durch Zufall bestimmt. Jaques Monod vertrat diese provokante Haltung, wurde aber auch von Prigogine unterstützt: "Evolution bedeutet Zufälligkeit. Es gibt keine wirkliche Evolution, wenn alles gegeben ist" (1986, S. 183).

Monod mußte harsche Kritik einstecken: Er "bleibt nun allerdings bei einer selbstgefällig-brillanten Skepsis stehen. Das hängt damit zusammen, daß sein *Zufall* als nicht-hinterfragbares Lotterieprodukt auftritt, seine *Notwendigkeit* als die nicht-hinterfragbare Gesetzlichkeit. Für eine systematische Unterscheidung von Vergangenheit und Zukunft, zentral für das Thema Offenheit, ist bei Monod kein Raum" (E.U. v. Weizsäcker, 1986, S. 14). Der entscheidende Denkfehler Monods läge darin, daß "zufällige Ergebnisse im nachhinein immer beliebig unwahrscheinlich gemacht werden können, wenn man eine hinlänglich lange Reihe von Ihnen betrachtet." (Stegmüller, Hauptströmungen der Gegenwartsphil. Bd. II, S. 410)

Monod scheint also die Gemüter erregt zu haben: "Es wird im Rahmen der verschiedensten Weltanschauungen und Ideologien als Skandal empfunden, daß die Biogenese vom ersten replikationsfähigen Molekül bis hin zum Menschen "zufällig" verlaufen sein soll." Aber: "*Zufall* ist nicht Beschreibung oder Willkür, sondern gerade im Gegenteil die einzig mögliche Form, in der Naturgesetze die Zeit mit der Erfahrung vermitteln können ... So ist es nicht paradox, wenn man sagt, daß der in der Natur wirkende *Zufall* Ausdruck der in der Natur wirkenden Gesetzmäßigkeit ist ... Wer den Zufall leugnet, der leugnet die Erfahrung" (Müller, 1986, S. 328).

4. Hinweise aus der Evolutionstheorie

Es ergeben sich aus der Evolutionstheorie einige Hinweise zu den Begriffen:

Selbstorganisation: Jacob (1972, S. 82) stellt für die Biologie fest, daß die Suche nach einem, allen Lebewesen gemeinsamen Mechanismus durch den Newton'schen Mechanismus nicht möglich sei: "Die Maschine enthält keine Instruktionen, die auf ihre physikalischen Strukturen oder auf die sie aufbauenden Bestandteile Einfluß hätten. Im Gegensatz hierzu bestimmen die Instruktionen des Organismus den Aufbau seiner eigenen Bestandteile, d.h. der Organe, die mit der Durchführung des Programms beauftragt sind" (Jacob, 1972, S. 19; Hervorhebung d. Verf.).

System und Umwelt: Die Evolutionstheorie muß sich mit dem Verhältnis zwischen System und Umwelt auseinandersetzen und kann deshalb Hinweise dazu geben. Im Abschnitt über die Thermodynamik wurden schon offene und geschlossene Systeme gegenübergestellt. Hinter dieser oberflächlich einfach erscheinenden Dichotomie offengeschlossen steht aber weit mehr als nur die Charakterisierung rein physikalischer Phänomene. Denn die Quelle von Systemdiversität und -vielfalt überhaupt liegt offensichtlich in der Umwelt: "Ein komplexes System könnte seine Komplexität in einer simplen Umwelt nicht aufrechthalten" (Scott, 1986, S. 159f). Zu demselben Schluß kommt auch Jacob in seinem schon älteren, aber nicht minder aufsehenerregenden Werk *Die Logik des Lebenden:* "Der Organismus kann von seinem Milieu nicht getrennt werden. Beide verändern und transformieren sich als ein Ganzes" (1972, S. 170).

Dissipative Strukturen: "Nach Prigogine entwickeln sich offene Systeme nicht im Gleichgewicht, sondern ganz im Gegenteil fern vom Gleichgewicht. Wenn ein System gleichgewichtig ist, dann ist es tot" (v. Cranach, 1987, S. 15). "Leben heißt, sich verändern; Stillstand ist Tod - eben das Prinzip, nach welchem dissipative Strukturen existieren" (S. 30). Leben kann also nur dort vorhanden sein, wo das Entropie-Prinzip überwunden wird (um den Gleichgewichtszustand zu vermeiden). Die genetische Information beispielsweise enthält konzentriert Information, welche dabei hilft, komplexe Strukturen auszudifferenzieren, um das Entropie-Prinzip zu überwinden.

5. Fazit

Nach Laszlo (1978, S. 221f) kann die allgemeine Systemtheorie nach dem Aufstieg der Systemwissenschaften den hochdifferenten, evolutionären Prozeß auf wissenschaftliche Grundlage stellen. Allerdings gibt es manche Kritik an diesem Optimismus: "Dennoch muß die Gleichsetzung der dynamisierten Biologie ... mit den neueren Entwicklungen in der Physik und der Systemtheorie als vorschnell angesehen werden. Es hat nämlich wenig Sinn, die Entstehung von komplexen Mustern zuzugestehen. Daß sie existieren, ist lange bekannt. Gefordert werden muß die Angabe der Kausalprinzipien und limitierenden Randbedingungen für alle Geschehensebenen" (Gutmann, 1986, S. 234). Gutman übersieht, daß die Prozesse in Biologie und Thermodynamik keineswegs gleichgesetzt werden, sondern daß sich immer stärker zeigen läßt, daß ähnliche Modelle für beide Wissenschaften angemessen sind. Der Evolutionsbegriff der Systemtheorie ist nach Laszlo "der Abkömmling zweier ursprünglich entgegengesetzter Gedankenströmungen in der Wissenschaft des 19. Jahrhunderts. Einer von ihnen war die Darwinsche Theorie der Entstehung der Arten; die andere bildeten die Formulierungen der Gesetze der Thermodynamik" (1978, S. 221). Gezeigt werden soll nicht, daß alles auf der Thermodynamik basiert, sondern das es anscheinend Modelle gibt, die so etwas wie Allgemeingültigkeit innehaben. Jacob faßt in diesem Sinne die Prinzipien Dissipation, Irreversibilität und Zufall wie folgt zusammen: "Die Verstreuung der lebenden Formen, der Bruch in der Zeit, die die Formen entstehen ließ, die Grundlosigkeit der Variation - das sind drei der Voraussetzungen einer jeden Evolutionstheorie" (1972, S. 172).

Das newtonsche Weltbild ist also innerhalb der Physik und der Biologie für bestimmte Teilbereiche in diesen Wissenschaften gekippt worden. Es entstanden neue Interpretationen von Naturprozessen, von denen offenbar eine gewisse Anziehungskraft für die Geistes- und Sozialwissenschaften ausgeht. Dazu ein paar Anmerkungen:

a) Das newtonsche Weltbild gilt nach wie vor in anderen Teilbereichen der Naturwissenschaften, zumindest solange, wie noch keine besseren Modelle gefunden werden.

b) Die Einführung von Konzepten wie Wahrscheinlichkeit, Irreversibilität etc. in den Naturwissenschaften darf nicht zu einer Überheblichkeit der geisteswissenschaftlich orientierten Erziehungswissenschaftler gegenüber den empirisch orientierten führen, weil sie schon lange den Determinismus und die Modelle ohne Zeitfaktor als unbrauchbar erkannt hätten.

c) Die empirisch orientierten Geistes- und Sozialwissenschaften müssen überprüfen, inwieweit ihre Modelle verbessert werden können.

d) Die Einführung von Konzepten wie Wahrscheinlichkeit, Irreversibilität etc. in den Naturwissenschaften darf nicht vorbehaltlos zu einem Mystizismus ausarten, der eher in den Bereich der Metaphysik fällt und jedwede wissenschaftliche Kriterien verleugnet.

F. Wissenschaftstheoretische Konsequenzen

I. Vorbemerkungen

Die neue Systemtheorie hat für die Erziehungswissenschaften nicht nur in dem Bereich der Interpretation von Phänomenen eine große Rolle inne (wie noch zu zeigen sein wird), die neue Systemtheorie hat auch weitreichende metatheoretische Konsequenzen. Diese Auswirkungen können in der vorliegenden Arbeit zwar nicht endgültig und in jeder Einzelheit diskutiert werden, ihre Vernachlässigung wäre aber ein leichtfertiges Unterschlagen der wissenschaftstheoretischen Implikationen dieses neues Ansatzes. Stachowiak drückte dies sehr prägnant aus: "Die vermeintlichen *Wahrheitslinien* der Forschung - auch in den Abschwächungen von Wahrheit - Wahrscheinlichkeit, Bestätigtheit, Bewährtheit (im Sinne fehlgeschlagener Versuche der Theorie-Falsifikation) - sind heute fragwürdig, das Reflexionsdefizit der im passivistischen Paradigma verbliebenen Lehren ist offensichtlich geworden" (1973, S. 97f).

Die Charakterisierung von Wissenschaft durch Nicolis / Prigogine läßt bereits diskutierte Prinzipien der neuen Systemtheorie erkennen: "Lange Zeit vertrat die Wissenschaft den unbeweglichen Standpunkt, die Welt sei eine gut geölte Maschine, die stets mit derselben unerbitterlichen Präzision arbeitet, die für sie in allen erdenklichen Zeiten der Vergangenheit und für alle vorhersehbare Zukunft typisch gewesen ist und sein wird. Diese Position kann heute kaum noch aufrechterhalten werden" (Nicolis / Prigogine, 1987, S. 58).

Aber welche Position muß stattdessen handlungsleitend für wissenschaftliches Arbeiten sein? Luhmann hat sehr provokant die Rolle der Wissenschaft vor dem Hintergrund der neuen Systemtheorie charakterisiert: "Soziale Systeme wie Wissenschaft sind erkennende Systeme aus eigenem Recht, aufgrund eigener Autopoieses, die nicht Gedanken, sondern Kommunikation reproduziert. Ihre Basis ist weder ein *common sense* der Subjekte, wie man bis ins 18. Jahrhundert angenommen hatte, noch Intersubjektivität, wenn dies heißen soll: Vorauszusetzende oder herzustellende Übereinstimmung der Zustände einer Vielzahl oder gar aller Bewußtseinssysteme. Abgesehen davon, daß dies, empirisch gesehen, auf eine Utopie hinausliefe, ist es auch gar nicht der Sinn von Wissenschaft, Bewußtseinszustände zu koordinieren. Die Wissenschaft koordiniert nur sich selbst. Sie ordnet, strukturiert, desorganisiert und reorganisiert Kommunikationen" (Luhmann, 1985, S. 445). Was ist bei dieser Aussage Luhmanns die Wissenschaft? Sie muß ihm zufolge allein handlungsfähig sein. Diese Spezifikation scheint doch sehr abgehoben, weil sie dem einzelnen Wissenschaftler seinem Schicksal ausliefert, gewissermaßen zur Passivität verurteilt. Bevor auf einzelne metatheoretische Aspekte näher eingegangen wird, ein paar Gedanken zum Verhältnis Sozialwissenschaft und newtonschens Weltbild.

1. Erziehungswissenschaft als Physik?

Wissenschaftstheorie hat die Aufgabe, Theorien, Methoden und Begriffe von Einzelwissenschaften zu erhellen.[1] Die offensichtlich weit verbreiteten Berührungsängste mit Metatheorie führen zu einem reflektionsarmen Wissenschaftleralltag.[2] Dabei darf andererseits aber nicht übersehen werden, daß Wissenschaftstheorie auf bestimmte Probleme keine Antwort geben kann. Wer sie trotzdem dort sucht, wird fehlgeleitet werden. Aus diesem Grunde fordert Herzog (1984, S. 18) für die Psychologie eine Lockerung ihres Verhältnisses zur Wissenschaftstheorie. Herzog (1984, S. 18) kommt nämlich zu dem Schluß, daß die Psychologie zu sehr an der Wissenschaftstheorie angelehnt sei. Die Wissenschaftstheorie sei vermeintlicher "Jungbrunnen der Psychologie" (Herzog, 1984, S. 58): "Die übliche wissenschaftstheoretische Auseinandersetzung in der Psychologie verläuft nach dem Muster: Man trifft auf die gerade vorherrschende Wissenschaftstheorie, stellt fest, daß die Psychologie deren Kriterien nicht so recht zu genügen vermag, versteht die Wissenschaftstheorie als Lieferant von Normen, die einem sagen, wie die psychologische Forschung zu verlaufen habe, und versucht, sein Verhalten möglichst diesen Normen gemäß zu ändern" (Herzog, 1984, S. 59).

Diese Haltung Herzogs ist nur verständlich, wenn man berücksichtigt, daß er der Wissenschaftstheorie als normative Instanz sieht. Sie ist aber - wie schon einleitend bemerkt - rekonstruktiv. Eine Lockerung - wie von Herzog gefordert - führt in die Irre. Man muß sich zwar dafür hüten, innerhalb der Wissenschaftstheorie das zu finden, was die Einzelwissenschaft nicht bereit

---

[1] Dies drückte Waismann sehr schön aus: "Was man nun durch die Philosophie gewinnen kann, ist ein Zuwachs innerer Klarheit" (Waismann, 1939).
[2] "Erkenntnistheorie ohne Kontakt mit Science wird zum leeren Schema. Science ohne Erkenntnistheorie ist - soweit überhaupt denkbar - primitiv und verworren" (Einstein, 1949; zit. n. Melcher, 1988).

stellt. Die Ablehnung von wissenschaftstheoretischen Überlegungen immunisiert die Einzelwissenschaft.

2. Die Physiker

Wissenschaftstheoretische Fragen der Psychologie werden nach Herzog auf exterritorialem Gebiet verhandelt: "Man schlägt die Schlachten um die adäquate psychologische Wissenschaftstheorie auf den Feldern der Physik!" (Herzog, 1984, S. 60). Und weiter: "Praktisch alle Neukonzeptionen innerhalb der Wissenschaftstheorie demonstrieren ihre Argumente am Beispiel der Physik. Das gilt für Popper, Kuhn, Feyerabend, Lakatos, Lorenzen etc." (Herzog, 1984, S. 62). Diesem Argument von Herzog kann man sich auch als Erziehungswissenschaftler kaum entziehen.

Man kann leicht beobachten, daß es in den Reihen der Philosophen bzw. Erkenntnisheoretiker eine Reihe von Physikern gibt (siehe die Aufzählung von Herzog). Dies nährt die Vermutung, daß ein Forscher, der an die Grenzen menschlicher Erkenntnisfähigkeit angelangt ist (z.B. in der Atomphysik), seinen Drang nach Erklärung nur noch durch ein *Ausweichen* aus der alten Problemlage befriedigen kann. Diese gewagte These wird gestützt durch die Vermutung, daß gerade Physiker (die sog. *Königswissenschaft* der sog. Naturwissenschaften) im festen Glauben an die vollständige Erkennbarkeit der Welt ausgebildet sind. Für den einzelnen Forscher muß es deshalb eine harte Erfahrung sein zu erkennen, daß es Grenzen der Erkenntnis gibt. Neben den von Herzog genannten Wissenschaftlern sind besonders der mehrfach herangezogene C.F. v. Weizsäcker und F. Capra hervorgetreten. Der Physiker Capra hat sich im letzten Jahrzehnt durch Publikationen hervorgetan, die vorwiegend die Verbindung zwischen Physik und östlicher Mystik (Capra, 1984) zum Thema haben. Sein Ziel ist es, Parallelen zwischen beiden Ansätzen der Welt-Erklärung aufzuzeigen.

3. Der ideale Forschungsprozeß

Popper formulierte idealtypisch das wissenschaftliche Arbeiten, welches in der Praxis kaum Anwendung findet. Nach Popper verläuft der Forschungsprozeß linear und hypothesengeleitet. Die Praxis sieht allerdings anders aus, wie Jacob treffend formulierte: "Die Erkenntnis eines Phänomens kann Frucht einer zufälligen Beobachtung oder logische Konsequenz einer Hypothese sein" (1972, S. 201). Besonders die Arbeiten von Kuhn über wechselnde Paradigma ist - obwohl berechtigerweise von vielen Seiten hart kritisiert - ein Indiz dafür, daß Erkenntnisgewinnung alles andere als regelgeleitet verläuft. Desweiteren unterliegt Poppers Falsifikationskonzept harscher Kritik (deshalb im folgenden ein gesonderter Abschnitt darüber). Auch sein Konzept der Einheitswissenschaft scheint Snows These der zwei Kulturen oder Herzogs Ablehnung der vermeintlich physikorientierten Wissenschaftstheorie entgegenzulaufen.

4. Naturwissenschaft vs. Sozialwissenschaft

Der Wandel der Systemtheorie wurde zuerst in den Naturwissenschaften vollzogen. Damit stellt sich die Frage, ob und wie die dort aufgekommene Diskussion relevant ist für sozialwissenschaftliche Fragestellungen. Herzog (1984, S. 60) hat für seine Wissenschaft - wie gezeigt - massiv davor gewarnt.

Verstärkt wurde die immer skeptischere Haltung durch die Trennung von Natur- und Geisteswissenschaften. Hejl (1982, S. 33) stellte einen "Prozeß der Verdrängung geisteswissenschaftlicher Orientierungen zugunsten größerer Empirienähe und schärfer formulierter theoretischer Konzepte" fest.[3] Es sei nunmehr an der Zeit, "mit C. P. Snows These der zwei Kulturen, einer naturwissenschaftlichen und einer humanistischen, aufzuräumen ..." (Jantsch, 1986, S. 20). Begleitet wird eine solche Forderung allerdings von einer gewissen Skepsis, wie es C.F.v. Weizsäcker bspw. formulierte: "Die Wissenschaften scheinen in zwei große Gruppen zu zerfallen: Die reinen Strukturwissenschaften, d.h. Mathematik und Logik, und die empirischen Realwissenschaften, von der Physik und Astronomie über die biologischen Fächer bis hin zur Soziologie und Psychologie. Es ist charakteristisch schon für diese Fragestellung, daß die interpretierenden Geisteswissenschaften in ihr keinen rechten Ort finden" (1985, S. 623).

Hoppe (1983, S. 25) will in seiner Analyse über das Kausalitätsprinzip zeigen, daß sich "zwingend die Notwendigkeit einer Unterscheidung zwischen einem Gegenstandsbereich mit Kausalität (Naturwissenschaften) und einem ohne Kausalität (Sozialwissenschaften) ergibt, sowie die präzise Abgrenzung der beiden Bereiche voneinander". Hoppe schließt aus seinen Überlegungen, daß Kausalforschung gerade aus diesem Grunde in den Naturwissenschaften möglich ist: "Gegen die sozialwissenschaftliche Kausalforschung kann eingewendet werden, daß selbst ihre glühendsten Propagandisten nicht im Ernst behaupten können, daß man - bei allen bisherigen Anstrengungen - irgendwelche empirischen Gesetze des Handelns bereits gefunden hat" (Hoppe, 1983, S. 32).

Hubert Markl, der derzeitige Präsident der Deutschen Forschungsgemeinschaft, hat in einem Vortrag gefragt, ob die Sozialwissenschaften Na-

---

[3] So auch v. Hentig: "Viele Geistes- und Gesellschaftswissenschaften haben sich jedoch dem Verfahren der Naturwissenschaften - um einen hohen Preis - schon unterworfen" (1988).

turwissenschaften sind (1987, 1989). Seine einfache Antwort: "Ja selbstverständlich nein!" Es sei ein weiteres, längeres Zitat erlaubt: "Es trifft eben einfach nicht zu, daß nur die Naturwissenschaften harte, zuverlässig erhobene, valide gemessene Daten liefern können, während die Sozialwissenschaften auf ewig dazu verdammt sind, mit entweder genauen, aber belanglos-banalen oder gewichtigen, dann aber eher anekdotisch-narrativen als solide überprüfbaren Fakten aufzuwarten, die sie mittels Schaukelstuhlgeschichten oder vielleicht tiefsinnigen, aber häufig recht spekulativen Deutungen bewerten müssen. Es gibt in den Naturwissenschaften - vor allem in meiner eigenen, der Biologie - genauso wischi-waschi-Daten und als Theorie ausgegebene vorgefaßte Meinungsbekenntnisse wie in den Sozialwissenschaften auch. Und es gibt in den Sozialwissenschaften genauso sauber analytische, methodisch sorgfältig kontrollierte, empirisch quantifizierende und definierte Hypothesen testende Forschungsarbeit, wie wir uns dies in den Naturwissenschaften wünschen ... Sind wir denn eigentlich gar so gewiß, daß die Naturwissenschaften keine Sozialwissenschaften sind?" (Markl, 1987, S. 17).

Bei der Annahme, daß es wieder einmal die Naturwissenschaften waren, die die Sozialwissenschaften theoretisch und methodisch vorangetrieben hätten, darf nicht übersehen werden, daß es durchaus auch einen Transfer in umgekehrter Richtung gibt. So formulierte z.B. Maxwell seine Theorie über das Verhalten von Gasmolekülen "in Analogie zu Quetelets Theorie über das Verhalten von Menschen in einer Gesellschaft" (Gigerenzer, 1988, S. 92).

Im folgenden werden folgende wissenschaftstheoretische Aspekte berücksichtigt: Determinismus, Kausalität, Zweck, Zeit, Wissenschaftler als Beobachter, Reduktionismus-Debatte und Falsifikation.

II. Determinismus

Die geradezu sprungartig verlaufende Änderung systemtheoretischer Annahmen ist nicht ohne den Wandel des naturwissenschaftlichen Weltbildes zu verstehen. Gemeinhin verbindet der naturwissenschaftliche Laie mit den Wissenschaften Physik, Biologie, Chemie etc. die Möglichkeit, deterministische Aussagen über die Wirklichkeit treffen zu können. Man sei auf Wahrscheinlichkeitsaussagen - so wie etwa in den Sozial- und Geisteswissenschaften - nicht angewiesen. Hinzu tritt der Glaube, daß naturwissenschaftliche Gesetze immer und überall gelten: "Bis zur Mitte des 19. Jahrhunderts stellte die belebte Welt ein von außen reguliertes System dar" (Jacob, 1972, S. 187). Wie kann man den so umschriebenen Determismus präziser beschreiben?

"Die ontologische Determiniertheit besteht für den Naturwissenschaftler in dem Glauben, daß zu allen Erscheinungen Bewegungsgleichungen existieren, für die sich mathematisch ein Eindeutigkeitssatz beweisen läßt, d.h. sind bestimmte Anfangs- und Randbedingungen und die Prozeßführung bekannt, so existiert eine eindeutige Möglichkeit der Vorhersage" (Muschik, 1986, S. 69).

Dölling (1977, S. 147) hat drei Determinismusprinzipien vorgestellt: (a) Alles Bestehende hat eine Ursache und nichts besteht ohne Ursache, (b) für alles läßt sich eine Ursache finden und (c) a und b gelten für alle oder für einige räumliche oder zeitliche Beziehung von Ereignissen, für alle oder für einige Zeiten, Raumbereich und Bedingungen.

Der Indeterminismus wird als Negation der drei genannten Prinzipien verstanden. Die Negation von a lautet, daß es ein Ereignis ohne Ursache gibt, die Negation von b, daß es in einigen Fällen unmöglich ist, Ursache von Ereignissen zu finden.

Nach Nicolis / Prigogine (1987, S. 9f) gab es in der Physik zu Beginn des Jahrhunderts durch die Quantenmechanik und Relativitätstheorie große Umwälzungen. Bedeutende Korrekturen der klassischen Mechanik wurden erforderlich. 300 Jahre nach den Newtonschen Gedanken finden wir heute Begriffe wie Evolution, Diversifikation und Instabilitäten. Damit ist eine völlige Änderung der Bewertung der vier Typen von Phänomenen (reversibel, irreversibel, deterministisch, stochastisch) verbunden.[4] Drei historische Persönlichkeiten der Physik stehen für drei Auffassungen, die die Positionen im Streit um den Determinismus charakterisieren.

1. Newtons Weltbild

Das newtonsche Weltbild ist durch ein Beispiel leicht charakterisiert: Man nehme eine Kugel und lasse sie fallen. Der Einfachheit halber nehmen wir an, daß es keine Reibung gibt. Es gilt in diesem Falle, daß die Gesamtenergie sich addiert aus potentieller und kinetischer Energie: $E = E_p + E_k$. Zu Beginn des freien Falles gilt: $E_k = 0$; $E_p = m*g*H$). Demnach:

$$E = E_p + E_k = m*g*H => m*g*h + (mv^2/2) = mgH => v^2 = 2g(H-h)$$

Also ist jeder Höhe h ein bestimmer Wert von v^2 zugeordnet. Die Forderung nach Erhaltung der Energie ist also auch erfüllt, wenn sich Kugel *nach*

---

[4] Russell formulierte diese Veränderung wie folgt: "Es ist eine merkwürdige Tatsache, daß zu dem gleichen Zeitpunkt, da der einfache Mann auf der Straße vorbehaltlos an die Naturwissenschaften zu glauben beginnt, der Mann im Laboratorium anfängt, seinen Glauben einzubüßen" (1953, S. 73).

oben bewegt: Der lotrechte Wurf ist die genaue Umkehrung des freien Falles. Folglich: Das Naturgeschehen in der klassischen Physik ist gegen Zeitumkehr invariant (reversibel) - jeder Vorgang könnte diesen Gesetzen nach auch in umgekehrter zeitlicher Abfolge verlaufen.

Klassisch heißt eine Physik nach C.F.v. Weizsäcker (1985, S. 291) dann, wenn einmal objektive Parameter bzw. Alternativen existieren, wenn zweitens drei Postulate auf diese Parameter anwendbar sind (Entscheidbarkeit, Wiederholbarkeit und Entscheidungsverträglichkeit) und wenn der Zustand zu einer Zeit den Zustand zu einer späteren Zeit eindeutig festlegt (Determinismus).

"Der klassische Standpunkt war der, daß Irreversibilität und makroskopisches Zufallsverhalten Artefakte sind, die auf der Komplexität des kollektiven Verhaltens im Grunde einfacher Objekte beruhen. Der Glaube an die Einfachheit des fundamentalen Niveaus war beinahe drei Jahrhunderte lang eine der Triebfedern klassischer Wissenschaft" (Nicolis / Prigogine, 1987, S. 286).

2. Einstein

Diese letzte Zitat führt zu Einstein. Schon 1905 wurden durch die Spezielle Relativitätstheorie von Einstein die klassischen Begriffe Raum, Zeit und Gleichzeitigkeit relativiert. Man darf aber nicht übersehen, daß Einstein immer gegen eine auf Wahrscheinlichkeit basierende Interpretation der Welt war. Dies wird deutlich an einer markanten Aussage Einsteins: "Gott würfelt nicht".[5] Und weiter: "Meiner Meinung nach ist die gegenwärtige prinzipiell statistische Beschreibung nur ein Durchgangsstadium." (Einstein, 1935, Brief an Popper; zit. n. Popper, 1982, S. 414).

Bohr soll auf die bekannte Aussage Einsteins wie folgt reagiert haben: "Es kann doch nicht unsere Aufgabe sein, Gott vorzuschreiben, wie Er die Welt regieren soll" (Heisenberg, 1988). Oder: "Es ist nicht unser Problem, ob Gott würfelt oder nicht, sondern was wir meinen, wenn wir sagen, Gott würfle nicht" (C.F. v. Weizsäcker, 1981, S. 25). Dies erkennt natürlich auch Prigogine: "Für Einstein war im übrigen mit der Einführung wahrscheinlichkeitstheoretischer Überlegungen die Unvollständigkeit der theoretischen Beschreibung verbunden" (Prigogine, 1985, S. 239). Er wehrt sich allerdings gegen diese Haltung Einsteins, den er im übrigen sehr bewundert: "Ich glaube, daß der wichtigste Fortschritt, den wir erreicht haben, darin besteht, daß wir allmählich erkennen, daß Wahrscheinlichkeit nicht unbedingt mit

---

[5] Eine weitere Reaktion Einsteins: "Raffiniert ist der Herrgott, aber boshaft ist er nicht" (C.F. v. Weizsäcker, 1988, S. 555)

Unwissenheit zu tun hat, daß der Abstand zwischen der deterministischen und der probabilistischen Beschreibung weniger groß ist, als die meisten Zeitgenossen Einsteins und Einstein selber glaubten" (Prigogine, 1985, S. 211).

Trotzdem war Einsteins Position für die Entwicklung naturwissenschaftlichen Denkens gegenüber der Newtons ein Fortschritt: "Gegen seinen Willen ist Einstein gewissermaßen zum Darwin der Physik geworden. Darwin hat uns gelehrt, daß der Mensch in die biologische Evolution eingebettet ist; Einstein hat uns gelehrt, daß wir in ein sich entwickelndes Universum eingebettet sind! (Prigogine / Stengers, 1986, S. 223). Prigogine / Stengers umschreiben die Abkehr von dem Einsteinschen Weltbild einer einheitlichen ... wie folgt: "Dieser gigantische Traum ist heute gescheitert. Wohin wir auch blicken, finden wir Entwicklung, Diversifikation und Instabilitäten" (1986, S. 10).

Einsteins Haltung scheint aber auch für die formalste aller Wissenschaften (der Mathematik) keine Gültigkeit zu haben: Es was der Mathematiker David Hilbert (1862 bis 1943), der "alle mathematischen Fragen für im Prinzip entscheidbar erklärte und dazu aufrief, die mathematischen Schlußregeln ein für alle mal festzuschreiben" (Chaitin, 1988, S. 62). Diesem Optimismus machten die Erkenntnisse des österreichischen Mathematikers Kurt Gödel und seines englischen Kollegen Allen M. Turing in den 30er Jahre ein Ende. Gödel konnte zeigen, daß kein unendliches System Axiomen und Schlußregeln ausreicht, um alle mathematischen Eigenschaften der natürlichen Zahlen vollständig zu beschreiben. Turing formulierte Gödels komplizierten Beweis später in einer verständlichen Form. Er konnte zeigen, daß Gödels Unvollständigkeitssatz gleich der Behauptung ist, daß es kein allgemein anwendbares Verfahren gibt, "mit dem sich feststellen lassen, ob ein beliebiges Computerprogramm jemals anhalte, ob also ein Computer, der dieses Programm ausführt, jeweils damit zum Ende kommen würde" (Chaitin, 1988, S. 62).

Es ist nicht schwer zu prüfen, daß, wenn man mit einem konkreten Programm arbeitet, dies auch anhalten kann: Man probiert es einfach aus. Das Problem und die Schwierigkeit liegt aber darin, zu beweisen, daß irgendein beliebiges Programm niemals anhält. Chaitin (1988) entwickelte diesen Gedanken soweit, daß er zu der Behauptung kommt, daß es in der Mathematik gewisse Situationen gibt, in der auch statistische Gesetze gelten: "Meine Arbeit zeigt, daß - um Albert Einsteins Worte zu gebrauchen - der Herrgott manchmal zumindest mit natürlichen Zahlen würfelt!" (1988, S. 62).

Chaitin kommt zu folgendem Schluß: "Ein Mathematiker wäre bei der Entscheidung, ob eine bestimmte Gleichung unendlich viele oder nur endlich viele Lösungen hat, nicht besser dran als ein Spieler, der eine Münze wirft." Und weiter: "So schmerzlich es für Mathematiker sein mag, es führt kein Weg an der Erkenntnis vorbei, daß selbst in elementaren Gebieten der Zahlentheorie - nämlich jenen, die sich mit diophantischen Gleichungen beschäftigen - Zufall, Ungewißheit und Unvorhersagbarkeit beherrschen" (1988, S. 66). Der Autor weist darauf hin, daß es noch zahlreiche Probleme in der Mathematik gibt, die noch ungelöst sind. Mathematiker neigen dazu, diese Probleme zu übersehen und zweifeln eher an der eigenen Unfähigkeit als daran, ob die Axiome der Mathematik unvollständig sind.

3. Heisenberg

"In der klassischen Physik wurde angenommen, daß grundsätzlich alle physikalischen Größen eines Systems gleichzeitig mit unbeschränkter Genauigkeit meßbar sind" (Schreiner / Schreiner, 1983, S. 34). Die Heisenbergsche Unbestimmtheitsrelation war ein erster Hinweis, daß die Wahrscheinlichkeit in physikalische Denkmodi mit einbezogen werden sollte. Die Quantenphysik hat in den 20er Jahren einen tiefgreifenden Wandel über den Aufbau der Materie herbeigeführt, die kleinsten Teilchen waren jetzt nicht mehr Teilchen im üblichen Sinne, sondern nahezu abstrakte Zustandsformen. Diese Zustandsformen (Teilchen und Welle) ergaben sich durch unterschiedliche Meßverfahren. Teilchen und Welle ließen sich nicht mehr gedanklich zusammenfügen, ohne daß dabei die Objektivierbarkeit aufgegeben wird. Die Quantenphysik beinhaltet "die Erkenntnis der Unmöglichkeit, sowohl Ort wie auch Geschwindigkeit eines beobachteten Teilchens gleichzeitig mit hoher Präzision zu bestimmen" (Jantsch, 1986, S. 54). "Die eigentliche Neuerung bestand darin, die Wahrscheinlichkeit nicht als ein Mittel der Näherung, sondern als Erklärungsprinzip in die Physik einzuführen" (Prigogine / Stengers, 1986, S. 131). Prigogine wird noch deutlicher: "Wahrscheinlichkeit ist nicht aus unserer Unwissenheit entstanden, sondern sie ist ein Bestandteil der Natur" (Interview im ZDF vom 11.7.1988).

Wie lautet die Unschärferelation exakt? Die Ortskoordinate x eines Teilchens und die dazugehörige Impulskoordinate p_x können gleichzeitig nur mit Unschärfen dx bzw. dp_x gemessen werden. Je genauer man eine Ortskoordinate kennt, desto ungenauer ist die Kenntnis der zugehörigen Impulskomponente. Popper folgert aus der Unbestimmtheitsrelation Heisenbergs: "Man kann daher den Zustand eines atomaren Objektes nach der Messung aus dieser nicht erschließen, die Messung nicht als Grundlage von Prognosen verwenden. Man kann zwar immer durch eine neue Messung den Zustand nach der vorhergehenden feststellen, stört aber dann das System neuerdings in unberechenbarer Weise" (1982, S. 169).

Die Heisenbergsche Unschärferelation hat in den 30er Jahren eine heftige Diskussion darüber entwickelt, wie sie zu interpretieren sei. C.F. v.

Weizsäcker (S. 490 und S. 523, S. 526) hat die Diskussion wie folgt zeitlich geordnet:

1900-1924 Deutungsprobleme der unvollendeten Quantentheorie

1925-1932 Vollendung der Quantentheorie und Entstehung der Kopenhagener Deutung

1935-heute: Nachhutgefechte.

Letztendlich hat sich eine Interpretation durchgesetzt, die vorwiegend auf Max Born und Niehls Bohr beruht, bekannt unter dem Namen *Kopenhagener Deutung*. Zentraler Bestandteil dieser Interpretation ist, daß mikrophysikalische Prozesse nicht streng kausal-deterministisch ablaufen. Das Ergebnis einer Messung kann demnach nicht vollständig, sondern nur mit einer Wahrscheinlichkeit vorhergesagt werden, wobei diese Wahrscheinlichkeit allerdings aufgrund der Theorie berechnet werden kann. Diese Indeterminismusthese wurde wiederum in zweierlei Weise interpretiert, wobei man einmal in objektivistischer Weise den Zufall ontologisierte (alle physikalischen Vorgänge sind letztendlich zufällig), zum anderen, indem man den Zwang zur Verwendung probabilistischer Gesetze auf die Unkenntnis aller relevanten Daten zurückführte (so wie Einstein auch meinte) (s. zsf. Hohlfeld et al., 1986, S. 41).

Popper bewertet das Gedankenexperiment Heisenbergs wie folgt: "Der immense Einfluß von Heisenbergs Gedankenexperiment ist, davon bin ich überzeugt, darauf zurückzuführen, daß es ihm gelang, durch dieses Experiment ein neues metaphysisches Bild der physischen Welt zu vermitteln und dabei doch gleichzeitig die Metaphysik abzulehnen. ... Das metaphysische Weltbild, das durch Heisenbergs Diskussion seines Experiments irgendwie suggeriert, aber natürlich nirgends klar dargestellt wird, sieht so aus: Das Ding an sich ist unerkennbar... Die Erscheinungen sind das Ergebnis einer Art von Wechselwirkung zwischen den Dingen an sich und uns. Deshalb kann uns ein- und dasselbe Ding in verschiedenen Formen erscheinen" (Popper, 1982, S. 407f).

Dürr (1986, S. 16) exemplifiziert dies wie folgt: "Wir befinden uns bei ihrer gemeinsamen Erfassung mehr in der Situation eines Fotografen, der versucht, zwei in verschiedener Entfernung vor ihm stehende Personen in einem Bild scharf wahrzunehmen. Fokussiert er auf den einen, so wird der andere unscharf."[6] Man muß zur Unschärferelation allerdings hinzufügen, daß sie für makroskopische Körper keine Relevanz hat, sondern nur für mi-

---

[6] Eine junge Variante dieser Form der Interpretation wird von dem englischen Astrophysiker Hawking gegeben. Er hat gezeigt, daß in der Quantenmechanik eines Schwarzen Lochs weder Ort noch die Impulse berechnet werden können (Prinzip des Nicht-Wissens; Kanitscheider, 1986, S. 136).

kroskopische. Dies ist aber auch nicht der Punkt, entscheidend ist vielmehr der Wandel in Prinzipien der Erkenntnisfähigkeit der Naturwissenschaften.

4. Fazit

Prigogine faßt zusammen: "Die deterministischen Gesetze der Physik ... erscheinen uns heute als grobe Vereinfachungen, beinahe als eine Karikatur der Evolution" (1985, S. 18). Nach dem Übergang von dem aristotelischen zu dem galiläischen Weltbild glaubt Prigogine (1985, S. 15) zu erkennen, daß wir heute an die Grenze der galiläischen Weltauffassung stoßen. Maturana (1981, S. 14) formuliert in seiner Einleitung zur deutschen Ausgabe seines Werkes, "daß funktionale Beschreibungen verworfen werden müssen, da sie die strukturellen Mechanismen verdecken, von denen die der Beobachtung zugänglichen Phänomene erzeugt werden".

Weitere Äußerungen von Naturwissenschaftlern ließen sich finden. Später werden ergänzend Prinzipien diesen neuen Denkens an Beispielen erläutert werden. Generell läßt sich festhalten, daß die Naturwissenschaften heute ein ganz anderes Bild darbieten, als daß, was wir noch in der Schule gemeinhin erlernt hatten. Auch der Philosoph Lenk (1986, S. 176) stellt heute fest, daß "manche Bereiche der Naturwissenschaften durchaus unexakt sind und Phänomene des Historischen aufweisen". Durch diese Erkenntnis ergab sich zwangsläufig eine Aufweichung der Kausalstruktur, denn der Zusammenhang zwischen Ursache und Wirkung ist nurmehr statistisch und nicht mehr deterministisch.

"Die Richtigkeit der Position des Determinismus oder Indeterminismus läßt sich nicht beweisen. Nur eine vollendete oder nachweisbar unmögliche Wissenschaft könnte hier entscheiden" so resümiert Ernst Mach die Diskussion (1987, S. 282). Es gibt also ebensowenig einen Grund, den Determinismus innerhalb der Erziehungswissenschaft abzulehnen, wie ihn für ein allgemeingültiges Prinzip zu halten.

III. Kausalität

Die Diskussion um die neuere Systemtheorie hat ein weiteres philosophisches Thema wieder aufleben lassen: die Möglichkeit von Kausalität. "Das Kausalprinzip lautet: *Ex nihilo nihil fit*, aus nichts wird nichts, alles hat seinen Grund, seine Ursache" (Sachsse, 1979, S. 1). Die innerwissenschaftliche Beschäftigung mit Fragen der Kausalität ist zwar immer noch gering,[7] man

---

[7] Löbliche Ausnahme: Sarris, 1968. Das Problem der Kausalität ist allerdings auch Diskussionspunkt innerhalb des empirisch-analytischen Paradigmas. So zeigt z.B. Holland (1986, S. 1),

findet Diskussion über die Kausalität eher in philosophischen Handbüchern. Besonders in den Naturwissenschaften scheint man ohne Kausalität nicht arbeiten zu können, wie Planck es 1923 expliziert hat: "Denn das wissenschaftliche Denken verlangt nun einmal nach Kausalität, insofern ist wissenschaftliches Denken gleichbedeutend mit kausalem Denken, und das letzte Ziel einer jeden Wissenschaft besteht in der vollständigen Durchführung der kausalen Betrachtungsweise" (Planck, 1965, S. 162). Jahre später (1932) macht Planck allerdings eine Kehrtwende: "Ein Ereignis ist dann kausal bedingt, wenn es mit Sicherheit vorausgesagt werden kann" (S. 252) und weiter: "In keinem einzigen Fall ist es möglich, ein physikalisches Ereignis genau vorauszusagen" (S. 253).[8]

Bei der Analyse von Systemen kann man feststellen, "daß bereits bei relativ einfach geordneten Prozeßgeschehen die empirische Abfolge von Strukturen unvorhersehbar wird, was seinerseits jede Hoffnung darauf vereitelt, auf der Ebene eben dieser empirischen Abfolgen "Gesetzlichkeiten" entdecken zu wollen" (Schmid, 1987, S. 27).

Erste Hinweise zu dieser Haltung kann man schon bei Hume finden. Er stellte sieben verschiedene philosophische Beziehungen (*relations*) auf, die er in zwei Gruppen unterteilte. Zur ersten Klasse gehören diejenigen Beziehungen, die nur auf Vorstellungen beruhen, zur zweiten Klasse diejenigen, die sich verändern können, ohne gleichzeitige Veränderung der Betreffenden in Ideen. "Zur ersten Klasse gehören Ähnlichkeit, Widerstreit, Grade der Qualität, die Verhältnisse bei Größen oder Zahlen. Die raum-zeitlichen und kausalen Relationen aber gehören zur zweiten Klasse. Nur bei den Relationen der ersten Klasse ist sicheres Wissen möglich, bei allen anderen kann unser Wissen nur wahrscheinlich sein" (Russell, 1975, S. 673).

Im folgenden soll der Kausalitätsbegriff expliziert werden, es folgt die Kritik an diesem Begriff aus der Sicht der neuen Systemtheorie und schließlich sollen die Möglichkeiten, die Brauchbarkeit des Kausalitätsbegriffs auch für die Systemtheorie doch noch zu erhalten, diskutiert werden.

1. Zur Herkunft des Begriffes Kausalität

Klenovits (1988; s.a. Riedl, 1985) referiert verschiedene Arbeiten, die sich mit der Herkunft des Kausalbegriffes beschäftigen. Kausale Zusammenhänge werden immer assoziiert mit etwas, was objektiv besteht, und zwar unabhängig von menschlichen Handlungen, Absichten oder Deutungen. Das

---

daß Kausalität oft falsch interpretiert wird: "Probabilities of effects given causes are turned into probabilities of causes given observed effects. What a theorem!"
[8] Diese Argumentation ist gut nachvollziehbar durch die zeitliche Anordnung der Voträge Planck in den *Vorträgen und Erinnerungen*.

Kausalprinzip hat aber in mythischen und religiösen Weltbildern (auch im Christentum) eine weite Verbreitung gefunden, "was daran liegen mag, daß es dem Bedürfnis des Menschen nach rationaler Erklärung entgegenkommt" (Sachsse, 1979, S. 11). Naturvorgänge werden mit den gleichen Ausdrücken belegt wie Handlungen: "A macht B, A bewirkt B, A bringt B hervor, A erzeugt B, A ist verantwortlich für B." Mit B ist ein Naturvorgang gemeint, A kann ein menschlicher Akteur sein, ein anderes willensbegabtes Wesen oder ein Naturvorgang. "Auch wenn A eine rollende Billiardkugel bezeichnet, reden wir so, als ob diese Kugel etwas willentlich täte, wenn sie einen Effekt auslöst, indem sie die andere Kugel in Bewegung setzt" (Klenovits, 1988, S. 1).

Klenovits beruft sich in seiner Darstellung auf Kelsen (1939). Dieser versuchte die These zu belegen, daß die kausale Sprechweise letztendlich auf das Vergeltungsprinzip zurückzuführen ist. Kelsen: "Wenn noch die moderne Naturwissenschaft die Beziehung zwischen Ursache und Wirkung als asymmetrisch kennzeichnet, wenn man heute noch daran festhält, daß die Ursache der Wirkung zeitlich vorangehen muß, so darum, weil die Ursache ursprünglich die Schuld und die Wirkung die Strafe war" (1939, S. 79).

Er begründet dies damit, daß Schuld und Ursache als Begriffe nahe beieinander stehen. Dies ist sogar im deutschen Strafrecht fest verankert, wie Huth (1975) mitteilt: "Der Schuldzusammenhang setzt den Kausalzusammenhang voraus". Huth beruft sich auf Wenzel:[9] "Reale Grundlage jedes Verbrechens ist die Objektivation des Willens in einer geäußerten Tat. Die äußere Tat ist daher die Basis des dogmatischen Verbrechensaufbaus" (zit. n. Huth, 1975, S. 109). Sollte das deutsche Recht tatsächlich so auf Schopenhauer aufgebaut sein?

Kelsen kommt in seiner historischen Analyse zu der folgenden zeitlich orientierten Ableitung:

a) Die Frühmenschen

Die soziale Ordnung der Frühmenschen war maßgeblich durch das Vergeltungsprinzip beherrscht. Richtiges Handeln wurde belohnt, falsches bestraft. Zu beachten ist dabei, daß die Primitiven nur solche Naturereignisse gedeutet haben, die ihre Interessen unmittelbar berührt haben, also die Naturereignisse für das Individuum oder für die Gruppe schädlich oder nützlich empfunden wurden.

---

[9] Wenzel: Das Deutsche Strafrecht. Berlin, 1969

b) Griechische Naturphilosophie

Während bei den Frühmenschen die Natur in Analogie zur menschlichen Gesellschaft gedacht war und nur der Teil der Natur interessierte, die für Individuum bzw. Gesellschaft von unmittelbarem Interesse war, ging man in der älteren griechischen Naturphilosophie davon aus, daß alle Naturgesetze einem übergeordneten Willen gehorchen. Hinzu trat, daß Naturvorgänge nicht mehr nur auf menschliches Verhalten bezogen wurden, sondern auch auf andere Naturvorgänge. Diese vom Menschen unabhängige Beschreibung von Naturereignissen zog nach sich, daß "die Schuld zur Ursache und die Strafe zur Wirkung abgeschwächt werden" (Klenovits, 1988, S. 2). Desweiteren wird jetzt - im Gegensatz zu den Frühmenschen - die gesamte Natur in die Betrachtung einbezogen, und nicht nur ein kleiner Ausschnitt. In der älteren griechischen Naturphilosophie lag eine moralische Notwendigkeit vor: Die Wirkung folgt immer auf eine Ursache. Die Abläufe in der Natur werden durch einen höheren Willen bestimmt. Die Naturgesetze sind Sollensgesetze. Die Dämoninnen der Rache (*Erinnyen*) sorgen im Auftrag der Göttin der unentrinnbaren Rache (*Dike*) dafür, daß alles seinen rechten Gang nimmt.

c) Die Atomisten

Nicht alle alten Griechen teilten die Auffassung, daß die Naturgesetze so zu interpretieren sind wie Gesetze, die in der Gesellschaft gelten. Bei den Atomisten wie Demokrit (Alles geschieht aus einem notwendigen Grunde heraus) und Leukipp wird die Abkehr vom Vergeltungsprinzip eingeläutet. Die Atomisten waren strenge Deterministen, sie glaubten, alles vollziehe sich übereinstimmend mit Naturgesetzen. Diese Auffassung der Atomisten kam - so Russell (1975, S. 88) - der Ansicht der modernen Naturwissenschaft näher als jede andere antike Theorie. In diesem Stadium der Entwicklung wird der moderne Begriff der Kausalität im wesentlichen erreicht: Es gab keinen höheren Willen mehr, der die Naturvorgänge lenkt, sondern die Naturbetrachtung wird wissenschaftlich und unpersönlich. Die Verknüpfung von Ursache und Wirkung hatte keine moralische Verbindlichkeit mehr. Die Naturgesetze sind nicht mehr Sollensgesetze, sondern Seinsgesetze. Im Gegensatz zu Sokrates, Plato oder Aristoteles suchten die Atomisten die Welt ohne den Begriff des Zweckes oder der Zweckursache zu erklären.

Was bleibt übrig, wenn man diese wissenschaftliche Weltbetrachtung mit dem alten Vergeltungsprinzip vergleicht? Es bleiben nach Klenotivs (1988, S. 3) noch drei gemeinsame Aspekte:

Die Ursache führt die Wirkung notwendig herbei, ebenso wie die Schuld die Strafe.

Die Ursache geht der Wirkung zeitlich voran ebenso wie die Schuld der Strafe.

Die Wirkung ist der Ursache äquivalent, ebenso wie die Höhe der Strafe, der Schwere der Schuld angemessen sein muß.

Das bedeutet, daß auf eine Ursache immer eine Wirkung folgt und zwar zeitlich davon abgesetzt. Diese Auffassung scheint plausibel und ist auch aus dem umgangssprachlichen Gebrauch unter Annahme des Vorhandensein des Determinismus bekannt. Es bleibt die Frage, ob Kausalität objektiv gegeben ist, oder subjektiv konstruiert wird. Diese tief in die Geschichte der Philosophie eingreifende Frage kann hier nicht vollständig aufgerollt werden. Deshalb werden im folgenden nur einige wesentliche philosophische Grundpositionen ausgewählt.

2. Grundpositionen zur Kausalität

Im folgenden werden einige Grundpositionen zur Frage der Kausalität referiert: Aristoteles, Hume, Kant, Mill, Nietzsche, Russel und Popper.

a) Aristoteles

Aristoteles war der Auffassung, daß alles, was sich bewegt, notwendig von einem anderen bewegt wird. Damit richtet er sich gegen Platons Lehre von der Selbstbewegung: Nach Platon ist die ganze Welt geordnet durch Ideen. Jede Idee ist zugleich auch Ziel und Zweck, wodurch das ganze Reich der Ideen zu nichts anderem wird, als das Emporstreben zum Höchsten. Aristoteles führt aus, daß auch im vermeintlich Selbstbewegten ein Bewegendes und ein Bewegtes ist. Seine Formulierung des Kausalitätsprinzips ist, daß das der Wirklichkeit nach seiende immer früher ist als das der Möglichkeit nach seiende.

Aristoteles nannte vier Arten von Ursachen (Witte, 1987):

die Materialursache, *causa materialis*, z.B. der Stoff aus dem etwas besteht, im gesellschaftlichem Bereich das 'Soziale'.

die Formursache, *causa formalis*, gedacht als Wesensbegriff, z.B. das Verhältnis von 1 zu 2 bei einer Octave (Menschenmodell des kreativen Konstrukteurs) die Wirkursache, *causa efficienz*, die Ursache einer Bewegung, der Täter oder die Täterin als Ursache einer Tat, wie der Vater als Ursache des Kindes (Maschinen-Modell)

die Zweckursache, *causa finalis*, z.B. der Spaziergang, um die Gesundheit zu erhalten, im sozialwissenschaftlichen Bereich z.B. die Aktionsforschung, um Wirklichkeit zu verändern.

Dijksterhuis (1983, S. 46) gibt für die verschiedenen Zweckbegriffe des Aristoteles folgendes Beispiel aus der Bildhauerei: "Der Marmorblock, aus dem die Statue gehauen werden soll, ist die stoffliche Ursache, die Form, die dem Bildhauer bei seinem Werk vorschwebt, ist Formursache; der Künstler selbst, mittels seiner Instrumente Wirkursache; die Bestimmung der vollendeten Statue Zweckursache". Die Wirkursache geht der Wirkung voran, die Zweckursache folgt der Wirkung nach (v. Förster, 1985, S. 9). Die vier Ursachen von Aristoteles werden letztlich wieder auf zwei Klassen zurückgeführt, auf die materiale einerseits und auf die Form-, Bewegungs- und Zweckursache andererseits (Hirschberger, 1976, S. 201).

b) David Hume

Zahlreiche Philosophen gehen davon aus, daß Kausalität nicht real vorhanden, sondern ein Interpretationsphänomen ist. Dazu gehören z.B.:

Mach: ihm zufolge existieren Ursache und Wirkung nur im menschlichen Bewußtsein, es gibt in der Natur keine Ursache und keine Wirkung.

Berkley: Auch bei ihm sind die Objekte der Außenwelt Empfindungskomplexe, so daß Erkenntnis nicht Widerspiegelung materieller Vorgänge, sondern Ordnung und Umformung von Empfindungen ist.

Schlick: Er reduziert Kausalität auf zeitliche Sukzession und gedankliche Assoziation und spricht ihr den Charakter eines objektiven notwendigen Zusammenhanges ab.

Der bekannteste Vertreter dieser Auffassung war allerdings David Hume. Er wurde noch zu Lebzeiten Newtons geboren, also in einer Zeit, in der die Physik einen bewundernswert hohen Stand im Vergleich zu den humanen Wissenschaften innehatte. Humes zentrales Anliegen war die Analyse der Erkenntnisfähigkeit; er war der Auffassung, daß jeder Mensch zu rational begründeten Erkenntnissen gelangen kann. "Die entscheidende Wendung, die Hume dem Kausalitätsproblem gibt, besteht darin, dass er die Verknüpfung von Ursache und Wirkung aus dem Bereich des Objektiven in das Subjektive, aus dem Sein in das Bewusstsein verlegt" (Kelsen, 1939, S. 102).

"Die Definition des Terminus "Ursache" und das Auffinden von Ursachen konkreter Zustände sind verschiedene Probleme. Wenn man in der Erkenntnispraxis zu der einmütigen Auffassung gelangt, ein ganz bestimmtes Ereignis a als Ursache eines gewissen Ereignisses b anzusehen, beispielsweise, daß die Erwärmung eines Eisstückes über 0 Grad Celsius die Ursache für das Schmelzen des Eises ist, so erfolgt dies nicht aufgrund der Definition des Terminus 'Ursache'. Hier handelt es sich vielmehr um eine implizite Vereinbarung, gerade a als Ursache von b anzusehen, da das Verhältnis von a und b der Definition des Terminus 'Ursache', und bestimmten anderen Forderungen genügen, die nicht in dieser Definition vorkommen (z.B. führt unter gewissen Bedingungen ein Auftreten von a immer zu b und ein Nichtauftreten von a führt unter denselben Bedingungen nicht zu b)" (Dölling, 1977, S. 145). Oder wie v. Foerster es ausdrückte: "Ich will nicht Immanuel Kant kränken, aber wie sich hier herausstellt, ist das Gesetz der Kausalität eine von uns erfundene triviale Maschine, der wir die Form logischer Schlüsse gegeben haben" (1988, S. 24)

Kausalität mußte nach Hume drei kennzeichnende Merkmale haben: (1) Ursache und Wirkung berühren sich in Raum und Zeit, (2) die Ursache liegt zeitlich vor der Wirkung, (3) zwischen Ursache und Wirkung besteht ein konstanter Zusammenhang ("alles, was der Ursache gleicht, bringt stets eine ähnliche Wirkung hervor"; Eimer, 1987, S. 11)

Hume unterscheidet im weiteren zwischen der sogenannten *Objekt-Kausalität* und dem *menschlichen Kausalkonzept*:

Die Objekt-Kausalität beschreibt die notwendige Verknüpfung von Ursache und Wirkung in der empirischen Welt, welche allerdings nicht beobachtbar ist.[10] Welche Eigenschaften kennzeichnen die Kausalrelation, wie sie tatsächlich in der Welt vorliegt?

Das menschliche Kausalkonzept ist ein - heute würde man sagen: psychologisches - Konzept, bei dem der Mensch zwei Ereignissen, ein Ursache-Wirkungs-Verhältnis zuschreibt. Diese Unterscheidung zwischen den beiden Konzepten impliziert aber auch, daß der Mensch ein Ereignis durch ein anderes Ereignis erklärt, obwohl dies in der empirischen Welt nicht wiederzufinden ist. Was meinen wir damit, wenn wir behaupten, zwei Phänomene seien kausal miteinander verbunden? (Eimer, 1987, S. 19).

Nach Hume kann eine Wirkung niemals aus der Ursache deduziert werden und niemals ein Band zwischen Ursache und Wirkung wahrgenommen werden. Er nimmt an, daß in der Wirklichkeit nur das Nebeneinander und damit eine gewohnheitsmäßige Erwartung beobachtet werden kann

---

[10] Diese Aussage mündet übrigens im Induktionsproblem.

(Hirschberger, 1976, S. 233). Sachsse (1979, S. 46ff) faßt Humes Behandlung des Kausalprinzips unter 6 Punkten zusammen:

Nicht die Denkbarkeit, sondern die Erfahrbarkeit dient der Begründung von Aussagen.

Das Kausalprinzip ist nicht selbstverständlich, sondern es bedarf der Begründung.

Die Gleichförmigkeit der Ereignisfolgen der realen Welt prägt die Seele und ist daher die Ursache der Überzeugung von der Kausalität.

Zwischen Ursache und Wirkung besteht kein vernünftiger Zusammenhang, man erfährt Kausalität infolge von Gewohntheit.

Kausalität kann also auch dort erfahren werden, wo gar nichts Gesetzliches in Erscheinung tritt.

Hume hat nicht erklärt, was er unter Gewohnheit versteht.[11]

c) Immanuel Kant

Kant knüpft in seiner Kausalitätsauffassung zwar an Hume an, folgt aber nicht seiner Konsequenz, die Kausalität nur als Schein zu betrachten. Er entwickelt eine andere, subjektiv-idealistische Lösungsvariante des Problems. Die Kausalität sei eine denknotwendige Kategorie, ein apriorischer, vor aller Erfahrung existierender reiner Verstandesbegriff, mit dessen Hilfe wir unsere Wahrnehmungen ordnen und der somit Erfahrung überhaupt erst möglich machen. Die kausale Ordnung der Dinge wird nach Kant vom Verstand in die Natur hineingetragen. "So ist die Kausalität der Ursache dessen, was geschieht, oder entsteht, auch entstanden, und bedarf nach dem Verstandesgrundsatze selbst wiederum einer Ursache" (Kant, 1982, S. B560, A532). Löw (1983, S. 30) faßt die Position Kants wie folgt zusammen: "Wir können Ursache/Wirkungs-Verhältnisse, also Kausalität, nicht sehen, weil sie ein Bestandteil jener Brille ist, durch die wir sehen - in den Worten Kants: wir schreiben der Natur die Gesetze vor, nach welchen sie uns zu erscheinen hat. Kausalität ist nicht eine objektive Bestimmung auf der Seite des Seins, sondern eine Denkkategorie auf der Seite des Objekts, welches

---

[11] Neben den philosophischen Theorien zur Kausalität referiert Eimer (1987) psychologische Ansätze, in denen Aussagen über die Zuschreibung eines Ursache-Wirkungs-Verhältnisses gemacht werden. Diese Ansätze aus Attributionstheorie (Heider) und Entwicklungspsychologie (Piaget) sollen im weiteren nicht diskutiert werden. Dazu gehört ist nach Probst (1987, S. 34), beispielsweise die sog. Sündenbocktheorie. Ein Sündenbock wird bei einem negativen Vorfall (Umweltkatastrophe) immer dann gesucht, wenn die Komplexität des Systems immer noch nicht durchschaut wird und die Gesellschaft nach einem Verursacher (im Sinne des Kausaldenkens) sucht.

durch den Verstand und die von den Sinnen rezipierten Erscheinungen strukturiert.

Kant und Hume haben folgende Gemeinsamkeiten (Sachsse, 1979, S. 47): (1) Beide zweifeln nicht am Kausalprinzip, (2) das Kausalprinzip bedarf der Begründung, (3) die Notwendigkeit ist subjektiv, (4) Kausalität ist identisch mit Gesetzlichkeit, (5) es werden nur Gegenstände der Sinneserfahrung berücksichtigt.

Der entscheidende Unterschied zwischen beiden besteht nach Sachsse (1979, S. 47) darin, daß "Kant die Seele nicht als das passive Objekt versteht, dem die Natur ihre Regelmäßigkeit einprägt, sondern als ein aktives und spontanes Vermögen". Die Erkenntnis bedarf also einer Vorleistung des Subjektes.

d) John Stuart Mill

Mill hat an einer ganz bestimmten Stelle die Konzeption Humes modifiziert: Er ist der Auffassung, daß Hume alle Rahmenbedingungen, die zwei Ereignisse umfassen, vernachlässigt. Wirkungen seien oft nicht ausschließlich auf eine Ursache zurückzuführen, sondern auf eine komplexe Bedingungskonstellation. Dieser Gedanke kommt dem systemtheoretischen Ansatz recht nahe. Im normalen Sprachgebrauch schon unterscheiden wir zwischen eigentlichen Ursachen und den bloßen Rahmenbedingungen. Dies ist nach Mill nicht korrekt: "Kausalzuschreibungen werden in komplexeren Situationen meist vor dem Hintergrund eines kausalen Feldes vorgenommen. Die Elemente dieses 'Feldes' sind lediglich Rahmenbedingungen, also sozusagen das 'Bühnenbild' für die zu erklärenden Ereignisse" (Eimer, 1987, S. 24 u. S. 147). Innerhalb des kausalen Feldes können aber die eigentlichen Ursachen und die Rahmenbedingungen je nach Situation ihre Rolle wechseln. Mill vermag deshalb Ursache und Rahmenbedingungen nicht zu unterscheiden. Dies impliziert auch, daß ein Effekt mehr als eine Ursache haben kann.

e) Friedrich Nietzsche

Wo kommt der Begriff der Ursache her? Insbesondere Nietzsche hat sich dieser Frage gewidmet. Die Antwort David Humes war, daß der Begriff aus der Gewohnheit kommt. Nietzsche weist zu Recht darauf hin, daß dies keine Erklärung dafür sei, woher der Begriff stamme. Diese Kritik trifft aber auch Kant. Seiner Ansicht nach gehört die Kausalitätskategorie (wie alle anderen seiner Kategorien) gewissermaßen zur Grundausstattung der Vernunft. Woher kommt aber diese Grundausstattung? Nietzsches Antwort auf diese

Frage geht zurück auf die Antike und das Mittelalter. Er nimmt an, daß der Ursache-Begriff gewonnen ist aus der eigenen Handlungserfahrung, wobei *causa* ebenso wie *aitia* zuerst einmal in den Gerichtssaal gehöre, als Schuld und Zurechnung des Verursachenden. Nietzsche hat damit den Grundgedanken der Arbeit Kelsens (1939) bereits formuliert. "Wir haben absolut keine Erfahrung über eine Ursache; psychologisch nachgerechnet, kommt uns der ganze Begriff aus der subjektiven Überzeugung, daß wir Ursache sind, nämlich, daß der Arm sich bewegt ..., aber das ist ein Irrtum. Wir unterscheiden uns, die Täter, vom Tun, von diesem Schema machen wir überall Gebrauch (Nietzsche III, S. 767). Und weiter: "In Summa: Ein Geschehen ist weder bewirkt noch bewirkend. *Causa* ist ein Vermögen zu Wirken, hinzuerfunden zum Geschehen ... Der angebliche Kausalitäts-Instinkt ist nur die Furcht vor dem Ungewohnten und der Versuch, in ihm etwas bekanntes zu entdecken, - ein Suchen nicht nach Ursachen, sondern nach Bekanntem" (Nietzsche III, S. 768).

f) Bertrand Russell

Bertrand Russell schließt sich an die Auffassung Humes an: "So weit die Naturwissenschaften in Betracht kommen, hat Hume vollkommen recht; Sätze wie 'A ist die Ursache von B' sind immer unzulässig, und unsere Neigung, sie gelten zu lassen, erklärt sich aus Gewohnheits- und Assoziationsgesetzen." (1975, S. 679; s. zfd. v. Kutschera, 1972, S. 359). Selbst in den Sozialwissenschaften (Russell erwähnt die Psychologie) sei der ganze Begriff der Ursache wahrscheinlich vom Wollen abgeleitet, "und man könnte vielleicht sagen, daß wir einen Zusammenhang wahrnehmen zwischen einem Willensentschluß und dem darauffolgenden Akt, der mehr ist als eine unabänderliche zeitliche Folge" (1975, S. 679). Russells bekannte Prägnanz wird im abschließenden Urteil deutlich: "Wie vieles andere, was die Zustimmung der Philosophen findet, ist m.E. auch das Kausalprinzip ein Relikt einer vergangenen Zeit, das, wie die Monarchie, nur deshalb am Leben geblieben ist, weil man es irrtümlicherweise für unschädlich hielt".[12] Es gelte, "es überhaupt aus dem Wortschatz der Philosophen zu entfernen" (1952, S. 181). "Zweifellos liegt der Grund, warum das alte 'Kausalgesetz' schon seit langem in den Büchern der Philosophen spukt, darin, daß den meisten von Ihnen der Begriff der Funktion fremd ist, und deshalb versuchen sie, eine unstatthafte Vereinfachung zu finden" (Russell, 1952, S. 195; s.a. Scheibe, 1976, S. 794)). Dieser Ansicht schloß sich auch der Konstruktivist Lorenzen an: Der Kausalbegriff komme in den Formel der Physik nicht vor. "Der Ablauf der Veränderungen eines mechanischen Systems ist eindeutig durch den

---

[12] B. Russell, On the notion of cause, 1953, zit. nach v. Cranach et al., 1980, S. 25; in etwas anderer Übersetzung siehe Russell, 1953, S. 181.

Anfangszustand bestimmt" (1988, S. 55). So mag Ernst Mach recht gehabt haben als er 1926 schrieb, Ursache und Wirkung seien zwei 'vulgäre' Begriffe (Mach, 1987, S. 279). Die kausale Interpretation des Funktionsbegriffes ist nach Luhmann allerdings nur zutreffend für triviale, d.h. determinierte Systeme. Solche Systeme gibt es seiner Auffassung nach im sozialen Bereich nicht, woraus folge, daß der Kausalbegriff für die soziale Wirklichkeit unangemessen sei.

g) Karl R. Popper

Eine ganz andere Position vertritt Popper. Er definiert Kausalität wie folgt: "Eine Vorgang 'kausal' erklären, heißt, einen Satz, der ihn beschreibt, aus Gesetzen und Randbedingungen deduktiv ableiten" (1982, S. 31). "Und daß die Leugnung der Kausalität nichts anderes wäre als ein Versuch, dem Forscher einzureden, daß er nicht weiter forschen soll, und daß ein solcher Versuch, wenn er sich Beweiskraft anmaßt, unzulässig sein muß, haben wir soeben gezeigt. Das sogenannte 'Kausalprinzip' oder der 'Kausalsatz', wie immer man ihn formuliert, hat somit einen ganz anderen Charakter als ein Naturgesetz" (Popper, 1982, S. 195). Er schließt sich in mancher Hinsicht auch David Hume an: "Wir können ja niemals beobachten, daß ein Vorgang einen anderen verursacht, sondern nur, daß auf einen Vorgang von dieser Art einer von jener Art (bisher) regelmäßig folgt, genauer: daß gewisse Vorgänge so ablaufen, als ob sie sich nach einer allgemeinen Regel, nach einem Naturgesetz richten würden" (Popper, 1979, S. 103f). Popper schränkt den Anwendungsbereich von Kausalität ein: "Zusammenfassend können wir sagen: Versteht man unter Kausalität Gesetzmäßigkeit, Prognostizierbarkeit, so können wir immer nur von der kausalen Determination wiederholbarer typischer Vorgänge sprechen, niemals aber dürfen wir den Gedanken der Gesetzmäßigkeit in naturwissenschaftlichem Sinn dort anwenden, wo wir Interesse für das Individuelle haben. Wenden wir den Gedanken auch dort an, so gehen wir weit über das hinaus, wozu wir aufgrund der Wissenschaft berechtigt sind: Wir wenden den alten animistischen genetischen Kausalbegriff an: wir treiben Kausalmetaphysik" (Popper, 1979, S. 396f, 402). Diese Einschätzung Poppers trifft vor allem die Wissenschaftler, die Einzelfallanalyse betreiben und die Praktiker, die individuelle Beratung/Therapie durchführen.

3. Kausalität und Gesetz

Kausalität und Gesetz sind nicht dasselbe. Der direkte Zusammenhang zwischen Objekten und Prozessen kann nicht immer völlig isoliert dargestellt werden. Das würde zwangsläufig zu einer Verabsolutierung des Kausalprinzips führen und die tatsächlich existierenden Wechselwirkungen zwischen unerschöpflich vielen Objekten und Prozessen vernachlässigen. Die Suche nach der Kausalität führt zum Gesetz. Dabei wird aber nicht die direkte Vermittlung des Zusammenhangs gesucht, sondern die zwischen Anfangs- und Endursache, also zwischen koexistierenden Objektiven und Prozessen. Gegenstand vollständiger Beschreibung kausaler Beziehung ist also nicht der Stein, der die Scheibe zerbricht, "sondern die hinter diesen zufälligen Ereignissen steckenden reproduzierbaren wesentlichen Bedingungen" (Hörz / Pöltz, 1980, S. 101).

Jedes Gesetz sei zwar an einen Kausalzusammenhang gebunden, doch bringen nicht alle Gesetze ihrem spezifischen Inhalt nach einen Kausalzusammenhang zum Ausdruck (Klaus / Buhr, 1976, S. 617). So sagen beispielsweise die Gesetze der Geometrie nur etwas über quantitative bzw. räumliche Beziehungen aus, die nicht im Ursache-Wirkungs-Verhältnis zueinander stehen. Das Gesetz faßt also die wesentlichen, allgemein-notwendigen Beziehungen zusammen, Kausalität die konkrete und teilweise undifferenzierte Vermittlung des Zusammenhangs.

"Begrifflich setzt Kausalität schon die Vorstellung einer Zeit, sogar einer gerichteten Zeit voraus, so daß schon sinnvoll von einem *vorher* und *nachher* gesprochen werden kann (Dürr, 1986, S. 15). Kausalgesetze sind demnach Sukzessionsgesetze, d.h., daß ein Zeitpunkt t an dem das erste Ereignis (die Ursache) stattfindet oder beginnt, vor dem Zeitpunkt t+1 liegt, an dem die Wirkung beobachtet werden kann (v. Kutschera, 1972, S. 351).

In der speziellen Relativitätstheorie von Einstein wird die Zeit in ihrer Polarität nicht angezweifelt, wohl aber der Begriff der Gleichzeitigkeit räumlich getrennter Ereignisse relativiert. Dies führt (so Dürr, 1986, S. 15) zu einer Verengung des Kausalitätsbegriffs, denn nunmehr können Wirkungen nur noch in hinreichend räumlicher Nähe zur Ursache auftreten, nämlich nur in solchen Bereichen, die mit Lichtgeschwindigkeit noch erreicht werden können. "Da für die Ausbreitungsgeschwindigkeit von Signalen in der Natur ein Grenzwert (c - Lichtgeschwindigkeit im Vakuum) existiert, können nicht alle Ereignisse miteinander im Ursache - Wirkungs - Verhältnis stehen" (Hörz / Pöltz, 1980, S. 96).

Klenovits referiert drei Auffassungen, wie ein Kausalgesetz innerhalb der Wissenschaftstheorie definiert wird.

a) Das Kausalgesetz ist jedes deterministische Gesetz. Wissenschaftstheoretiker wie Popper oder Carnap behaupten, daß jedes deterministische Gesetz schon ein Kausalgesetz ist: Für alle x gilt: $F(x) --> G(x)$. Die zeitliche Asymmetrie, die schon für das Vergeltungsprinzip notwendig war, verschwindet hier ebenso wie die Äquivalenz zwischen Ursache und Wirkung. Als einziges Charakteristikum der Kausalität bleibt die Notwendigkeit in Form des Konditionals. Hinzu kommt, daß dieser Satz ausnahmslos gelten muß. Kausalität wird hier letztendlich zur Voraussagbarkeit durch deterministische Gesetze reduziert.

b) Alle Gesetze sind Kausalgesetze, die deterministisch und Sukzessionsgesetze sind. Diese Auffassung ist eine Einschränkung gegenüber der unter Punkt a). Denn es kommt die Notwendigkeit hinzu, daß die ursächliche Größe der beeinflußten Variable zeitlich vorangehen muß. Die Ursache muß zeitlich also vor der Wirkung stehen. Diese Auffassung wird u.a. von Hempel und Kutschera vertreten. Für diese Autoren ist ein Koexistenzgesetz (s. Punkt a)) noch kein Kausalgesetz.

c) Alle Gesetze sind Kausalgesetze, die deterministisch und experimentell überprüfbar sind. Hier wird der Nachweis für eine vorliegende Kausalität darauf zurückgeführt, daß die eine Variable manipulierbar ist, wodurch eine andere (abhängige) Variable verändert wird.

Auf den ersten Blick ist diese Abgrenzung von Kausalgesetzen bestechend, allerdings besteht die Gefahr, daß man Scheinbeziehungen ermittelt. Klenovits bringt ein bekanntes Beispiel: "Je dichter ein Gebiet von Störchen bevölkert ist, desto höher ist dort die Geburtenrate". Ließ es sich experimentell nachweisen, daß es tatsächlich eine Beziehung der genannten Art gibt, dann würde man Kausalität annehmen müssen, insbesondere deshalb, weil es eine zeitliche Asymmetrie gibt.

Weiter ist anzufügen, daß hier nur deterministische Gesetze Berücksichtigung gefunden haben. Deterministische Gesetze nehmen an, daß es eine 1:1-Beziehung zwischen Ursache und Wirkung gibt. Diese Auffassung ist aber ins Wanken geraten. Eine Explikation des Kausalbegriffes, die unter Sozialwissenschaftlern schon lange vorausgesetzt wurde, ist von Suppes vorgenommen worden. Ihm zufolge ist ein Ereignis Ursache eines anderen, wenn das Auftreten des ersten Ereignisses die Wahrscheinlichkeit des Auftretens des zweiten Ereignisses erhöht. Dabei darf es kein drittes Ereignis geben, was die Wahrscheinlichkeitsbeziehung zwischen dem ersten und zweiten Ereignis beeinflußt. Technisch und statistisch gesprochen liegt dann eine indeterministische Kausalbeziehung vor, wenn zwischen zwei Variablen beispielsweise eine positive Korrelation besteht, die allerdings keinesfalls eine Scheinkorrelation sein darf.

Klenovits (1988, S. 7) hat dieser Diskussion zufolge folgende Kriterien für probabilistische Kausalgesetze analog zum deterministischen Fall aufgestellt:

> Kausalgesetze sind alle Gesetze, die nicht schon aus rein logischen Gründen eine endliche Extension haben und in einer akzeptierten Theorie vorkommen.

Einschränkung zu 1: Das Gesetz muß ein probabilistisches Sukzessionsgesetz sein.

Einschränkung zu 1: Die Kausalgesetze müssen durch Experimente bestätigbar sein.

Wenn der probabilistische gesetzesartige Satz wirklich ein probabilistisches Gesetz ist, dann heißt dies, daß es in seinem Anwendungsbereich sogenannte nichtstrikte Zusammenhänge gibt: In einem echt indeterministischen System laufen irreduzible Zufallsprozesse ab (Klenovits, 1988, S. 8). Klenovits unterscheidet zwei Fälle von sogenanntem unechten Indeterminismus:

Gott würfelt nicht. Dieser Ausspruch von Einstein repräsentiert die Annahme, daß es in der Natur nur deterministische Gesetze gibt. Nach dem Ursachenprinzip gibt es keinen Zufall, jedes Ereignis geschieht mit Notwendigkeit, ist also deterministisch bestimmt. Vom Zufall redet man nur dann, wenn man den Grund des Ereignisses (also der Ursache) noch nicht kennt. Ein unechter Indeterminismus liegt dann vor, wenn demnach nicht alle relevanten Variablen im Modell berücksichtigt worden sind. Naturvorgänge sind demnach deterministisch und stellen sich uns nur indeterministisch dar, weil wir nur über partielles Wissen verfügen. Aristoteles Verständnis eines zufälligen Ereignisses als Schnitt zweier voneinander unabhängiger, verschiedenen Zielen zustrebender Kausalketten hatte das Zufällige als Gegenstand wissenschaftlicher Betrachtung disqualifiziert (Schneider, 1979, S. 102).

Verunreinigungen der Daten. Es kann durchaus sein, daß der rein theoretische Teil eines Modells deterministisch ist. Die erhobenen Daten sind allerdings durch Meßfehler gekennzeichnet, woraus folgt, daß der Determinismus eines Modells nicht mehr nachweisbar ist.

Es stellt sich daher die Frage, ob man im Fall eines unechten Indeterminismus überhaupt probabilistische Hypothesen als Gesetzesannahmen betrachten kann. Wenn dies so wäre, dann wären die Hypothesen nur Hilfskonstruktion zur Repräsentation einer für den Menschen zu komplexen Welt. Diese Hilfskonstruktionen wären also bestenfalls nur Annäherungen an die wirklichen Gesetze. Damit stellt sich aber auch die Frage, welche Kriterien es geben könnte, die Aussagen darüber machen könnten, wie gut die Hilfskonstruktionen die tatsächliche Welt repräsentieren.

4. Kausalität und Willensfreiheit/Determinismus

Wie ist es möglich, daß in einer deterministischen Welt noch Willensfreiheit geben kann? Denn: Nimmt man an, daß sämtliche Vorgänge in der

Natur kausal determiniert sind, so kann es so etwas wie Freiheit nicht mehr geben. "Andererseits: Wie soll man überhaupt handeln, wenn man nicht sich selbst als Ursache für irgendwelche Wirkungen annimmt?" (Simon, 1988).

Für Hoppe (1983) ist die Kausalitätsannahme schlicht unhaltbar (1983, S. 7). Der Ausgangspunkt von Hoppes Argumentation ist, daß das Kausalprinzip empirisch weder falsifiziert noch bestätigt werden kann: "Dieses Prinzip kann durch Erfahrung nicht falsifiziert werden, denn es läßt sich prinzipiell nie ausschließen, daß man zu einer als 'ungleich' festgestellten Wirkung nicht auch in der Tat 'ungleiche' Ursache prinzipiengemäß finden kann; und das Prinzip kann durch Erfahrung auch nicht bestätigt werden, denn der Schluß von der Feststellung zweier gleicher Wirkungen auf gleiche Ursachen ist ja nur dann konsequent, wenn man das Konstanzprinzip zuvor bereits als gültig unterstellt" (S. 11).

Das Konstanzprinzip kann insbesondere im Rahmen menschlichen Handelns nicht gelten: "Würde es gelten, so bedeutete dies, daß man nicht lernen kann - daß man lernen könne, was man nicht lernen kann, kann man aber nicht behaupten, ohne sich damit schon selbst widersprochen zu haben" (S. 13). Und weiter: "Wenn ich lernen kann, so heißt dies, daß ich nicht schon jetzt weiß, was ich einmal später wissen und ebenso nicht, wie ich später, an meinem dann gegebenen Wissen, handeln werde" (S. 14). "Kausalität ist nicht in der Welt, sondern ist eine Strategie unseres Verstandes, sich in der Welt lernend zurechtzufinden" (Hoppe, 1983, S. 23). "... So müssen auch die reinen Verstandesprinzipien als stammesgeschichtlich erworbene und bewährte Strategien aufgefaßt werden" (Hoppe, 1983, S. 23f).

Durch Selbstbeschreibung und Selbstexplikation baut der Mensch seine eigene Welt. Dies ist der Grund dafür, "daß für Wahrnehmung und Denken nicht das gilt, was wir 'Naturgesetze' nennen. Niemand wird ernsthaft behaupten wollen, die Erhaltungssätze und das Kausalprinzip hätten für meine Wahrnehmung oder für mein Denken und meine Gefühle Geltung, obwohl sie allem Anschein nach durchaus für das Gehirn als ein materiell-energetisches System Geltung haben" (Roth, 1987, S. 65f).

Willensfreiheit ist beispielsweise bei Nikolai Hartmann eine unerläßliche Bedingung der Sittlichkeit. Hartmann führt zur Lösung die Schichtenlehre ein: "Die Kausaldetermination gilt nur für ihre spezifische Sphäre; die höhere Schicht aber ist eo ipso der niederen gegenüber autonom. Ihr gehört der Mensch an, und darum besteht für ihn die Möglichkeit der freien Handlung" (Hirschberger, 1976, S. 614). Präziser wird Max Planck, der sich ebenfalls mit dieser Problematik an verschiedenen Stellen seiner *Vorträge und Erinnerungen* beschäftigt hat: Menschliches Handeln ist aus der Sicht des Handelnden niemals allein auf ein Kausalgesetz zurückzuführen, sondern es bedarf immer eines *Sittengesetzes*, auf das die Motive des Handelns zurückgeführt werden können. Zweifelsohne ist nach Planck der menschliche Wille kausal determiniert. Allerdings kann der Handelnde selbst diese Determiniertheit nicht völlig durchschauen. "Von aussen, objektiv betrachtet, ist der Wille kausal gebunden; von innen, subjektiv betrachtet, ist der Wille frei" (Planck, 1965, S. 310, 360).

5. Zur vermeintlichen Unmöglichkeit von Kausalität in komplexen Systemen

Ein Kernbegriff der neuen Systemtheorie ist die Komplexität. Gerade "die Unzulänglichkeit einfacher Kausalbeziehungen zur Erfassung komplexer Vorgänge hat das Interesse am Systembegriff wachsen lassen" (Luhmann, 1971, S. 46). Der Begriff der Evolution in Biologie und Soziologie bspw. deutet auf gesteigerte Komplexität hin (Prigogine, 1985, S. 12). Es wird abgelehnt, daß Kausalität für komplexe Systeme ein noch brauchbarer Begriff sei. Bereits 1939 folgerte Kelsen: "Worauf es ankommt, ist, daß der moderne Begriff des Naturgesetzes als Begriff funktioneller Abhängigkeit sich von dem alten Begriff der Kausalität als dem Begriff der Beziehung zweier in einsinnig zeitlicher Abfolge mit einander immanent verknüpfter Vorgänge emanzipiert hat" (1939, S. 110)

Wie wurde denn bisher gearbeitet? Die Physik mußte sich in ihren Experimenten wie auch in ihrer abstrakten Denkweise von der Komplexität natürlicher Randbedingungen befreien. Das geschieht, indem die zu beobachtenden Systeme von ihrer Umwelt isoliert werden oder indem ihre Wechselwirkungen mit dieser unter strenger Kontrolle gehalten werden. "Jedes Experiment schafft so ... seine besondere Welt" (Eigen / Winkler, 1987, S. 164). Vor allem im 16. und 17. Jahrhundert kam es zu einer neuartigen wissenschaftlichen Methode, bei der "die zu untersuchenden Erscheinungen in Elemente, isolierbare Kausalketten oder Beziehungen zwischen wenigen Variablen" aufgelöst werden (Röpke, 1977, S. 11). Die Gefahr liegt nahe, daß eine solche Methode komplexe Zusammenhänge simplifiziert.

Die Heisenbergsche Unschärferelation führt aber notwendig zu einer Revision dieses Kausalitätsbegriffs. "Angenommen, wir bestimmen genau die Koordinaten; das ist möglich. Dann kann jedoch der Impuls aufgrund der Heisenbergschen Relation einen beliebig hohen positiven oder negativen Wert annehmen. Mit anderen Worten kann im nächsten Augenblick der Ort des Objektes beliebig weit entfernt sein. Was wird dann aber aus dem Kausalitätsbegriff?" (Prigogine / Stengers, 1986, S. 236).

Heisenberg schrieb 1927: "Aber an der scharfen Formulierung des Kausalgesetzes: Wenn wir die Gegenwart genau kennen, können wir die Zukunft berechnen, ist nicht der Nachsatz, sondern die Voraussetzung falsch. Wir können die Gegenwart in allen Bestimmungsstücken prinzipiell nicht kennenlernen. Deshalb ist alles Wahrnehmen eine Auswahl aus der Fülle von Möglichkeiten und eine Beschränkung des zukünftig möglichen ... So wird durch die Quantenmechanik die Ungültigkeit des Kausalgesetzes definitiv festgestellt". Diese Kritik an dem Kausalitätsbegriff aus der Sicht der modernen Physik wird begleitet durch ähnlich gelagerte Denkweisen in der Biologie: Biologische Systeme sind hochempfindliche Regelsysteme, deren Abläufe durch den einfach strukturierten Kausalitätsbegriff nicht mehr zu fassen sind (Vollmer, 1980). Popper faßt Heisenbergs Gedankengang zur Kausalität wie folgt zusammen, wobei er offensichtlich einen Rettungsversuch unternimmt: "Kausalität ist unmöglich, weil wir das beobachtete Objekt stören. Aber das heißt: Wegen einer bestimmten kausalen Wechselwirkung" (Popper, 1982, S. 196, Anm. 5).

6. Zur Verträglichkeit von Kausalität mit dem Systemgedanken

Die Kritik der Unzulänglichkeit des Kausalitätskonzeptes in komplexen Systemen führt notwendigerweise zu einem Fatalismus: Innovation und Veränderung der Realität wäre nicht möglich, da man hierzu ja Ursachen kennen müßte. Innovationen sind ja gesetzte Ursachen für bestimmte Wirkungen. Das Handeln des Pädagogen wäre beliebig, wenn man nicht die Wirkungen seines Handelns zumindest eingrenzen könnte. Andererseits ist die Kritik am Kausalkonzept nicht unberechtigt: In komplexen Systemen scheint man tatsächlich mit ihm wenig anfangen zu können. Darin liegt nur vermeintlich Widerspruch, was im folgenden begründet werden soll.

a) Die Lösung Max Plancks: Seine Drei-Welten Theorie

Max Planck hat zur Lösung des Kausalitätsproblems eine Drei-Welten-Konzeption vorgelegt, die nicht mit Poppers Drei-Welten-Theorie verwechselt werden darf. Die Beschreibung der drei Welten ist in den *Vorträgen und Erinnerungen* Max Plancks auf den Seiten 207 bis 370 verstreut zu finden.

Reale Welt. Diese Welt ist unabhängig vom menschlichen Dasein. Sie ist real, aber nicht unbedingt beständig (S. 370). "Wir glauben an die Existenz einer realen Aussenwelt, obwohl sie sich einer jeden direkten Erforschung entzieht" (S. 266). Man kann sie nicht direkt wahrnehmen, sondern nur über die sog. Sinnenwelt, wie durch eine Brille, deren optische Eigenschaften uns nicht bekannt sind (S. 207). So ergeht es einem Sprachforscher, der eine Urkunde enträtseln soll, die aus einer unbekannten Kultur stammt (S. 235).

Sinnenwelt. Da jede Messung mit einer sinnlichen Wahrnehmung verknüpft ist, sind alle Begriffe der Physik der Sinnenwelt entnommen. Gegenstände sind Komplexe verschiedener Sinneswahrnehmungen. Die individuelle Sinnenwelt ist logisch nicht widerlegbar (S. 208). In dieser Welt ist die

Vorhersage eines Ereignisses immer mit einer gewissen Unsicherheit verbunden (S. 256).

Physikalisches Weltbild. Diese dritte Welt ist eine bewußte, zu bestimmten Zwecken geschaffene Entwicklung des menschlichen Geistes. Sie hat zwei Aufgaben: Hinsichtlich der Sinnenwelt deren einfache Beschreibung, hinsichtlich der Realen Welt deren vollständige Kenntnis. Direkt beobachtbare Größen gibt es hier nicht, nur Symbole (S. 255). Diese Welt ist provisorisch und hat einen wandelbaren Charakter (S. 264). Es obliegt dem Forscher, ob er diese Welt mit strenger oder mit statistischer Kausalität beschreibt (S. 241). Planck selbst beschreibt diese Welt immer streng kausal, so daß nur noch ein Übertragungsproblem zwischen Sinnenwelt und physikalischem Weltbild bleibt (S. 256). Dies zeige wie wichtig es ist, den Determinismus in dieser Welt aufrechtzuerhalten (S. 260).

Plancks Lösung liegt also auf der Hand: Das Kausalkonzept gilt, allerdings nur im physikalischen Weltbild. Das Kernproblem liegt eindeutig in der Übertragung zur Sinnenwelt. Wenn dies nicht oder nur mäßig gelingt, dann ist es nicht dem Kausalkonzept anzulasten.

b) Steuerungshierarchie komplexer Systeme

Wenn bei Systemen der Kausalitätsbegriff nicht greift (was noch als richtig angenommen werden soll), wo bleibt dann das ganze Kausalkonzept, daß doch eigentlich über Jahrhunderte fruchtbar genutzt werden konnte? Eine sinnvolle Einbettung des Ursache-Wirkung-Denkens in den Steuerungsmechanismus von Systemen leistete Bossel (1987). Er sieht folgende Steuerungs- und Leithierarchie in komplexen (selbstorganisierenden) Systemen (s. Tabelle 11).

Tabelle 11

Steuerungs- und Leithierarchie in komplexen Systemen

Reaktionszeit	Entfaltungswerte	Systemreaktion
sehr lang	Evolution	Zielfunktionswandel
lang	Selbstorganisation	Strukturwandel
mittel	Anpassung	Parameteränderung
kurz	Rückkoppelung	Rückkoppelungsregelung
sofort	Prozeß	*Ursache-Wirkung*

Unter diesem Aspekt betrachtet, ist die Ursache - Wirkungs - Mechanik ein notwendiger, wenn auch nicht hinreichender Bestandteil, wenn man das Verhalten von Systemen verstehen will. Das Kausalkonzept wäre dadurch rehabilitiert, allerdings mit eingeschränktem Geltungsbereich.

c) Die Zerlegung eines Systems

Hejl (1982, S. 115) folgert "daß die Anwendung des Ursache/Wirkungsprinzip auf einen komplexen Organismus nur mehr zu metaphorischen Aussagen führt, aber bei differenzierter Analyse wieder empirisch gehaltvoll wird". Eine damit verbundene Isolierung einzelner Variablen (die man z.B. in Experimenten ständig unternimmt) ist nach Röpke nur dann möglich, wenn

eine mögliche Realitätseinbuße durch Aufdecken kausaler Zusammenhänge ausgeglichen wird, und

die für das Experiment erforderliche Variation der Veränderlichung des Systems keine Änderung der Systemumwelt auslöst, welche wiederum das Verhalten des Systems bzw. seiner Teile beeinflußt (Röpke, 1977, S. 12).

Ein System kann in Teilsysteme oder Elemente zerlegt werden, wenn deren Intrakausalbeziehungen ausgeprägter sind als die externen kausalen Interaktionen. Dabei wird allerdings angenommen, daß der Einfluß der externen Variablen im Verhältnis zu den internen Variablen vernachlässigt werden kann. Hinzu kommt, daß Rückkoppelungsbeziehungen nicht mehr berücksichtigt werden, denn Kausalbeziehungen laufen immer in einer Richtung. Ein derart kausal-analytisch reduziertes System ist von geringer Komplexität und die Elemente sind sehr homogen. Hier liegt dann tatsächlich der Fall vor, daß die Aggregation wirklich nicht mehr als die Summe der Teile des Systems ist.

Ähnlich liegen die Probleme auch bei statistisch-stochastischen Untersuchungsverfahren. Sie beziehen sich auf das Verhalten großer Mengen zufällig variierender Faktoren, die man durch statistische Methoden ausdrücken möchte. "Diese Methoden lassen sich aber nur deswegen erfolgreich anwenden, weil der Zufall - das ungeregelte Verhalten der einzelnen Faktoren - das Strukturprinzip ungeordneter Gesamtheiten ist, weil die Bewegungen der veränderlichen Strukturlosigkeit der Gesamtheit erzeugen" (Röpke, 1977, S. 12).

Beide Methoden, nämlich die analytische Methode der isolierenden Betrachtung von Erscheinungen und die statistisch-stochastischen Untersuchungsverfahren, sind nur unter bestimmten Bedingungen geeignet, hochkomplex strukturierte Systeme zu beschreiben. Dies hängt zum einen damit zusammen, daß es eine hohe Zahl von Faktoren gibt, die erfaßt werden müssen. Hinzu kommen die schwer zu fassenden Rückkoppelungsbeziehungen zwischen Elementen oder Teilsystemen des Systems. Elemente sind in komplexen Systemen sowohl Ursache als auch Wirkung. Aus diesem Grunde spricht Piaget von einer sog. "Rückkopplungskausalität" (Vollmer, 1980, S. 20).

Es muß festgestellt werden, daß das Kausalkonzept nicht prinzipiell verworfen werden kann. Es ist ein Konstrukt, um sich die Welt um sich herum kalkulierbar zu gestalten. Hoppe nimmt in seiner Kritik ja an, daß Kausalität räumlich und zeitlich unbegrenzt gilt. Dies muß man allerdings fallen lassen. Eine Annahme über ein Ursache-Wirkungs-Verhältnis kann so lange gelten, bis man eines Besseren belehrt wird.

Selbstverständlich gibt es Ursache-Wirkungen in Systemen, auch in sehr komplexen, sonst würde es ja über die Zeit keine Veränderungen geben. Veränderungen von Variablen ohne jeden Bezug zueinander scheinen nicht möglich. Sollte es diese aber - im Sinne Plancks - in der realen Welt tatsächlich nicht geben, so würden die Menschen welche im physikalischen Weltbild konstruieren, um damit die Welt zu bewältigen.

IV. Zweck

Die Beschäftigung mit der Teleologie ist nicht ganz einfach, denn im allgemeinen sind teleologisch orientierte Denkweisen als vorwissenschaftlich deklariert (Kraft, 1982, S. 55). Die Auseinandersetzungen zum Thema Teleologie sind aber schon so alt wie die Philosophie selbst: "Empedokles und Demokritos haben den Nutzen teleologischer Interpretationen geleugnet, Platon und Aristoteles haben in großem Umfang davon Gebrauch gemacht" (Rothschuh, 1982, S. 13, Anm. 3). Ob Systeme einen Zweck haben - diese Frage ist Gegenstand dieses Abschnittes. Sie ist keineswegs geklärt, denn es gibt widersprechende Antworten auf diese Frage:

Systeme haben einen Selbstzweck (Luhmann / Schorr, 1981, S. 45).

Es gibt zweckfreie Systeme (Bumann et al., 1968, S. 155).

Es gibt pragmatische Systeme mit einem Zweck (Bumann et al., 1968, S. 155).

Zwecke werden immer von aussen gesetzt, in das System hineininterpretiert.

Diese letzte Auffassung wird auch hier vertreten. Es kann hier also nicht um die Frage gehen, ob es einen Zweck eines Systems tatsächlich gibt, sondern es geht um das Heranziehen des Zweckbegriffs zur Erklärung gewisser Tatbestände durch einen außenstehenden Beobachter. Die ganze Problematik um den Zweckbegriff wird deutlich in einer unentschlossenen Darstellung zu dynamischen Systemen von Bossel (1987 S. 10): "Ein System hat einen Zweck (bzw. es ist möglich, ihm einen Zweck zuzuschreiben)". In einem Atemzug werden nicht-konstruktivistische und konstruktivistische Wirklichkeitsauffassungen genannt.

1. Definition von Zweck

Es lassen sich folgende Definitionsbestandteile extrahieren:

Zweck ist immer ein gesetzter Zweck; "wer Zweck sagt, spricht damit zugleich von einem Willen, der den Zweck setzt" (Brokad, 1974, S. 1818).

Zweck ist etwas, was eine Handlungsabfolge zu allererst in Gang bringt. Damit ist Zweck nicht eine nachträgliche Rationalisierung bereits sich in Gang befindlicher Handlungskomplexe.

Zweck ist immer auf Mittel angewiesen.

Der Zweck ist zuerst da als Absicht und Plan. Ein zweckbestimmtes Handeln hat seine Erfüllung außerhalb seiner Selbst, in der Realisation des Zwecks.

Der Zweck ist kein starrer Begriff, die Lebenspraxis zeigt ihn noch unter anderen Gesichtspunkten: Einmal unter dem der *Durchsetzungsproblematik* und zum anderen durch das, was man die *Iteration von Zweck* nennen könnte:

Zur Durchsetzungsproblematik: Ein Zweck steht nicht nur vereinzelt, er steht selbst in Gemeinschaft mit anderen Zwecken. Es besteht eine gewisse Zweckkonkurrenz. Die Wahl zwischen den Zwecken geschieht durch Gewichtung, der höher gewichtete Zweck wird als höherwertig vorgezogen. Es gibt dabei keinen Schiedsrichter, denn das Finden eines leitenden Zweckes wird vielmehr dem Kampf, der sich mannigfaltig widersprechenden Zwecke überlassen (Brokad, 1974, S. 1820).

Die Iteration der Zwecke: Was für den einen Zweck ist, kann für den anderen nur Mittel sein (selbstverständlich auch umgekehrt). Was also Zweck oder Mittel ist, läßt sich objektiv nicht feststellen. "Der gefällte Stamm, für den Holzfäller Zweck, ist für die Sägemühle nur Mittel. Das Brett für die Sägemühle Zweck ihrer Arbeit, ist für den Schreiner nur Mittel" (Brokad, 1974, S. 1820).

2. Aristoteles

Bekanntlich hat Aristoteles im großen Umfang die Zweckbetrachtung in die Interpretation der Lebenserscheinungen eingeführt (v. Glasersfeld, 1987). Aristoteles wurde zu verschiedenen Zeiten allerdings sehr verschieden interpretiert. In der christlichen Spätantike lagen andere Auslegungen über Aristoteles vor als in der Scholastik oder im Zeitalter der Aufklärung, ganz zu schweigen vom Vitalismus des 19. und dem Neovitalismus des 20. Jahrhunderts. Aristotelische Gedanken findet man aber durchaus in der Wissenschaft des 20. Jahrhunderts wieder "mit ihren Struktur- und Funktionssystemen, mit Feld-, Fließgleichgewicht und geschlossenen thermodynamischen Systemen, mit *Teleonomie* und *Selbstorganisation* - welch letzteres in meinen Augen von der Idee und dem Erkenntnis *Zweck* er nichts anderes ist, als das aristotelische *Telos*, nur daß die dahin führenden Kausalzusammenhänge anders und differenzierter gesehen werden" (Krafft, 1982, S. 57). Ähnlich wie Prigogine und seine Mitarbeiter redet auch Krafft (1982) von einem historischen *Umweg* über Galiläi, Decartes und Newton, aufgrund deren Denk- und Erkenntnismethoden hätte die aristotelische Physik gar nicht entstehen können. Man kann durchaus annehmen, daß die Vorstellungen der aristotelischen Physik den heutigen physikalischen Theorien sehr nahe stehen.

Die Entelechielehre Aristoteles besagt, daß jedes in der Wirklichkeit antreffbare Gebilde eine Entelechie, d.h. einen inneren Sinngehalt hat, der danach strebt, sich in der Gestalt des Systems immer vollkommener zu verkörpern. Entelechie steht somit zwischen der Teleologie und der Harmonie. Diese beiden Begriffe sind komplementär (s. Bischof, 1981, S. 31): "Harmonie ist unter innerem Spannungsausgleich erwachsene Ordnung, Teleonomie unter äußerem Selektionsdruck erzwungene Organisation".

Prigogine hat darauf hingewiesen, daß humane soziale Systeme äußerst komplex sind und keiner zielgerichteten Geschichtlichkeit unterliegen. Diesen Gedanken hat offensichtlich auch schon Aristoteles (wie Kullmann 1982 herausgearbeitet hat) geprägt: "Offenbar ist es für ihn (Aristoteles, der Verfasser) die Geschichte ein Wogenmeer von Zufälligkeiten, das zumindest im ganzen betrachtet eine zielgerichtete Entwicklung nicht erkennen läßt" (S. 36). Kullmann hat die Gedanken des Aristoteles über die Zweckmäßigkeit in folgende fünf Ausprägungen synthetisiert:

Innerhalb seiner physiologischen Arbeiten ist die Suche nach der Zweckursache nichts anderes als die Frage nach der Funktion.

Aristoteles nimmt die Zielgerichtetheit der Zeugung und Fortpflanzung eines Lebewesens im Ganzen. Er vergleicht den Vorgang mit der Wirkungsweise von mechanischen Automaten, die streng kausalmechanisch an ein kybernetisches Modell erinnern.

Der Begriff der Zweckursache in seinen physikalisch-kosmischen Arbeiten unterscheidet sich ausdrücklich von der Zielgerichtetheit im organischen Bereich. Hier nimmt er eine immaterielle Gottheit an, die auf den Himmel eine Anziehungskraft ausübt.

Im Bereich der Politik sieht er ein Ausgerichtetsein des Menschen auf den Staat hin, daß sowohl genetisch bedingt ist als auch durch das bewußte Streben nach Wohlstand und Glück determiniert wird.

In der Geschichte nimmt er im ganzen gesehen keine zielgerichtete Entwicklung an.

Kullmann urteilt wie folgt: Zur Bewertung aus moderner Sicht ergibt sich, daß Aristoteles "Anwendung des Begriffs der Zweckursache in der Biologie durch die moderne Entwicklung dieses Faches in den letzten Jahren voll rehabilitiert ist nach einer Jahrhunderte langen Anfeindung" (1982, S. 37).[13]

3. Die erste Ursache

Der Schluß ist verführerisch, "daß alles, was uns zweckvoll erscheint, als Äußerung zweckverfolgender Wesenheiten aufgefaßt werden kann" (Rothschuh, 1982, S. 9). Bateson formuliert noch schärfer: "Lineares Denken wird immer entweder den teleologischen Trugschluß (daß am Ende den Prozeß determiniert) oder den Mythos von irgendeiner übernatürlichen Kontrollinstanz hervorbringen" (1987, S. 80). Thomas v. Aquin stellte die Frage, was die erste Ursache ist, weil eine Wirkung eine Ursache voraussetzt und diese wieder selber eine Wirkung einer zuvor liegenden Ursache ist. Für Thomas v. Aquin ist dies der Beweis Gottes. Ursächlichkeit bedeutet die Verwirklichung einer Möglichkeit, deren letzter Grund in Gott liege. Die Finalursachen sind den Wirkursachen übergeordnet.

Der radikale Atheist Bertrand Russell mußte diese Auffassung verneinen: Ihm zufolge (1975, S. 88f) müssen alle kausalen Erklärungen einen willkürlichen Anfang haben. Denn, egal ob man eine mechanistische oder eine teleologische Frage stellt, diese Frage bezieht sich immer auf einzelne Teile der Wirklichkeit und nicht auf die gesamte Wirklichkeit (einschl. Gott). "Die teleologische Erklärung ist gewöhnlich sehr bald bei einem Schöpfer oder zumindest bei einem Urheber angelangt, dessen Absichten in der Weltentwicklung verwirklicht werden. Ist jedoch ein Mensch so hartnäckig teleologisch eingestellt, darüber hinaus nach dem Zweck des Schöpfers zu fragen, so wird die Gottlosigkeit seiner Frage offenbar. Außerdem ist sie sinnlos, da

---

[13] "Wer ein solches gesamtteleologisches Natursystem in Aristoteles hineinlese, verkenne den exakten und illusionslosen Naturphilosophen in ihm" (Engfer, 1982, S. 144).

wir sonst annehmen müßten, der Schöpfer sei von einem noch höheren Schöpfer geschaffen, dessen Zwecken er diene" (S. 89).

Für Hegel gibt es die Alternative Teleologie oder Mechanismus nicht, "weil jedes teleologisches Verhältnis ein mechanisches voraussetzt (die Mittel zur Erreichung des Zwecks müßten natürlich mechanisch zur Wirkung gebracht werden), wie umgekehrt jedes mechanische Verhältnis von einem teleologischen umgriffen wird" (Löw, 1983, S. 37). Dieser Standpunkt ist sicher zu vertreten, da Maschinen-Systeme (meist aus Menschenhand geschaffen) immer zu einem bestimmten Zweck geschaffen werden.

4. Zweck als Erkenntnishilfe

Jonas (1984) erläutert, daß Zwecke durch die Menschen gesetzt sind. Zweck ist ein gänzlich menschlicher Begriff, also letztendlich eine Interpretationsangelegenheit. Dies kann man auch daran verdeutlichen, daß beispielsweise ein Hammer zu einem bestimmten Zweck gebaut worden ist. Wird dieser für etwas anderes als seinen ursprünglichen Zweck verwendet, dann liegt Zweckentfremdung vor. Ziel des Zwecks ist also die handlungs- und erkenntnisleitende Funktion, "in dem er aus der Mannigfaltigkeit der möglichen und wirklichen Bewegungen überschaubare Einheiten ausgrenzt. Zweck gibt Handlungsabläufen begrenzten Zusammenhang" (Brokad, 1974, S. 1823).

Dies wird schon bei Kant deutlich: Er "dagegen entwarf die sogenannte *als-ob-Teleologie* mit der Begründung, daß die Natur (als *Ding an sich*) nicht erkennbar sei und daß man sie schwerlich als selbständig handelndes Subjekt verstehen könne; d.h., er schlug vor, die Zweckmäßigkeit der Natur nicht als gegebenes Faktum, sondern als ein regulatives Prinzip der Erkenntnis anzusehen. Nach Kant darf also nicht behauptet werden, daß die Natur zweckmäßig ist, sondern sie darf nur so interpretiert werden, als ob sie zweckmäßig sei ..." (Gatzemeier, 1982, S. 21). So auch Nietzsche: "Der ganze Kenntnis-Apparat ist ein Abstraktions- und Simplifikations-Apparat - nicht auf Erkenntnis gerichtet, sondern auf Bemächtigung der Dinge. *Zweck* und *Mittel* sind so fern vom Wesen wie die *Begriffe*. Mit *Zweck* und *Mittel* bemächtigt man sich des Prozesses (man erfindet einen Prozeß, der faßbar ist), mit *Begriffen* aber der *Dinge*, welche den Prozeß machen (Nietzsche III, S. 442).

5. Teleonomie

Im Darwinismus wird der Gedanke an das ursprünglich hineingepflanzte Zweckmäßige in der Natur betrachtet und bekämpft. Die Lehre von der

Zweckmäßigkeit nennt man allgemein Teleologie. Dieser Begriff wurde von dem Leibniz-Schüler Christian Wolf 1728 in die Wissenschaftssprache eingeführt (Rothschuh, 1982). Ihm ging es dabei um die *causa finalis*, also um das begriffliche Umfeld von Zweck, Ziel, Sinn, Bedeutung und Nutzen von und für etwas. Teleologie im herkömmlichen Sinne wird also im Darwinismus verworfen, allerdings nicht die Vorstellung der Zweckmäßigkeit der Naturdinge an sich. "Nicht ein fortdauernder göttlicher Wille, nicht ein ursprünglich göttlicher Verstandesakt sind im Spiele, auch nicht nur ein verschämt reduziertes, gerichtetes Prinzip, sondern die Lebensumstände, innere und äußere, werden jetzt entscheidende Richt- und Auswahlinstanzen" (Mann, 1982, S. 84). In der Selektionstheorie wird also Zweckmäßigkeit weiterhin angenommen, ohne daß sie als Wirkprinzip behelligt werden müßte. Ende der 60er Jahre wurde in der Biologie durch den amerikanischen Biologen C.S. Pittendrigh der Begriff der *Teleonomie* als Alternativbegriff zum Begriff der Teleologie eingeführt. Er wollte damit die Zweckmäßigkeit organischer Strukturen bezeichnen, ohne der Möglichkeit einer kausalmechanischen Erklärung abschwören zu müssen. Mit dem Begriff teleonomisch belegt man einen Tatbestand dann, wenn man ihn rein deskriptiv als zweckdienlich oder zielgerichtet kennzeichnen möchte, "ohne damit zugleich eine Hypothese über die Herkunft der Zweckdienlichkeit auszusprechen" (Kullmann, 1982, S. 33). Busch (1984, S. 519) beschreibt den Begriff sehr anschaulich: "Der Fragehaltung *Wozu* geht die Teleonomie (Lehre von der Zweckmäßigkeit) nach. Obwohl die Teleonomie eine *Leistung nach Plan* beschreibt, bedarf sie keines final entelechischen (zielgerichteten) Erklärungssystems. Ein derartiger *teleologischer* Inhalt kann naturwissenschaftlich nicht definiert werden. Man operiert daher mit der Annahme, das zielgerichtete Evolutionsgeschehen läuft auch ohne Kenntnis des Ziels ab, allein durch zufällige Mutation und Selektion."

Mit dem Ausdruck der Teleonomie verhindert man, daß transzendentale Aspekte in die Erklärung eines naturwissenschaftlichen Zusammenhanges hineingetragen werden. "Alle Strukturen, alle Leistungen, alle Tätigkeiten, die zum Erfolg des eigentlichen Projektes beitragen, werden also *teleonomisch* genannt (Monod, 1988, S. 31). Der Begriff der Teleonomie spielt in der Biologie eine entscheidende Rolle bei der Erklärung der Arterhaltung. Monod begreift diesen Begriff als arteigene Informationsmenge, die ein Einzelwesen an die nachfolgende Generation übertragen werden muß. Zu diesen Informationen gehören Tätigkeiten, die zum Überleben und zur Vermehrung der Art beitragen. "Der Teleonomiebegriff schließt die Vorstellung einer gelenkten, kohärenten und aufbauenden Tätigkeit ein" (1988, S. 55). Er kennzeichnet die Erklärung der arterhaltenden Zweckmäßigkeit als kausalen Vorgang im Sinne der Evolutionstheorie. Damit kann eine Gefahr des teleologischen Denkens, die dem naturwissenschaftlichen Vorgehen tödlich wäre, vermieden werden: Die Mystifizierung der Zweckmäßigkeit durch Annahme einer unmittelbar in das Naturgeschehen eingreifenden, zweckgerichteten und zielbewußten Instanz und damit die Durchbrechung des Kausalprinzips" (v. Cranach et al., 1980, S. 28).

In der Biologie ist die Teleologie (bzw. Teleonomie) deshalb Diskussionspunkt, weil die Lebensphänomene durch die Gesetze der Chemie und Physik nicht vollständig erklärt werden können (Küppers, 1986, S. 113). "Es ist notwendig zu verstehen, daß Lebewesen etwas ganz anderes sind, nämlich autonome und zweckfreie Systeme, und daß ihre Existenz und ihre Evolution an dieser Autonomie und Zweckfreiheit unabdingbar gebunden ist" (Roth, 1986, S. 179). Der Zweck für ein mechanisches System ist von außen vorgegeben. Natürliche Systeme haben einen eigenen Zweck, nämlich das Überleben. Das Ziel eines lebenden Systems beschreibt Roth (1986, S. 163) sehr prägnant: "Lebewesen müssen am Leben bleiben; wie sie dies bewerkstelligen ist nebensächlich". Ein solches System ist offen gegenüber seiner Umwelt, es versucht sich in gewissen Grenzen anzupassen und zu ändern. "Die bloße Selbsterhaltung ist der zum höchsten Zweck emporgesteigerte Zweck ... Der Mensch lebt in Systemen, um zu überleben ... Die Frage nach dem "guten Leben" liegt außerhalb des Gesichtskreises der Systemtheorie" (Meinberg, 1984, S. 161).

6. Teleologie versus Kausalität

In einem Sammelreferat über verschiedene Vorträge referiert Engfer (1982) einen Vortrag von F. Rapp (Berlin) über die Gegenüberstellung und Abgrenzung der kausalen und teleologischen Erklärung. Rapp versuchte, die bezweifelte Berechtigung und Leistungsfähigkeit der teleologischen Erklärung durch einen in vier Punkte aufgegliederten Vergleich beider Erklärungsarten nachzuweisen.

Beide Begriffe unterscheiden sich durch eine unterschiedliche Fragestellung voneinander. Bei der kausalen Erklärung (x oder y) wird nur nach den Ursachen für das Zustandekommen eines bestimmten Sachverhaltes gefragt. Bei der teleologischen Erklärung, y (damit x) wird darüber hinaus nach dem Sinn, Ziel und Zweck des gesuchten Prozesses gefragt.

Bei der teleologischen Erklärung muß das zukünftige Ziel eines Prozesses gegenwärtig sein, um als Zweckursache wirksam sein zu können. Die reine Überführung einer teleologischen Erklärung in eine kausale ist deshalb nicht bruchlos durchzuführen, "weil in ihr im Gegensatz zur kausalen jeweils auf ein übergeordnetes System des Organismus rekruiert werden müsse, im Hinblick auf das einzelnen Elementen zweckmäßige Funktionen zugeordnet werden" (Engfer, 1982, S. 144).

Zwischen der kausalen und teleologischen Erklärung bestehen komplizierte Verweisungsverhältnisse, die sich nicht auf ein entweder-oder reduzieren lassen. Die Ersetzung eines vernünftigen Schöpfergottes durch die kausale Erklärung (z.B. Mutation und Selektion in der Evolutionstheorie) beweist nicht die Verzichtbarkeit des teleologischen Ansatzes.

Beide Begriffe beschreiben die Qualitäten, werden empirisch bestätigt, können prognostizieren und erklären, "in dem sie zunächst unverständliche Phänomene oder Prozesse als Wirkungen von oder als Mittel zu anderen Phänomenen oder Prozessen erweisen" (Engfer, 1982, S. 144).

Ganz anders sieht dagegen Stegmüller (1961) den Zusammenhang zwischen Kausalität und Teleologie.

Der Unterschied zwischen beiden Konzeptionen läge weder im Gesetzestypus noch in der Art der Anwendung des Erklärungsschemas.

Teleologische Erklärungen zeichneten sich durch das Antecendens *Motiv* eines handelnden Wesens aus.

In diesem Sinnen gäbe es einen Unterschied nur unter Berücksichtigung des letztgenannten.

Teleologische und kausale Erklärungen sind keine Gegensätze: Teleologische Erklärungen sind kausale Erklärungen aus Motiven.

Max Planck charakterisierte im Jahre 1949 die Einstellung der Naturwissenschaften zur Teleologie folgendermaßen: "Die moderne Physik hat seit Galilei ihre größten Erfolge in der bewußten Abkehr von jeglicher teleologischen Betrachtungsweise errungen, sie verhält sich daher auch heute mit Recht ausgesprochen ablehnend gegen alle Versuche, das Kausalitätsgesetz mit teleologischen Gesichtspunkten zu verquicken" (Planck, 1965, S. 99). Für die Naturwissenschaften scheint Zweck keine sinnvolle Fragestellung zu sein, für sie gibt es nur die Kausalität (so Brokad, 1974, S. 1825).

7. Finalität

Der Begriff Kausalität ist unmittelbar verbunden mit dem der Finalität. Damit ist die Annahme eines zweckmäßig ausgerichteten Konstrukteurs umschrieben (so Vollmer, 1980, S. 18). Kausalität liegt dann vor, wenn der Ablauf von Ereignissen bestimmte Zustände notwendig bestimmte Folgen haben. Finalität beinhaltet, daß Prozesse einen Endzustand erreichen, der durch den Anfangszustand determiniert ist. Ausgehend von dieser Definition folgt, daß aus der strikten Kausalität die strikte Finalität logisch folgt und vice versa. Ein Computerprogramm ist auch ein Prozeß, der auf einen Endzustand ausgerichtet ist. Daraus folgt aber auch, daß das Ende des Pro-

Endzustand ausgerichtet ist. Daraus folgt aber auch, daß das Ende des Programms bereits im Anfang enthalten ist (Ziel).

v. Cranach et al. führen zwei Gründe an, warum die Finalität in der Kausalität angelegt sei: Einmal sind Handlungen auf Ziele kausal überbestimmt, da es prinzipiell zahlreiche, kausal vollständig bestimmte Wege gäbe. Das Kausalitätskonzept allein genügt nicht, um zu erklären, warum einer dieser Wege gewählt wird.[14] Zum anderen ist Kausalität für eine fernere Zukunft blind: Wichtige Funktionen können im allgemeinen nicht in einem Zuge erreicht werden.

Der Zielbegriff wird deshalb bei v. Cranach et al. (1980) als theoretisches Konstrukt zur Erklärung der Entstehung und Organisation von Handlungen verwendet. Dies wäre eine Renaissance des Sinnbegriffes, worauf besonders sein erster Grund hinweist.

8. Fazit

Es gibt Wissenschaftler, die die Verwendung des Zweckbegriffes radikal ablehnen. Zweck sei ein faules Substitut für eine sorgfältige, detaillierte Analyse - so zitiert Herzog (1984, S. 98) Kuo, ein Schüler J. Watsons.

Das Problem mit der Teleologie und Teleonomie ist aus wissenschaftstheoretischer Perspektive einfach zu lösen, wenn man auf dem Boden des Kritischen Rationalismus arbeitet. Denn dann muß man das Konzept verwerfen, da die Nicht-Existenz eines Telos nicht beweisbar ist (Küppers, 1986, S. 125; 1987, S. 41ff). Hypothesen müssen aber nach K.R. Popper prinzipiell falsifizierbar sein.

Zweck wie Kausalität sind Interpretationsbegriffe, wobei Zweck eine schwächere Ausprägung einer Erklärung ist: "Zweck ist (subjektiver) Interpretationsbegriff dort, wo die (objektiv-) kausale Interpretation nicht zulangt, weil das Kausalwissen (noch) lückenhaft ist; er hat bei fortschreitender Möglichkeit kausaler Interpretationen dieser zu weichen" (Brokad, 1974, S. 1826). Ein Ausspielen des Kausal- gegenüber dem Zweckbegriff ist nicht möglich, da der Interpretationszusammenhang hier über die Zulässigkeit beider Begriffe entscheidet.

Mit dem Zweckbegriff wird im Grunde das angesprochen, was die Geisteswissenschaftler zentral beschäftigt: die Sinnfrage. Wenn der Zweck durch Interpretation festgelegt wird, dann bekommt ein Prozeß Sinn. Hooykaas (1982, S. 160) zeigt, daß dies auch in den Naturwissenschaften gang

---

[14] Auch Händle / Jensen sprechen menschliche Handlungssystemen eine teleologische Struktur zu, weil in diesen "als wesentliche Faktoren die Absichten, Motive, Wünsche usw. von Menschen vorkommen" (1974, S. 19).

und gäbe ist. Er faßt seine Darstellung über verschiedene Konzeptionen von Teleologie wie folgt zusammen: "Für denjenigen, der bereit ist zu sehen, zeigt die Wissenschaftsgeschichte also, daß der Mensch auch bei seiner naturwissenschaftlichen Standortbestimmung nicht ausschließlich von rationalen und empirischen Argumenten geleitet wird."

V. Zeit

Die bereits in den vorherigen Kapiteln diskutierten Begriffe Reversibilität und Irreversibilität von Vorgängen in der Natur lassen die Diskussion über die Zeit wieder aufleben, da die Irreversibilität voraussetzt, daß es einen *Zeitpfeil* gibt. Schon eine bekannte Metapher von Heraklit verdeutlicht dies: Man kann nicht zweimal in den gleichen Fluß steigen.

Zeit ist auch ein wesentliches Merkmal der Beschreibung von Systemen, wie es Jacob (1972, S. 141) herausgearbeitet hat: "Die Organisationen sind unter sich nicht durch ihre Nachbarschaft im Raum, infolge der Anhäufung gleicher oder ähnlicher Elemente, verbunden. Die Beziehungen zwischen diesen Elementen sind durch die zeitliche Aufeinanderfolge gegeben. Sind zwei organisierte Systeme durch irgendeine Analogie gekennzeichnet, so haben sie im Verlaufe ihrer Entwicklung ein gemeinsames Stadium durchschritten. Mit der Vorstellung der Organisation ist unauflösbar die ihrer Geschichte verbunden". Maturana relativiert diese Aussage ein wenig: "Die Geschichte spielt ihre Rolle insofern als sie zeigt, wie die gegenwärtig realisierte Struktur eines Organismus entstanden ist, sie erklärt jedoch nicht, wie dieser Organismus konkret von Augenblick zu Augenblick funktioniert" (1981, S. 17). Dem doch relativ abstrakten Begriff der Zeit kommt bei der Betrachtung offener Systeme offensichtlich eine neue Qualität zu. "Die zukünftigen Ereignisse erscheinen durch eine vollständige Vorgabe der gegenwärtigen Fakten nicht mehr eindeutig determiniert; die Zukunft bleibt in einer gewissen Weise unbestimmt" (Dürr, 1986, S. 9).

"Jedes autopoietisches System schafft sich seine eigene System-Zeit, die ein grundlegender Parameter für viele Phänomene ist. Eine allgemeine Systemtheorie, die mit dieser endogenen System-Zeit operieren würde, anstatt mit dem Ticken einer mechanischen Uhr mit einem starren Maßstab, könnte vielleicht tiefe Gemeinsamkeit bloßlegen. Von einem Tag im Leben der Eintagsfliege zu sprechen, besagt nicht viel; von ihrer vollen Lebensspanne zu sprechen, bedeutet hingegen, sie mit anderen lebenden Systemen auf der Basis der Eigendynamik dieser Systeme zu vergleichen" (Jantsch, 1986, S. 336). Auf diese Weise ergeben sich Resonanzen und Synchronisationen in der Beobachtung von Systemen.

Das Thema Zeit[15] steht unter den verschiedensten Sichtweisen im Mittelpunkt aber nicht nur der wissenschaftlichen Diskussion, sondern ist auch zentraler Begriff in der Beschreibung des Alltagslebens.[16] Unsere *schnellebige* Zeit (Lübbe, 1988) macht Zeit zu einem *knappen Gut* - wie Heinemann / Ludes (1978) es ausdrücken. Rinderspacher (1985) hat in seiner Arbeit die Rolle der Zeit in der heutigen Gesellschaft analysiert. Er zeigt die vielfältigen Auswirkungen der zunehmenden Haltung der Menschen, Zeit zu *bewirtschaften*. Dies geht sogar soweit, "Dauerüberlastung als Statussymbol" zu betrachten (v. Krockow, 1988, S. 1284).[17]

Der Zeitbegriff ist in der Pädagogik nicht undiskutiert, allerdings tritt er meist in Verklausulierungen wie *Reife, Lernzeit* oder *Entwicklung* auf. Ältere Sammelbände zu diesem Thema (so z.B. Breunig, 1973) stützen diese These. Institutionalisierte Erziehungsprozesse sind durch zahlreiche Zeitbegriffe beschrieben und teilweise auch determiniert. Dazu gehören: Einschulungstermin, Schulstunde, Pause, Schuljahr, Ferien etc. Gerade vor dem Hintergrund muß man sich wundern, daß "die wissenschaftliche Behandlung des Problems der Zeit ... auch in der Erziehungswissenschaft einen erstaunlich geringen Raum eingenommen" hat (Becker, 1984, S. 172).

"Das Rätsel der Zeit, die Verwendung des Begriffs, als ob die Zeit eine selbständige Existenz besitze, ist gewiß ein schlagende Beispiel für die Art und Weise, wie ein weithin gebrauchtes Symbol, losgelöst von allen beobachtbaren Daten, im Sprechen und Denken der Menschen ein Eigenleben gewinnen kann" (Elias, 1984, S. 98).

1. Definition der Zeit

Nach Dupré (1974, S. 1799f) gibt es kaum einen Begriff in der Philosophie, der so paradox ausgelegt ist, wie der der Zeit.[18] Einerseits verwenden die Menschen in der Sprache wie selbstverständlich Begriffe wie *heute, morgen* usw. Andererseits ist gerade der Zeitbegriff sehr schwierig zu definieren, was zur Folge hat, daß die Bedeutung der genannten Redewendungen letztendlich unklar bleibt (Corazza, 1985; Payk, 1988). Nach Pöppel gibt es vier elementare Zeiterlebnisse: Gleichzeitigkeit und Ungleichzeitigkeit, Aufeinanderfolge, Gegenwart und Dauer (Pöppel, 1987, S. 26).

---

[15] Gute Zusammenfassung zum Thema Zeit: Schmied, 1985
[16] Dies zeigt sich auch darin, daß Der Spiegel (Bart, 1989) die Zeit zum Titelthema machte.
[17] Der Begriff der Zeit und seine Bedeutung für das alltägliche Leben hat sich im Laufe der Jahrhunderte geändert. Eine Analyse dieses historischen Prozesses kann man bei Hohn (1984) finden, eine Beschreibung des Alltagsbewußtsein von Zeit bei Rammstedt (1975).
[18] Zur Entwicklung des Zeitbegriffes s. zfd. Grüsser, 1986, S. 198ff)

Einige Völker (so die *Hopi*-Indianer) kennen aber gar keinen oder haben einen ganz anderen Zeit-Begriff als den mitteleuropäischen (s. dazu Wendorff, 1988; Herzog, 1984, S. 54). Dies ist kein Beleg dafür, daß Zeit nicht existiert. Aus konstruktivistischer Sicht allerdings läßt sich dieser Sachverhalt vielleicht i.S. von Heinemann / Ludes (1978) erklären. Die Autoren nehmen an, daß, je komplexer soziale Systeme werden, ereignisunabhängige, abstrakte Zeitbegriffe und Strukturen bei der kulturellen Konstruktion von Zeit stärker in den Vordergrund treten.

Offen bleibt dabei die Frage, wie man Zeit definieren kann, ohne schon auf Bestimmungen zu kommen, die man nicht bereits als *zeitlich* bezeichnen würde (Bieri, 1972, S. 14): "Es ist das Paradox der Zeit, daß sie gelernt werden muß und doch in jedem Lernen (Sprechen, Hören, Verstehen) als gewußte vorausgesetzt ist" (Dupre, 1974, S. 1807). Und weiter: "Es gibt keine eigentliche Definition der Zeit, weil das Bewußtsein der Zeit dem Begreifen wesentlich ist, darum definieren ohne die Zeit weder denkbar noch möglich ist" (Dupre, 1974, S. 1813). Diese Aussage ist problematisch, denn es gibt eine Vielzahl von Begriffen, die Voraussetzung ihrer eigenen Definition sind. Dazu gehört z.B. der Begriff der Sprache: Auch hier setzt die Definition die Sprache voraus, aber keiner würde behaupten, daß Sprache nicht definiert werden könnte.

Ein Definitionsansatz vergleicht den Zeitfluß mit einem Nylonseil, das zum Zeitpunkt Gegenwart fest geschnürt ist, in Vergangenheit und Zukunft aber immer lockerer auseinanderfällt, je weiter man sich von der Gegenwart nach hinten oder nach vorne bewegt. Nach Altner (1986a) ist die Zeit "als ein zwischen Vergangenheit und Zukunft ausgerichteter Strom" fundamental (S. 8, Anm.1). Die Zukunft sei prinzipiell der Vergangenheit voraus und somit stärker als sie. Die Gegenwart ist nach Altner das, was sich unter der Mitwirkung der Vergangenheit aus der Unbestimmtheit der Zukunft bildet. Die Zukunft bezeichnet das mögliche, die Vergangenheit das durch "Dokumente" ausgewiesene Faktische. In der Gegenwart gerinnt das Mögliche zum Faktischen (Dürr, 1986, S. 12).

Es sind vor allem zwei Ansätze, die durch die neue Systemtheorie aktualisiert wurden: die Anbindung der Zeit an die Bewegung bei Aristoteles und der Begriff der Dauer von Bergson.

a) Aristoteles

Nach Platon ist die Zeit etwas unbedingt Notwendiges. Aber Zeit gibt es nur dort, wo es körperliches Werden gibt. Sie entsteht erst mit dieser Welt der Körper (Hirschberger, 1976, S. 144).[19] Bei Aristoteles ist die Zeit maßgeblich an die Bewegung in Hinsicht auf das Früher oder Später gebunden. "Trotzdem bleibt die Zeit real mit der Körperwelt verbunden. Außerhalb unserer Welt gibt es daher auch keine Zeit, wie es auch keine leere Zeit geben kann. Die Maßeinheit der Zeit ist das Jetzt, der unmittelbare Augenblick. Er ist etwas Geheimnisvolles, weil er die Zeit einerseits trennt in Vergangenheit und Gegenwart, andererseits aber auch wieder verbindet." (Hirschberger, 1976, S. 218).

Bei Aristoteles gibt es bekanntlich zehn Kategorien: Substanz, Quantität, Qualität, Relation, Ort, Zeit, Lage, Haben, Tun und Leiden. Diese Kategorien treten allerdings nicht nur bei Aristoteles, sondern auch bei Kant oder Hegel auf. Ob die Verwendung des Terminus Kategorie sinnvoll ist, wird besonders von Russell (1975, S. 220) bezweifelt. Kategorien seien per definitionem Ausdrücke, die in keiner Beziehung zusammengesetzt sind. Das Problem bestünde darin, daß die Zusammenstellung von Kategorien meist nicht auf irgendein Prinzip zurückzuführen wäre, zumindest gelte dies für die zehn Kategorien von Aristoteles.

Diese Anbindung des Zeitbegriffs an die Bewegung ist auch in der neuen Systemtheorie zu finden: Wenn ein System sich im Gleichgewicht befindet (und damit im Stillstand), wird es als tot bezeichnet. Es ist zeitlos. Die Idee der Irreversibilität ist - so arbeitet Rudolph (1986) heraus - schon bei Aristoteles zu finden. Aristoteles definiert die Zeit als Zahl der Bewegung. Bewegung ist nach Aristoteles ein gerichteter, teleologisch strukturierter und damit irreversibler Prozeß. Damit ist Zeit konsequenterweise auch irreversibel. Damit hat Zeit nur die Funktion der Orientierung (Leinfellner, 1967, S. 123).

b) Bergson

Nach Decartes ist die Zeit ein Modus des Denkens, deren Grundeigenschaft die *Dauer* ist. Diesen Gedanken hat Henri Bergson weiter ausgeführt. Bergson war der führende französische Philosoph unseres Jahrhunderts. Für Bergson ist die Zeit das Wesensmerkmal des Lebens bzw. Geistes. Dieser Zeitbegriff entspricht allerdings nicht der mathematischen Zeit oder der homogenen Ansammlung außer- und nebeneinanderseiender Augenblicke (so Russell, 1975, S. 804). Bergsons Zeitbegriff, der zum Wesen des Lebens gehört, nennt er *la durée*. La durée "macht aus Vergangenheit und Gegen-

---

[19] Auch Leibniz vertrat gegenüber Newton eine dialektische Auffassung: Raum und Zeit sind Verhältnisse bzw. Ordnungsbeziehungen zwischen koexistierenden oder aufeinanderfolgenden Objektiven bzw. Prozessen. Für Leibniz sind Raum und Zeit subjektive Wahrnehmungen, obwohl sie eine Entsprechung in der Welt haben.

wart ein organisches Ganzes mit gegenseitiger Durchdringung und unterschiedsloser Folge" (Russell, 1975, S. 805). *La durée* zeigt sich vor allem im Gedächtnis, denn im Gedächtnis lebt die Vergangenheit in die Gegenwart hinüber. "Vergangenheit und Gegenwart sind kein äußerliches Nebeneinander, sondern in der Einheit des Bewußtseins verschmolzen" (Russell, 1975, S. 815). Der abstrakte Zeitbegriff heißt bei Bergson *temps*. Der deutsche Begiff *Dauer* ist keine adäquate Übersetzung von *durée*, da Dauer eine definierte Länge meint, *durée* dagegen so etwas wie 'erlebte Zeit' - so nannte es auch Bergson. Er hat mit seinem Begriff ein wichtiges Problem der neueren Physik antizipiert: "Die Konzeption einer irreversiblen Zeit ist das gemeinsame Merkmal der *durée* der Bergsonschen Metaphysik und der Physik des Nichtgleichgewichts" (Hoffmann, 1987, S. 41).

2. Zeit als Konstruktion

Im Gegensatz zum objektiv existierenden Raum ist die Zeit bei Decartes nicht objektiv. Dies ist ein erster Hinweis darauf, daß Zeit als menschliche Konstruktion verstanden werden kann. "Zeit ist ein Aspekt der sozialen Konstruktion von Wirklichkeit" (Heinemann / Ludes, 1978, S. 220). "Was man heute als *Zeit* begreift und erlebt, ist eben dies: ein Orientierungsmittel (Elias, 1984, S. 2). Es ist für Elias nicht weiter als in In-Beziehung-setzen von zwei oder mehreren Geschehensabläufen (S. XVII, und S. 12; also ähnlich wie Aristoteles). Die nicht-physikalische Zeit ist eine symbolische Sinnstruktur (so Bergmann, 1981, S. 97) und Folge einer intersubjektiven Konstruktion der Wirklichkeit.

Hartmann (1986, S. 94) arbeitete am Beispiel Krankheit heraus, welche verschiedenen Zeitbegriffe sich beispielsweise beim Kranksein auftun:

Tabelle 12

Drei verschiedene Zeitbegriffe

Physikalische Zeit	Messen, Teilen	Dem Kranken zugemessen
Biologische Zeit	Rhythmen	vom Kranken gelebte Zeit
Biographische Zeit	Bedeutungen	vom Kranken gelittene Zeit
Persönliche Zeit	Inhalte, Pläne	vom Kranken gestaltete Zeit
Medizinische Zeit	Verordnungen	für den Kranken geregelte Zeit
Ärztliche Zeit	Gespräch	mitgeteilte / geteilte Sorge
Mythische Zeit	Unausgesproches Schweigen	Dauer und Sinn persönlichen Daseins

Hier wird leicht deutlich, wie unterschiedlich die Zeitbegriffe sind. Von einem für alle Bereiche menschlichen Lebens gleichartigen Zeitbegriff kann nicht gesprochen werden.

3. Kant

Auch für Kant sind Raum und Zeit reine Formen der Anschauung, die nur dem Subjekt und nicht den Dingen an sich zukommen. Kant muß beweisen, "daß Raum und Zeit sinnliche Anschauung sind und nicht denkerische Begriffe, ferner daß sie apriori sind und nicht durch Erfahrung (aposteriori) erworben werden" (Hirschberger, 1976, S. 283f). Dies versucht Kant in vier Argumenten, die im folgenden skizziert werden.[20]

Erstes Argument. Das erste metaphysische Argument, das sich auf den Raum bezieht, lautet: "Der Raum ist kein empirischer Begriff, der von äußeren Erfahrungen abgezogen worden ist. Denn damit gewisse Empfindungen auf etwas außer mir (d.i. auf etwas in einem anderen Orte des Raumes als darinnen ich mich befinde), im gleichen, damit ich sie als außer- und nebeneinander, mithin nicht bloß verschieden, sondern als in verschiedenen Orten vorstellen könne, dazu muß die Vorstellung des Raumes schon zugrunde liegen." Kant zufolge ist also äußere Erfahrung nur durch die Vorstellung des Raumes möglich.

Der wirkliche Inhalt dieses Satzes in seinem zweiten Teil, nämlich daß man verschiedene Dinge an verschiedenen Orten wahrnimmt, verleitete Russell (1975, S. 724) zu folgender Metapher: "Dabei steigt vor dem geistigen Auge das Bild eines Garderobenraumes auf, wo verschiedene Mäntel an verschiedenen Haken hängen; die Haken müssen bereits vorhanden sein, aber die Anordnung der Mäntel hängt von der Subjektivität des Dieners ab."

Kant hat wohl in seiner gesamten Theorie der Subjektivität eine Schwierigkeit nie bemerkt: Was veranlaßt eine Person, Objekte der Wahrnehmung gerade so und nicht anders zu ordnen? Kant ist wohl der Ansicht, daß der Verstand den Rohstoff der Empfindung ordne, er hält es aber niemals für nötig zu erklären, warum er so und nicht anders ordnet.

Bezüglich der Zeit wird diese Schwierigkeit noch größer als sie beim Raum ohnehin schon ist. Hier drängt sich nämlich die Kausalität störend hinein: "Begrifflich setzt Kausalität schon die Vorstellung einer Zeit, sogar einer gerichteten Zeit voraus, so daß schon sinnvoll von einem *vorher* und *nachher* gesprochen werden kann" (Dürr, 1988, S. 82). Russell (1975, S. 725)

---

[20] Ich beziehe mich dabei auf Kant (1982, S. 71f), der Werksausgabe von Weischedel. Russell habe ich als Kritiker herangezogen, weil er aus meiner Sicht eine sehr anschauliche Kritik leistet.

dazu: "Ich gewahre den Blitz, bevor ich den Donner wahrnehme; ein Ding-an-sich A verursachte meine Wahrnehmung des Blitzes, und ein anderes Ding-an-sich B verursachte meine Wahrnehmung des Donners; aber A war nicht früher als B, denn Zeit gibt es nur in den Beziehungen der Wahrnehmungen zueinander. Wie kommt es also, daß zwei zeitlose Dinge, A und B, zeitlich verschiedene Wirkungen hervorrufen? Wenn Kant Recht hat, muß das ganz willkürlich geschehen; es kann keine Beziehung zwischen A und B bestehen, die der Tatsache entspricht, daß die von A verursachte Wahrnehmung früher als die von B hervorgerufene."

Grundsätzlich gilt für das Verhältnis von Kausalität und Zeit: "Wenn a Ursache von b ist, so geht das Auftreten von a dem Auftreten von b in der Zeit voran. Die Zeitbeziehung von a und b ist eines der Merkmale der Kausalbeziehung, die an ihrer Definition teilhaben. Die gesamte Zeitterminologie wird unabhängig vom Terminus 'Ursache' in den Gebrauch eingeführt, aber nicht umgekehrt" (Dölling, 1977, S. 145). Denn "gleichzeitige Ereignisse sind ... stets akausal zueinander, weil es eine unendlich schnelle Wirkungsausbreitung nicht gibt" (Muschi, 1986, S. 66).[21]

Zweites Argument. Das zweite metaphysische Argument Kants besagt, daß es möglich ist, sich den Raum ohne etwas darin befindliches vorzustellen, daß man sich aber unmöglich den Raum selbst wegdenken könnte. Russell bemerkt hier, daß er sich kaum vorstellen könne, daß es einen ernstzunehmenden Beweis gäbe, was man sich vorstellen kann und was nicht. Insbesondere leugnet er, daß man sich einen Raum ohne etwas darin befindliches denken kann.

Drittes Argument. "Der Raum ist kein diskursiver, oder wie man sagt, allgemeiner Begriff von Verhältnissen der Dinge überhaupt, sondern eine reine Anschauung. Denn ernstlich kann man sich nur einen einzigen Raum vorstellen und wenn man von vielen Räumen redet, so versteht man darunter nur Teile eines und desselben alleinigen Raumes. Diese Teile können auch nicht vor dem alleinigen allbefassenden Raume, gleichsam als dessen Bestandteile, daraus eine Zusammensetzung möglich sei, vorhergehen, sondern nur in ihm gedacht werden. Er ist wesentlich einig; das Mannigfaltige in ihm beruht lediglich auf Einschränkungen."

Kant folgert also, daß der Raum eine rein apriorische Anschauung ist. Der Kern seines Argumentes liegt im Leugnen einer Vielheit im Raum. Russell hat auch bei diesem Argument seine Probleme: "Für alle diejenigen, die den Raum relativ sehen, was praktisch alle modernen Menschen tun, läßt sich dieser Beweis überhaupt nicht aufstellen, da es weder den *Raum* noch *Räume* als Substantiva mehr gibt" (S. 725).

---

[21] Vgl. dazu das Kapitel 6.3 über Kausalität. Schon hier wurde auf die Wirkungsausbreitung eingegangen. Das Maximum ist die Lichtgeschwindigkeit.

Viertes Argument. Das vierte Argument soll beweisen, daß der Raum eine Anschauung und nicht ein Begriff ist. Seine Prämisse lautet: "Der Raum wird als eine unendlich gegebene Größe vorgestellt." Russell bemerkt dazu süffisant, daß dies nur jemand behaupten könne, der auf dem flachen Lande, etwa in der Umgebung Königsbergs, lebt. Er könne sich nicht vorstellen, daß der Bewohner eines Alpentales gleicher Meinung sein könnte, da es schwer sei, wie etwas unendliches gegeben sein kann.

Raum und Zeit sind von Kant also noch als a priori existierende Kategorien aufgefaßt worden. Aber diese Art von Zeit- und Raum-Verständnis ist in der Sicht der Selbstorganisation nicht mehr aufrechtzuhalten. "Selbstorganisation bedeutet auch, daß das Raum-Zeit-Kontinuum der Selbstevolution vom System selbst generiert wird" (Jantsch, 1986, S. 129).

4. Lineare Zeit

Vor allem Galilei und Newton stehen für Konzepte, die man unter der Kategorie linearer Zeitbegriff summieren kann. Die von Galilei entdeckten Gesetze des freien Falls bauen wesentlich auf der Vorstellung von einem stetigen und gleichmäßigen Ablauf der Zeit auf (Klaus / Buhr, 1976, S. 1013). Sawelski (1977, S. 167f) hat aus Newtons mathematischen Grundlagen der Naturphilosophie einige Zitate zusammengestellt, die den Zeitbegriff Newtons verdeutlichen. Diese sollen hier deshalb widergegeben sein.

"Die absolute, wirkliche und mathematische Zeit verläuft selbständig und ihrem Wesen nach, ohne jedes Verhältnis zu irgendwelchen äußeren Dingen, gleichmäßig und wird auch Dauer genannt."

"Die relative, scheinbare oder alltägliche Zeit ist ein entweder genaues oder trügerisches, den Gefühlen zugängliches, äußerliches, durch die Vermittlung irgendeiner Bewegung realisiertes Maß für die Dauer, daß im täglichen Leben anstelle der wirklichen mathematischen Zeit verwendet wird, als da sind Stunde, Tag, Monat, Jahr."

"Der Ablauf der absoluten Zeit kann durch nichts verändert werden."

Also erst bei Newton "erhalten die Raum- und Zeitvorstellungen der klassischen Mechanik ihre Verallgemeinerung und endgültige Gestalt. Raum und Zeit existieren demnach objektiv real und weisen eine absolute Struktur auf. Sie existieren völlig unabhängig von der sich bewegenden Materie und voneinander" (Klaus / Buhr, 1976, S. 1013). Handlungen konstituieren das Sein. Die mathematische Zeit ist rein passiver Behälter, der selbst nichts ist und selbst nichts tut.

Dieser Zeitbegriff hatte erhebliche Konsqenzen für Wissenschaft und Alltag. So geht man z.B. davon aus, daß empirische Untersuchungen replizierbar sein müssen, was zur Konsequenz hat, daß Raum und Zeit unveränderlich sind: "Das ... Reproduzierbarkeitsmaß ist ein Maß für eine fiktive (bloß gedachte) Reproduzierbarkeit. Für Reproduktionen an derselben Raum-Zeit-Stelle (im selben Raum-Zeit-Bereich) (Nur der identische Raum-Zeit-Bereich garantiert die Identität der Untersuchungsbedingungen.). Aber so etwas geht ja gar nicht: Wiederholungen finden zu verschiedenen Zeiten (oder wenigstens an verschiedenen Orten statt)" (Eckel, 1978, S. 44).

Der Faktor Zeit ist aber auch verbunden mit der Frage der Geltungsdauer von Aussagen. Nomothetische Ansätze implizieren, daß Gesetze auch in Zukunft Geltung beanspruchen können (so das klassische naturwissenschaftliche Weltbild). Für die Psychologie beispielsweise wird dies aber massiv bezweifelt (s. Herzog, 1984, S. 21), denn Forschungsergebnisse seien historisch bedingt (s. Herzog, 1984, S. 45).

Menschen leben offensichtlich völlig in einer Welt einer linear verlaufenden Zeit: "Es ist vermutlich nicht übertrieben, wenn man sagt, daß die westliche Zivilisation zeitzentriert ist" (Prigogine, 1985, S. 17). Der lineare Zeitbegriff wurde insbesondere im Schulwesen ein wichtiges Organisationsprinzip. Das Datum der Einschulung, die Jahrgangsklasse[22] etc. zeigen, wie die Verwendung von abstrakter Zeit indirekt ökonomische Gründe hat. (Man muß dabei allerdings berücksichtigen, daß es auch zirkuläre bzw. spiralenförmige Zeitkonzepte gibt; Hejl, 1982, S. 290). Aber die Verwendung des linearen Zeitbegriffes impliziert nicht, daß die verwendeten Zeitskalen auch identisch sind. Verschiedene Zeitskalen liegen z.B. vor, wenn man das chronologische Lebensalter mit dem Intelligenz- oder Leistungsalter vergleicht. Hier wird bereits deutlich, daß der chronologische Zeitbegriff für soziale Fragestellungen nicht brauchbar erscheint. Der lineare Zeitbegriff ist derzeit noch Grundlage wissenschaftlichen Arbeitens und eines Großteils alltäglicher Handlungen, obwohl das newtonsche Weltbild schon längst gekippt ist. Dies wird besonders deutlich, wenn man die Zeitbegriff von Newton und Einstein vergleicht, wie in Tabelle 13 geschehen.

Minkowski sagte vor de Hintergrund eines solchen Vergleiches, 1908 vor der Versammlung *Deutscher Naturforscher und Ärzte* in Köln in seinem Vortrag: "Die Anschauungen über Raum und Zeit, die ich Ihnen entwickeln möchte, sind auf experimentell-physikalischem Boden erwachsen. Darin liegt ihre Stärke. Ihre Tendenz ist eine radikale. Von Stund an sollen Raum und Zeit für sich völlig zu Schatten herabsinken und nur noch eine Art Union der beiden soll Selbständigkeit bewahren" (zit. n. Schmutzer, 1988, S. 53).

---

[22] Die Jahrgangsklasse ist ein "Synchronisierungsvorgang von Lebensalter und Altersveränderung mit Stoffen, Lehrerzuweisung, Zeugnissen u. dgl. Die Klassenfolge wird dann gleichsam zur Chronologie des Erziehungsprozesses" (Luhmann / Schorr, 1979, S. 220)

Tabelle 13

Zeitbegriffe bei Newton und Einstein (n. Muschik, 1986, S. 68)

	Newton	Einstein
Raum/Zeit/Materie	absolut und unabhängig	Raum-Zeit mit affinem und metrischem Zusammenhang
Grenzgeschwindigkeit	keine	Standardzeit durch Lichtausbreitung gegeben
Gleichzeitigkeit	absolut und konnex	bedingt, nicht konnex
Kausalität	beobachterunabhängig	beobachterunabhängig

Einstein brachte Raum und Zeit aus ihrer Unabhängigkeit (s. Aichelburg, 1984). Damit war ein Fortschritt erreicht, die Frage nach einem neuen Zeitbegriff aber, die sich durch die neue Systemtheorie stellt, noch nicht beantwortet. Biologische Systeme: "Warum müssen sie altern und sterben? In linearen Systemen ist jeder Vorgang wiederholbar, reversibel, insofern ist auch dort die Zeit reversibel. Sie hat eine unpolare Struktur. Newtonsche Systeme altern nicht" (Cramer, 1987, S. 127)

Erst durch die Quantentheorie wird die zeitliche Schichtung der Naturgesetzlichkeit wesentlich verändert (Dürr, 1986, S. 17).[23] Zukunft ist offen und indeterminiert. Die Vergangenheit ist durch irreversible makroskopische Prozesse festgelegt und dokumentiert. Die Gegenwart ist der Zeitpunkt, wo mögliche Ereignisse zu faktischen werden. Daraus folgt, daß sich die Wahrscheinlichkeitsaussagen der Quantenphysik sich immer nur auf zukünftige Ereignisse beziehen (vgl. auch C.F. v. Weizsäcker). "Aus quanten-mechanischer Sicht gibt es keine zeitlich durchgängig existierende objektivierbare Welt, sondern diese Welt ereignet sich gewissermaßen in jedem Augenblick neu. Die Welt jetzt ist nicht mit der Welt im vergangenen Augenblick identisch" (Dürr, 1986, S. 21).

5. Thermodynamik und Zeit

Wieder einmal ist das klassische Beispiel für die Veränderung des Weltbildes die Thermodynamik: "Der originellste Beitrag der Thermodynamik ist der berühmte Zweite Hauptsatz, der den Pfeil der Zeit in die Physik ein-

---

[23] Prigogine / Stengers (1986, S. 219) weisen mit Recht darauf hin, daß Marx und Engels bereits eine Geschichte der Natur angenommen haben.

führt... Die Thermodynamik beruht gerade auf der Unterscheidung von zwei Arten von Prozessen: den reversiblen Prozessen, die von der Richtung der Zeit unabhängig sind, und den irreversiblen Prozessen, die von der Richtung der Zeit abhängig sind" (Prigogine / Stengers, 1986, S. 21).[24] Prigogine referiert das klassische Weltbild der Physik und kommt zu dem Schluß, "daß diese einfache Konzeption von Raum und Zeit durch das Auftreten von dissipativen Strukturen durchbrochen werden kann. Sobald eine dissipative Struktur entstanden ist, wird möglicherweise die Homogenität von Zeit und Raum zerstört" (Prigogine, 1985, S. 118).

Die Geschichte eines Systems setzt voraus, daß die Zeit - im Gegensatz zur Auffassung Einsteins - irreversibel ist. Ansonsten gäbe es keine Geschichte. Prigogine verdeutlichte dies sogar am Beispiel des Universums: Auch dies hätte seine Geschichte, wie aus der Hohlraumstrahlung zu ersehen sei (Interview im ZDF, 11.7.1988).

Die Richtung der Zeit ist die Richtung der Entropiezunahme. Man meint damit, daß alle natürlichen Vorgänge und damit alle Energieumformungen immer nur so ablaufen können, daß dabei ein Zustand größerer Unordnung entsteht. Ein Maß für diese Nicht-Umkehrbarkeit (Irreversibilität) ist eben die sogenannte Entropie (Geitzsch, Graßel / Mäutner, 1982, S. 69). Die Autoren verwenden hier Entropie als Maß der Irreversibilität.

"Die Begriffe *vorher* und *nachher* werden ... durch die Wirkung physikalischer Effekte an einer einzigen zeitartigen Zustandskette, wie z.B. an einem Film, der das Abbrennen eines Streichholzes wiedergibt, bestimmt. Sie gelten dann für alle zeitartigen Ereignispare. Der Entropiebegriff bezieht sich auf dieses grundlegende Charakteristikum realer Prozesse" (Häußling, 1969, S. 9). "Die Irreversibilität des Systems ist nach Struktur und zeitlicher Orientierung theoretisch durch den zweiten Hauptsatz der Thermodynamik ('Entropiesatz') begriffen. Infolgedessen ist sowohl die Zeitzählung (durch die Größe der Entropie eines einzigen irreversiblen Systems) - und zwar in irreversibler Form - als auch die Richtung der Zeitzählung (durch die Definition ihrer positiven Richtung) (z.B. zunehmende Entropie) garantiert" (Häußling, 1969, S. 84). Prozesse in Systemen der Thermodynamik zeichnen sich durch eine Richtung der Zeit aus: "Ein Gasgemisch ... entmischt sich eben nicht spontan, sondern strebt immer dem Zustand maximaler Durchmischung oder, anders ausgedrückt, einem Zustand größter Unordnung zu" (Haken / Wunderlin, 1986, S. 41).

Die Thermodynamik ist hier - wie an vielen anderen Stellen der Arbeit - ein Hinweis für eine Änderung des alten Weltbildes, nicht mehr: "Streng ge-

---

[24] "Ja, er (der Zweite Hauptsatz der Thermodynamik, d.Vf) beinhaltet das einzige fundamentale Naturprinzip, das eine Vorzugsrichtung der Zeit festlegt" (Eigen / Winkler, 1975).

nommen ... versetzt uns die Thermodynamik ... nicht in die Lage, zeitliche Prozesse zu beschreiben. Bestenfalls kann sie Anfangs- und Endzustände miteinander vergleichen" (Haken / Wunderlin, 1986, S. 39). Oder wie v. Weizsäcker es ausdrückte: "Die qualitative Unterscheidung von Vergangenheit und Zukunft ist nicht, wie Physiker manchmal herumrätseln, eine Folge des zweiten Hauptsatzes. Sie ist vielmehr seine phänomenologische Prämisse. Erst weil wir sie vorweg verstehen, können wir Physik so treiben, wie wir es tun" (1984, S. 21). Eines scheint deutlich zu werden, nämlich daß sich die Zeitvorstellungen von Geschichts- und Naturwissenschaften sich allmählich einander angleichen (Kamper / Wulf, 1987, S. 9).

6. Wahrheit und Zeit

Die Diskussion um den Zeitbegriff berührt zwangsläufig die Wahrheitsdefinition. Definiert man Wahrheit (unter Außerachtlassung der philosophischen Diskussion über den Wahrheitsbegriff) wie Aristoteles als eine Charakteristik der Beziehung zwischen Gedanken und Wirklichkeit, so stellt sich die Frage, wie überprüft werden kann, daß zukünftige Wirklichkeit wahr sein kann. Zukünftige Wirklichkeit existiert noch nicht, womit soll dann ein Gedanke über sie verglichen werden können. Wie wird der Wahrheitswert einer Aussage *'Morgen brennt die Schule'* festgestellt?

Die folgende Analyse beginnt mit der Frage, in welchem Sinne das Vergangene und das Zukünftige real sind. "Im Vergangenen existieren bedeutet, Folgen im Gegenwärtigen zu haben; im Zukünftigen existieren bedeutet, im Gegenwärtigen eine Ursache zu haben" (1977, S. 208). Das Zukünftige ist also nur in dem Maße real, in dem es durch gegenwärtige Ursachen festgelegt oder determiniert ist.[25] Man kann nicht etwas begründet behaupten, daß es geschehen wird, wenn es nicht in der Gegenwart Ursachen für das Eintreten des Ereignisses im Zukünftigen gibt. In der Gegenwart muß also die Ursache für ein Ereignis in der Zukunft liegen. Analog gilt dies für die Vergangenheit: Wenn in der Gegenwart Folgen (Wirkungen) eines Ereignisses der Vergangenheit zu beobachten sind, dann ist das Vergangene wahr. Vergangene Ergebnisse sind real durch ihre Wirkungen, zukünftige Ereignisse sind real durch ihre Ursachen, die in der Gegenwart liegen.

Warum können wir die Vergangenheit nicht vollständig und präzise beschreiben? Dies liegt daran, daß nicht mehr alle Wirkungen von vergangenen Ereignissen heute zu beobachten sind. Dies bedeutet aber auch, daß

---

[25] "Im Sinne der statistischen Thermodynamik ist die Entstehung eines Dokuments ein irreversibles Ereignis" (C.F. v. Weizsäcker, 1981, S. 22f).

nicht jede Ursache eine unendlich lange Wirkung hat.[26] Daraus folgt wiederum, daß die Zukunft durch die Gegenwart nicht vollständig determiniert ist und dadurch auch nicht vollständig vorhergesagt werden kann. Alles hat also eine Ursache, aber man kann nicht behaupten, daß die Ursache aller Ereignisse unbegrenzt ins Vergangene reichen. Ebenso hat jedes Ereignis Wirkungen, aber man darf nicht behaupten, daß die Wirkungen unbegrenzt ins Zukünftige reichen.[27] Man kann also die Zukunft unmöglich vollständig voraussagen. Die Beschreibung der Zukunft ist nur in dem Maße möglich, in dem die Zukunft in der Gegenwart ihre Ursachen hat.[28] Aber selbst die vollständige Beschreibung der Gegenwart wäre noch keine vollständige Charakterisierung des Zukünftigen, weil nicht jedes zukünftige Ereignis seine Ursache in der Gegenwart hat. Ebenso wäre die vollständige Beschreibung des Gegenwärtigen nicht gleichzeitig eine vollständige Beschreibung der Vergangenheit, weil nicht jede Wirkung eines vergangenen Ereignisses in der Gegenwart noch beobachtbar ist.

Die drei Zeitbegriffe seien der Übersichtlichkeit halber noch einmal gegenübergestellt (s. Tabelle 14, nächste Seite).

Pöppel hat 1984 diese Begriffe in Beziehung zueinander gesetzt: Die primäre Ebene ist das Zeiterleben, was von Neurowissenschaften, Physiologie und Psychologie untersucht wird. Daraus abgeleitet sind der physikalische Zeitbegriff, der rein kognitiv zur Welterklärung herangezogen wird, desweiteren der semantische Zeitbegriff, der quasi hermeneutisch Leben und Geschichte deuten hilft (s.a. Karamanolis, 1989).

Zeit ist für die Pädagogik ein zentraler und praktisch weitreichender Begriff. Jahrgangsklassen sind ein typisches Beispiel für die primäre Differenzierung innerhalb einer Organisation. Da Jahrgangsklassen allerdings den tatsächlichen Zusammensetzungen eines Jahrganges nicht sehr nahe kommen, wird eine sekundäre Differenzierung eingesetzt, die die Folgeprobleme der primären Differenzierung aufheben soll. Dazu gehören die innere Differenzierung innerhalb einer Schulklasse, aber auch Förder- bzw. Stützklassen. Dies ist notwendig, weil die Organisation in Jahrgangsklassen einer Fiktion unterliegen, "es ist die Fiktion, daß Klassen von altersgleichen Schülern eine hinlängliche Homogenität" darstellen (Niederberger, 1984, S. 125).

---

[26] "Das Vergangene ist das gegenwärtig Faktische, das Zukünftige das gegenwärtig Mögliche" (C.F.v.Weizsäcker, 1978, S. 315)

[27] "Präsentische Aussagen bleiben im allgemeinen eine Weile wahr." (v. Weizsäcker, 1975, S. 71).

[28] "Eine datierte futorische Aussage ist - so definiere ich hier die Begriffe - überhaupt nicht wahr oder falsch, sondern mit Modalitäten wie möglich, notwendig, unmöglich und deren Quantifizierung durch Wahrscheinlichkeiten zu bewerten" (v. Weizsäcker, 1981, S. 23, 1985).

Tabelle 14

Eigenschaften der Zeit aus psychologischer, historischer und physikalischer Sicht (n. Payk, 1988, S. 1256)

psychologisch	historisch	physikalisch
Kontinuität	Diskontinuität	Kontinuität
Zeitteile ungleich	Zeitteile ungleich	Zeitteile gleich
Zeit quantitativ und qualitativ bestimmbar	Zeit qualitativ beschaffen	Zeit nur quantitativ beschaffen
Zeit als erlebte nicht wiederholbar, aber als vorgestellte	Zeit nicht wiederholbar, Anfang, kein Ende	Zeit wiederholbar
Zeit stets gefüllt	Zeit historisch leer	Zeit leer
Zeitinhalt teils notwendig verbunden, teils zufällig	Zeitinh. schicksalhaft verbunden	Zeitinhalte notwendig verbunden
Zeitstrom teils gerichtet, teils richtungslos	Zeitstrom stets gerichtet	Zeitstrom umkehrbar, teils gerichtet
Zeit und Raum:	Zeit unbildlich	Zeit und Raum verbunden
Zeitbild: Strom	ohne Raumbeziehung	
Lebendige Flußzeit	Schicksalszeit	Uhrenzeit; meßbar

Die Jahrgangsklasse setzt im Grunde einen linearen Zeitbegriff voraus. Individuelle Eigenheiten und soziale Zugehörigkeit werden dabei vernachlässigt. Die Schule hat durch die Organisationshilfe Jahrgangsklasse jeden weiteren Einfluß, insbesondere den seitens der Eltern, ausgeschaltet. Das alleinige Kriterium ist (mehr oder weniger, mal abgesehen von der Schuleintrittsdiagnose) von dem Geburtsjahrgang des Kindes abhängig. Mit der Jahrgangsklasse ist im weiteren eine Uniformität des Unterrichts für alle Schüler derselben Klasse verbunden. Es wird Gleichheit in Verhalten und Stoff hergestellt, wo vielleicht diese Gleicheit nicht existiert. Es wird eine homogene Umwelt bereitgestellt. Die Folgen für den Schüler von dieser Auffassung von Zeit sind noch ungeklärt, auch wurde die Zeit als Lehrinhalt bisher nicht berücksichtigt: "Vielleicht ist es das Wichtigste im Erziehungsvorgang, daß der Jugendliche Zeit erfährt in einer Weise, die verhindert, daß die Zeit den Jugendlichen vergewaltigt. Zugleich muß er lernen, mit der Zeit umzugehen" (Becker, 1984, S. 178).

VI. Der Wissenschaftler als beobachtendes, selbstreferentielles System

An verschiedenen Stellen der Darstellung und Diskussion über unterschiedliche Systembegriffe ist eines immer wieder betont worden: Systeme sind gestaltet von Beobachtern und damit von diesen abhängig. Ein Systemtheoretiker muß sich erst einmal die Frage stellen, was eigentlich das System ist, das er untersuchen will. Dabei ist das das Problem produzierende System von Interesse. Der Systemtheoretiker muß sich darüber im klaren sein, daß Systeme verschieden abgegrenzt werden können, wodurch es zu unterschiedliche Realitäten kommen kann. Im Rahmen dieser Abgrenzung eines Systems gehen die Werthaltungen und Meinungen desjenigen ein, der das System abgrenzen will, z.T. auseinander. Es sind verschiedenartige Systemabgrenzungen und Teilsystembildungen relevant und möglich. Die Systemabgrenzung ist abhängig von dem erkannten und zu lösenden Problem. Grundsätzlich gilt dabei, daß Systeme eine Umwelt haben und damit Teil eines größeren Ganzen sind.

Systeme können demnach nur in Abgrenzung zu ihrer Umwelt erkannt werden. Die grundsätzliche Frage ist nun, wer die Grenzen wo zieht. Manche Wissenschaftler haben Schwierigkeiten mit der Systemtheorie, weil diese dem Dilemma Allgemeinheit versus Konkretion ausgeliefert sei. Dies wird schon einer Definition (s. Abschnitt 6.2) deutlich. "Die Elemente eines Systems können ihrerseits Systeme sein, die sich wiederum aus Systemen zusammensetzen. Was als System betrachtet wird, hängt ab vom Betrachter" (Hejl, 1982, S. 25).

Diese ganze Problematik kann unter zwei Aspekten diskutiert werden: Einmal kann der Beobachter selbst als System begriffen werden: Es geht hier um die Frage, wie ein zentrales Problem gelöst werden kann: Die zirkuläre Konstruktion von Selbstreferenz der Beobachtung als Bedingung der Möglichkeit der Beobachtung von selbstreferentiellen Systemen (Wilke, 1987, S. 248). Zum anderen scheint durch die aktuelle Diskussion der radikale Konstruktivismus eine enorme Renaissance zu erleben, wenn man nicht sowieso davon ausgeht, daß das Verfahren der Systemwissenschaften - wie Händle / Jensen (1974, S. 22) annehmen - sowieso der Konstruktivismus ist.

1. Der Beobachter als System

Der Betrachter kann selbst - insbesondere nach den wegweisenden Arbeiten von Varela und Maturana - als ein autopoietisches System betrachtet werden: "Als autopoietische, geschlossene, Struktur determinierte Systeme haben wir keinerlei Möglichkeit, irgendeine kognitive Aussage über die Realität zu machen" (Maturana, 1981, S. 29). Nach Maturana sind Bedeutung oder Sinn deshalb "ausnahmslos Merkmale der Beschreibung, die ein Beobachter anfertigt" (1981, S. 21).

"Als Beobachter sind die Wissenschaftler wie alle biologischen Systeme selbstreferentiell, d.h. daß die ihnen möglichen Interaktionen und Erfahrungen vom jeweiligen Systemzustand abhängen (im Sinne einer Klasse möglicher Interaktionen) ... Die Nichtberücksichtigung der Selbstreferentialität des Wissenschaftlers zieht also die Nichtberücksichtigung der Selbstreferentialität der den Gegenstand konstituierenden Subjekte nach sich" (Hejl, 1982, S. 16).

Insbesondere Roth (1986, S. 172f) hebt hervor, daß die Wahrnehmung eine vom Gehirn erzeugte Wahrnehmung ist. Das Gehirn hat vorwiegend die Aufgabe, Komplexität zu reduzieren (diesen Begriff verwendet Roth ohne Bezug auf Luhmann). Roth weiter: "Dies ist nur in einem System möglich, das aktiv mit seinen eigenen Wahrnehmungsinhalten operieren kann. Die Welt wird nicht so wie sie ist dargestellt, sondern so, wie das Gehirn und der Organismus am besten damit umgehen können".

Beobachter sind - und das kommt hinzu - zwar selbst Systeme, aber als System Element eines höheren Systems. Der Beobachter ist selbst ein biologisches System, wenn auch mit sehr hoher Komplexität (Hejl, 1982, S. 103). Deshalb sind "auch Theorien als Resultat sozialer Prozesse zu begreifen" (Hejl, 1982, S. 169). Den von ihm diskutierten systemtheoretischen Ansätzen wirft er vor, daß sie alle die Beobachterproblematik weitgehend vernachlässigen. Auch Wissenschaftler seien Individuen, die nicht individualistisch begriffen werden dürften. "Als Handelnde sind sie Individuen, ihre Individualität bestimmt sich jedoch in starkem Maße als Resultat ihrer Erfahrungen mit anderen Individuen, d.h. sozial ... .Für Individuen als Theorieproduzenten gilt prinzipiell das Gleiche" (S. 171).

Diese Auffassung ist so neu nicht, denn bereits die Theorie des symbolischen Interaktionismus weist darauf hin, daß Gegenstände Bedeutungen durch Kommunikation erlangen. Die Auseinandersetzung eines Wissenschaftlers mit seinem Gegenstand ist aber ohne ein mehr oder weniger großes Vorverständnis dieses Gegenstandes unmöglich. Der Wissenschaftler befindet sich also nicht in einer tabula-rasa-Situation.

Die Freiheit des Beobachters (Systemkonstrukteurs) "wird erst in dem Moment eingeschränkt, in dem ein System Teile der Umwelt des Beobachters abbilden soll, d. h. wenn ein Minimum an Übereinstimmung zwischen Umwelt und System als Teilmodell dieser Umwelt nötig wird" (Hejl, 1982, S. 26). Hejl (1982, S. 15) stellt fest, "daß jede Aussage über das Beobachtete eine Aussage über die Beobachtung des Beobachters, also über ihn ist". Diese Erkenntnis ist verfestigt durch die Arbeiten in der Urteils- und Stereotypenforschung: Ein Urteil sagt mehr über den Urteiler als über den Beurteilten.

"Ein System ist nicht ein Etwas, das dem Beobachter präsentiert wird, es ist ein Etwas, das von ihm erkannt wird. Eine der Konsequenzen dieser Tatsache besteht darin, daß die Etikettierung der Verknüpfungen zwischen System und Umwelt im Sinne von *Input* oder *Output* ein Prozeß willkürlicher Unterscheidung ist" (Maturana, 1981, S. 175). Maturana bringt auch ein Beispiel: Man solle sich daran erinnern, "daß Aristoteles das Gehirn für einen menschlichen Kühler hielt, also für einen Apparat, der das Blut kühlen sollte. Man bedenke, daß er Recht hatte".

Die Grenzen zwischen System und Umwelt werden also subjektiv gesetzt. "Jede Beobachtung - und jede Erkenntnis - durch ein selbstreferentielles System setzt also voraus, daß dieses System für sich selbst Unterscheidungen trifft und damit Differenzen benennt (oder: Beobachtungsschemata wählt), nach denen es seine Welt organisiert" (Willke, 1987, S. 249). Dies aus Gründen der Selbsterhaltung (Heiden et al., 1985, S. 343). "Allem Beobachten und Beschreiben von Systemen liegt mithin eine selbstreferentiell gehandhabte Differenz von System und Umwelt zugrunde" (Luhmann, 1986, S. 78).

Jede Beschreibung eines Systems abhängig vom Beobachter und damit auch von der vom Beobachter gewählten Genauigkeit. Prigogine / Stengers (1986, S. 215) haben ein deutliches Beispiel zur Veranschaulichung dieses Sachverhaltes ausgewählt: "Mischen wir einen Tropfen Tinte mit reinem Wasser. Das Wasser wird rasch grau. Dies scheint uns ein typisches Beispiel eines irreversiblen Prozesses zu sein. Doch für einen Beobachter, dessen Sinne hinreichend scharf sind, um nicht nur die makroskopische Flüssigkeit, sondern auch jedes einzelne Molekül wahrzunehmen, wird die Flüssigkeit niemals grau". Der scharfäugige Beobachter wird dem Beobachter, der das Wasser als grau betrachtet, Grobheit seiner Beobachtungsinstrumente vorwerfen müssen. Aber kann es einen solchen Beobachter überhaupt geben?

"Da der Beobachter nicht mit einem einzigen Blick die Orte und Geschwindigkeiten sämtlicher Teilchen eines komplexen Systems bestimmen kann, hat er keinen Zugang zu der fundamentalen Wahrheit dieses Systems, kann er nicht den augenblicklichen Zustand kennen, der zugleich zu Vergangenheit und die Zukunft des Systems enthält, und er kann nicht das reversible Gesetz erfassen, das es ihm gestatten würde, die Entwicklung des Systems von einem Augenblick zum anderen vorher zu sagen" (Prigogine / Stengers, 1986, S. 216f).

Noch weitreichender als die Behauptung, daß der Beobachter die Welt selbst konstruiert, ist die Annahme, daß er durch die Beobachtung Phänomene erst hervorruft: "Selbstverständlich wissen wir, daß wir in mikrophysikalischer Dimension nicht davon absehen können, daß der Untersucher zum

System gehört, daß er die Phänomene beeinflußt, beeinflussen muß, ja faktisch oft überhaupt erst hervorruft, indem er sie meßbar zu machen sucht" (Markel, 1987, S. 12)

2. Der Konstruktivismus

Die Abgrenzung eines Systems von seiner Umwelt ist beobachterabhängig. Weitet man diesen Gedanken aus, dann muß man zugestehen, daß Wirklichkeiten durch Kognition konstruiert sind. Das Gefundene ist etwas Erfundenes. Luhmann präzisiert: "Die Theorie autopoietischer Systeme führt zwingend zu erkenntnistheoretischen Positionen, die heute unter dem Titel *Konstruktivismus* erörtert werden" (1987, S. 311).

Rusch (1986, S. 49) begründet dies vor allem mit die selbstreferentielle Organisation des Nervensystems. Ihm zufolge leben wir eigentlich nicht in der Welt, die wir wahrnehmen, sondern "mit und mittels der durch unsere Kognitionen geleisteten Erzeugung von Welt" (S. 50).[29] Ziel des radikalen Konstruktivismus ist es, die Operationen zu erschließen, mit denen die Erlebenswelt zusammengestellt wird (v. Glasersfeld, 1981, S. 17; s.a. Hoering, 1974). "Der radikale Konstruktivismus ist also vor allem deswegen radikal, weil er mit der Konvention bricht und eine Erkenntnistheorie entwickelt, in der die Erkenntnis nicht mehr einer *objektive*, ontologische Wirklichkeit betrifft, sondern ausschließlich die Ordnung und Organisation von Erfahrungen in der Welt unseres Erlebens" (v. Glasersfeld, 1981, S. 23).

"Konstruktivistisches Denken löst eine Fixierung auf, die in allen realistischen, dualistischen und strukturalistischen Philosophien besteht und die sich ausdrückt in einer Denk- und Stilfigur des Typs ... *es muß aber doch X sein/geben/gelten*. Sie ersetzt diese zwanghafte Denk- und Stilfigur durch ein ... *es kann für uns so sein, daß ... und damit können wir ... tun*" (Schmidt, 1987, S. 43f).

Eine kleine Geschichte, die C.F. v. Weizsäcker (1984, S. 28) referierte: "Chuangtse und Huitse gingen am Fluß spazieren. Chuangtse sagte: *Sie, wie die Fische aus dem Wasser springen! Das ist die Freude der Fischer.* Huitse warf ein: *Du bist nicht die Fische. Wie kannst Du wissen, daß das die Freude der Fische ist?* Chuangtse erwidert: *Du bist nicht ich. Wie kannst Du wissen, daß ich nicht weiß, daß das die Freude der Fische ist?* Und nach einem weiteren logischen Schlagabtausch endete Chuangtse: *Ich erkenne die Freude der Fische aus meiner Freude am Zuschauen.*"

---

[29] Oder wie Nietzsche es bereits sagte: "Bevor gedacht wird, muß gedichtet worden sein" (Nietzsche III, S. 477).

a) Der versteckte Konstruktivismus

Von einer Vielzahl empirisch arbeitender Sozialwissenschaftler wird der Konstruktivismus abgelehnt, kein Wunder, fühlen sich doch viele dem Kritischen Rationalismus nahe. Aber andererseits wird man nicht abstreiten können, daß es eine Vielzahl konstruktivistischer Theorien gibt, die man als etabliert bezeichnen kann. Suarez hat bspw. einige bedeutende psychologische Theorien zusammengefaßt, welche dem konstruktivistischen Postulat verpflichtet wären:

die psychoanalytische Anthropologie von Sigmund Freud,

die Handlungstheorie von Bewußtsein und Wahrnehmung in der zeitgenössischen Sowjet-Psychologie

der Neobehaviorismus von Skinner

der erkenntnistheoretische Konstruktivismus von Piaget.[30]

Hinzu kommen aber auch ganze Wissenschaften wie die Mathematik und Physik. Einstein bspw. hat zweifelsfrei konstruktivistische Gedanken geäußert: Die einer Theorie "zugrunde liegenden Begriffe und Grundgesetze...sind freie Erfindungen des menschlichen Geistes, die sich weder durch die Natur des menschlichen Geistes noch sonst in irgendeiner Weise a priori rechtfertigen lassen ... Insofern sich die Sätze der Mathematik auf die Wirklichkeit beziehen, sind sie nicht sicher, und insofern sie nicht sicher sind, beziehen sie sich nicht auf die Wirklichkeit" (Einstein, 1972, zit. n. Vollmer, 1980, S. 26).

Die Logik (und damit auch die Mathematik) sind große *konstruierte* Gedankengebäude. Die Ethnologen haben immer wieder zeigen können, daß es in anderen früheren Hochkulturen *andere* Mathematiken gab. Geändert werden solche Gedankengebäude erst, wenn Widersprüche auftreten. Der bekannteste ist der Widerspruch, der sich aus der Cantorschen Menge ergibt: Ist die Menge aller Menge Bestandteil ihrer selbst? B. Russell hat gezeigt, daß hier ein Widerspruch vorliegt. Griffiges Beispiel: Der Satz *Ich lüge*. Russells Lösung liegt in seiner Typenlehre - wiederum ein Konstrukt.

---

[30] Piaget faßt seine genetische Erkenntnistheorie wie folgt zusammen (1981, S. 125f): "Die psychologische Theorie der Entwicklung kognitiver Funktionen scheint zu bestätigen, daß es eine unmittelbare und recht enge Beziehung zwischen biologischen Konzepten von Interaktionen zwischen endogenen Faktoren und der Umwelt einerseits und erkenntnistheoretischen Konzepten notwendige Interaktionen zwischen dem Subjekt und den Objekten andererseits gibt. Die Synthese der Konzepte von Struktur und Genese, die die psycho-genetische Forschung bestimmt, findet ihre Rechtfertigung in den biologischen Konzepten von Selbstregulation und Organisation und nähert sich einem erkenntnis-theoretischen Konstruktivismus, der auf der Linie aller gegenwärtigen wissenschaftlichen Forschungen zu liegen scheint."

VI. Der Wissenschaftler als beobachtendes, selbstreferentielles System

"Was hätte Nietzsche zur Heisenbergschen Unschärfe-Relation gesagt, zur Ablösung der Naturgesetze durch Wahrscheinlichkeitsaussagen, ... ,kurz zu allem, was in der modernen Physik dazu führt, daß der Begriff des Objekts nicht mehr ohne Bezugnahme auf das Subjekt der Erkenntnis verwendet werden kann?" (v. Hentig, 1988, S. 10). v. Hentig hätte fündig werden können: "Es dämmert jetzt vielleicht in fünf, sechs Köpfen, daß Physik auch nur eine Welt-Auslegung und Zurechtlegung ... und nicht eine Welt-Erklärung ist" (Nietzsche II, S. 578).

b) Entstehung des Weltbildes im Konstruktivismus

Die offene Frage des radikalen Konstruktivismus ist, wie es kommt, daß der einzelne Mensch trotz seiner subjektiven Wahrnehmung und Beurteilung von Welt außerordentlich stabile und verläßliche Beziehungen aufzubauen in der Lage ist. Wie ist es möglich, daß es dauerhafte Dinge gibt, ständige Regeln von Ursache und Wirkung, die den Menschen doch gute Dienste erweisen? V. Glasersfeld beruft sich auf Giambattistae Vico, der bereits im Jahre 1710 sagte, daß die menschliche Wahrheit das ist, was der Mensch erkennt, in dem er es handelnd aufbaut und durch sein Handeln formt. Wissenschaft sei die Kenntnis der Entstehung, der Art und Weise, wie die Dinge hergestellt wurden.

"Der enge Anschluß des Denkens an die Erfahrung baut die moderne Naturwissenschaft. Die Erfahrung erzeugt einen Gedanken. Derselbe wird fortgesponnen, und wieder mit der Erfahrung verglichen und modifiziert, wodurch eine neue Auffassung entsteht, worauf der Prozeß sich aufs neue wiederholt. Eine solche Entwicklung kann mehrere Generationen in Anspruch nehmen, bevor sie zu einem relativen Abschluß gelangt" (Mach, 1987 (Orig. 1926), S. 200). Eine weitere Antwort auf die Frage gibt v. Glasersfeld selbst: "Wenn ... die Welt, die wir erleben und erkennen, notwendigerweise von uns selbst konstruiert wird, dann ist es kaum erstaunlich, daß sie uns relativ stabil erscheint" (1981, S. 28).

Die Welt, die wir erleben, ist so, wie sie ist, weil wir sie so gemacht haben. Für Kant ist die Art und Weise dieser Konstruktion der Welt durch das Apriorische bestimmt. Bei Vico hingegen ist es nicht das Unabänderliche, das in den Organismus hineingebaute, die alles Konstruieren bestimmt, sondern es ist die Geschichte des Konstruierten selbst, weil das jeweils bereits Gemachte das einschränkt, was noch gemacht werden kann (v. Glasersfeld, 1981, S. 29).

V. Glasersfeld zieht David Hume heran, der schon im 18. Jahrhundert darauf hinwies, daß Erfahrung nutzlos ist, wenn die Vergangenheit nicht Regel für die Zukunft wäre (*Induktion*). Ein Erlebnis wird demnach mit einem zweiten Erlebnis in Beziehung gesetzt, um überprüfen zu können, daß es regelmäßig konstant, also in irgendeiner Weise unverändert ist. "Was wir erleben und erfahren, erkennen und wissen, ist notwendigerweise aus unseren eigenen Bausteinen gebaut und läßt sich auch nur aufgrund unserer Bauart erklären." (v. Glasersfeld, 1981, S. 35).

c) Die Wahrheit

Diese radikale Erkenntnistheorie baut einem auf ihrer Sicht unvermeidlichen und unlösbaren Dilemma auf, da die Antwort auf die Frage, was Wissen ist, in der herkömmlichen Erkenntnislehre bereits vorweggenommen werden muß. "Wenn Erkenntnis und Wissen eine Beschreibung oder Abbildung der Welt an sich sein sollen, dann brauchen wir ein Kriterium, aufgrund dessen wir beurteilen könnten, wann unsere Beschreibungen oder Abbilder *richtig* oder *wahr* sind" (v. Glasersfeld, 1981, S. 25). Diese Beurteilung ist nicht durchführbar, denn "wir können unsere Wahrnehmung von dem Apfel nur mit anderen Wahrnehmungen vergleichen, niemals aber mit dem Apfel selbst, so wie er wäre, bevor wir ihn wahrnehmen".

d) Die Objektivität

Folge dieser Wahrheitskonzeption ist, daß es keine absolute Erkenntnis der Wirklichkeit gibt, Folge auch, daß Objektivität im Sinne eines unverfälschten Zuganges zu einem Objekt menschenunmöglich ist. Was man bestenfalls herstellen könne ist Intersubjektivität.[31] Intersubjektivität liegt dann vor, wenn eine gewisse Parallelität der Strukturen, Operationen und Kognitionsbereiche des Menschen vorhanden sind. Damit ist allerdings auch Wahrheit im absoluten Sinne menschenunmöglich.

Objektivität setzt voraus, daß sich ein Beobachter von der Welt, in der er lebt, herauslöst und so die Restwelt gewissermaßen von außen betrachtet. Diese Abtrennung von der Welt muß nicht vollständig sein, sondern sich nur auf die wesentlichen Eigenschaften beziehen, wobei sich die Welt in diesen wesentlichen Eigenschaften durch den Abtrennungsprozeß nicht ändern darf.

"Wie Jakob v. Uexküll so elegant gezeigt hat, bestimmt jedes Lebewesen seine Umwelt durch seine eigene Art. Nur ein völlig beziehungsloses, außenstehendes Wesen, daß die Welt nicht erfährt, sondern unbedingt kennt, könnte von einer *objektiven Welt* sprechen. Darum bildet auch der Versuch von Lorenz, die menschlichen Begriffe von Raum und Zeit einerseits als

---

[31] Lorenzen (1988, S. 150): Objektivität ist Intersubjektivität.

Anpassung zu erklären, sie andererseits aber doch als objektive Aspekte der ontologischen Wirklichkeit zu betrachten, einen logischen Widerspruch" (v. Glasersfeld, 1981, S. 22, Anm. *)

"In der Geschichte der Physik taucht während unseres Jahrhunderts immer wieder ein Thema auf: die Zugehörigkeit des Menschen zur Natur, die Entdeckung, daß uns eine Beschreibung von außen nicht möglich ist. Wir sind, dem bekannten Ausspruch von Niels Bohr zufolge, in dieser Welt wohl Handelnde als auch Zuschauer" (Prigogine / Stengers, 1986, S. 275). "Die Newtonsche Theorie dagegen wollte ein Bild der Natur liefern, das nicht nur universal und deterministisch sein sollte, sondern außerdem - insofern als es keinen Bezug auf den Beobachter enthält - objektiv und - insofern, als es die fundamentale Ebene der Beschreibung erreicht, die sich dem Zugriff der Zeit entzieht - vollständig" (Prigogine / Stengers, 1986, S. 221).

"Die Aufstellung des Objektivitätspostulats als Bedingung wahrer Erkenntnis stellt offensichtlich eine ethische Entscheidung und nicht ein Erkenntnisurteil dar, denn dem Postulat zufolge konnte es vor dieser unausweichlichen Entscheidung keine "wahre" Erkenntnis geben" (Monod, 1988, S. 154).[32]

Durch die neue Systemtheorie wird also eine der Grundpfeiler von Wissenschaft erschüttert: Objektivität kann es nicht geben. "Der zentrale Anspruch der Wissenschaft ist Objektivität: Sie (die Wissenschaft) ist bestrebt, mit Hilfe einer wohl definierten Methodologie Aussagen über die Welt zu machen. Gerade in der Basis dieses Anspruches liegt jedoch ihre Schwäche: Die apriorische Annahme, daß objektives Wissen eine Beschreibung dessen darstellt, was man weiß. Eine solche Annahme erfordert die Klärung der Fragen "Worin besteht Erkennen bzw. Wissen? und Wie erkennen und wissen wir?" (Maturana, 1981, S. 32). Der Beobachter wird in die Beschreibung des Systems miteingeschlossen. Damit entfällt das Kriterium Objektivität einer wissenschaftlichen Untersuchung.

e) Kritik

Suarez (1981) wehrt sich heftig gegen die konstruktivistische Tendenz innerhalb der Psychologie, denn das Postulat, wonach Erkenntnis ihrem Wesen nach ein Konstruktionsprozeß ist, impliziere:

---

[32] Monod weiter: "Wenn es stimmt, daß das Bedürfnis nach einer umfassenden Erklärung angeboren ist und das Fehlen einer solchen Erklärung eine Ursache tiefer Angst ist, ... dann ist es begreiflich, daß so viele Tausende von Jahren vergehen mußten, bis die Idee der objektiven Erkenntnis als der einzigen Quelle authentischer Wahrheit im Reich der Ideen erschien" (Monod, 1988, S. 148).

"- daß die Konstruktionstätigkeit des Subjekts den Unterschied zwischen Personen und Ding begründet;

- daß die Handlung an keine Norm gebunden ist; sie empfängt ihre Legitimation im Laufe ihres Vollzugs entsprechend der Vollzugseffizienz" (1981, S. 113).

Suarez übersieht bei seiner vehementen Kritik allerdings eine Kontrollinstanz: die *scientific community*. Er geht von der individuellen Konstruktion der Welt aus, deshalb scheint er richtig zu liegen. Wissenschaftliche Ergebnisse auch eines Einzelnen allerdings werden zur Diskussion gestellt und evtl. verworfen. Aus diesem Grunde erscheint auch eine Gegenüberstellung von Kritischem Rationalismus und Konstruktivismus sachlich nicht gerechtfertigt. Eine Konstruktion kann ja durchaus von anderen (der Mehrheit) verworfen werden.

Ernst Mach hat zu dieser Diskussion ein schönes Fazit formuliert: "Der Naturforscher kann zufrieden sein, wenn er die bewußte psychische Tätigkeit des Forschers als eine methodisch geklärte, verschärfte und verfeinerte Abart der instinktiven Tätigkeit der Tiere und Menschen wiedererkennt, die im Natur- und Kulturleben täglich geübt wird" (1987, S. V; Orig. 1926).

Nimmt man den radikalen Konstruktivismus an, so ergibt sich zudem die Konsequenz, "daß die traditionelle Trennung zwischen Geistes- und Naturwissenschaften obsolet wird. Soweit sie wissenschaftlich verfahren, arbeiten beide Wissenschaftsgruppen mit Modellen, die der Forderung genügen müssen, die zu erklärenden Phänomene auf der Modellebene erzeugen zu können" (Hejl, 1987, S. 117).

VII. Die Reduktionismus-Debatte

Mit dem Aufkommen der neuen Systemtheorie ist auch die alte Reduktionismusdebatte wieder aktualisiert worden. Die Diskussion über diesen Problembereich ist allerdings nicht neu, denn über Emergenz- und Aggregierungsansätze wird schon seit langem nachgedacht: Die Diskussion über die Notwendigkeit der Einbeziehung von Kontexteffekten wurde schon in der Antike geführt. Plato z.B. sprach von einem "übergeordneten Organismus", der die Menschheit schlechthin überlebensfähig macht. Auch Aristoteles definierte Kultur (sicherlich eine sehr weitgreifende Variable) als ein Ergebnis des Zusammenwirkens von Individuen (Bergius, 1976). Darauf aufbauend läßt sich etwas vereinfacht die gesamte Philosophiegeschichte in zwei Denkrichtungen spezifizieren: der eher individualistisch orientierte Ansatz und der eher kollektivistisch oder sozial orientierte Ansatz. Die Psychologie ordnete man etwas grob nach dem Zweiten Weltkrieg gerne dem ersten Ansatz zu, die Soziologie dem zweiten. Diese Vereinfachung ist heute sicherlich nicht mehr zu halten. Denn Psychologen beschäftigen sich sehr wohl mit der Kontextbezogenheit menschlichen Verhaltens, Soziologen andererseits bauen Individualphänomene immer mehr in ihre Theoriengebäude ein.[33]

Das bereits mehrfach kritisierte newtonsche Weltbild ist reduktionistisch: "Die These von der Einheitswissenschaft läuft mit Notwendigkeit auf eine reduktionistische Strategie hinaus, bei deren Anwendung Aussagen über Kollektive auf Aussagen über Komponenten (Individuen) zurückgeführt (reduziert) werden" (Troitzsch, 1987, S. 37).

Es stellt daher sich auch die Frage, ob und ggfs. wie der neue systemtheoretische Ansatz einen Einfluß auf die Entwicklung der Reduktionismusdebatte hat. Da Systeme Ganzheiten sind, ihre Elemente Individuen oder Handlungen (nach Luhmann) jedwelcher Art, erscheint diese Frage berechtigt. "Der markanteste Unterschied zwischen konservativen und dissipativen Systemen zeigt sich, wenn man versucht, für letztere eine makroskopische Beschreibung anzugeben, in der zur Charakterisierung des momentanen Zustandes kollektive Variablen ... benutzt werden" (Nicolis / Prigogine, 1987, S. 78).

Nicolis / Prigogine (1987, S. 308) verdeutlichen diese Problematik der Individual- und Kollektivebene: "Was an einem Insektenstaat am meisten ins Auge sticht, ist das Vorhandensein zweier Skalen. Einer auf dem Niveau des Individuums, die durch ein hochgradig probabilistisches Verhalten charakterisiert ist, und einer auf dem Niveau des Gesamtstaates, wo sich trotz Ineffizienz und Unberechenbarkeit der Individuen kohärente und gattungsspezifische Muster im Maßstab einer ganzen Kolonie herausbilden". "Offensichtlich besitzt ein Insektenstaat also eine bemerkenswerte Gestaltungsfähigkeit, die es ihm ermöglicht, bei minimaler Programmierung auf der genetischen Ebene eine Reihe komplexer Aufgaben zu bewältigen" (1987, S. 315).

1. Reduktionismus

Der Reduktionismus nimmt an, daß es keine Ganzheiten gibt, die nicht durch Beschreibung der Einzelteile dieser Ganzheit vollständig analysierbar sind. Ropohl spricht von einem gegenwärtig zu beobachtenden "Siegeszug des atomistischen Prinzips" (1979, S. 94). Ropohl weiter: "Eine exakte Wissenschaft, die im Wechselspiel von Theorie und Experiment nachprüfbare Aussagen über erkennbare Sachverhalte gewinnen will, glaubt bis heute

---

[33] Zu der neu aufkeimenden Kontroverse zwischen Mikro- und Makrosoziologie siehe Strasser (1983).

nicht umhin zu können, eng abgegrenzte Untersuchungsobjekte aus umfassenderen komplexen herauszulösen, ideale Bedingungen der Abgeschlossenheit des Teiles gegenüber dem ganzen zu fingieren und dessen Interdependenzen zu suspendieren, mit einem Wort, ihr Augenmerk nicht auf möglichst viele, sondern umgekehrt gerade auf möglichst wenige Aspekte eines Problembereiches zu richten". Der Satz 'Das Ganze ist mehr als die Summe seiner Teile' erfreute sich auch in der Pädagogik zunehmender Beliebtheit. Walter hat den ganzheitlichen Ansatz stark krititisiert. Es sei unverständlich, wieso man aus dem genannten Satz ableiten könne, daß ganzheitliche Gebilde nicht in definierte Variablen aufgeteilt und einem analytischen Zugriff zugänglich gemacht werden könnten. Die sogenannten Ganzheiten hätten relationalen Charakter mit einem gewissen Ausmaß an Differenziertheit. Die Differenziertheit eines strukturalen Gebildes sei von der Differenziertheit des jeweiligen methodischen Zugriffs abhängig. Die Behauptung, die Ganzheit sei nur ganzheitlich in den Griff zu bekommen, ist nach Walter (1977, S. 12) ein "Rückfall in eine intutionistische Wesensschau". "Je makroskopischer ein Begriff ist, um so weiter ist sein Hof von Wagheit" (Heipcke, 1970, S. 174).

Ein vorläufiger Höhepunkt in der Diskussion um beide Denkrichtungen ist in den Veröffentlichungen von Hummel / Opp zu sehen, die kollektive Phänomene auf individuelle Phänomene durch Transformation zu reduzieren suchten. Diese Reduktionismusthese behauptete, daß sämtliche Begriffe der Soziologie durch Begriffe der Psychologie ersetzt werden können. Kollektivphänomene sollten gänzlich durch Individualphänomene erklärt werden können. Dieser Versuch von Hummel / Opp (1971) schlug bekanntermaßen fehl. Dies führte Jantsch (1986, S. 28) dazu, den Reduktionismus nicht nur als abstrakte Denkschrumpfung, sondern als gemeingefährliches Phänomen zu bezeichnen.

2. Holismus

"Der Fortschritt der Wissenschaft besteht darin, die Komplexität der Wirklichkeit auf eine verborgene, gesetzmäßige Einfachheit zu reduzieren" (Prigogine / Stengers, 1986, S. 28). Dieser Wunsch kann aber nicht immer erfüllt werden, wie an einem Beispiel von Popper gezeigt werden soll: "Wie viele physikalische, biologische und soziale Systeme läßt sich der Mückenschwarm als ein 'Ganzes' beschreiben. Unsere Vermutung ist, daß er von einer Art Anziehung zusammengehalten wird, die sein dichtester Teil auf die einzelnen Mücken ausübt, wenn sie sich zu weit von ihm entfernt haben; das zeigt, daß dieses 'Ganze' sogar eine Art Wirkung oder Kontrolle über seine Elemente oder Teile ausübt. Trotzdem kann dieses 'Ganze' den verbreiteten 'holistischen' Glauben widerlegen, ein 'Ganzes' sei immer mehr als die bloße Summe seiner Teile. Ich bestreite nicht, daß das manchmal der Fall sein kann. Doch der Mückenschwarm ist ein Beispiel für ein Ganzes, das nicht mehr als die Summe seiner Teile ist - und zwar in einem sehr genauen Sinne; er ist nicht nur mit der Beschreibung der Bewegungen der einzelnen Mücken vollständig beschrieben, sondern die Bewegung des Ganzen ist (in diesem Falle) genau die (vektorielle) Summe der Bewegungen seiner Bestandteile, dividiert durch ihre Anzahl" (Popper, 1974, S. 234). Der Vorteil dieser Analyse liegt auf der Hand: "Beim Übergang von der mikroskopischen Beschreibung, ... , zur makroskopischen Beschreibung des offenen Systems, ... , wird also die Information, die zur Beschreibung des Systems herangezogen werden muß, in großem Umfange reduziert" (Haken, 1980, S. 140).

Popper vergleicht hier aber verschiedene Dinge: Selbstverständlich ist die Bewegung des Mückenschwarms eine vektorielle Summe der Einzelbewegungen, er erklärt aber damit nicht, wie die von ihm so bezeichnete Wirkung oder Kontrolle über die einzelnen Elemente (also die Mücken) vonstatten geht. Die Frage der Koordination ist ungeklärt. Luhmann hat dies schön formuliert: "Seit den Zeiten Max Webers ist, ... , eine Schwierigkeit deutlicher bewußt geworden: Daß Rationalität auf der Ebene des Einzelhandelns nicht dasselbe ist, wie Rationalität auf der Ebene des sozialen Systems" (1971a, S. 37). Daraus folgt die Definition von Emergenz: "Emergent soll eine Ordnung oder eine Eigenschaft heißen, wenn sie aus der bloßen Aggregation von Teilen oder aus den summierten Eigenschaften der Teile nicht mehr erklärbar ist" (Willke, 1978, S. 381).

"Die Grenzen der reduktionistischen Methodik zeigen sich allerdings in der Vernachlässigung des Zusammenhangs, des ökologischen Gewebes der Wirklichkeit. Die Teile erklären nicht den Zusammenhang und das Wechselspiel der Teile. Die Übertragung mechanistischer Vorstellungen auf gesellschaftliche Phänomene ... kann nicht die Reibung der Dinge und die ideellen Faktoren (Wertwandel) berücksichtigen. Es vereinfacht die Wirklichkeit durch Vereinseitigung und führt damit zu Verzerrungen. Das Ganzheitsdenken schließt das mechanistisch-dualistischen Denken nicht aus. Es ergänzt das dualistische Denken aber dort, wo dieses offenkundig an Grenzen stößt." (Theisen 1985, S.374).

Der holistische Ansatz will u.a. Organisationen vereinfacht beschreiben. Jacob (1972, S. 96f) hat dies für die Biologie treffend formuliert: "Die Bedeutung eines Kennzeichens erster Ordnung wiegt mehrere Kennzeichen zweiter Ordnung auf und so fort". "Die Interaktion der Teile gibt dem Ganzen seine Bedeutung" (Jacob, S. 1972, S. 86). Für die Biologie gilt: "Ein Lebewesen stellt nicht mehr eine einfache Vereinigung autonom funktionierender Organe dar. Es ist ein Ganzes, dessen Teile voneinander abhängen und von denen jeder einzelne eine besondere Funktion im Interesse aller ausübt" (Jacob, 1972, S. 95). Und weiter: "Für die Erforschung der Organisation eines Tieres reicht es nicht aus, dieses zu sezieren, alle seine Elemente zu bestimmen und davon eine Karte anzufertigen. Die Organe müssen entsprechend ihrer Rolle im Gesamtorganismus analysiert werden" (Jacob, 1972, S. 112). Auch die neuere Physik - so Max Planck - habe uns gelehrt, "daß man dem Wesen eines Gebildes nicht auf die Spur kommt, wenn man es immer weiter in seine Bestandteile zerlegt und dann jeden Bestandteil einzeln studiert, da bei einem solchen Verfahren oft wesentliche Eigenschaften des Gebildes verlorengehen. Man muß vielmehr stets auch das Ganze betrachten und auf den Zusammenhang der einzelnen Teile achten" (Planck, 1965, S. 298).

3. Lösung

Der Streit zwischen Holisten und Reduktionisten ist aus heutiger Sicht erledigt, weil sich beide Positionen in ihrer Radikalität selbst ad absurdum geführt haben. "Grob gesprochen favorisiert das holistische Prinzip die Ganzheit, das Denken in übergreifenden Zusammenhängen, die Synthese des Disperaten, die Integration der Vielfalt, die Einheit in der Mannigfaltigkeit. Das atomistische Prinzip hingegen postuliert den Primat der Elemente, die Analyse des Zusammengesetzten, die Differentiation des Komplexen, den Rekurs auf die einfachsten Bestandteile, die Spezialisierung des Denkens auf die ausgesonderten Segmente" (Ropohl, 1979, S. 93). Leider wird in der Erziehungswissenschaft nach wie vor dieser Streit gefochten. Hejl (1982, S. 240) ist der Ansicht, daß die andauernde Reduktionismuskontroverse nur durch eine überzeichnende Dichotomisierung in der Einseitigkeit der Grundpositionen der Kontrahenten zu erklären ist.

Monod charakterisiert das Dilemma zwischen beiden Positionen. Er bezeichnet die "analytische Haltung für immer unfruchtbar, weil sie versucht, die Eigenschaften einer sehr komplexen Organisation einzig und allein auf die 'Summe' der Eigenschaften ihrer Teile zurückzuführen" (1988, S. 81). Monod aber weiter: "Das ist ein sehr übler und sehr dummer Streit, der auf Seiten der 'Holisten' nur von einer tiefen Unkenntnis der wissenschaftlichen Methode und der wesentlichen Rolle zeugt, die darin die Analyse spielt. Kann man sich auch nur vorstellen, daß ein Ingenieur vom Mars, der den Mechanismus eines irdischen Elektronenrechners erklären wollte, zu irgendeinem Ergebnis kommt, wenn er sich prinzipiell weigern würde, die elektronischen Grundbestandteile zu sezieren, die die Operationen der propositionalen Algebra durchführen?".

Wie sollte man unterscheiden, welche der beiden Positionen angemessen ist? Hejl versucht dies mit einem Gedankenexperiment zu klären: Angenommen, man versucht, Institutionen zu finden, die sich bezüglich vieler nicht-individuenbezogener Kriterien einander gleichen und die ebenfalls ähnliche Umwelten besitzen. Dann wäre zu fragen, wie die Funktionsweise der Institutionen ohne Rückgriff auf individuenbezogenes oder organisationsabhängiges Verhalten beschrieben werden könnte. Schließlich könnte man diese Institution mit einer bestimmten Innovation konfrontieren. Diese Innovation wäre ein vergleichbarer Stimulus. Man könnte dann sehen, wie die einzelnen vergleichbaren Institutionen auf diesen Stimulus reagieren. Nach der holistischen Position müßten die Institutionen ein uniformes Verhalten zeigen. Die individuenbezogene Position erwartet allerdings einen von den Institutionen abhängigen Output, da unterschiedliche Individuen in diesen Institutionen vorhanden sind. Diese Ergebnisse sind unabhängig von den holistischen Kriterien, in denen sich die Institutionen gleichen.

Systemtheoretisches Denken führt letztlich zu einer Synthese. In die Systemtheorie münden diese zwei Prinzipien: einmal das atomistische Prinzip (vor allem Demokrit) und das holistische Prinzip (Plato). "Das holistische Prinzip favorisiert die Ganzheit, das Denken in übergreifenden Zusammenhängen, die Synthese des Desparaten, die Integration der Vielfalt, die Einheit in der Mannigfaltigkeit. Das atomistische Prinzip hingegen postuliert den Primat der Teile, die Analyse des Zusammengesetzten, die Differentiation des Komplexen, den Rekurs auf die einfachsten Elemente, die Spezialisierung auf die ausgesonderten Segmente" (Ropohl, 1978, S. 10). Aber "systemisches Denken bezieht sich immer auf das Verhältnis der übergeordneten Ganzheiten zu ihrer Umgebung und zu ihren Teilen, die in der Regel selbst wieder Systeme sind" (v. Cranach, 1987, S. 8).

Es sind keine Aussagen über irgendwelche Ganzheiten möglich, sofern man nicht auch das Verhalten von konkreten Individuen dazu heranzieht. Aus diesem Grunde charakterisiert Hejl den ontologischen Holismus auch als säkularisierte Theologie (1982, S. 245). Der Autor ist im weiteren der Auffassung, daß die individualistische Position der Realität näher kommt, sofern man sich nicht auf die längst überholte Psychologismuskonzeption stützt.

Es wäre gewissermaßen eine Lösung zweiter Art, wenn man diese Dichotomisierung zwischen Holismus und Individualismus außer Acht läßt und akzeptiert, daß holistische Konzepte individuell erzeugt werden. Hinzu kommt, daß die Wissenschaftler und untersuchte Population ja meist Gemeinsamkeiten in ihrer Umwelt haben. Diese Gemeinsamkeit begünstigt den epistemologischen Fehlschluß der Holisten. Selbständige Identitäten sind im Grunde Abstraktionen, die "natürlich keinerlei Beweis für eine von Individuen unabhängige Existenz dieser Entitäten" ist (Hejl, 1982, S. 246). Entitäten sind also Resultat einer begreifbaren Abkürzungs- oder Ordnungsfunktion.

Die Wechselwirkungen zwischen den einzelnen Teilen eines gestaltmäßig wahrgenommenen Objektes können sehr komplexer Natur sein, ja, das "mehr als die Summe der Teile" entsteht möglicherweise überhaupt erst in unserem Gehirn" (Eigen / Winkler, 1987, S. 89). Auch nach Jacob (1972, S. 55f) besteht eine Schwierigkeit, ein Ordnungssystem der lebenden Welt zu schaffen, darin, daß es in der Wirklichkeit nur Einzelwesen gebe, daß die Gattungen, Ordnungen und Klassen nur in der Einbildung konstruiert werden.

Auch Röpke (1977, S. 25f) diskutiert die Auseinandersetzung zwischen Holisten und Atomisten. Er betont als besonderes Problem, wie es zu emergenten Eigenschaften eines Systems kommen kann. Der Schluß vom Individualverhalten auf das Systemverhalten kann gelöst werden durch die Kompositionsregeln, in denen erklärt werden soll, wie Individuen einer bestimmten Ebene zusammengefügt sind und interagieren, so daß es zu Systemverhalten kommt. Aber genau dies war der gescheiterte Weg von Hummel / Opp. Eine reduktive Zerlegung eines "Ganzen" in seine Teile kann nicht weiterhelfen, da dann die Emergenz auf der Strecke bliebe. Man müßte die Tatsache verschweigen, daß es auf der Ebene des Systems emergenter Eigenschaften gibt, die auf der Ebene der Elemente nicht zu finden sind. Andererseits würden die Kompositionsregeln auch nicht weiterführen, denn sie erklären nicht, warum und auf welcher Weise Teilsysteme sich so verhalten, daß das System als Gesamtheit ein Verhalten vorbringt (Röpke, 1977, S. 25f). Heipke fasst zusammen: "Ein verwirrendes Netz von Meinungsverschiedenheiten überdeckt des Status von Gruppenbegriffen und deren Beziehungen zu solchen Begriffen, die sich auf Individuen beziehen" (1970, S. 167).

Aus systemtheoretischer Sicht könnte man die unscharfen Bestimmungen der Beziehung zwischen dem System (der Entität) und dem System-Element lösen: Der Begriff der dissipativen Struktur "bringt uns der Eigenart des Lebendigen näher, ohne daß wir den uralten Konflikt zwischen Reduktionisten und Antireduktionisten begründen müssen" (Prigogine / Stengers, 1986, S. 172). In der Sprache der Systemtheorie würde die holistische Position dadurch charakterisiert, daß Eigenschaften eines Systems nicht auf die Eigenschaften seiner Elemente reduzierbar sind. Der Reduktionist behauptet das Gegenteil. Ziel ist eine Erklärung, die darin bestünde, daß eine Rückverlagerung von Eigenschaftsfeststellungen des Systems auf dessen Elemente und das Aufzeigen ihres Zusammenwirkens im System einschließt: "Ist ein System zu komplex, um verstanden zu werden, dann wird es in kleinere Stücke zerlegt" (v. Förster, 1985, S. 17). Dies geht aber nur dann, wenn Aussagen über Systemeigenschaften in Aussagen über Eigenschaften der Systemelemente überführbar bleiben (Hejl, 1982, S. 248). Will man also das Verhalten eines Systems beschreiben, so muß aus methodologischen und theoretischen Gründen auf der Ebene der Systemelemente angesetzt werden.

"Es dürfte sinnvoll sein, so weit wie möglich zu versuchen, mit individualistischen Erklärungen auszukommen - ohne daß man behaupten könne, alle sozialen Phänomene ließen sich in dieser Weise fassen" (Lenk, 1986, S. 185). "Reduktion um der Reduktion willen kann indes kaum erstrebenswert sein" (Stachowiak, 1987b, S. 128).

Hejl ist der Auffassung, daß aus der Sicht der Theorie selbstreferentieller Systeme die Position des Holismus vollständig abzulehnen ist, sofern sie ontologisch aufgefaßt wird. Es ist nicht möglich, Ganzheiten wie dem Staat oder der Schulklasse Ziele, Interessen oder Verhaltensweisen zuzuschreiben. Damit ist andererseits allerdings nicht gesagt, daß es so etwas wie Ganzheiten nicht gibt. Das Verhalten eines Kollektivs kann nicht auf der Ebene des Systems erklärt werden. Wenn der Soziologe sich mit dem Verhalten von sozialen Systemen beschäftigt, dann muß er auf der Ebene der als Systemelemente definierten Individuen ansetzen. Es soll noch einmal darauf hingewiesen werden, daß diese individuumzentrierte Position kein Psychologismus ist. "Was ein Individuum denkt, wie es handelt und welche Ziele es verfolgt, ist immer Resultat seiner Interaktionen mit anderen Individuen und deshalb Ergebnis eines in diesem Sinne sozialen Prozesses" (Hejl, 1982, S. 251).

Allerdings liegt in diesem Vorgehen auch eine Gefahr: "Die Reduktion der Komplexität sozialer Umwelten durch 'Verdichtung' in Indikatoren provoziert den Einwand einer mehr oder weniger ausgeprägten 'Unschärferelation' zwischen den Indikatorvariablen und den sozialen Verhältnissen und Prozessen, die sie zu repräsentieren beanspruchen" (Specht, 1983, S. 7). Elemente eines Systems sind vernetzt, und damit wechselseitig abhängig. Das Denken in Kausalketten (und nicht in Netzwerken) sowie die Unfähigkeit, Nebenwirkungen, Schwellenwerte, Umkippeffekte und exponentielle Entwicklungen zu entdecken, führt dazu oft, daß Systemanalysen letzlich doch einem starken Reduktionismus unterliegen (Probst, 1987, S. 339). Dies charakterisiert die empirisch pädagogische Forschung, aber nicht aus Unkenntnis heraus, sondern, weil für die Erziehungswirklichkeit adäquate Modelle fehlen.

VIII. Falsifikation

Wenn die Systemtheorie von einer komplexen und vernetzten Welt ausgeht, dann wird die Frage nach der Leistungsfähigkeit von Poppers Falsifikationslehre neu gestellt werden müssen. Nach Popper wird eine Hypothese falsifiziert, wenn eine Prüfung einer Hypothese widerspricht: "Die Methode der Wissenschaft ist die Methode der kühnen Vermutungen und der sinnreichen und ernsthaften Versuche, sie zu widerlegen" (Popper, 1974, S. 95). "Der kritische Rationalismus schließlich vermag sich mit Systemansätzen nicht so recht anzufreunden, weil insbesondere seine zentrale Forderung nach prinzipieller Falsifizierbarkeit bei komplexen Systemmodellen nicht ohne weiteres einzulösen ist." (Lenk / Ropohl, 1978, S. 4).

Das Ziel des empirischen Forschers ist es, eine Hypothese zu verifizieren. Wenn Hypothese H oder Theorie T wahr ist, dann kann ein Ereignis E beobachtet werden. Es gilt (Garrison, 1986):

Annahme 1 : T --> E (E folgt aus T)
Annahme 2 : E (E ist beobachtet)

Schlußfolgerung : T (T ist wahr)

Aus dieser Schlußfolgerung ergibt sich das Induktionsproblem wie Hume es beschrieben hat. Wie bekannt, hat Popper der Verifikation die Falsifikation entgegengesetzt: Theorien können nie verifiziert, sondern nur falsifiziert (verworfen) werden. Dieser sog. *modus tollens* ist wie folgt aufgebaut:

Annahme 1 : T --> E (E folgt aus T)
Annahme 2 : nicht E (E ist nicht beobachtet)

Schlußfolgerung : nicht T (T ist nicht wahr)

An dieser Konzeption, die nach Ansicht vieler Empiriker für sie handlungsleitend ist, ist zweierlei zu kritisieren: Einmal ihre prinzipielle Undurchführbarkeit, zum anderen ihr restriktives, sehr voraussetzungsvolles Vorgehen. Zum ersten Kritikpunkt, der hier weniger von Interesse ist, liegen Argumente bei Juhos (1971, S. 55) und C.F. v. Weizsäcker (1972, S. 124) vor.

Löw (1983, S. 37, Anm. 5) hat zurecht darauf hingewiesen, daß die Widerlegung einer Theorie (damit auch einer wissenschaftstheoretischen Richtung) eine Handlung sei, die theoretisch gar nicht erzwungen werden kann. Oft können ja mehrere Theorien dazu herangezogen werden, Daten zu erklären. Besonders deutlich wird dies in jüngster Zeit bei der Anwendung von Lisrel-Modellen. Es ist bekannt, daß auch sich widersprechende Strukturgleichungsmodelle durch Lisrel am gleichen Datensatz bestätigt werden könnten. Welche Theorie soll in einem solchen Falle herangezogen werden? Dies ist eine Entscheidung des handelnden Wissenschaftlers.

Wichtiger scheint die Kritik zu sein, daß Falsifikation bei Annahme einer systemisch gedachten Welt ein unangemessene Vorgehensweise ist: "Und noch Poppers insbesondere an der Physik orientierte fallibilistische Wissenschaftslehre bleibt auf das atomistische Prinzip angewiesen, weil komplexe Systemmodelle als Ganze in der Sicht des Kritischen Rationalismus nicht den Fehler haben, nicht wahr zu sein, sondern den Fehler, nicht falsch sein zu können" (Ropohl, 1979, S. 95).

Garrison stellte dazu, 1986 fest, daß Theorien ja nicht nur aus einem Satz bestehen, sondern eine Sammlung von Aussagen sind. Eine Theorie T besteht also aus Sätzen 'S_1 und S_2 und ... S_n'. Dann gilt aber für den *modus tollens*:

Annahme 1 : (S_1 und S_2 und ... S_n) --> E
Annahme 2 : nicht E
___
Schlußfolgerung : nicht (S_1 und S_2 und ... S_n)

'nicht (S_1 und S_2 und ... S_n)' kann aber auch geschrieben werden als 'nicht S_1 oder nicht S_2 oder nicht ... S_n'. Dies bedeutet, daß durch ein einziges Experiment eine Theorie nie verworfen werden kann, weil es nur einen oder mehrere Sätze dieser Theorie betrifft. Der Kern der Theorie bleibt unangetastet. Eine der möglichen und oft praktizierten, pragmatischen Lösungen dieses Problems ist es, eine Theorie nicht vollständig zu verwerfen (dies geht nicht), sondern durch ad-hoc gebildete Hypothesen zu modifizieren. Damit sind zwei Prinzipien angesprochen, die im folgenden diskutiert werden sollen: Die Ablehnung sog. *entscheidender Experimente* und die Möglichkeit, durch eine Änderung von Hypothesen die Theorieprüfung noch zu 'retten'. Der letzte Aspekt führt zum *Exhaustionsverfahren* von Holzkamp.

1. Experimentum Crucis

Wie gezeigt ging Popper von einer prinzipiellen Falsifizierbarkeit von Allsätzen aus. Er betonte damit die konsequente Falsifikation von Theorien im historischen Ablauf. Würde man sich daran halten, "so würde die Hypothese durch einen einzigen Fall, der sich in sie einfügt, widerlegt sein; aber davon ist in der wirklichen Forschungspraxis keine Rede" (Waismann, 1939, S. 283). "Die Ansicht, daß Naturgesetze durch ein einziges Gegenbeispiel notwendig falsifiziert werden, ist unzureichend, ja sie trifft nicht einmal auf die einfachen Allsätze zu..." (Juhos, 1970, S. 56). Diese Idee der *entscheidenden Experimente* wurde von Francis Bacon geboren (Mach, 1987, S. 246; s. zusammenfassend Balzer, 1976; Garrison, 1986; Kaiser, 1986). Diese These behauptet "nur die Unmöglichkeit eines direkten experimentellen Treffers in einem eng umschriebenen theoretischen Ziel ... sie leugnet nur die Möglichkeit der Widerlegung einer getrennten Komponente eines theoretischen Systems" (Lakatos, 1982, S. 96).

Geradezu in einer Gegenbewegung in Karl Poppers Forderung nach prinzipieller Falsifizierbarkeit von Allsätzen wurde der französische Wissenschaftsphilosoph Pierre Duhem wiederentdeckt. In seinem 1906 erstmals veröffentlichten Buch verneinte Duhem strikt die Möglichkeit eines *experimentum crucis*. Duhem vertrat die These, "daß nicht eine einzelne Hypothese experimentell überprüft wird, sondern immer nur eine ganze Gruppe von Hypothesen, also eine ganze Theorie. Ein einzelnes Experiment kann deshalb nach Duhems Auffassung weder eine Einzelhypothese stützen noch widerlegen" (Kaiser, 1986, S. 114). Auch nach Lakatos hat es in der Wissenschaft niemals entscheidende Experimente gegeben. Diese Auffassung von Lakatos beruht auf seiner Methodologie der wissenschaftlichen Forschungsprogramme: "In der Wissenschaft lernen wir aus der Erfahrung nicht etwas über die Wahrheit ... und auch nicht über die Falschheit ... von 'Theorien', sondern Vergleichendes über das empirische Voranschreiten oder Degenerieren wissenschaftlicher Forschungsprogramme" (Lakatos, 1982b, S. 208). Ein Forschungsprogramm kann seiner Meinung nach als Ganzes nicht wahr oder falsch sein. Genauer:

Jeder Befund involviert einen komplexen theoretischen Zusammenhang.

Ein Befund betrifft daher das ganze Theoriengefüge.

Ein negativer Befund kann nicht das ganze Theoriengefüge widerlegen. In diesem Gefüge muß ein Fehler stecken.

Die einzelne Hypothese kann aufrechterhalten werden, wenn an deren Stelle Modifikationen angebracht werden.

Zwischen rivalisierende Hypothesen kann kein einzelnes Experiment entscheiden, schon deshalb nicht, weil es evtl. noch andere rivalisierende Hypothesen gibt (Diederich, 1974, S. 71ff).

Duhem begründet seine Auffassung damit, daß eine Wissenschaft eine ganzheitliche Theorie bräuchte, die nicht durch einzelne Experimente verworfen werden könnte. Für Duhem folgt daraus, daß es (in diesem Fall in der Physik) immer beliebig viele Hypothesen geben kann, die um die Erklärung eines Gegenstandbereiches konkurrieren. Damit ist das Poppersche Programm der Falsifikation abgelehnt.

Daraus folgt die massive Kritik der jüngeren Systemtheoretiker am Experiment selbst. Es werden dabei Argumente vorgebracht, die stark an die Forderung nach ökologischer Validität von U. Bronfenbrenner erinnern. Nach Prigogine / Stengers (1986, S. 49) ist die Struktur des experimentellen Verfahrens so etwas wie ein Folterbett, auf das man die Natur spanne. Bei der experimentellen Vorgehensweise ist die Beobachtung vielmehr praktische Tätigkeit, bei der die Realität so manipuliert wird, so inszeniert wird, daß sie so eng wie möglich der theoretischen Beschreibung entspricht. Das untersuchte Phänomen wird soweit präpariert und isoliert, bis eine ideale Situation vorliegt, die mit der Realität nur noch wenig zu tun hat, aber dem begrifflichen Schema entspricht: "Die labormäßige Wiederherstellung (nahezu) gleicher Anfangsbedingungen bei der Wiederholung naturwissenschaftlicher und sonstiger Experimente, eines der Grundmuster neuzeitlicher Forschung, führt tatsächlich nur bezüglich einer exzeptionellen Klasse von Systemen zu gleichartigen Abläufen des Experiments. Es sind dies gerade die schlichten, regelmäßigen, durch und durch geordneten Systeme. Obwohl sie gerade wegen ihrer Einfachheit der bevorzugte Gegenstand der naturwissenschaftlichen Forschung in den vergangenen 400 Jahren waren, sind sie keineswegs repräsentativ für die Vorgänge in der Natur" (an der Heiden, 1986, S. 166). Einstein sagte dies so : "Wie heimtückisch die Natur ist, wenn man ihr experimentell beikommen will!" (Einstein, 1915; Brief an Besso, zit. n. Melcher, 1988, S. 29)

Duhems These lautete, daß Ergebnisse von Experimenten und die aus ihnen gefolgerten Gesetze weder falsch noch wahr sein können. Eine Theorie kann zwar scheitern, dies hängt aber von den Auswahlkriterien für den Übersetzungsmechanismus vom Gegebenen ins Theoretische ab. Damit stellt sich die Frage, ob es keine objektiv verbindliche Instanz für die Annahme oder Verwerfung physikalischer Theorien gibt. Nach Duhem ist diese Instanz die Geschichte einer Wissenschaft. Max Planck kommt deshalb zur Ansicht, daß eine Hypothese an sich niemals durch Messungen direkt als richtig oder als falsch erwiesen werden, sondern nur als mehr oder minder zweckmäßig bezeichnet werden kann (Planck, 1965, S. 239).

Kaiser (1986, S. 115) kritisiert die Duhem-Quine-These hinsichtlich zweier Aspekte: Einmal erfasse diese These nicht, daß es im experimentellen (methodologischen) Bereich Weiterentwicklungen gibt. "Gemeint ist, daß zu irgendeinem Zeitpunkt als entscheidend gewertete Experimente einer späteren Prüfung nicht standhalten, und zwar nicht nur im Hinblick auf die losen Meßdaten, sondern auch im Hinblick auf den ganzen Meßprozeß". Zum anderen beachte die These nicht, daß Experimente erst im Rückblick, unter einem anderen theoretischen Zusammenhang als entscheidend betrachtet werden könnten. Aus der Sicht der Systemtheorie sind einzelne Experimente abzulehnen, da sie die Welt unverhältnismäßig stark reduzieren. Im folgenden wird eine Position diskutiert, die den Popperschen Ansatz kritisiert, aber noch nicht zu der eben gelangten Schlußfolgerung kommt.

2. Das Exhaustionsprinzip

Herzog weist darauf hin, daß die Hypothesentestung "immer nur das reproduzieren kann, was die Theorie an relevanten Dimensionen der Wirklichkeit bereits ausgewählt hat. Die <u>empirische</u> Arbeit des Forschers ist damit in ihrem Erkenntnisgehalt völlig zurückgebunden an die bereits vorgängig geleistete <u>theoretische</u> Arbeit. Das heißt aber nichts anderes, als daß die

Realitätserkennung im Prozeß der Hypothesenprüfung nur beschränkt angereichert wird, nämlich nur innerhalb des Rahmens des vorgängig theoretisch abgesteckten Variablengefüges" (1984, S. 42f).

Holzkamp fragt nun, ob es nicht Störvariablen gewesen sein könnten, die die Richtung des Befundes determiniert haben können. Diesen Prozeß der Suche nach Störvariablen nennt er *Exhaustion*. Holzkamp definiert Exhaustion wie folgt: "Die Beibehaltung einer empirischen Hypothese trotz nach dem Realisationsversuch auftretender Abweichungen zwischen Effekt-Behauptungen und Daten durch die Annahme, diese Abweichungen seien auf störende Bedingungen zurückzuführen, der behauptungsgemäße experimentelle Effekt sei durch die störenden Bedingungen lediglich überdeckt, heißt *Exhaustion*, *Ausschöpfung* einer Hypothese im Hinblick auf abweichende Befunde" (1971, S. 27).

Man wird sich nunmehr fragen müssen, was die Berücksichtigung von Störvariablen mit dem systemtheoretischen Ansatz gemein hat. Der Ausdruck *Störvariablen* ist falsch. Es handelt sich nicht um störende, sondern einfach um zusätzliche, maßgebliche Variablen, die man vorher fälschlicherweise theoretisch nicht berücksichtigt hat. Damit wird aber die Zahl der Variablen erhöht, die Realität also angemesser im Experiment simuliert. Man kommt dem System Welt näher als mit dem vorher gewollten Experiment. Was die Empiriker etwas entlastet, analysierte Walter (1977, S. 31): Das Exhaustions-Verfahren wird ihm zufolge innerhalb der Sozialwissenschaften schon längst stillschweigend praktiziert. Es beruht auf einem bereits 1926 von Ernst Mach formulierten Gedanken: "Findet man einmal, daß ein Gesetz aufhört zu gelten unter Umständen, unter welchen dasselbe bisher immer als gültig befunden wurde, so treibt uns dies, nach einer noch unbekannten komplementären Bedingung des Gesetzes zu suchen" (Mach, 1987, S. 453). "Das Exhaurieren selbst ist also durch die *Empirie* erzwungen und mithin die einzige Operation im Forschungsprozeß, in der die *Widerständigkeit der Realität* sie niederschlagen kann" (Holzkamp, 1971, S. 33)

Damit aber nicht willkürlich schlechte Theorien beibehalten werden, stellt Holzkamp methodologische Verfahrensregelung zur Einschränkung der Exhaustions-Möglichkeit auf (s. zfd. Gadenne, 1984). Nach dem *Belastetheitskonzept* dürfen Exhaustionen nur insoweit zulässig sein, als die Behauptung, bestimmte Abweichungen zwischen Theorien und Daten gehen auf störende Bedingungen zurück, selbst wieder begründbar ist. Können Unterschiede zwischen Theorie und Daten nicht auf störende Bedingungen zurückgeführt werden, dann gilt diese Theorie als mehr *belastet*.

VIII. Falsifikation

Die Diskussion um die Holzkampsche Version des Konstruktivismus[34] ist zu finden in der *Zeitschrift für Sozialpsychologie* aus dem Jahr 1970 und 1971 (Münch / Schmidt, 1970; Holzkamp, 1971; Albert, 1971; Bredenkamp, 1971). Nach Münch / Schmidt wird bei Holzkamp das Fehlschlagen von Experimenten auf Störvariablen zurückgeführt. Hinzu kommt, daß bei offensichtlichen Fehlbefunden durch post-hoc-Interpretationen die Ergebnisse jederzeit zur Übereinstimmung mit den theoretischen Postulaten gebracht werden können. Das Scheitern von Theorien an der Realität würde offenkundig unmöglich. Nach Münch / Schmidt ist das Exhaustionsprinzip logisch nicht zu rechtfertigen: "Sind die angegebenen Bedingungen des Wenn-Teils einer Hypothese realisiert, und der im Dann-Teil behauptete Sachverhalt ist nicht zu beobachten, so ist der logisch notwendige Rückschluß auf etwa vorhandene Störfaktoren unzulässig. ... Exhaustion durch Verweis auf Störvariablen verbietet sich schon durch die Bedeutung von Konditionalsätzen" (1970, S. 301f).

Holzkamp (1971, S. 29) antwortet auf die Kritik von Münch / Schmidt (1970) wie folgt: Wie will man denn das Auftreten von Abweichungen zwischen den Effektbehauptungen und den empirischen Daten anders erklären, als durch den Rekurs auf störende Bedingungen; und wie will man die Beibehaltung von Hypothesen trotz solcher Abweichungen wissenschaftslogisch explizieren, und gleichzeitig leugnen, daß diese Beibehaltung eben genau dies ist, was im Konstruktivismus als *Exhaustion* bezeichnet wird.

Münch / Schmidt kritisierten im weiteren an der Holzkampschen Konzeption u.a., daß Exhaustion dann nicht funktioniert, wenn die störenden Bedingungen nicht namentlich bekannt sind. Holzkamp (1971) weist im Gegenzug darauf hin, daß das "Konzept der *unbekannten störenden Bedingungen* eine stringente Explikation entscheidender Momente der Funktion von experimentellen Design und Inferenz-Statistik ist" (1971, S. 30).

Hinzukommt folgender Gedanke: Wenn man die Störfaktoren mit in den Wenn-Teil der Hypothese einbaut, dann unterscheidet sich diese Hypothese von der anfangs aufgestellten Hypothese nicht nur dadurch, daß sie etwas gänzlich anderes aussagt, sondern daß die exhaurierte These gehaltsärmer wird, da der Anwendungsbereich durch Spezifizierung des Wenn-Teils geringer wird. Münch / Schmidt (1970) kritisierten also, daß die bekannten störenden Bedingungen in den Wenn-Teil einer Hypothese übernommen werden und damit die Hypothese allerdings verengt wird. Brocke faßt die Kritik wie folgt zusammen: "Wissenschaftliche Prognosen sind zwar grundsätzlich dem Risiko des Scheiterns ausgesetzt. Es ist jedoch nicht vertretbar, solche Mißerfolge dem Wirken irgendwelcher Störbedingungen zuzuschrei-

---

[34] Holzkamp Gesamtkonzeption wird unglücklicherweise als Konstruktivismus bezeichnet. Dieses Konzept darf aber nicht mit dem Konstruktivismus verwechselt werden, welcher in Kap. 6.6 diskutiert worden ist.

ben. Vielmehr sind Mißerfolge wissenschaftlicher Prognosen entweder die Folge der fälschlichen Annahme, die relevanten Antezendenzbedingungen seien zum Prognosezeitpunkt realisiert oder aber die verwendeten Gesetze haben sich im betreffenden Fall nicht bewährt. Die Auffassung schließlich, zeitraumüberwindende Prognosen seien hinsichtlich der Möglichkeit von Störbedingungen besonders problematisch, beruht vor allem auf einer ungenügenden Klärung der Rolle von Zeitvariablen in diesem Prognosetyp" (1973, S. 143).

Holzkamp (1971) antwortete darauf, daß der Zusammenhang zwischen experimentellen Bedingungen und den angenommenen Effekten nur unter der Voraussetzung der Abwesenheit störender Bedingungen gelte. Die konditionale Bestimmung beziehe sich vielmehr auf den behaupteten Zusammenhang als Ganzem und stehe sozusagen vor der Klammer. "Demgemäß ist die konditionale Einschränkung auch kein thematischer Bestandteil der Theorie, sondern sozusagen ein methodologischer Vorbehalt" (1971, S. 32). Dieser Rechtfertigungsversuch von Holzkamp ist sicher unsinnig: Wie soll man inhaltliche Einschränkungen einer Theorie aus dem Wenn-Teil der Hypothese herauslassen können? Gerade hier liegt der Vorteil des Exhaustionsverfahrens: Man stellt nach der Untersuchung fest, daß etwas nicht stimmt, kann es durch bisher nicht berücksichtigte Faktoren erklären und nimmt diese in den Wenn-Teil der Hypothese auf. Damit wird natürlich der Geltungsbereich der Hypothese geringer. Aber was nützt eine Hypothese mit größerem Geltungsbereich, wenn sie falsch ist?

Der deutsche Konstruktivismus und die analytische Wissenschaftstheorie sind zwei der maßgeblichen wissenschaftstheoretischen Positionen in der Bundesrepublik. Beide führen aber offensichtlich ein voneinander isoliertes Dasein, was vorwiegend an einem Mangel an gegenseitigem Verständnis und der polemisch gehaltenen Auseinandersetzungen liegen mag. Diederich kritisiert beide, Popper wie Dingler (auf den das Exhaustionsverfahren zurückgeht): "Weder unbeirrbares exhaurierendes Festhalten an einmal getroffenen Entscheidungen, noch ständige Falsifikationsbereitsschaft, ja -suche, sind praktizierte methodologische Prinzipien" (Diederich, 1974, S. 143). Gadenne hat eine solomonische Lösung erarbeitet: Er lehnt das strenge Falsifikationsprinzip ebenso ab wie den ständigen Versuch, zu exhaurieren (1984, S. 74). Kritische Befunde zu einer Theorie sollten als Modifikation, nicht als Verwerfungsgrund angesehen werden. Auf dieser Basis versucht auch Friedmann (1984) beide Konstruktionen näher zu bringen. Dazu rekonstruiert er einige Grundannahmen des deutschen Konstruktivismus und zeigt auf, daß es durchaus möglich ist, daß beide wissenschaftstheoretische Schulen durchaus zusammenarbeiten könnten.

Ist das Falsifikationsprinzip vor dem Hintergrund einer systemisch gedachten Welt noch zu retten? Die Antwort ist nicht eindeutig, sondern nur fallweise zu lösen. Wenn es sich um deterministische Systeme handelt, die durch ein mechanistisches Modell abbilden lassen, dann kann ein solches Modell sicher auch falsifiziert werden. Dies darf aber keine raum-zeitliche Unbeschränktheit einschließen. Handelt es sich dagegen um ein komplexes System von Aussagen, das in einem Zuge nicht überprüft werden kann, sondern nur in Teilabschnitten (Experimenten), dann ist Falsifikation ein nicht probates Mittel zur Erkenntnisgewinnung.

IX. Fazit

In diesem Kapitel sollte gezeigt werden, daß die erziehungswissenschaftliche Forschung, soweit sie empirisch orientiert ist, sich nur in begründeten Ausnahmefällen auf das newtonsche Weltbild beziehen kann. Die Modelle der Neuen Systemtheorie deuten darauf hin, daß die Beschreibung von Erziehungswirklichkeit weit komplexer ausfallen muß, als bisher geschehen. Durch den Bezug auf das newtonsche Weltbild ist in der empirischen Forschung eine Unsicherheit aufgetreten, die durch eine zunehmende Flut von Publikationen kompensiert wird. "Die Anzahl wissenschaftlicher Veröffentlichungen nimmt exponentiell zu, Erkenntnis selbst wächst nur in unendlich kleinen Mengen, vor allem aber schwindet das Verständnis der Welt, da die Welt in Wirklichkeit ein interagierendes System ist" (Maturana, 1981, S. 171).[35]

Dies bedeutet aber nicht, daß der empirische Zugang an sich angezweifelt wird. Es bedeutet auch nicht, daß nunmehr grundsätzlich alle Phänomene nur durch komplizierte Modelle zu beschreiben sind. Es wird immer unterschiedliche Ansätze geben: "Die dauerhafte Existenz konkurrierender methodologischer Schulen (und zugehöriger Philosopheme) beweist nur, daß keiner Disziplin eine bestimmte Leistungsfähigkeit abgesprochen werden kann. Wissenschaftstheoretische Kernfragen von Modelldarstellungen auf ein einziges geschlossenes philosophisches System zurückzuführen, kann darum nur um den Preis von Dogmatismus gelingen" (Apel, 1979, S. 149, Anm.1).

---

[35] Fairerweise sei darauf hingewiesen, daß das Anwachsen der Publikationen auch daher rührt, weil unsinnigerweise diese Zahl als Indikator für die Qualität eines Wissenschaftlers zunehmend Berücksichtigung findet. Nach Hejl (1982, S. 34) wird Wissenschaftlichkeit "an der Anzahl insignifikanter Fußnoten, gut übersetzbarer Fremdwörter, nicht übersetzter fremdsprachiger Zitate, nicht explizierter Begriffe etc." meßbar.

G. Beschreibungsmodi von Systemen

Die verschiedene Definitionen, Arten und Klassifikationen von Systemen wurden bereits vorgestellt. Nach den Entwicklungen der letzten drei Jahrzehnte auf den Gebiete verschiedener Wissenschaften und den darauf resultierenden wissenschaftstheoretischen Konsequenzen muß aber eine gravierende Erweiterung solcher Beschreibungsmodi von Systemen vorgenommen werden. Diese Erweiterungen gruppieren sich vor allem um die Begriffe *Autopoiese* und *Selbstorganisation*.

I. Selbstreferenz bzw. Autopoiese

Die Theorie selbstreferentieller Systeme ist von dem Neurophysiologen Maturana entwickelt worden. Hejl hat diese Theorie zusammengefaßt (1982, S. 194f)[1]. Es geht hier nicht darum, den inhaltlichen Rahmen dieser Theorie zu beschreiben, sondern im folgenden soll der Begriff der Autopoiese formal expliziert werden. Ein einfacher Zugang ist der erneute Rückgriff auf die Definition von Systemen: In jüngeren Varianten taucht ein Aspekt auf, der sich auf die selbstreferentiellen Beziehungen der Elemente bezieht: "Ein System besteht aus einem oder mehreren strukturell verbundenen Elementen, deren Zustände von anderen Elemten (*oder sich selbst*) und die die Zustände anderer Elemente (*oder sich selbst*) beeinflussen" (Bossel, 1987, S. 10; Hervorh. d. Verf.). Um solche Systeme soll es im folgenden gehen.

Maturana unterscheidet sogenannte lebende Maschinen in autopoietische Maschinen und lebende Systeme (1981, S. 184f). Autopoietische Maschinen sind homöostatische Maschinen. Ihre Besonderheit liegt darin, daß eine solche Maschine durch ihr Operieren fortwährend ihre eigene Organisation erzeugt. Die grundlegende Variable, die ständig konstant gehalten wird, ist die eigene Organisation. Eine autopoietische Maschine ist damit ein besonderes System, das nicht durch seine Bestandteile oder etwa durch statische Relationen definiert wird, sondern durch bestimmte Prozesse der Produktion

---

[1] Seine Darstellung scheint deshalb treffend zu sein, weil Hejl Mitübersetzer der Werke von Maturana ist.

von Bestandteilen, die die eigene Organisation konstant hält. Der Ausdruck autopoietische Organisation umschreibt schlicht die Prozesse, die auf spezifische Weise miteinander verkettet sind. Im Konzept der Autopoiese werden nicht nur die (mehr oder weniger gefestigten) Relationen zwischen Elementen, sondern auch die Elemente selbst als Ergebnisse der laufenden Reproduktion des Systems aufgefaßt (Luhmann, 1982, S. 368f).

Autopoietische Maschinen bzw. das *Organisationsprinzip* (Roth, 1986, S. 153) Autonomie kann durch folgende Merkmale gekennzeichnet werden (Maturana, 1981, S. 186):

Autopoietische Maschinen sind autonom. Sie unterwerfen alle Prozesse der Erhaltung ihrer eigenen Organisation. Allopoietische Maschinen dagegen sind solche, die durch ihr Funktionieren etwas von sich selbst verschiedenes produzieren. Diese Art von Maschinen sind nicht autonom (Maturana, 1982, S. 158f; Jantsch, 1984, S. 66). Teubner (1987, S. 90f) schlägt gegenüber dieser Dichotomisierung vor, daß man den Begriff der Autonomie durchaus als gradualisierten Begriff auffassen kann. Er folgert daraus: "1. Gesellschaftliche Teilsysteme gewinnen an Autonomie in dem Ausmaß, wie es ihnen gelingt, die Anzahl ihrer Systemkomponenten in selbstreferentiellen Zyklen zu konstituieren. 2. Autopoietische Autonomie erreichen sie erst dann, wenn ihre zyklisch konstituierten Systemkomponenten miteinander zu einem Hyperzyklus verkettet werden" (1987, S. 91)

Autopoietische Maschinen sind Individuen, d.h. sie haben eine spezifische Identität, die unabhängig von ihren Interaktionen mit einem Beobachter bestehen.

Autopoietische Maschinen sind Individuen aufgrund ihrer spezifisch autopoietischen Organisation. Sie erzeugen ihre eigenen Grenzen im Prozeß ihrer Selbsterzeugung. Bei allen allopoietischen Maschinen werden die Grenzen durch Beobachter gezogen.

Autopoietische Maschinen haben weder Input noch Output.[2]

In selbstreferentiellen Systemen interagieren die Zustände zyklisch miteinander, so daß jeder Zustand des Systems durch einen zeitlich davor liegenden Zustand hervorgebracht ist. Daher sind selbstreferentielle Systeme intern zustandsdeterminierte Systeme. Maturana (1981, S. 188) nimmt an,

---

[2] "Autopoietische Systeme sind sich selbst produzierende, sich selbst erschaffende Systeme. Autopoietisch im strengen Sinn ist ein System dann, wenn es die Elemente, aus denen es besteht, als Funktionseinheiten selbst konstituiert" (Berger, 1987, S. 135). Autopoiese ist nach Jantsch (1986, S. 33) "die Eigenschaft lebender Systeme, sich ständig selbst zu erneuern und diesen Prozeß so zu regeln, daß die Integrität der Struktur gewahrt bleibt".

daß die Kategorie der Autopoiese notwendig und hinreichend ist, um die Organisation eines lebenden Systemes zu bestimmen. Allopoietische Systeme können durchaus Teilsysteme von autopoietischen Systemen sein (Problem der Hierarchisierung). "Systemkomplexität ergibt sich in selbstreferentiellen Systemen daraus, daß die Operationen des Systems auf andere Operationen innerhalb des Systems Bezug nehmen - aber eben nicht alle auf alle" (Willke, 1987, S. 258)

Das angesprochene Konzept der Selbstreferenz läßt sich am besten durch die idealtypische Gegenüberstellung von fremdund selbstreferentiellen Systemen erklären. <u>Fremdreferentielle Systeme</u>: Technische (maschinelle) Systeme sind völlig abhängig von ihrer Umwelt. Die Umwelt führt Energie und Information zu. Von einem *Verhalten* solcher Systeme kann man kaum sprechen. Fremdreferentielle Systeme werden von Benutzern zu irgend etwas benutzt. Eine Theorie über diesen Systemtyp müßte also eine Theorie über das Handeln des Benutzers sein. <u>Selbstreferentielle Systeme</u>: Lebende Systeme werden bspw. als selbstreferentielle Systeme bezeichnet. Sie erhalten sich in jeder Hinsicht selbst. Das Ziel eines lebenden Systems ist die Erhaltung dieses Systems. Damit werden alle Aktivitäten selbstreferentiell. Das System interagiert mit sich selbst und mit seiner Umwelt. Es ist schwierig, die dazugehörigen Prozesse richtig einzuordnen.

Tabelle 15

Selbst- vs. Fremdreferentielles System nach Hejl (1982)

	Fremdreferentiell	Selbstreferentiell
Entstehung	Erzeugung durch Menschen	Selbsterzeugung
basale Struktur	linear	zirkulär
Systemziel	Vom Erzeuger vorgegeben	Erhaltung des Systems
Umweltkontanz	Vollständig	teilweise
Folgerungsweise	deduktiv; vorgegeben	induktiv
Verhalten	vorgegeben	erlernt
Verhaltensänderungen	durch Konstrukteur	durch Mutation/Lernen
Ursprung von Informationen	Umwelt	System erzeugt Informationen
Gegenstand der Informationen	Umwelt	System und Umwelt
Wirkung der Informationen	denotativ	konnotativ

Ein naiver Beobachter würde ein selbstreferentielles System aus seiner Umwelt heraus zu verstehen suchen, ohne daß man die Umwelt dieses selbstreferentiellen Systemes dabei beachtet. Selbstreferentielle Systeme sind also solche Systeme, deren Zustände miteinander zyklisch interagieren. Somit ist jeder Zustand an der Hervorbringung des folgenden Zustandes beteiligt. Solche Systeme sind intern zustandsdeterminiert (Roth, 1986, S. 157). Hejl (1982, S. 185ff) hat diese beiden markanten Systemtypen tabellarisch zusammengefaßt. In Tabelle 15 ist seine Gegenüberstellung etwas verändert wiedergegeben.

Die Verwendung des Begriffes Autopoiese ist als inflationär zu bezeichnen. Zwei Ansätze versuchen, den Begriff eindeutiger zu definieren und von anderen abzugrenzen: Roth (1986) und Teubner (1979).

Roth (1986, S. 158) untergliedert aus der Kritik an dem Begriff heraus Autopoiese in die beiden Aspekte der Selbstherstellung und Selbsterhaltung: <u>Selbstherstellung</u>: "Ein System ist selbstherstellend, wenn folgende drei Bedingungen erfüllt sind: Alle Komponenten entstehen nach einem bestimmten Zeitpunkt, alle Komponenten sind die einzigen Komponenten, aus denen das System nach dem Zeitpunkt t besteht. Jede der Anfangsbedingungen der Elemente des Systems ist zumindest teilweise durch die konstituiven Komponenten des Systems erzeugt" (Roth, 1986, S. 154). <u>Selbsterhaltung</u>: Systeme sind dann selbsterhaltend, wenn folgende fünf Bedingungen erfüllt sind:

Das System bildet zu jeder Zeit ein räumlich zusammenhängendes Gebilde, eine Einheit.

Das System bildet einen autonomen Rand, der nicht unabhängig vom System existiert.

Das System ist gegenüber der Umwelt materiell und energetisch offen.

Jeder der konstituiven Elemente existiert nur eine endliche Zeit.

Alle konstituiven Bedingungen beteiligen sich zu jeder Zeit an den Anfangsbedingungen der Elemente, die zu einer späteren Zeit existieren, so daß sich das System selbst erhält (Selbstreferentialität).

Die Systemidentität ist also unmittelbar mit dem raumzeitlich zusammenhängenden Rand verbunden. Die Identität eines Systems ist völlig unabhängig vom Schicksal der Systemkomponenten. Daraus folgt, daß das System die Lebensdauer seiner konstituiven Elemente wesentlich überdauern kann. Roth (1986) weicht damit von der ursprünglichen Konzeption von Maturana und Varela ab: Autopoiese wird als Begriff für die Biologie reserviert und untergliedert in Selbstherstellung und Selbsterhaltung. Gerade der letzte

Schritt sei wichtig, weil es eine Reihe von selbstherstellenden Systemen gäbe, aber nur ein selbsterhaltendes, nämlich die Lebewesen.

Auch Teubner (1979, S. 94f) kritisiert den recht laxen Gebrauch des Begriffes der Selbstreferenz. Ungeniert setze man Selbstreferenz, Selbstproduktion, Selbstorganisation, Reflexion, Autopoiese miteinander gleich. Dies sei besonders bei Jantsch zu beobachten.[3] Seine Lösung des Problems liegt nun darin, daß er drei Dimensionen des Begriffes der Selbstreferenz anbietet: einmal die Systemkomponenten (die unterschiedliche Formen des Selbst darstellen), die verschiedenen Formen des Referierens (Beobachtung) und schließlich die Referent/Referatbeziehung.

Die erste Dimension der Selbstreferenz sind die <u>Systemkomponenten,</u> für die Selbstreferenz proklamiert werden könnten: Element, Struktur, Prozeß, Grenze, Umwelt, Funktion und das System als Ganzes. Es ist notwendig zu zeigen, auf welche dieser einzelnen Systemkomponenten sich die Selbstreferenz beziehen sollte. Die Folge dieser Annahme ist, daß sowohl die Qualität als auch die Quantität subsystemischer Autonomie sich danach bestimmen, welche und wieviele der Systemkomponente eines Systems selbstreferentiell konstituiert sind.

Die zweite Dimension der Selbstreferenz ist die <u>Form des Referierens</u>. Die Frage ist, in welchem Verhältnis die sog. harten Systemoperationen (Produktion und Reproduktion) zu den sog. weichen Operationen (Beobachtung, Information und Kontrolle) stehen. Teubner (1987, S. 102) spricht dann von steigender Autonomie von gesellschaftlichen Teilsystemen, "wenn im Subsystem die Systemkomponenten (Element, Struktur, Prozeß, Identität, Grenze, Umwelt, Leistung, Funktion) selbstreferentiell definiert sind (= Selbstbeobachtung), wenn zusätzlich diese Selbstbeobachtungen als Selbstbeschreibungen im System operativ verwendet werden (= Selbstkonstitution) und wenn schließlich in einem Hyperzyklus die selbstkonstituierten Systemkomponenten als einander wechselseitig produzierend miteinander verkettet werden (= Autopoiesis)".

Die dritte Dimension von Selbstreferenz ist die <u>Referent-Referat-Beziehung</u>. Es ist von Bedeutung, wie diese Beziehung zwischen Referent und Referat ausfällt. Dies kann nämlich ganz unterschiedlich sein: Einmal gibt es die sog. pure Selbstreferenz, in der Referent und Referat identisch sind. In diesem Fall allerdings liegen tautologische bzw. paradoxe Verhältnisse vor. Die zweite Form der Beziehung ist die überschießende Selbstreferenz, bei der das Referat mehr umfaßt als der Referent. Diese *unreine* Selbstreferenz liegt dann vor, wo entweder mehr oder weniger als die Einheit selbst in

---

[3] Deshalb wirft Wuketits (1988) Jantsch Mystizismus vor.

Bezug genommen wird. Umfaßt das Referat mehr als der Referent, dann liegt eine Kombination von Fremdbeziehung und Eigenbeziehung vor. Fremdes wird in die autonome Selbstbezüglichkeit verstrickt; in die selbstreferentielle Geschlossenheit wird die Offenheit gegenüber anderem zirkulär eingebaut. "Hier liegt der Schlüssel zum Verständnis subsystemischer Autopoiese: Anschlußfähigkeit ihrer Elemente und ihre Umweltoffenheit trotz operativer Geschlossenheit" (Teubner, 1987, S. 104).

II. Die Selbstorganisation

Wie geschildert wurde die Theorie der Selbstorganisation innerhalb der Physik (Prigogine), der Biologie (Maturana) sowie in der Evolutionstheorie vorangetrieben. Bei all diesen Ansätzen ging es um die Frage, wie physikalische, chemische und biologische Ordnung durch Selbstorganisation aufrechterhalten wird (s. zsf. Probst, 1987, S. 20f). Motiviert war dieser Zugang dadurch, daß die alten kybernetische Ansätze nicht hinreichend zu Erklärung von Naturprozessen sind. Selbstorganisierende Prozesse sind solche Prozesse, bei denen ein System einen Zustand oder eine Zustandsfolge einnimmt (Attraktor). Dies geschieht aus sich selbst heraus und wird nicht von außen aufgezwungen.

Probst (1987, S. 16f) teilt die Geschichte der Selbstorganisationsforschung in drei Phasen ein: Hinter der *unsichtbaren Hand* (17. bis Mitte 20. Jahrhundert) verbarg sich die Vorstellung, daß es allgemeine Systemregelungen gibt, die die Ordnung in einer Gesellschaft oder Nation aufrechterhalten. Dabei kam die Vorstellung zum Tragen, daß Ordnung *spontan* wie von unsichtbarer Hand *aus dem System heraus* entsteht. In der nächsten Phase (konservative Selbstorganisation; 1920 bis 1960) kam die Systemtheorie zum Tragen. Hier rückte die auf Stabilität und Anpassung ausgerichtete Kybernetik in den Vordergrund. Die entscheidende, für uns interessante, Phase ist die letzte: die innovative Selbstorganisation von Systemen (ab ca. 1960).

Wo steht die Organisationstheorie heute? Keine Frage, die alten Bürokratieansätze sind weitgehend überholt und abgelöst von Konzepten, die nicht mehr von einer hohen Steuerungsfähigkeit der unteren Ebenen einer Organisation ausgehen. Probst (1987, S. 53f) hat diese historische Entwicklung in den Entwürfen von Organisationsmodellen in fünf Stufen gegliedert, die in Tabelle 16 mit den dazugehörigen Schwerpunkten und Eigenschaften wiedergegeben sind.

Tabelle 16

Entwicklung von Entwürfen von Organisationsmodellen

Organisationstyp		Merkmale
(a)	Offenes System	Fließgleichgewicht, Entropie, Äquifinalität
(b)	Kybernetischer Regelmechanismus	Komplexitätsbewältigung, Servomechanismus
(c)	Lebensfähiges System	Autonomie, Rekursivität, Wachstum
(d)	Integrierte Systemorganisation	Differenzierung, Strategie, Management
(e)	Evolutionäres System Entwicklung	Selbstreferenz, Netzwerk, Lenkung

Die frühen Modelle, die sich mit der Organisation offener Systeme (a) beschäftigt haben, gingen der Frage nach, wie menschliche Handlungen untereinander in Einklang gebracht werden können. Die Folge waren Begriffe wie "Arbeitsteilung, Autorität und Verantwortung, Disziplin und Auftragserteilung, Spezialisierung, Hierarchie oder Dienstwege" (Probst, 1987, S. 55). Hier finden wir also Webers Bürokratiemodell wieder. Die zweite Sichtweise (b) schuf Modelle, die Steuerungs- und Regelmechanismen in Systemen berücksichtigen sollten. Steuerung und Regelung sollen das Systemgleichgewicht garantieren. Hilfsmittel dazu ist die Information. In diese Gruppe gehören die mechanischen Modelle, die in irgendeiner Form einen Regler mit Rückmeldeschleife annehmen. Die dritte Entwicklungsstufe (c) versuchte zu klären, warum Systeme in einer bestimmten Umwelt überleben können. Dabei stand die Frage im Vordergrund, welche Strukturen der Lenkung ein soziales System haben müßte, wenn es wie ein lebendes System sich erhalten, anpassen, verändern und entwickeln soll" (Probst, 1987, S. 59). Charakteristisch für lebensfähige Systeme ist, daß sich relativ autonome Subsysteme bilden. Diese Subsysteme werden vom Gesamtsystem untereinander in ihrem Verhalten abgestimmt und koordiniert. Wird dieser Prozeß des Organisierens nicht isoliert betrachtet, sondern im Rahmen der Gesamtführung des Systems, dann sind wir bei dem vierten Ansatz (d). Ging es bisher um die Internintegration, steht nunmehr die Frage im Vordergrund, inwieweit das soziale System einen bestimmten Zweck für und in seiner Umwelt erfüllt. Die letzte Entwicklungsstufe (e) behandelt die Frage "welche Strukturen und Mechanismen die Funktionsweise eines Systems bestimmen und die Fähigkeit des Systems als Ganzes garantieren, in seiner Umwelt bestehen zu können" (Probst, 1987, S. 64).

Die folgende Darstellung bedient sich der Dichotomie des nur aussengelenkten gegenüber des sich selbst organisierenden Systems. Ein typisches Beispiel für ein aussengelenktes oder mechanisches System ist *Heizung in einem Wohnhaus*. Ein solches sog. mechanisches System generiert "grundsätzlich keine neuen Eigenschaften, Elemente oder Beziehungen zwischen den Elementen oder Teilen. Was immer von einem definierten Zustand abweicht, wird als Störung oder gar als zerstörend empfunden. Entsprechend muß das System reagieren" (Bossel, 1987, S. 46). "Bei der Konstruktion einer Maschine ist allein die Funktion, nicht dagegen sind Struktur und Form im vornhinein festgelegt" (Eigen / Winkler, 1987, S. 188).

Selbstorganisation dagegen ist ein Erklärungsprinzip, das qualitativer Art ist. Selbstorganisation steht als Modell der herkömmlichen Organisationslehre gegenüber. Letztere fordert ein eindeutiges Ordnungskonzept, und versucht, durch einzelne Eingriffe und Maßnahmen dieses eindeutige Ordnungskonzept zu verwirklichen. Letztendlich sind aber nur sehr einfach konstruierte Maschinen durch einzelne Handlungen zu lenken. Die Selbstorganisation kann man nicht umschreiben mit Begriffen wie Analyse, Rationalität und Ursache-Wirkung (deshalb ist ihre Akzeptanz schwierig). Vielmehr muß man mit dem Konzeptbegriffe wie Fluktuation, Innovation und Pluralität der Perspektiven verbinden. Bestehende Organisationstheorien sind demgegenüber unzulänglich, "entweder weil zu statisch starr, formerhaltend, hierarchisch, herrschaftsorientiert, zentralistisch..., reduktionistisch, machbarkeitsorientiert" (Probst, 1987, S. 13).

Wenn jedes Verhalten eines Systems auf dieses Selbst zurückfällt und zum Ausgangspunkt für weiteres Verhalten wird, so spricht man von selbstorganisierenden Systemen. D.h. nicht, daß Systeme keinen Bezug mehr zur Umwelt haben. Das heißt nur, daß selbstorganisierende Systeme sich selbst organisieren und diese Organisation nicht von außen bestimmt wird. Energie und Information kann weiterhin in das System hineingetragen werden.

Selbstorganisation zielt also wenig auf Hierarchie und Funktionendiagramme, sondern eher auf die Bestimmungsfaktoren für interdependente Strukturen sowie die Koordinations- und Integrationsmechanismen, die ein soziales System funktionsfähig erhalten. Selbstorganisation ist ein Metakonzept für das Verstehen der Entstehung, Aufrechterhaltung und Entwicklung von Ordnungsmustern (Probst, 1987, S. 14). Begriffe wie Autonomie, Freiraum, Wahlmöglichkeit, Einbezug der Betroffenen sind typisch für Selbstorganisation. Denn dies schließt nicht aus, daß ein System in eine unerwünschte Richtung schlägt. "Im selbstorganisierenden System gibt es keine

Trennung zwischen dem organisierenden, gestaltenden oder lenkenden Teil und dem organisierten, gestalteten oder gelenkten. Gestaltung und Lenkung sind über das System verteilt" (Probst, 1987, S. 81). In dieser Aussage wird deutlich, daß sich ein selbstorganisierendes System nicht nach dem Hierarchieprinzip richtet, sondern nach dem Heterarchieprinzip. Hierarchie wird zwar nicht ausgeschlossen, jedoch eine flexiblere und ganzheitliche Sicht eingeführt. Wenn diese Annahme von Probst stimmt, dann wird er sich fragen lassen müssen, inwieweit das soziologische Machtkonzept damit vereinbar ist.

Selbstorganisation darf auch nicht mit der Selbstreproduktion in biologischen Systemen verwechselt werden. Selbstorganisation gibt aber einem System seine Identität: "Soziale Systeme sind wirklich, wenn sie für sich selbst eine Bedeutung haben" (Probst, 1987, S. 80). Ein System kann sich teilweise von seiner Umwelt autonom machen, damit seine Grenzen aufrecht erhalten und seine Identität bewahren.

Ein solches System paßt sich in Grenzen an die Umwelt an, gestaltet aber auch aktiv seine Umwelt. Nach Probst schiebt sich zwischen der realen Umwelt und dem Handeln des Systems eine sogenannte "sekundäre Umwelt", "die aufgrund der Wahrnehmungen und Werthaltungen der einzelnen Systemmitglieder und auf der Kollektivebene aufgrund der gemeinsamen Systemkultur, konstruiert und sprachlich handelnd und artefaktisch vermittelt wird" (1987, S. 50). Damit werden im Sinne Luhmanns soziale Systeme zu Sinnsystemen.

Damit wird aber gleichzeitig die Beantwortung einer weiteren Frage notwendig, nämlich, welchen Sinn ein System hat, und ob dieser Sinn wünschens- und erstrebenswert ist. Organisation in einem sozialen Systemmodell muß Sinn machen, ein Sinnsystem darstellen und sinnsymbolisch vermitteln können, um die laufende Verarbeitung von Ereignissen und das Handeln im System zu lenken.

Probst (1987, S. 76f) unterscheidet neben der Selbstreferenz drei weitere Charakteristika sich selbst organisierender Systeme: Komplexität, Redundanz und Autonomie.

<u>Autonomie von Systemen</u>. Eines der Beschreibungsmerkmale eines selbstorganisierenden System ist nach Probst die Autonomie eines solchen. Die bereits beschriebene Selbstgestaltung, -lenkung und -entwicklung ist die Folge von Autonomie eines Systems. Diese liegt dann vor, "wenn die Beziehungen und Interaktionen, die das System als Einheit definieren, nur das System selbst involvieren und keine anderen Systeme" (Probst, 1987, S. 82). Vollkommene Autonomie wird man bei Systemen, die Teile eines größeren Systems sind, nicht finden. Ein solches Teilsystem kann nur autonom hin-

sichtlich gewisser Kriterien sein. Autonomie bedeutet dabei keineswegs Unabhängigkeit von der Umwelt, vielmehr empfängt das System je nach seinem Zustande Informationen aus der Umwelt. Dieses Konzept der "relativen Autonomie" vermeidet die Dichotomie von Determinismus und Wahl.

Redundanz von Systemen. Zunächst ein Beispiel: "Einige Wissenschaftler haben die Suche nach Lust erforscht, indem sie Teile des limbischen Systems zerstörten, und in keinem Fall erlosch die entsprechende Reaktion, obwohl manche Forscher Ergebnisse erhalten haben, die sich im Hinblick auf die exakten Auswirkungen der Zerstörung von Nervengewebe z.T. deutlich unterscheiden. Wir haben bereits festgestellt, daß das limbische System eines der ältesten Teile des Gehirns darstellt, und es ist eine neurologische Binsenwahrheit, daß ein Teil des Nervensystems eine umso größere Bedeutung für das Überleben hat, je älter er ist. Die gesamten, vielfältigen Anzeichen der Lust könne nicht willkürlich ausgelöscht werden, ohne das Tier zu töten. Es ist somit unmöglich, selbst wenn es wünschenswert wäre, ein Tier hervorzubringen, das lebensfähig und gleichzeitig unfähig ist, lustvolle Sensationen zu erleben" (Campbell, 1973, S. 38). Redundanz ist Voraussetzung im selbstorganisierenden System. Mehrere Teile des Systems können durchaus gleichzeitig gestalten und lenken, was zur Folge hat, daß mehr vorhanden ist als notwendig. Potentiell sind also dieselben Funktionen in vielen Teilen des Systems vorhanden. Damit "ist die Fähigkeit verknüpft, zu reflektieren, Veränderungen vorzunehmen, zu erfinden, etwas zu schaffen und initiieren" (Probst, 1987, S. 81). Diesen Sachverhalt exemplifizierte J.C. Eccles dahingehend, daß die Entfernung einer Gehirnhälfte die Person kaum ändere.[4]

Komplexität von Systemen. Nach Probst ist ein weiteres Beschreibungsmerkmal eines selbstorganisierenden System die Komplexität desselben. Kompliziertheit und Komplexität sind oft verwendete Begriffe in der Alltagssprache: "Das Gerüst von Verschiedenheit und Komplexität ist auf die Kombinatorik des einfachen gegründet" (Jacob, 1972, S. 140). Vielfalt gilt als Maß der Komplexität eines Systems. Röpke dazu: "Ein System ist komplex, wenn ein Beobachter es nicht mehr vollständig und beeinflussen, d.h. seinen Zustand determinieren und die für Vorhersagen des Verhaltens des Systems notwendigen Rechenvorgänge zu Ende führen kann" (1977, S. 21). Hohe Komplexität führt praktisch zu Selektionszwang, Selektion ist - nach Luhmann - Reduktion von Komplexität. Diese Reduktion wird letztendlich in der Luhmannschen Konzeption die Systemerhaltungsformel. Die Arbeitsgruppe um Prigogine wirft nun die Frage auf, was eigentlich

---

[4] ZDF-Sendung vom 25.7.1988

Komplexität ist. Nicolis / Prigogine (1987, S. 18) bringen dazu ein Beispiel aus der physikalischen Chemie: Jedes Mol eines Gases hat bei einem Druck von 760 Quecksilbersäule und einer Temperatur von 0 Grad 10^{19} Moleküle (10 Milliarden mal eine Milliarde), die in einem Kubikzentimeter angehäuft sind. Diese Moleküle fliegen in allen möglichen Richtungen durcheinander und stoßen pausenlos gegeneinander. Nicolis / Prigogine fragen nun, ob diese Information genügt, dieses System als komplex zu qualifizieren. Da jegliche koordinierte Aktivität, Form oder Dynamik fehle, wäre der Begriff komplex fehl am Platze, eher würde der Begriff molekulares Chaos passen. Sieht man andererseits, wie aus einem Wassertropfen eine prachtvolle Schneeflocke wird, so neigt man eher dazu, von Komplexität zu sprechen. Nicolis / Prigogine kommen zum Schluß, daß es realistischer ist, von komplexem Verhalten zu sprechen, anstelle von komplexen Systemen.

Zur Charakterisierung kann man dem hochkomplexen System z.B. eine triviale Maschine gegenüberstellen. Triviale Maschinen sind beispielsweise im Verhalten vorhersagbar, von der Geschichte unabhängig, synthetisch deterministisch und analytisch determinierbar (Probst, 1987, S. 77).

Luhmann (1985, S. 411f) unterscheidet solche Trivialmaschinen gegenüber nichttrivialen Maschinen. "Trivialmaschinen sind Systeme, die auf einen bestimmten Input nach Maßgabe einer internen Transformationsfunktion einen bestimmten Output erzeugen und dies jedesmal wiederholen, wenn derselbe Input eingegeben wird". Nicht-triviale Maschinen können so viele Zustände annehmen, "daß sie nicht berechnet werden können und ihr Verhalten nicht prognostiziert werden kann. Das gilt auch für sie selbst."

Tabelle 17

Triviale Maschinen in den Sozialwissenschaften

Input	Funktion	Output
Reiz	Organismus	Reaktion
Frage	Individuum	Antwort
Unabhängige Variable	Regression	Abhängige Variable
Ursache	Naturgesetze	Wirkung

Das Menschenbild, das hinter dem mechanistischen System zum Ausdruck kommt, ist die eines abhängigen, außengelenkten Menschen. In der

Organisationspsychologie ist das mechanistische Menschenbild als Theorie X (McGregor) bekannt geworden. Herzog (1984, S. 97ff) geht sogar noch weiter: Er wirft der Psychologie vor, im Grunde von einem Maschinenmodell des Menschen bei ihrer gesamten Theoriebildung auszugehen. Solch triviale Maschinen sind aus den Sozialwissenschaften durchaus bekannt (s. Tabelle 17)

Das Verhalten wird in so einer trivialen Maschine eindeutig bestimmt. Das Verhalten komplexer Systeme läßt sich aber nicht mehr durch einfache lineare Ursache/Wirkungsketten erklären. Bei nicht-trivialen Modellen beeinflussen sich die internen Zustände nämlich selbst. Nicht-triviale Maschinen sind nach Probst von folgenden Eigenschaften zu kennzeichnen: Von der Vergangenheit abhängig, analytisch unbestimmbar, analytisch nicht vorhersagbar, synthetisch deterministisch.

Diese Form der Selbstorganisation wurde in ihrer Existenz allerdings immer wieder bestritten. So ist v. Förster (1985, S. 115) der Ansicht, daß es keinerlei Systeme gibt, die sich selbst organisieren. Dies hat seinen Grund vorwiegend darin, daß oft von Selbstorganisation geschrieben wird, ohne allerdings dabei konkret zu werden: "Was nun die generelle Euphorie über die Selbstorganisation angeht, so sind bei aller Zustimmung zum Grundgedanken, erhebliche Bedenken anzumelden. Selbstorganisation wird nur begründbar, wenn die Eigengesetzlichkeiten auf den verschiedenen Ebenen, die inneren und äußeren Constraints, aufgezeigt werden, so daß erkennbar wird, wie die von interner Energetik vorangetriebenen Entwicklung sich nach Maßgabe von Limitationen und Zwängen in irreversibler Weise entfalten. Aber diese richtenden Prinzipien und Mechanismen müssen, wenn sie wissenschaftlich verwandt sein sollten, explizit genannt werden. Das aber geschieht nicht überall" (Gutmann, 1986, S. 234).

"Ein verhältnismäßiger einsichtiger Schritt zur Beschreibung des Selbstorganisation besteht darin, alle äußeren Kräfte als Teile des gesamten Systems aufzufassen" (Haken, 1983, S. 211). Dann aber ist der Begriff der Selbstorganisation zu nichts nutze. Selbstorganisation als Beschreibungsqualität ist - und das kommt hinzu - nur dann sinnvoll, wenn die Systemgrenzen bekannt sind.

Die Diskussion um den Begriff der Selbstorganisation und auch den der Autopoiese wird erneut aufgegriffen, wenn es um die Möglichkeiten geht, diese Begriffe zur Beschreibung sozialer Systeme heranzuziehen.

H. Systemtheorie in der Soziologie

Nach den aufsehenerregenden Entwicklungen der letzten 15 Jahre kann man also mit Recht behaupteten, daß es die "alte" Systemtheorie nicht mehr gibt. Es waren vor allem Naturwissenschaftler, die den Systembegriff eine völlig neue Dimension gegeben haben. Deshalb konnte auf ein etwas tieferes Eingehen auf naturwissenschaftliche Inhalte nicht verzichtet werden. Von den dargestellten Ansätzen aus wurden immer wieder Aspekte auf andere Wissenschaften übertragen. Es stellt sich dabei allerdings die Frage, ob eine Übernahme dieses neuen Systembegriffes auf andere Wissenschaften notwendig und der Sache dienlich ist. Im folgenden wird die Übernahme des neuen Systembegriffes in die Sozialwissenschaften diskutiert. Begonnen wird bei der Soziologie, daß in dieser Disziplin der Systembegriff bereits vor langer Zeit Einzug gehalten hat, und weil die Erziehungswissenschaft von dort Theoriefragmente übernahm.

I. Einleitung

Die Übernahme des neuen Systemansatz in die Sozialwissenschaften wurde vor allem von Luhmann vorangetrieben, nicht weiter verwunderlich, war doch Luhmann vorher schon als Systemtheoretiker ausgewiesen. Aus diesem Grunde wird die Luhmannsche Konzeption in ihrer neuen Fassung diskutiert werden müssen. Luhmanns Systemtheorie ist weit über 20 Jahre alt, hat allerdings in den letzten Jahren eine Umarbeitung durch den Soziologen selbst erfahren, die sie nach einer eher ruhigeren Phase wieder in den Mittelpunkt der Diskussion stellte. Nach Willke (1987, S. 82) ist die Neuordnung der soziologischen Systemtheorie u.a. deshalb bemerkenswert, da die Naturwissenschaften dort, "wo sie mit Systemen hoher organisierter Komplexität zu tun haben, dieser Komplexität nicht ausweichen können, und dem ernstzunehmenden (d.h. nicht reduktionistisch arbeitenden) Sozialwissenschaften einiges lernen können". Diese nicht gerade bescheidene Aussage gipfelt in dem Satz: "Die Soziologie hat die Glaubenskriege zwischen rivalisierenden mono-kausalen Erklärungen bereits hinter sich" (1987, S. 82).[1]

---

[1] Trotzdem scheint die Soziologie nach Aussagen desselben Autors noch nach Identität zu su-

Nach Luhmann verlief die Entwicklung des systemtheoretischen Denkens in vier Etappen: strukturale Systemtheorien, Gleichgewichtstheorien, Theorien der 'umweltoffenen Systeme' und kybernetische Systemtheorien.

Offenbar übersieht Luhmann (so Ropohl, 1979, S. 84), daß es zwischen den Gleichgewichtstheorien und den kybernetischen Systemtheorien überhaupt gar keinen Unterschied gibt. Wo ist aber Luhmann selbst einzuordnen? Wir beginnen bei der Luhmannschen Erstkonzeption seiner Systemtheorie, die sich nach Willke (1987, S. 4f) wie folgt theoriegeschichtlich einordnen läßt:

Die strukturell-funktionale Systemtheorie von Talcott Parsons,[2]

der system-funktionale Ansatz von Buckley und Miller,

der funktional-strukturelle Ansatz von Nicklas Luhmann (*Luhmann I*),

der funktional-genetische Ansatz,

die Theorie selbstreferentieller Systeme (*Luhmann II*).

Die Vorläufer seiner Konzeption werden hier nur insoweit berücksichtigt, soweit sie zur Diskussion der Luhmannschen Konzeption notwendig sind.[3]

II. Luhmann I

Die *alte* Theoriekonzeption Luhmanns zur soziologischen Systemtheorie läßt sich kurz umreissen. Die Kernbestandteile seiner Theorie tauchen später nach der Reformulierung wieder auf, weshalb sie hier nicht bis in das Detail diskutiert werden müssen. Zudem gibt es eine Reihe von guten Zusammenfassungen (so z.B. Schmid / Treiber, 1975).

a) Kontingenz. Kontingenz "verweist auf die grundsätzliche Nicht-Berechenbarkeit menschlichen Verhaltens, d.h. auf die Erfahrung, daß alles auch anders als erwartet eintreten kann" (Kiss, 1986, S. 6). Die weitere Interaktion zwischen zwei Personen kann beispielsweise durchaus anders verlaufen, als es in der jeweiligen Situation angezeigt erscheint. Damit verbunden ist auch die Enttäuschung darüber, daß die Interaktion evtl. anders verläuft. In einer Interaktion läßt man sich also notwendigerweise in ein Risiko ein. Um dieses Risiko des Interaktionsverlaufs möglichst ge-

---

[1] chen: "Die Soziologie ist (immer noch) eine junge Wissenschaft, die ihre identitätsbildende Programmatik noch nicht gefunden hat."
[2] Eine Übersicht über Parsons' Modell des sozialen Systems findet man bei Scott (1986, S. 139), Brandenburg (1971) und Kieser / Kubicek (1978)
[3] Einen Überblick über ältere Ansätze über die Verwendung des Systemansatzes in den Sozialwissenschaften gibt der Sammelband von Tjaden (1971).

ring zu halten, schaffen menschliche Gesellschaften bestimmte Möglichkeiten, Kontingenz zu strukturieren. Dazu gehören beispielsweise Rollen-, Normen-oder Werterwartungen.

b) <u>Komplexität</u>. Bei der Kontingenz wird im einzelnen die Bedrohung und Verunsicherung bewußt gemacht. Komplexität wird erlebt als eine Fülle von Möglichkeiten des Erlebens und Handelns. Komplexität zwingt zur Reduktion bzw. Selektion. Der Mensch steht innerhalb einer sehr komplexen Umwelt mit einem Chaos von Möglichkeiten. Mit Hilfe des Systems macht sich der Mensch einen Ausschnitt aus der kontingenten Umwelt überschaubar, er konstituiert Sinn und erhält dadurch Ordnung und Struktur. Sinn ist also eine Strategie, nach welcher die Komplexität reduziert wird.

c) <u>Sinn und Selektivität</u>. Aus Komplexität und Kontingenz, die der Mensch beide bewußt wahrnehmen kann, entsteht die Notwendigkeit zur Selektion. Selektion geschieht durch Sinn (*meaning*, Bednarz, 1988). Sinn ist also eine Ordnungsform des menschlichen Erlebens. Sinn ist demnach ein selektiver Prozeß, was dazu führt, daß die Sinnhaftigkeit des Handelns nicht mehr die Zweckgerichtetheit ist, wie es noch bei Max Weber war. Man versteht Wirklichkeit, weil man die komplexe Wirklichkeit durch die Einführung geeigneter Kennwerte in ein weniger komplexes Gebilde umgeformt hat.

d) <u>Erleben und Handeln.</u> Luhmann nimmt eine nur analytische Trennung zwischen Handeln und Erleben vor. Ihm zufolge fallen diese beiden Begriffe in der Realität zusammen. Handeln ist Selektion bzw. selektive Reduktion von Komplexität. Es ist sinnhaft orientiert. Handeln ist nicht die sinnhafte Bestimmung, sondern die temporale Integration von Moment zu Moment. Im menschlichen Verhalten wird die Gegenwart auf die Vergangenheit und Zukunft bezogen.

e) <u>Kommunikation und Handlung</u>. Wenn Handlung die Verkettung von Ereignissen aus Vergangenheit, Gegenwart und Zukunft ist, so ergibt sich daraus, daß die Zurechnung zu einem Subjekt problematisch ist. Handlungen müssen auf ihren *Kommunikationswert* (Kiss, 1986, S. 16) analysiert werden. Handlungen sind Einzelbestandteile von Kommunikationen. Daraus ergibt sich, daß die kleinsten Elemente einer Gesellschaft nicht aus Menschen und auch nicht aus einzelnen Handlungen, sondern aus Kommunikation bestehen.

f) <u>System und Umwelt</u>. Wenn Handlungen mehrerer Personen sinnhaft aufeinander bezogen werden, dann spricht Luhmann von einem *sozialen System*. Ein solches entsteht dann, wenn Menschen sich wechselseitig selektives Erleben und Handeln zuschreiben können. Luhmann definiert den Umweltbegriff relativ zu dem des Systems: kein System ohne Umwelt.

III. Luhmann II

1. Einleitung

Luhmanns neuerer Ansatz aus dem Jahre 1984 (Buchtitel: *Soziale Systeme*) ist von einer Wendung vom Struktur-Funktionalismus zum Funktionalismus gekennzeichnet. Der "alte" Luhmann konzentrierte sich vorwiegend auf die Reduktion von Komplexität, die jüngere Version seiner Systemtheorie bezieht die von Varela übernommenen Begriff der autopoietischen Organisation ein.

Nach Luhmanns Auffassungen soll seine allgemeine Theorie sozialer Systeme als Theorie selbstreferentieller oder autopoietischer Systeme rekonstruiert werden. Dieser Kerngedanke eines sich geschlossenen, selbstreferentiellen Modus autopoietischen Operierens soll seine überkommene, eher funktionale Bestimmung der Selbststrukturierung von Systemen im Gefolge der Reduzierung von Komplexität präzisierend ablösen (Schmid / Haferkamp, 1987, S. 11). Die konstituierende Selbstreferentialität sozialer Systeme ist die Kommunikation. Ein soziales System ist ein "selbstfortführendes, rekursiv funktionierendes kommunikatives System" (Schmid / Haferkamp, 1987, S. 12).

Obwohl Luhmann in seinem Werk aus dem Jahre 1984 noch einen universellen Anspruch seiner Systemtheorie erhebt, nimmt er diesen nach Gegenkritik (s. Sammelband von Haferkamp / Schmidt, 1987) weitestgehend zurück: "Im Augenblick ist es sicherlich zu früh, ein Urteil über die Annehmbarkeit dieses Vorschlags zu fällen, und der Vorschlag selbst ist, mehr als der Buchdruck erkennen läßt, von Unsicherheiten, Zweifeln und sich schon abzeichnenden Lernnotwendigkeiten geplagt. Es geht vor allem um ein Ausprobieren: 'Wie es wäre, wenn ...'" (Luhmann, 1987, S. 307).

2. Aufbau des Systems

Die Elemente des Systemes sind die Handlungen. Die Mitglieder (die Personen) gehören nach Luhmann nicht zum sozialen System, sondern in der sogenannten *Innenwelt* sind die Relationen des Systems mit seinen Mitgliedern erfaßt. Diese Annahme ist deshalb notwendig, weil die Mitglieder ja nicht ausschließlich Mitglieder eines Systems sind, sondern auch außerhalb des Systems über Relationen verfügen. Die *Außenwelt* umfaßt alle externen Relationen des Systems, also alle Input- und Output-Beziehungen.

Die Elemente in der Systemdefinition von Luhmann sind also nicht Personen, sondern Handlungssysteme, d.h. abgrenzbare Handlungszusammenhänge. Damit sind alle Personen, auch die Mitglieder eines Systems, Bestandteil der Umwelt und nicht des Systems: "Elemente sind, was immer sie an Substrat voraussetzen und wie immer sie dadurch gegen Änderungen auf dieser Ebene empfindlich sind, im System konstituierte und für das System nicht weiter auflösbare Letzteinheiten. Dies und nichts anderes steckt hinter der Aussage, daß materielle Systeme aus Atomen, soziale Systeme aus Handlungen "bestehen". Immer ist dabei die Umwelt ... als Bestandsvoraussetzung mitgedacht" (Luhmann, 1982, S. 367).

Diese Luhmannsche Aussage, daß die Elemente des sozialen Systems nicht die Person, sondern Handlungen sind, ist auf Parsons zurückzuführen (Jensen, 1978, S. 123). Jensen dazu sehr prägnant: "Nein, Sozialsysteme sind nicht aus Menschen oder Persönlichkeiten o.ä. komponiert und nicht in sie dekomponierbar. Sozialsysteme sind normative Schemata, die Verhalten steuern: Programme! Es sind tatsächlich Programme, strukturell vergleichbar den Programmen, die in Computer eingegeben werden. Wer würde Computer mit ihren Programmen verwechseln - warum also Sozialsysteme mit Menschen?" (1978, S. 123, Anm. 10).

3. Luhmanns Verwendung des Begriffes Autopoiese

"Biologische Systeme, psychische Systeme und soziale Systeme sind in allen ihren Ausprägungen stets selbstreferentielle und sogar autopoietische Systeme" (Luhmann, 1986, S. 77). Sie beziehen sich - so Luhmann weiter - in allen ihren Operationen immer auf sich selbst und konstituieren die Elemente, aus denen sie bestehen Luhmann (1982, S. 369). Systeme reproduzieren ihre Selbstreferenz mit Hilfe der Differenz von System und Umwelt, womit sie die reine Zirkularität bereits durchbrechen. "Selbstreferenz heißt zunächst nur, daß die Operationen eines Systems in ihrem Sinngehalt immer auf anderen Operationen desselben Systems verweisen" (Luhmann / Schorr, 1979, S. 8)

"Als autopoietisch wollen wir Systeme bezeichnen, die die Elemente, aus denen sie bestehen, durch die Elemente, aus denen sie bestehen, selbst produzieren und reproduzieren. Alles, was solche Systeme als Einheit verwenden, ihre Elemente, ihre Prozesse, ihre Strukturen und sich selbst, wird durch ebensolche Einheiten im System erst bestimmt. Oder anders gesagt: Es gibt weder Input von Einheit in das System, noch Output von Einheit aus dem System. Das System operiert als ein selbstreferentiell - geschlossenes System. D.h. nicht, daß keine Beziehungen zur Umwelt bestehen, aber diese Beziehungen liegen auf anderen Realitätsebenen als die Autopoiesis selbst. Sie werden im Anschluß an Maturana oft als Koppelung des Systems an seine Umwelt bezeichnet" (Luhmann, 1985, S. 403; zit. n. Kiss, 1986, S. 83; s.a Luhmann, 1986, S. 77).

Psychische und soziale Systeme sind nach Luhmann Sinnsysteme: Informationen sind nicht genetisch vorbereitet, sondern werden selektiv nach Maßgabe einer gewählten Strategie des Verhaltens (= Sinn) verarbeitet. Bei seiner autopoietischen Wende geht es Luhmann darum, die *Selbstbeweglichkeit des Sinngeschens* als Musterbeispiel für Autopoiese nachzuweisen. Es liegt eine *doppelte Systemreferenz* vor: Sie bezieht sich immer auf das personale und auf das soziale System (Luhmann / Schorr, 1979, S. 122)

Die Kommunikation innerhalb eines Systems ist also nicht (wie nach der alten Auffassung Luhmanns) durch die Umweltbedingungen determiniert, sondern durch sich selbst. Informationen werden aus der Umwelt nur noch nach Maßgabe der Verwertbarkeit dieser Informationen für das eigene System entnommen. Autopoietische Systeme sind demnach nicht voll geschlossen, sondern ziehen aus der Umwelt Informationen. Die Operationen innerhalb des Systems hinsichtlich Produktion und Reproduktion seiner Elemente (Gedanken bzw. Kommunikation) sind allerdings geschlossen.

Die Identitätsbildung einer Person besteht aus einer laufenden Kombination von Selbst- und Fremdreferenz. Die Person entscheidet, inwieweit sie die Erwartungen der Umwelt erfüllen kann. Damit ergibt sich aber auch, wie Kiss richtig bemerkt, eine neue Auffassung von Sozialisation. Nach dem alten Sozialisationskonzept werden Normen, Werte und Rollenerwartungen einer Gruppe internalisiert. Nach dem neuen Ansatz ist Sozialisation eher Selbstsozialisation: Die Person ist immer schon ein autonomes System, die sich sozialisiert, "indem sie die gesellschaftlich gestellten Anforderungen mit eigenen Mitteln aufgreifen und bewältigen muß" (1986, S. 85).

Soziale Systeme sind offene Systeme. Wie aber läßt sich dann der Begriff der Selbstreferenz bzw. Autopoiese, welche ja nur im geschlossenen System gilt, damit vereinbaren? Die Hilfskonstruktion besteht nun darin, daß man annimmt, daß Systeme eine "innere Steuerungsstruktur" bzw. Tiefenstruktur (Willke, 1987, S. 43) haben. Diese Tiefenstruktur der Selbststeuerung ist in sich geschlossen und unabhängig und unbeeinflußbar von der Umwelt. Das System ist nur hinsichtlich der Aufnahme von Energie und Information offen. Es besteht für Luhmann deshalb auch kein Problem darin, den Autopoiese-Gedanken auf die Psyche anzuwenden. Das psychische System kennt weder Input noch Output und ist ausschließlich zirkulär geschlossen: "Es gibt keinen unmittelbaren Kontakt zwischen verschiedenen Bewußtseinssystemen" (Luhmann, 1985, S. 404).

Nun kommt allerdings in der Argumentation eine Kehrtwende: Willke (1987, S. 46) beispielsweise schreibt, daß es notwendig ist, "die Härte des Gedankens reiner Selbstreferenz abzumildern durch eine besondere Art der Kombination oder Koppelung von Selbstreferenz und Fremdreferenz." Damit "sei der Schluß zwingend, daß reine Selbstreferenz nicht möglich ist und auch zur Erklärung dieser Prozesse nicht ausreicht". Im folgenden spricht

Willke immer wieder von einer "Kombination von selbstreferentieller Geschlossenheit und fremdreferentieller Offenheit". Es wird nicht genau geklärt, wie diese Kombination aussieht. Nach der Diskussion des Begriffes eines autonomen Systems versucht Willke genauer zu werden, was ihm kaum gelingt: "Die mit der Simultanität von Selbstreferenz und Fremdreferenz korrelierende Mischung von Unabhängigkeit und Abhängigkeit eines autonomen (sozialen) Systems läßt sich nun präzisieren: Es ist unabhängig von seiner Umwelt hinsichtlich der Tiefenstruktur seiner Selbststeuerung und seiner daraus folgenden rekursiven Operationsweise. Es ist abhängig von seiner Umwelt hinsichtlich der Konstellationen und Ereignisse, aus denen es Informationen und Bedeutungen ableiten kann, welche die Selbstbezüglichkeit seiner Operationen interpunktieren und anreichern und es ist abhängig davon, in dieser Abhängigkeit unabhängig zu sein" (1987, S. 49).

4. Sinn und Grenze

Der Sinnbegriff ist zentrales Thema der Phänomenologie. Die an das Subjekt gebundene Intentionalität ist die Grundlage von Sinn. Auch in den Handlungstheorien tritt der Sinnbegriff als Zweck in Erscheinung. Zweck ist sozusagen das Wesen der Handlung, er gibt ihr Richtung und Ziel.[4] Bereits bei Max Weber war Sinn ein zentraler Steuerungsmechanismus, der es ermöglicht, soziales Handeln aufeinander zu beziehen und eine verständliche Orientierung des Handelns zu erreichen. Weber bindet den Sinnbegriff noch an das handelnde Subjekt, Luhmann definiert den Sinnbegriff ohne Bezug auf den Subjektbegriff, weil er der Ansicht ist, daß der Subjektbegriff selbst sinnhaft konstituiert ist und deshalb den Sinnbegriff schon voraussetzt (Wilke, 1978, S. 352f).

Bei Luhmann wird nur die Betrachtungsweise umgekehrt (Wuchterl, 1977, S. 253f): Der traditionsbelastete Subjektsbegriff soll vom Sinn her definiert werden. Dazu ist es allerdings notwendig, daß der Sinnbegriff vom Subjekt unabhängig definiert wird. Sinn wird bei Luhmann eine bestimmte Strategie innerhalb des Systems. Wuchterl hat die beiden Verwendungsweisen von Sinn wie folgt gegenübergestellt (Tabelle 18)

Soziale Systeme sind kommunikative Systeme. Kommunikative Ereignisse sind bedeutend für die Selbstproduktion eines sozialen Systems. Dazu müßten die sozialen Systeme Sinn gewinnen. Der Sinnbegriff scheint eine zentrale Rolle zu spielen, sogar eine Art Lebensformel zu sein. Sinn ist - allgemein gesprochen - das Steuerungskriterium hochkomplexer Systeme: "Mit Hilfe des Sinnkriteriums ist es möglich, Weltkomplexität zu reduzieren, auf eine vom System aus gesehene kleinere Klasse von systemrelevanten und

---
[4] Das Thema Zweck war Gegenstand des Kapitels F.

eine bezüglich ihres Umfangs unbestimmte Klasse von zumindest vorübergehend relevanten Ereignissen und Problemen" (Hejl, 1982, S. 84).

Tabelle 18

Die beiden Verwendungsweisen von Sinn

Phänomenologie	Systemtheorie
Subjekt als Grundbegriff	System als Grundbegriff
Intentionalität	Sinn als spezifische Strategie im System
Sinn, Zweck (als subjektive Intention)	
Systematik des Gemeinten (Philosophie und Wissenschaft)	Subjekt als sinnverwendendes System

"Die Systemgrenze sozialer Systeme kann verstanden werden als der Zusammenhang selektiver Mechanismen, die auf einer ersten Stufe der Differenzierung von System und Umwelt die Kriterien setzen, nach denen zwischen dazugehörigen und nicht-dazugehörigen Interaktionen unterschieden wird" (Willke, 1987, S. 30). Dabei ist das abgrenzende Kriterium der intersubjektiv geteilte Sinn. "Die Steuerung der Selektion von Umweltdaten durch eine nach Sinnkriterien gebildete Präferenzordnung ist Bedingung der Möglichkeit der Systembildung" (Willke, 1987, S. 31). Und weiter: "Der Sinn von Grenzen liegt in der Begrenzung von Sinn" (S. 37).

Nach Luhmann "unterscheiden sich psychische und soziale Systeme von allen anderen Systemen (z.B. biologischer und physikalischer Art) dadurch, daß ihre Grenzen Sinngrenzen sind. Alles Erleben oder Handeln bzw. jeglicher Input oder Output muß über diese Sinngrenzen vermittelt werden" (Miller, 1987, S. 197). Problematisch an dieser Annahme bleibt die Tatsache, daß die Sinngrenzen empirisch nicht auszumachen sind (Grimm, 1974, S. 58).

Der Begriff Sinn soll auch klären, wie es möglich ist, daß Handlungen aufeinander bezogen sind. Sinn hat nach Luhmann (er bezieht sich auf E. Husserl) die Aufgabe, abzugrenzen, was dazugehört und was nicht. Deshalb spricht Luhmann auch von "Systemen als sinnkonstuierenden Systemen". Wenn Systeme nach Luhmann sinnkonstituierende Systeme sind, dann wirft dies die Frage auf, ob Systeme nicht selbst auch durch Sinn konstituiert werden (Hejl, 1972, S. 109).

Am deutlichsten faßt Schülein die Diskussion um den Sinnbegriff zusammen:

"- Mit Weber sollte die Intentionalität und der soziale Charakter von Sinn festgehalten werden, ohne daß man seinen subjektlastigen Rationalismus in Kauf nimmt;

- mit Schütz müßte der Prozeß der Konstitution betont werden, aber dabei vermieden werden, daß Sinn wie bei ihm aufgespalten und monologisch wird;

- mit Luhmann müßte der funktionale Aspekt der Selektivität berücksichtigt werden, ohne daß dabei die Differenzen zwischen Subjekt und Gesellschaft verschwimmen und Sinn entqualifiziert wird;

- mit Habermas schließlich sollte der Produktionsprozeß von Sinn in die Analyse einbezogen werden, ohne daß dies den idealistischen Zug einer Begründung von Gesellschaft durch eine Kommunikationskritik bekommt" (Schülein, 1981, S. 13ff; zit. n. Kiss, 1986, S. 97).

5. Phänomen Komplexität

Ein zentraler Begriff in Luhmanns Systemtheorie bleibt nach wie vor die Komplexität. Ihr kommt eine Schlüsselrolle zu. Der Übersetzer von Ashbys *Einführung in die Kybernetik* - J.A. Huber - schrieb in seinem Vorwort sogar von einer *Komplexitätsangst*, die besonders in Luhmanns Systemtheorie zum Tragen käme.

Willke (1987, S. 16) versteht Komplexität als "den Grad der Vielschichtigkeit, Vernetzung und Folgelastigkeit eines Entscheidungsfeldes". Luhmann definiert Komplexität als die Gesamtheit der möglichen Ereignisse, wobei hier stets eine Relation zwischen System und Welt und nie ein Seins-Zustand bezeichnet wird. Komplexität wird damit eine Eigenschaft von Systemen, die offensichtlich durch Art und Anzahl zwischen den Systemelementen bestehenden Beziehungen festgelegt scheint. Im Unterschied dazu definiert Willke (1987, S. 17) *Kompliziertheit* als die Zahl der unterschiedlichen Elemente eines Systems.[5]

Will sich das System auf die Umwelt optimal einstellen, so erfordert die Umweltkomplexität eine angemessene Eigenkomplexität des Systems.

---

[5] Ein System ist dann kompliziert, wenn es aus einer Vielzahl verschiedenster Elemente besteht, komplex nennt man es dann, wenn es nur aus Elementen einer einzigen Sorte besteht, dafür aber einen großen Vernetzungsgrad aufweist (Kornwachs / v. Lucadou, 1984, S. 114).

Willke weist mit Recht darauf hin, daß dieser Sachverhalt von Ashby in seinem berühmten *law of requisite variety* erfaßt hat.[6]

Durch die Reduktion von Komplexität im Sinne Luhmanns wird Ordnung aufgebaut. Dies geschieht bei Luhmann durch Sinnstiftung und Einordnung kontingenter (ungeordneter) Fakten in Sinnschemata usw. Die Reduktion von Komplexität ist für Luhmann die einzige Möglichkeit, wie ein System auf die Umwelt reagieren kann. Es gibt aber noch eine weitere: Das System kann die eigene Struktur ändern, und damit das Verhältnis zur Umwelt völlig neu definieren (Grimm, 1974, S. 57). Damit aber hätte sich keineswegs die Komplexität reduziert, sondern sie könnte sogar gleich bleiben. Es werden nur andere Mengen von Informationen gespeichert und verarbeitet.

"Für Luhmann ist der Mensch vor allem ein reduktionsbedürftiges Wesen" (Meinberg, 1984, S. 254). Die Reduktion von Komplexität soll für den Menschen entlastende Funktion haben. Diese Form der Entlastung - so Meinberg - ist durchaus schon bei Gehlens Konzept vom Menschen als ein Mängelwesen zu finden. (Bei Gehlen werden aus diesem Grunde Institutionen geschaffen, die die Mängel des Individuums ausgleichen - Kritik dazu bei Bischof, 1989.)

Systeme lassen sich hinsichtlich ihrer komplexitätsreduzierenden Eigenschaft auch durch die beiden Begriffe Struktur und Prozeß beschreiben.[7] Luhmann trennt diese Begriffe, weil er den Bestand und die Funktion eines Systems analytisch trennen wollte. "Unter Struktur wird die Festsetzung eines relativ invarianten Rahmens von Bedingungen verstanden mit der Funktion der Vorselektion..." (Hejl, 1982, S. 86). Luhmann unterscheidet zwischen Umwelt- und Systemstruktur, letztere werden noch einmal in drei Dimensionen (zeitlich, sachlich, sozial) aufgeteilt: Die *soziale Komplexität* wird dadurch bewältigt, daß Mitglieder unterschiedliche Rollen ausdifferenzieren und damit eine bestimmte Form der internen Arbeitsteilung bilden (s. Willke, 1987, S. 63).

Ähnlich muß argumentiert werden, wenn man die Diskussion um den Begriff *zeitliche Komplexität* diskutiert. Hier geht es darum, daß das System sich auch in der Zeitdimension von seiner Umwelt (*Weltzeit*) abkoppelt. Die Steigerung der zeitlichen Komplexität beruht auf einer strategisch ansetzenden Reduzierung freifließender Weltzeit auf prozessual syncronisierte Systemzeit. "Im Laufe ihrer Entwicklung lösen Systeme das Problem zeitlicher Komplexität durch die Differenzierung von Struktur und Prozeß. Neben dem Selektionspotential der durch Rollen und interne Differenzierung ge-

---

[6] Er (wie Luhmann auch) übersieht dabei völlig, daß Ashby eben den Begriff variety verwendet hat und nicht complexity. Dazu später.

[7] Siehe Kapitel F

bildeten Systemstruktur tritt das zusätzliche Selektionspotential zeitlich verbindlicher Prozeßregeln" (Willke, 1987, S. 66).[8]

Luhmann diskutiert hier unter dem Titel *Sachliche Komplexität* das Eigengewicht, die Eigendynamik der bloßen Zunahme der Zahl und Dichte von Menschen und Handlungszusammenhängen. Er beruft sich im weiteren sogar auf Durkheim, der die Bedeutung der Zunahme von Zahlen und Dichte der Bevölkerung für die Entwicklung moderner Gesellschaften hervorgehoben habe.

6. Interpenetration: Systeme verstehen Systeme

Von Interpenetration[9] soll immer dann die Rede sein, wenn die Eigenkomplexität von Umweltsystemen als Unbestimmtheit und Kontingenz für den Aufbau eines mit ihnen nicht identischen Systems aktiviert wird. (Luhmann, 1977, S. 67). Interpenetration bezeichnet den Prozeß, wie Sinnmaterialien über Systemgrenzen hinweg transportiert werden können. Personale Systeme sind interpenetrierende Systeme, soziale Systeme dagegen durch Interpenetration konstituierte Systeme.

Interpenetration liegt dann vor, wenn personale Systeme in sozialen Systemen ihre strukturelle Offenheit und ihr Selbstbestimmungsvermögen zur Verfügung stellen. Das ist nur möglich, wenn Handlungen im Kontext des personalen Systems zugleich Handlungen im Kontext des sozialen Systems sind; wenn also die Systeme sich auf der Ebene ihrer letzten (für sie nicht weiter auflösbaren) Elemente überschneiden. In diesem Sinne interpenetrieren personale Systeme mehr oder weniger stark, mit mehr oder weniger umfangreichen und komplexen Handlungsmengen in soziale Systeme (Luhmann / Schorr, 1981, S. 47).

Damit liegt aber doppelte Systemreferenz vor: Eine Handlung gehört sowohl zum personalen als auch zum sozialen System. Damit ergeben sich auch zwei Binnenhorizonte. Dies ist dann zu beachten, wenn vor allem eine längerfristige Interpenetration gewünscht wird. Interferenz liegt nach Luhmann / Schorr dann vor, wenn ein System durch sein Handeln mehr oder weniger vorbestimmt, wie das andere handeln soll. An dieser Stelle führen Luhmann / Schorr wieder den Kausalitätsbegriff ein. Handlungen liegen meist in einer Sequenz vor. Mit jeder Handlung versucht das eine oder andere System das jeweils andere zu einer bestimmten Handlung zu veranlas-

---

[8] Zum Thema Zeit s.a. Kapitel F
[9] Das Verhältnis von personalen zu sozialen Systemen bezeichnet Parsons als Interpenetration (Jensen, 1978). Prinzipien der Interpenetration finden sich auch an ganz anderer Stelle: bei der Diskussion um das Konstrukt 'Kognitive Komplexität' (Huber / Mandl, 1978).

sen. Der Schüler muß also, solange er sich im Unterricht befindet, eine *Schrumpfexistenz* führen: Seine Handlungsmöglichkeiten sind eingeschränkt.

Daraus folgert Luhmann erneut, daß soziale Systeme nicht aus Personen bestehen können: "Es wird dann sofort evident, daß soziale Systeme nicht aus Personen bestehen, und daß man ihre Teilsysteme von den interpenetrierenden Systemen unterscheiden muß. Eine Dekomposition sozialer Systeme in Teilsysteme, Teilteilsysteme oder letztendlich in Funktionselemente und Relationen führt nie auf Personen, sie dekomponiert sozusagen an den Personen vorbei. Sie endet je nach analytischem oder praktischem Bedarf bei Firmen oder bei Organisationsabteilungen oder bei Rollen oder kommunikativen Akten, nie jedoch bei konkreten Menschen oder Teilen von Menschen (auf Zähnen, Zungen usw.)" (Luhmann, 1977, S. 68).

"Die eigentliche Frage ist ... nicht das 'nachrichtentechnische' Problem der Übermittlung von Strukturen zwischen zwei Systemen, Sender und Empfänger, sondern das eine übermittelte Information, die hier stets als eine 'Struktur mit Bedeutung' aufzufassen ist, von verschiedenen Systemen verschieden verstanden und ausgelegt wird" (Pohl, 1986, S. 117). Nehmen wir an, daß ein System Alpha die Struktur A als a und ein System Beta die Struktur A als b versteht. Eine problemlose Verständigung wäre in diesem Falle nur dann möglich, wenn man den Prozeß des Verstehens selbst wieder formalisieren kann. Böhme (1974) konnte zeigen, daß eine vollständige Objektivierung der Beziehung zwischen Struktur und Bedeutung prinzipiell nicht möglich ist, da in diese deutenden Beziehungen von Alpha auf A notwendig der Zustand des Gesamtsystems eingeht. Das Verstehen einzelner Strukturen ist eine Modifikation des Gesamtsystems, womit sich die Totalität des Gesamtsystems einer Objektivierung entzieht.

Luhmann hat sich 1986 intensiv mit dem Problem beschäftigt, wie Systeme andere Systeme verstehen. Er setzt voraus, daß verstehende Systeme immer selbstreferentiell sind, da für ihn Verstehen eine Art von Beobachtung ist. Allerdings müssen auch die verstandenen Systeme selbstreferentiell sein. Er formuliert: "Verstehen ist Beobachtung im Hinblick auf die Handhabung von Selbstreferenz" (1986, S. 79).

Verstehen ist nur möglich durch die Differenz zwischen System und Umwelt. Die eigene Operation des Systems wird an der Differenz des eigenen Systems zu seiner Umwelt orientiert. Beim Verstehensprozeß muß allerdings hinzukommen, daß die System-Umwelt-Referenz des verstandenen Systems Bestandteil der eigenen Umwelt ist. Verstehen findet immer so statt, daß ein System in seiner Umwelt ein anderes System aus dessen Umweltbezügen heraus versteht. Dies ist sicherlich eine etwas trockene Formulierung, unter die man u.a. den Begriff der Geschichtlichkeit als notwendiger Grundlage des Verstehensprozeß subsummieren kann.

Letztlich bleibt noch eine Frage zu klären: Wieso nimmt ein Individuum Sozialbeziehungen auf? Es wurde bereits darauf hingewiesen, daß lebende Systeme nur ein Ziel haben: zu überleben. Aus diesem Grunde sind sie selbstreferentiell. Kooperative Naturbearbeitung verbessert die Chancen, dieses Ziel zu erreichen. Sie sind "entwicklungsgeschichtlich vorteilhafter als die isoliertere Produktion des solitären Individuums" (Hejl, 1982, S. 279).

7. Kritik

Luhmanns Konzeption ist sehr unterschiedlich bewertet worden. Zu den positiven gehört sicher eine Analyse von Kiss. Er geht sogar soweit, Luhmann mit evolutionstheoretischen Begriffen zu beschreiben (Kiss, 1986, S.41f):

Der Mutation entspricht im soziokulturellen Bereich die Erzeugung von Varietäten,

dem Überleben des Brauchbaren entspricht die Selektion (im Sinne brauchbarer Möglichkeiten),

der reproduktiven Isolation entspricht die Bewahrung und Stabilisierung gewählter Möglichkeiten, trotz bleibend hoher Komplexität und Kontingenz des Auswahlbereiches.

Luhmann erweist sich dabei sicherlich als der Forscher, der dem Konzept der Autopoiesis in den letzten Jahren am deutlichsten eine theoretische Relevanz verliehen hat und dies ohne Bedenken in seine Analysen einfließen ließ (Zolo, 1985, S. 528). Luhmann hat den Autopoiese-Begriff nicht mit erforderlicher Klarheit rezipiert. Er nimmt an, daß Systeme operativ geschlossen sein müssen. Damit vermengt er aber zwei Sachverhalte (so Schmid, 1987, S. 43, Anm. 22), die eigentlich analytisch trennbar wären: "Rekursivität und Geschlossenheit der Operationen entsprechender Systeme fallen zusammen, sofern diese tatsächlich autopoietisch verlaufen. Andererseits setzt Rekursivität Geschlossenheit nicht voraus. Luhmann übersieht dies und belastet in der Folge seinen Autopoiesebegriff mit der Schwierigkeit, sich das Hineinwirken und Hineinnehmen externer Größen angemessen vor Augen führen zu können."

Die Annahme, daß die Autopoiese für den menschlichen Bereich zutrifft, bringt eine Reihe von Problemen mit sich, die im folgenden diskutiert werden sollen.[10]

---

[10] Zur Kritik des Luhmann I siehe Kieser / Kubicek, 1978

a) Die Nutzung des Begriffes Autopoiese

Die alte Luhmannsche Systemtheorie basierte auf der Annahme, daß die Funktionsweise eines Systems sich durch die Transformationsregeln von System/Umwelt-Austauschbeziehungen bestimmen lassen könnte. Dieser Ansatz orientierte sich also an den Differenzen zwischen System und Umwelt. Durch den paradigmatischen (so Kiss, 1986) Wandel hin zur Autopoiese verlagert sich die genannte Grundannahme auf eine Orientierung an Differenzen der Systemelemente selbst.

Luhmann selbst wurde bezüglich der Bezeichnung eines sozialen Systems als autopoietisches durchaus skeptisch. Er erklärt dies im Zusammenhang mit seiner Diskussion über den Prozeß, wie Systeme andere Systeme verstehen können. Soziale Systeme "bilden sich auf ganz anderen Operationsgrundlagen als biologische und als psychische Systeme. Sie ordnen die Autopoiesis nicht des Lebens, nicht des Bewußtseins, sondern der Kommunikation. Das ist ein ganz anderer, eigenständiger Tatbestand, eine emergente Ebene der Systembildung". "Der Begriff der Autopoieses ist zur Definition des Begriffs des Lebens eingeführt worden ... Man kann nicht einfach voraussetzen, daß Bewußtseinssysteme oder soziale Systeme "lebende" Systeme sind" (Luhmann, 1985, S. 402). Damit stimmt er aber der eben genannten Kritik von Roth (1986) im Grunde zu. In einer Fußnote (1986, S. 91, Anmerkung 33) erklärt Luhmann diesen Theorienotstand damit, "daß die Soziologie sich an diese Diskussion noch gar nicht ernsthaft beteiligt hat".

Das Prinzip der Autopoiese versuchte Luhmann auf unterschiedliche Lebensbereiche anzuwenden, u.a. auch auf die Wirtschaft. Hier kann nicht darauf eingegangen werden, aber eine Analyse von Beckenbach (1989) zeigt, daß Luhmann falsch liegt: Zahlungen können nicht mittels Zahlungen allein erzeugt werden, dazu seien nichtmonetäre Kommunikationsakte ebenso notwendig wie nichtkommunikative Sachverhalte. Die einzige Möglichkeit, ein soziales System auch als autopoietisch begreifen zu können, besteht nach Roth darin, einen Systemebenenwechsel durchzuführen. Dabei sieht man von den handelnden Individuen völlig ab und betrachtet die sozialen Akte als die ausschließlichen Komponenten des Systems. Damit würde das so neu gestaltete System ein "autopoietisches System zweiten Grades" werden. Roth ist der Auffassung, daß dieses Problem noch gelöst werden muß, denn sonst könnte es sein, "daß diese Theorie ihre große Fruchtbarkeit verliert, wenn sie zu weit auf nichtbiologische Bereiche ausgedehnt wird" (1986, S. 178).

Nach Roth ist das entscheidende Kriterium zur Beantwortung dieser Frage, wie weit sich die Komponenten in einem autopoietischen System sich selbst erzeugen: "Eine Anwendung des Autopoiese-Begriffs auf nichtorganismische Systeme ist daher nur bei einer gleichzeitigen Umdefinition des Begriffs 'Produktion der Komponenten' möglich" (1986, S. 178). Roth ist der

Auffassung, daß soziale Handlungen wie Kommunikation, Rechtsgeschäfte usw. zwar Komponenten selbstreferentieller Systeme sind, aber nicht autopoietischer. Er begründet das damit, daß soziale Handlungen nicht unabhängig von der Existenz der handelnden Individuen bestehen können. Roth setzt sich dafür ein, "den Begriff der Autopoiese für die Beschreibung biologischer Systeme zu reservieren und die globale Theorie als eine Theorie selbstreferentieller Systeme zu bezeichnen, also den Begriff der Selbstreferentialität als Oberbegriff zu verwenden" (1987, S. 72; 1987b, S. 283). Maturanas ontologischer Anspruch besteht darin, daß die Welt strukturdeterminiert ist, d.h., daß alle autopoietischen Systeme durch ihre materielle Struktur determiniert sind (Dell, 1984).

b) Zur Entstehung und Bildung von sozialen Systemen

In seiner Kritik an Luhmanns neuerer Konzeption kommt Schmid (1987, S. 34f) zu dem Ergebnis, daß Luhmann die Genese autopoietischer Systeme nur sehr unscharf erfaßt. Er ginge lapidar von der Unterstellung aus, daß es soziale Systeme gibt. Weiterhin würde Luhmann den dynamischen Aspekt von Systemen unberücksichtigt lassen, "womit sich seine Rezeption der Theorie autopoietischer Systeme genau besehen auf die Übernahme ihrer Begrifflichkeit beschränkt" (1987, S. 36). Nach Luhmann führt Kommunikation zwangsläufig zur Bildung eines sozialen Systems (1985, S. 405). Wann wird ein System zu einem autopoietischen System? Für Luhmann ist die Sachlage eindeutig: Ein System ist entweder autopoietisch oder nicht. Hier sei auf den Aufsatz von Metzner (1989) verwiesen.

c) Komplexität

Was ist Komplexität bei Luhmann? Er schreibt: "Systeme kann man als komplex bezeichnen, wenn sie so groß sind, daß sie nicht mehr jedes Element mit jedem anderen verknüpfen können" (1980, S. 237). Elemente sind bei Luhmann wie gezeigt die Handlungen. Handlungen werden demnach durch das System verknüpft. Systeme erhalten in dieser Definition eine völlig eigenständige, ja steuernde Rolle gegenüber ihren Elementen. Diese Auffassung ist nicht haltbar, denn Systeme werden ja selbst durch die Elemente und deren Relation zueinander definiert. Das Definiendum erzeugt das Definiens. Luhmann bleibt weiter im Dunkeln: "Soziale Systeme sind in jedem Falle Systeme mit temporalisierter Komplexität. Ihre Letztelemente sind kommunikative Handlungen, also Ereignisse, die ihre Einheit darin haben, daß sie ein bestimmtes Muster der Verknüpfung mit anderen Handlungen wählen..." (1980, S. 245). Nun wählen also die Elemente selbst ihre

Verknüpfungen. Dies Analyse gipfelt in dem Satz: "Eine Handlung ist deshalb Handlung nur als andere Handlung anderer Handlungen" (S. 246).

Willke schreibt wie folgt: Es komme "mit wachsender Komplexität weniger auf die Beziehungen der Elemente untereinander und mehr auf die Beziehungen der Elemente zum System" an (1987, S. 96). Auch dies ein Hinweis auf die unpräzisen Äußerungen soziologischer Systemtheoretiker. Sie selbst definieren ein System als die Relationen zwischen den Elementen. Die Elemente des Systems sind die Handlungen. Die Beziehungen der Elemente machen das System aus. Wie können dann die Elemente Beziehungen zum System haben?

Friedrich / Sens (1976, S. 37f) weisen darauf hin, daß Luhmann seinen Komplexitätsbegriff analog zu dem Begriff der Vielfalt von Ashby verwendet. Die Autoren weiter: "Jedoch vernachlässigt Luhmann die bei Ashby gegebenen präzisen Bestimmungen des Komplexitätsbegriffs und verwendet die behavioristisch gefärbte Formulierung Ashbys unter der Hand als Beleg für die Notwendigkeit einer handlungstheoretischen Systemtheorie. Diese Einschätzung wird auch dadurch bestätigt, daß Luhmann u.E. aus seiner Komplexitätsauffassung die internen Systemzustände ausklammert und nur die Zustände der 'Systemoberfläche', d.h. der Eingangs- und Ausgangsgrößen berücksichtigt: Komplexität als Anzahl der Möglichkeiten von Erleben und Handeln." Die Autoren schlagen (wie auch andere) vor, den Begriff der Reduktion von Komplexität besser durch den Begriff der *selektiven Wahrnehmung* zu ersetzen.[11]

Friedrich / Sens (1976, S. 38f) führen die Kritik Luhmanns auf ein grundlegendes methodologisches Mißverständnis zurück. Ihrer Ansicht nach ist die Frage nach der Bedeutung, Herkunft und Umweltbezug der Komplexität nur auf der semantischen und pragmatischen Stufe der konkreten Modellbildung möglich. Sie kann also nur beantwortet werden durch die in das Modell eingehende inhaltliche Theorie und nicht auf der überwiegend syntaktischen Ebene des kybernetischen Kalküls. Luhmann würde einerseits in dieser Hinsicht die kybernetische Systemtheorie überfordern, andererseits aber eine Reihe von Möglichkeiten nicht ausschöpfen. Dazu gehören z.B. die Zielhierarchie, die Vermaschung, die Ultrastabilität, die Multistabilität, die Ergodizität, das systeminterne Außenweltmodell sowie die Lernmatrix usw.

Auch Ropohl kritisiert an der Luhmannschen Systemkonzeption insbesondere dessen Verwendung des Begriffes 'Reduktion von Komplexität'. Luhmann rekurriere dabei auf Ashby (1985, S. 187ff). Luhmanns entscheidender Übersetzungsfehler tritt bei dem Begriff *variety* auf. Dieser Begriff

---

[11] 'Reduktion von Komplexität' ist ein untaugliches Konzept. Nicht Komplexität wird reduziert, sondern Information selektiv verarbeitet. Dies erkennt auch Willke (1976, S. 427).

sei eher mit 'Vielfalt' zu übersetzen, keinesfalls aber mit 'Komplexität'. Dies entspräche zum einen nicht der herrschenden kybernetischen Terminologie, zum anderen würde Ashby selbst den Begriff *complexity* verwenden, mit dem er beschreibt, "daß die Veränderung eines Faktors sofort die Veränderung, möglicherweise vieler anderer Faktoren verursacht" (Ashby, 1985, S. 21). Hinzu komme, daß Luhmann den Begriff Komplexität immer wieder sehr unterschiedlich definiere. Ropohl urteilt wie folgt: "Solche hermeneutische Kreativität in der Umdeutung und Vernebelung von Begriffen wird nur derjenige für fruchtbar halten, der schillernde Verbalmagie mit philosophischer Tiefe verwechselt" (1978, S. 83).[12]

d) Elemente von Systemen

Die Elemente von Systemen in Luhmanns Theorie sind - wie mehrfach gezeigt - die Handlungen und nicht die Menschen. Insbesondere Hejl (1982, S. 102) weist auf diesen wichtigen Punkt an der Luhmannschen Systemtheorie hin: Durch die Vernachlässigung konkreter Individuen in dieser Theorie wird die kognitionstheoretische Basis übergangen. Trotz der Versuche, den Parsonschen Begriff der Interpenetration fruchtbar zu machen, scheint Luhmanns Theorie mit psychologischen Theorien kaum vereinbar. Während bei Luhmann die Handlung das Element eines Systems ist, besteht bei Ropohl (1979, S. 147) ein Subsystem aus koordinierten Teilaktivitäten im entsprechenden System assoziierter personaler Systeme (= Menschen): "Das Handlungssystem der Mikroebene entspricht eindeutig dem wirklichen Menschen" (Ropohl, 1979, S. 142).

e) Systemgrenzen

Bereits an anderer Stelle ist betont worden, daß ein System immer durch den Beobachter bestimmt ist. Dies gilt natürlich auch für die Systemgrenzen. Diese lassen sich überhaupt nur dann festlegen, wenn es zu einer allgemeinen Theorie der Sprache und der umgangssprachlichen Kommunikation kommt. Diese Phase der Theorientwicklung überspringt Luhmann.

---

[12] "Luhmann hat schließlich mit seiner Zauberformel "Reduktion von Komplexität", die er für das entscheidende Merkmal von Systemen hält, nicht nur spekulative Verbalakrobatik an die Stelle exakter Modellkonstruktion gesetzt, sondern vor allem auch ... Ashbys kybernetische Systemtheorie gründlich mißverstanden" (Ropohl, 1978, S. 44). Auch Stachowiak (1987, S. 33) kritisiert an Luhmann Systemtheorie die "exorbitant unscharfen Bestimmungen". Zolo (1985) wirft Luhmann insbesondere epistemologische Zweideutigkeiten und begriffliche Unklarheiten vor. Diese müßten geklärt werden, sonst würde die neuere Systemtheorie letztendlich nur auf eine "einflußreiche Metaphysik" hinauslaufen.

Diese Kritik insbesondere seitens Habermas an der Luhmannschen Konzeption ist nicht von der Hand zu weisen.

f) Stabilisierung der Realität

Verschiedene Autoren (s. zusammenfassend Oelkers / Tenorth, 1987, S. 26) kritisieren Luhmanns Systemtheorie, weil sie die Wirklichkeit legitimiere, zumindest aber stabilisere. Zwar wird zu Gunsten Luhmanns angenommen, daß dieser Effekt ungewollt sei, allerdings werfen verschiedene Autoren Unbekümmertheit bezüglich des individuellen Willens und gemeinsamer Werte vor. Die Theorie Luhmanns sei weniger kritikbedürftig durch das, was sie anfechtbar machen könnte, sondern eher durch das, was sie unterschlägt. Hejl (1982, S. 89) kommt zu dem Schluß, daß bei den Arbeiten Luhmanns ein Übergewicht organisations- und verwaltungstheoretischer Arbeiten auffällt. Eine derartige Orientierung an eher bürokratischen Ansätzen muß den Eindruck der Stabilisierbarkeit von Gesellschaft durch Luhmannsche Aussagen verstärken. Willke ist Jurist und daher wie Luhmann (ehemals Verwaltungsjurist) besonders anfällig für die Ideologie der gut funktionierenden Bürokratie.

g) Sinnbegriff

Wuchterl weist darauf hin, daß die Theorie Luhmanns zwar versucht, sich durch Einbeziehung der Sinnproblematik von anderen Systemansätzen (Organismen und kybernetische Maschinen) abzuheben, daß aber auch Sozialsysteme in der Formalstruktur Organismen und kybernetische Maschinen weitgehend identisch sind: "Am Anfang steht das totale System, die Gesamtheit aller denkbaren (bestimmbaren, ja unbestimmbaren!) sinnhaltigen Zusammenhänge. Durch die Konfrontation mit der Welt des Kontingenten selektiert ein Teilsystem aus der Unzahl von Möglichkeiten Bestimmtes und determiniert dadurch seine innere Struktur: Teilsysteme werden greifbar und inhaltlich bestimmbar; ihr funktionaler Zusammenhang rebellisiert sich im Erfahrungsprozeß, d.h. im weiteren Austausch mit kontingenten Umweltelementen; andere Teilsysteme enthalten prinzipiell unbestimmbare Elemente" (Wuchterl, 1977, S. 248f). Weil Sinn nicht unabhängig von psychischen und sozialen Systemen auftreten kann, als Grundkonzeption diesen jedoch vorgeordnet ist, wird somit die Frage offengelassen, in welchem Kontext welche Zuordnung zu machen ist, "eine Unbestimmtheit, die als Allgemeinheit dieser Konzeption begriffen wird" (Hejl, 1982, S. 78).

h) Begrifflichkeit

Die Luhmannsche Version der Systemtheorie ist nicht nur soziologieintern kritisiert worden, sondern vor allem auch von Vertretern einer Systemtheorie, die mehr auf Formalisierung und klaren Begriffsbestimmungen Wert legen: "Während Parsons' Konzeption durchweg als "strukturell-funktionale Theorie" bekannt ist, gebührt N. Luhmann das zweifelhafte Verdienst, für ein gegenüber Parsons modifiziertes sozial-philosophisches Konzept in höchst mißverständlicher Weise das Etikett "Systemtheorie" - ohne einschränkenden Zusatz! - usurpiert und dabei diesen Begriff, wie er selbst meint ..., radikalisiert, sondern jeglicher Präzision beraubt zu haben" (Ropohl, 1978, S. 43ff).

Aber auch Habermas, selbst ein Kritiker Luhmanns[13], bleibt von Ropohl nicht verschont: "Während es sich bei diesen Weltmodellen um Anwendungen einer mathematisch-kybernetisch orientierten Systemtheorie handelt, ist das sozialwissenschaftlich interessierte Publikum in der viel beachteten Kontroverse zwischen N. Luhmann und J. Habermas einer ganz anderen 'Systemtheorie' begegnet, die wohl eher als spekulative Sozialphilosophie einzuschätzen ist" (Lenk / Ropohl, 1978, S. 3; Ropohl, 1979, S. 49): "Spekulation gewisser Sozialphilosophen"). Ropohl spricht gar von einem systemtheoretischen Dilettantismus, der die Reputation auch der seriösen Systemtheorie in der wissenschaftlichen Öffentlichkeit unerfreulicherweise erheblich belasten würde (Ropohl, 1979, S. 49).

Luhmann muß (so Wuchterl, 1977, S. 254) die ursprüngliche kybernetische Methode zu einer kaum faßbaren Systemtheorie umgestalten, "die zahlreichen Kontroversen verursacht und den Rekurs auf den üblichen Systembegriff als solchen sehr erschwert". Der Universalitätsanspruch bei Luhmann geschieht auf Kosten einer genaueren Begriffsbestimmung. Der Systembegriff wird ganz vage als Konstante im Felde wechselnder Umweltbedingungen definiert, Reduktion von Komplexität verschluckt völlig solche fundamentalen Erscheinungen wie Erleben und Handeln. Zieht man noch das *Zauberwort* (so Wuchterl) von der *funktionalen Äquivalenz* hinzu (Ersetzungen von Leistungen im System), dann wird deutlich, daß Luhmanns Ansatz eine Lösung der Probleme nur vortäuscht. So erinnert Luhmanns Systembegriff an eine Metapher, die eher an die Modernität von Begriffsbildung erinnert, bei der allerdings ein exaktes theoretisches Mittel zur Klärung anstehender Probleme nicht gegeben ist. Wuchterl faßt zusammen: "Der Totalitätsanspruch bedingt einen Präzisionsverlust; je universeller die Begrifflichkeit, um so vager ihre Inhalte; die Erfassung des Ganzen degeneriert quasi zum Sprechen von nichts" (1977, S. 255).

---

[13] "Luhmanns ingeniöse Umformung der Systemtheorie, die auf Husserls Schultern steht, ist Parsons nicht weniger verpflichtet als Gehlen" (Habermas, 1989, S. 9).

i) Empiriefeindlichkeit

Damit verbunden ist die Kritik an der Empiriefeindlichkeit Luhmanns. Seine Theorie würde zumindest zu einer Empirievermeidung führen und das Empiriedefizit der Soziologie damit verstärken (Haferkamp, 1987, S. 61). Dieser Vorwurf ist auch bei Luhmann-Schülern leicht nachweisbar. So erhebt Willke (1987) für seine Darstellung der Systemtheorie den Anspruch, daß er neuere Konzepte (Autopoiese, Selbstreferenz etc.) in die jüngste Auflage seines Buches aufgenommen hat. Dies scheint aber seine Vorurteile gegenüber den empirisch arbeitenden Naturwissenschaften nicht geändert zu haben.[14] So behauptet er beispielsweise (s. S. 134), daß die traditionellen Naturwissenschaften immer nur diejenigen Variablen herauspicken würden, welche sich gut messen ließen. Unter diesen Umständen aber wäre die Heisenbergsche Unschärferelation nie formuliert worden. Andererseits behauptet er von der Systemtheorie, daß der Systemwissenschaftler fähig sein müßte, diejenige Variablen aus einem System zu entnehmen, die von kritischer Bedeutung für das System sind. Offensichtlich werden hier auch Variablen herausgepickt, allerdings nicht für eine empirische Analyse. Luhmann selbst hat nur in einem Projekt empirisch gearbeitet. Darin liegt natürlich die Gefahr einer eingeschränkten Erfahrung sozialer Wirklichkeit (Sigrist, 1989).

k) Der Mensch als Systemfunktionär

Für die Erziehungswissenschaften liegt in der Luhmannschen Systemtheorie ein besonders Problem: die Vernachlässigung der Handlung eines Einzelnen. Meinberg kommt zu folgender Auffassung: "Im Angesicht von Systemen und Institutionen verblassen nämlich individuelle Wünsche und subjektive Begehrlichkeit ... Systeme beherrschen das Subjekt" (1984, S. 257). Diese Verhältnisbestimmung von Individuum und System von Luhmann führt letztendlich dazu, daß der Mensch nur als Systemfunktionär bestimmt wird. Meinberg hat Luhmann in diesem Punkte nicht richtig verstanden. Luhmann kennzeichnet den Mensch selbst als ein System, das durchaus mit anderen Systemen ein Verhältnis hat, von diesem aber nicht vollständig beherrscht wird. Im Gegenteil, Luhmann beschäftigte sich sogar mit sehr individuellen Merkmalen, wie z.B. in seinem Aufsatz über die Autopoiese des Bewußtseins (Luhmann, 1985). Hinzu kommt, daß Begriffe wie individuelle Wünsche und subjektive Begehrlichkeit keine Begriffe sind, die in der Systemtheorie Verwendung finden könnten. Nur so konnte Meinberg zu

---

[14] Die Wegbereiter der allgemeinen Systemtheorie sind allerdings - wie gezeigt - keineswegs empiriefeindlich: Thermodynamik, Biologie, Neurophysiologie, Zellentheorie, Computertheorie, Informationstheorie und Kybernetik belassen es nicht auf Verbal-Analysen.

seinem Fehlurteil kommen, daß Luhmann "den Systemaspekt dermaßen überbetont, daß andere, nicht weniger elementare Momente des Menschseins ausgeblendet werden" (1984, S. 258). Meinberg setzt hierbei voraus, daß es neben dem System noch andere Momente gibt. Wenn diese in das gewählte systemtheoretische Modell aufgenommen sind, dann stimmt das Modell. Das Argument Meinbergs spricht also nicht gegen den Systemansatz an sich.

IV. Fazit

Vor dem Hintergrund einer solchen scharfen Kontroverse um und über Luhmann scheint es noch nicht an der Zeit zu sein, ein endgültiges Urteil zu fällen. Die Theorieentwicklung wird durch Luhmann und seine Schüler sicher weitergehen. Ein Hauptziel müßte sein, auf die vorliegende Kritik zu reagieren und darauf aufbauend die Konzeption vor allem zu präzisieren. Es bleibt Aufgabe, immer wieder die gewählten Modelle zur Beschreibung von Wirklichkeit aus der Sicht der Erziehungswissenschaft zu hinterfragen. Inwieweit die Systemtheorie heute schon zu erziehungswissenschaftlichen Fragen beigetragen hat, wird u.a. im nächsten Kapitel behandelt.

I. Konseqenzen für die Erziehungswissenschaft

Es ist keine Frage, daß insbesondere die soziologische Systemtheorie alter und neuer Art (Luhmann I und Luhmann II) einen immensen Einfluß auf die Erziehungswissenschaft gehabt haben und noch haben. Damit stellt sich die Frage, ob eine Übernahme der Systemtheorie aus der Soziologie gerechtfertigt ist oder nicht. Es soll im diesem Kapitel gezeigt werden, daß wesentliche pädagogische Faktoren bei einer solchen Übernahme unberücksichtigt bleiben (Kap. 9.1). Daraus darf aber nicht geschlossen werden, daß der Systembegriff grundsätzlich für die Erziehungswissenschaft unbrauchbar ist. Deshalb folgt eine erneute Diskussion des Systembegriffes und seine Brauchbarkeit für Schule im speziellen und Pädagogik im allgemeinen (Kap. 9.2). Wie darauf basierend Änderungen der Erziehungswirklichkeit (Innovationen) aussehen könnten, wird dann in Kap. 9.3 vorgestellt. Diese Vorgehensweise ist deshalb notwendig, weil es bereits Anwendungen für Unterricht auf der Basis der Theorie Maturanas gibt, die sich zwar auf Maturana berufen, seine Theorie aber nicht umsetzen (z.B. Molnar, Lindquist / Hage, 1985; angemessen bei Wrede, 1986)

I. Die Kritik an Luhmann aus der Sicht der Pädagogik

Nach Meinberg gibt es drei Gründe für die Vorliebe der Luhmannschen Systemtheorie innerhalb der Erziehungswissenschaft. Einmal kann man einen Trend beobachten, daß die Pädagogik sich selbst als sozialwissenschaftliche Disziplin beschreibt, die sehr nahe zur Soziologie steht. Zum anderen beobachtet Meinberg einen gewissen anti-naturwissenschaftlichen Affekt, der bei Luhmann unverkennbar sei und vielen Pädagogen geradezu entgegenkomme. Als drittes Motiv vermutet Meinberg, daß Luhmanns Theorie von einem Begriffsinventar zusammengehalten wird, dessen pädagogische Affinität nicht bestritten werden könne. Dazu zählt er Kategorien wie Welt, System, Funktion, Struktur, Ordnung etc.

Die Folgen dieser Übernahme der Systemtheorie in theoretische Konzeptionen der Pädagogik sind nach Meinberg (1983) allerdings gravierend: Am schwersten wiegt wohl, daß das Konzept des pädagogischen Bezuges (und das damit verbundene Primat der Persönlichkeit) abgelöst wird durch eine systemorientierte Erziehungstheorie. Es sei z.B. nicht mehr der Lehrer, der erzieht, sondern das Interaktionssystem Unterricht. Meinberg ist i.W. der Auffassung, daß die Systemtheorie den Erziehungsprozeß im Grunde nicht besser erklärt als herkömmliche Begriffe wie Technologie, pädagogisches Verhältnis und Entwicklung. Diese Begriffe würden von Luhmann und Schorr nur mit Hilfe einer spezifischen soziologischen Nomenklatur umformuliert werden. "Das systemtheoretische Menschenbild totalisiert den gewiß nicht gering zu achtenden gesellschaftlichen Aspekt der Entwicklung" (Meinberg, 1984, S. 269). Meinberg (1984, S. 260) weiter: "Personale Identität wird damit, entgegen der klassischen Traditionslinie in der Pädagogik seit Rousseau ..., in einen soziologisch determinierten Funktionalismus umgebogen, bei dem sich das Personale in Systemisches verflüchtigt".

Meinberg hat allerdings die Veröffentlichung von Luhmann / Schorr (1981) nicht berücksichtigt. Die Autoren schreiben da sehr prägnant: "Die Eigenwilligkeit seines Objekts kann der Pädagoge voraussetzen ... Personen sind aufgrund ihrer neurophysiologischen Infrastruktur und ihrer psychologischen Systematisierung immer schon selbstreferentielle Systeme, und zwar durchgehend und in jeder Hinsicht. D.h. sie können von außen nur durch Auslösung einer Selbständerung geändert werden." Stärker kann man wohl die Individualität einer Person kaum betonen.

Meinberg (1984, S. 263) wirft der Systemtheorie im weiteren vor, daß diese den Technologieansatz zu restringiert behandelt: Die Technologie könne bestenfalls sagen, wie etwas gemacht werde, nicht aber, was getan werden sollte und warum. Meinberg hat einen zu umfassenden Technologiebegriff. Technologie ist immer die Frage nach dem wie. Das was und das warum ist eine Frage der normativen Pädagogik und hat nichts mit Technologie an sich zu tun.

Brumlik (1987, S. 232) spricht bezüglich des Theorieangebotes von Luhmann für die Pädagogik von dem Versuch eines "Theorieputsches". Dieser sei zwar gescheitert, aber die Erziehungswissenschaft müsse nunmehr anders verstanden werden. "Aufgabe einer recht verstandenen Erziehungswissenschaft ist, ... nicht mehr, das komplexe Geschehen im Interaktionssystem Unterricht durch (nur für die Wissenschaft) kurzschlüssige Kausaltechnologien unzulässig zu verkürzen bzw. die unabdingbare Selektivität des Unterrichts- und Bildungswesens ideologisch zu überspielen, sondern Komplexität, Selektivität und Technologiedefizit mindestens einzugestehen, wenn nicht zu nutzen" (1987, S. 240). Dies soll im folgenden am Beispiel der Institution Schule ansatzweise geschehen.

II. Die Schule als System

Es stellt sich nun die Frage, wie pädagogische Institutionen wie die Schule oder die Schulklasse als System zu definieren sind. Bevor dazu auf die neueren Ansätze zurückgegriffen wird, soll ein kurzer Überblick über den Stand der Forschung gegeben werden.

1. Der alte Ansatz: die zwei Systeme in einer Schule

Leschinsky bekräftigt die Auffassung, daß Schule nicht nur als rein formales System betrachtet werden darf: "Schule kann nur begrenzt dem Modell einer formalen Organisation kompatibel sein" (1976, S. 316). Schon Niederberger (1984, S. 20f) weist darauf hin, daß in der Schule zwei unterschiedliche Organisationstypen aufeinander treffen. Dem bürokratischen Modell steht innerhalb des Unterrichts das sogenannte Handwerksmodell gegenüber. Das Problem für die Verwaltung (bürokratisches Modell) ist nun, den Bereich zu kontrollieren, der nicht idealbürokratisch ausgestaltet ist: den Unterricht. Diese Kontrolle ist offensichtlich notwendig, da die idealtypische Bürokratie unsichere Situationen vermeiden will. So ist es nicht verwunderlich, daß Lehrer Klassenbücher führen und Unterrichtsbesuche erdulden müssen sowie regelmäßig Rechenschaftsberichte anfertigen sollen. Schule zeichnet sich nämlich u.a. durch eine hohe Kontinuität auf administrativen Sektor aus (Kantrowitz, 1985). Nach Weber sind dies typische Merkmale des bürokratischen Modells.

Vor allem Schulleiter und Lehrer müssen damit zurechtkommen, daß ihr Tätigkeitsfeld von so unterschiedlichen Anforderungen strukturiert ist. An der Rolle des Schulleiters läßt sich die Spannung zwischen den beiden genannten Systemen verdeutlichen. Die Beschreibung dieser Rolle alleine durch das Bürokratiemodell von Weber scheint nicht erfolgreich zu sein (so Baumert / Leschinsky, 1986, S. 248). Eher ließe sich - so die Autoren weiter - Schule durch Unschärfe, Vielfalt und Divergenz der Zielsetzungen beschreiben. Die vermutete Sozialtechnologie sei eher weich und diffus. Letztendlich wäre die Schule am besten durch eine quasi-feudale Struktur mit lose verbundenen Handlungs- und Verfügungsbereichen (*loose coupling model*) zu beschreiben.

Dieser Ansatz scheint erfolgversprechend zu sein. Aber er resultiert letztendlich auch nur aus dem bereits beschriebenen Aufeinanderprallen der beiden Systeme auf der Schulebene. Das bürokratische Modell eignet sich gut für die Beschreibung des Bereiches der Schulaufsicht. Da die Schule aber eben in erster Linie pädagogischen Anforderungen nachkommen muß, trifft das bürokratische Modell nicht so gut. "Die für das Gelingen der Schularbeit anzustrebende kollegiale Zusammenarbeit und Gemeinsamkeit erscheint gleichzeitig als regelungsbedürftig und doch als formeller Regelung nur begrenzt zugänglich" (Leschinsky, 1986, S. 240).

Baumert / Leschinsky (1986) berichten von einer Befragung von ca. 1000 Schulleitern. Interessant ist das Ergebnis zu folgender Frage: "In der täglichen Praxis ist die Fähigkeit des Schulleiters, sich mit Fingerspitzengefühl um ein gutes soziales Klima zu kümmern, wichtiger als alle Weisungsbefugnis". 83% der Schulleiter stimmten dieser Aussage zu. Leschinksy folgert deshalb: "Trotz der bestehenden, zum Teil sogar verstärkten Kompetenzunterschiede soll das Verhältnis des Schulleiters zu den einzelnen Lehrern nach Möglichkeit eines bloß formellen Charakters entkleidet und der Qualität von informellen Beziehungen angenähert werden" (1986, S. 241).

Welche Möglichkeiten hat der Lehrer, das bürokratische System mit dem eher schülerorientierten Unterricht zu vereinbaren? Diese Frage ist wichtig, besonders vor dem Hintergrund, daß "der Widerspruch zwischen Verwaltung und pädagogischer Tätigkeit ... gerade auch im Bewußtsein der Lehrer eine entscheidende Rolle" spielt (1967, S. 13). Nach Gordon kann man den Führungsstil durch drei sogenannte Integrationsstile hypothetisch formulieren. Diese Stile wurden von Gordon auf das von Parsons geschaffene Begriffspaar instrumental-expressiv bezogen. An diesen drei Integrationsstilen wird deutlich, ob sich das Lehrerverhalten eher an dem bürokratischen Modell, eher an einem schülerorientierten Modell orientiert oder wie der Lehrer versucht, beides miteinander zu vereinbaren.

Der rein instrumentale Integrationsstil orientiert sich an den Zielen und an der Erhaltung der Werte des Systems. Bei den Schülern herrscht eine Aufgabenbetonung vor, die Führungsfunktion ist auf den Lehrer konzentriert. Dies zeigt sich beispielsweise daran, daß der Lehrer den Schülern genau sagt, wie sie ihre Hausarbeit zu machen haben. Die vorherrschende Unterrichtsmethode ist der Frontalunterricht, die Schüler unterliegen dem Notendruck durch häufige Prüfungen.

Der instrumental-expressive (-integrative) Integrationsstil versucht, die Ziele des Systems und die Schüleradressen in Einklang zu bringen. Die Integration wird auf dem Wege über eine Kombination von Autorität, Überredung und persönlichem Einfluß erreicht. Dieser Stil ist dadurch gekennzeichnet, daß der Lehrer mit den Schülern verhandelt, sie ermutigt, über Fragen zu diskutieren. Weiterhin zieht er Schüler-Stars heran, um andere Schüler zu ihrer Aufgabenerfüllung anzuhalten.

Der expressiv- oder schülerorientierte Integrationsstil orientiert sich an den Zielen und Bedürfnissen des Schülers als primäres Kriterium für die Tätigkeit und Funktion des Lehrers. Die Integration wird hier durch persönlichen Einfluß, Überredung und Empfehlung erreicht. Bei diesem Integrationsstil ermutigt der Lehrer die Schüler, von ihren eigenen Ideen auszugehen, anstatt sich von den Lehrbüchern leiten zu lassen. Die Schüler werden ermutigt, zu fragen, und ihre Fragen selber zu beantworten. Es werden zudem noch außerschulische Probleme angesprochen.

Dieser Ansatz hat einiges für sich und integriert bereits systemische Gedanken, ohne den theoretischen Hintergrund genauer zu beleuchten. Vielleicht bietet der Ansatz *Schule als Ökosystem* hier eine weitergehende Hilfe und Ergänzung.

2. Schule als Ökosystem

In jüngster Zeit macht die Charakterisierung der Schule als Ökosystem auf sich aufmerksam. Wie sieht eine solche Schule aus? Doyle (1986, S. 394) nennt sechs unterscheidbare Dimensionen:

Multidimensionalität (Ausmaß/Zahl von Aufgaben in der Klasse)

Simultanität (zeitliche Parallelität verschiedener Ereignisse)

Unmittelbarkeit (schneller Wechsel der Ereignisse)

Unvorhersagbarkeit (der Ereignisse)

Öffentlichkeit (jeglichen Handelns)

Dauer (des Zusammenseins über Wochen und Monate).

Wenn man Schule unter ökologischer Perspektive betrachten will, eröffnet der Begriff Ökosystem eine augenscheinlich tragfähige Zugangsmöglichkeit, um der genannten Vielfalt, Komplexität und Verschachtelung gerecht zu werden. Mit dieser Begriffswahl soll lediglich der Charakter des Gegenstandes Schulumwelt gekennzeichnet werden, aber ohne dabei einer bestimmten systemtheoretischen Festlegung zu folgen. Genau darin liegt der Nachteil dieses Ansatzes: Systemtheorie ist ja eben nicht gleich Systemtheorie. Aber vielleicht kommt man weiter, wenn man sich die Merkmale von Ökosystemen genauer ansieht. Nach Mogel (1984, S. 32) haben Ökosysteme folgende Merkmale gemeinsam:

Die beteiligten Organismen stehen in Interaktion zueinander.

Die Organismen stehen in Wechselbeziehung zu nichtbelebten physikalischen Bestandteilen der Umwelt.

Ökosysteme sind weitgehend zur Selbstregulation fähig.

Ökosysteme haben offene Grenzen und sind damit mit anderen Ökosystemen verschachtelt.

Ökosysteme funktionieren in raumzeitlichen Zusammenhängen und haben damit ihre eigene Geschichte.

Diese Charakteristika lassen sich offenbar leicht auf Schule anwenden, die demnach als ein Ökosystem bezeichnet werden könnte. Bei oberflächlicher Betrachtung ist diese Charakterisierung ein großer Fortschritt in Richtung systemischen Denkens. Es bleibt trotzdem einiges unklar:

Es ist offensichtlich, daß in der Schule die beteiligten Personen in Wechselbeziehungen zueinander stehen (Beispiele: Lehrer-Schüler, Schüler-Schüler, Lehrer-Lehrer, Lehrer-Eltern usw.). Ebenso ist es evident, daß die an Schule beteiligten Personen mit der nichtbelebten Umwelt in Interaktion stehen. Umwelt beeinflußt das Verhalten der Schüler und Lehrer (Beispiel: Fluglärm), andererseits kann die Umwelt auch gezielt verändert werden (Beispiele: Veränderung der Sitzordnung, verstellbare Wände, Ausgestaltung des Klassenzimmers). Hier wird doch nur auf die Vernetzung hingewiesen, aber nicht auf die Prozesse, die dahinter stehen.

Schule als Ökosystem sei auch im Rahmen festgelegter Grenzen zur Selbstregulation fähig, so daß das Innenleben einer Schule in starkem Ausmaß von den internen Entscheidungsinstanzen (Beispiele: Schulleitung, Lehrerkonferenz, Schülereinfluß, Elternwille) gestaltet würde. Der Begriff *Selbstregulation* bleibt aber ungeklärt. Ist es Selbsterhaltung oder Selbstorganisation oder Selbstreferentialität?

Die Entfaltung der Eigendynamik jeder einzelnen Schule sei jedoch nur in der Einbettung in übergeordnete Zusammenhänge möglich (Beispiele: allgemeiner Konsens über Funktion von Schule, bildungspolitische Schwerpunktsetzungen, ministerielle Erlasse, Rituale im Schulalltag): Schule sei also ein komplexes System und zudem Ebene einer Hierarchie. Aber wie laufen die Prozesse über die Hierarchieebenen ab? Und was ist in diesem System komplex?

Die raum-zeitliche Einordnung sei für Schule geradezu konstitutiv. Dies ist aber ein konstantes Merkmal eines jeden Realitätsausschnittes. Somit fehlt die Differenzierung zu Nicht-Ökosystemen.

Die beiden genannten Ansätze (das Aufeinanderprallen von bürokratischem System und dem Handwerksmodell auf der einen und Schule als Ökosystem auf der anderen Seite) haben einen eklatanten Mangel: Es ist nicht geklärt, welcher Systembegriff den genannten Modellen zugrundeliegt. Bevor also weiter darüber nachgedacht werden kann, ob die Schulklasse ein soziales System ist, muß geklärt werden, was ein soziales System ist.

3. Was ist ein soziales System?

In Kapitel 4 wurden die in jüngster Zeit diskutierten Beschreibungsmodi von Systemen im allgemeinen vorgestellt. Es stellt sich nunmehr die Frage, inwieweit mit diesen Begriffen soziale Systeme beschrieben werden können. Im folgenden werden die bereits dargestellten Beschreibungsmodi auf ihre Verwendbarkeit für soziale Systeme diskutiert. Zuvor allerdings muß eindeutig festgelegt werden, was die Elemente des sozialen Systems und ihre Relationen zueinander sind. Die Definition von Hejl (1985, S. 106; 1987, S. 128) ist die derzeit am weitesten fortgeschrittene. Er definiert eine soziales System als eine Gruppe lebender Systeme, die nur insoweit als Systemkomponenten aufgefaßt werden, als sie zwei Bedingungen erfüllen: (1) Jedes der lebenden Systeme muß in seinem kognitiven Subsystem mindestens einen Zustand ausgebildet haben, der mit mindestens einem Zustand der kognitiven Systeme der anderen Mitglieder verglichen werden kann, und (2), die lebenden Systeme müssen mit Bezug auf diese parallelisierten Zustände interagieren.

Elemente des Systems sind demnach nicht Menschen (=lebende Systeme), sondern nur deren kognitives Subsystem. Die parallelisierten Zustände, gewissermaßen physiologische Basis sozial erzeugter gemeinsamer Realitäten wie Sinn und Bedeutung (man denke an den Symbolischen Interaktionismus), sind Resultate sozialer Interaktionen und Bedingung weiterer Interaktionen der gleichen Art.

Nach Hejl benötigt jede Handlung mindestens ein kognitives System, für das sie etwas bedeutet. Handlungen führen nicht automatisch zu Handlungen wie in der Konzeption Luhmanns. Würde man dies trotzdem annehmen, so müßte man nach Hejl wie folgt charakterisieren: "Ein derartiges System ist wie das, was von einem Netz übrig bleibt, wenn man alle Knoten herausschneidet" (1985, S. 104). Man könne jetzt nur noch die Beziehungen zwischen den nicht mehr thematisierten Knoten betrachten.

Vor diesem Hintergrund muß nun geklärt werden, wie die Prozesse eines sozialen Systems am geeignetsten beschrieben werden können. Dazu werden erneut die bereits eingeführten Beschreibungsmodi sozialer Systeme herangezogen.

a) Sind soziale Systeme selbstorganisierend?

Es wurde bereits gezeigt, wie kritisch es ist, ein System als selbstorganisierend zu bezeichnen. Einige Autoren behaupten, es gäbe gar keine. Trotzdem soll hier geklärt werden, ob ein soziales System selbstorganisierend ist.

Es wurden schon die vier Merkmale eines selbstorganisierenden Systems aufgeführt: Komplexität, Selbstreferenz, Redundanz und Autonomie.

Komplexität. Diese Kategorie ist wie gezeigt beobachterabhängig und kann deshalb nur insofern zur Differenzierung herangezogen werden, als die Absichten des Beobachters offenliegen.

Selbstreferenz. Dieser Aspekt wird in diesem Kapitel gesondert aufgegriffen.

Redundanz. Sofern nachgewiesen werden kann, daß es in sozialen System doppelt oder mehrfach besetzte Funktionen gibt, kann diese Kategorie als vorhanden angesehen werden.

Autonomie. Soziale Systeme sind nur dann autonom, wenn sie nicht Bestandteil höherer Systeme sind. Dies wird kaum zutreffen.

Da schon eines der Beschreibungsmodi nicht zutrifft (Autonomie), sind soziale Systeme also nicht selbstorganisierend. Hejl (1985) lehnt es ebenfalls ab, soziale Systeme als selbstorganisierend zu bezeichnen, weil ihnen insbesondere die Spezifität und Spontanität von physikalisch-chemischen selbstorganisierenden Systemen fehlt. Die Bildung eines sozialen Systems sei nur unter Rückgriff auf eine vorher sozial definierte Realität möglich. Diesem entspräche nichts im physikalisch-chemischen Systemen. Aufgrund der Geschichtlichkeit menschlicher sozialer Systeme würden soziale Systeme auch nicht die Uniformität der physikalisch-chemischen Systeme innehaben können. Die Bildung eines spezifischen Sozialsystems kann nicht wiederholt werden.

b) Sind soziale Systeme autopoietisch?

Maturana stellt fest, "daß jede zusammenhängende Institution ein autopoietisches System ist, da sie überlebt, da ihre Methode des Überlebens den autopoietischen Kriterien entspricht, und da sie sehr wohl ihre ganze Erscheinungsweise und ihre äußerlich wahrnehmbaren Ziele und Zwecke in diesem Prozeß verändern kann" (Maturana, 1981, S. 177). Als Beispiel nennt Maturana u.a. Schulen und Universitäten.

Revermann (1986, 1989) ist dagegen der Auffassung, daß die autopoietische Auslegung psychischer und sozialer Systeme nicht als "maturana-gerecht" gesehen werden kann. Seiner Meinung nach sind soziale Systeme wie die Gesellschaft, die Rechtssysteme, die Handlungs- und Wirtschaftssysteme nicht autopoietische Systeme (wie auch Varela selbst es - in offenem Widerspruch zu Maturana und auch zu Luhmann - bezweifelt).

II. Die Schule als System

Maturana macht es sich diesbezüglich also zu leicht: Die Frage, ob soziale Systeme autopoietisch sind, hängt mit der Frage zusammen, wie die Erzeugung von Komponenten im System näher gefasst wird. Roth (1986) gibt dazu ein Gleichnis: Das Gehirn ist kein autopoietisches, wohl aber ein selbstreferentielles System. Autopoietisch kann es nicht sein, da die Erregungsverarbeitung im Gehirn zwar selbstreferentiell verläuft, aber nicht unabhängig ist von der Materie Gehirn. Gibt es kein Gehirn, so gibt es keine Erregungsverarbeitung.

"Man kann auch überindividuelle Systeme wie soziale Systeme, kommunikative Systeme oder Rechtssysteme als selbstreferentielle Systeme bezeichnen" (Roth, 1986, S. 157). Auch diese Frage beantwortet Hejl negativ. Der Zustand eines Neurons oder einer Gruppe von Neuronen wird ausschließlich durch das selbstreferentielle System Gehirn beeinflußt, zu dem es gehört. Dazu gäbe es in den sozialen Systemen keine Entsprechung. Die Zustände und Prozesse in den Gehirnen der ein soziales System bildenden Individuen sind nicht immer für das betreffende soziale System konstituiv. Diese Komponenten sozialer Systeme (kognitive Anteile der Individuen) können verändert werden durch die Interaktionen durch die Individuen in anderen sozialen Systemen.

So liegt das Problem der Bezeichnung sozialer Systeme als autopoietisch darin, ob man zeigen kann, daß die Komponenten sich selbst erhalten können. Komponenten des Handelns (wie z.B. Kommunikationen) können aber nicht ohne die handelnden Individuen existieren. Kommunikative Akte produzieren auch nicht weitere kommunikative Akte, sondern sie rufen irgendetwas im Individuum hervor (Dies ist der zentrale Unterschied zu Luhmanns Konzeption.)

Hejl (1985, S. 103) schreibt wie folgt: Soziale Systeme erzeugen nicht die lebenden Systeme, die die sozialen Systeme konstituieren. Deshalb ist Hejl der Ansicht, daß soziale Systeme nicht autopoietisch sind. Seine Kritik basiert auf der Annahme Luhmanns, daß die Elemente sozialer Systeme Handlungen oder Kommunikationen seien. Diese Kritik ist angemessen, wie auch an einem Beispiel aus der Organisationsforschung deutlich wird. Berger beruft sich auf Luhmanns Modell und kommt zu folgendem Schluß: "Wenn Entscheidungen die Letztelemente von Organisationen sind, dann sind Organisationen autopoietische Systeme im strengen Sinne des Wortes: Sie erhalten sich durch die Produktion ihrer Elemente. Die Zerlegung von Entscheidungen z.B. führt zu nichts anderem als Entscheidungen, und die Verbesserung von Entscheidungen ist nur durch Entscheidungen möglich" (Berger, 1987, S. 143). Hier wird nichts über die Relationen zwischen den Letztelementen gesagt. Auch ist die Annahme falsch, daß Entscheidungen Entscheidungen verbessern. Spätere Entscheidungen können nur die Folgen der früheren Entscheidungen verbessern.

Hejl hat aus seiner Sicht zwar recht, daß eine z.B. Familie ihre Mitglieder nicht selbst erzeuge, sondern daß dies vielmehr durch die biologischen Systeme geschähe, andererseits läßt es sich nicht abstreiten, daß soziale Systeme die kognitiven Subsysteme ihrer Mitglieder zumindest mitbestimmen und damit auch mittelbar Einfluß auf die biologische Reproduktionsrate haben.

c) Soziale Systeme sind synreferentiell

Durch die von Hejl propagierte Nichtanwendbarkeit der unterschiedlichen Beschreibungsmodi von Systemen glaubt er eine eigenständige Modellklasse für soziale Systeme schaffen zu müssen. Er bezeichnet soziale Systeme als *synreferentiell*. Ihm zufolge haben soziale Systeme nämlich folgende Eigenschaften:

Soziale Systeme werden durch lebende Systeme konstituiert, die prinzipiell frei sind, an der Konstitution eines spezifischen Systems teilzunehmen oder nicht. Wenn sie teilnehmen, verlieren sie dennoch nicht ihren Charakter als Individuen. Hejl vernachlässigt dabei allerdings, daß bestimmte soziale Systeme durch äußere Zwänge zusammengesetzt werden so wie z.B. die Schulklasse. Dennoch sind seine Annahmen für eine Schulklasse als soziales System angemessen.

Menschliche lebende Systeme konstituieren stets eine Mehrzahl sozialer Systeme zur gleichen Zeit.

Im Gegensatz zu selbsterhaltenden Systemen erzeugen soziale Systeme ihre Komponenten in physischer Hinsicht nicht selber. Damit läßt Hejls Modell allerdings zu, daß soziale Systeme ihre Komponenten in psychischer Hinsicht sehr wohl erzeugen können.

Im Unterschied zu selbstreferentiellen Systemen organisieren soziale Systeme nicht alle Zustände ihrer Komponenten und legen damit nicht die jeweilige systemrelative Realität als die einzige Realität fest, die den Komponenten Individuen zugänglich ist.

Im Gegensatz zu den Komponenten biologischer Systeme haben alle Komponenten sozialer Systeme direkten Zugang zur Umwelt des jeweiligen sozialen Systems.

Die Gruppenmitglieder müssen eine gemeinsame Realität und damit einen Bereich sinnvollen Handelns und Kommunizierens erzeugt haben und auf ihn bezogen interagieren. Unter dieser Definition ist die Schulklasse ein soziales System.

Vor diesem Hintergrund erscheint es angebracht, von der Systemebene Institution auf die Systemebene Mensch zu gehen, um zu analysieren, welches Menschenbild in diesem Systembegriff vorherrscht. Es wurde zwar schon das Menschenbild Luhmanns in der Kritik durch Meinberg dargestellt. Luhmanns Theorie sozialer Systeme basiert aber auf der Auffassung, daß sie autopoietisch seien.

Nach Friedrich / Sens (1976) kann man die Offenheit eines Systems wie folgt festlegen: Offenheit ist das Verhältnis der Zahl der mit der Umgebung in Verbindung stehen Relationen r_e zur Gesamtzahl der Relationen des Systems r (interen r_i und externe r_e). Es gilt: $O = r_e/(r_i + r_e)$.

Wenn man einem System die Eigenschaft "offen" oder "geschlossen" zuschreibt, dann ist dies in erster Linie Konsequenz aus einer bestimmten Betrachtung des Systems. Streng genommen kann man von einem geschlossenen System niemals Kenntnis haben. Sätze wie "Ein Kommunikationssystem ist ... ein vollständig geschlossenes System..." (Luhmann, 1988, S. 13) sind Glaubenssätze, da nicht überprüfbar. Ein geschlossenes System kann man nicht beobachten, da man mit ihm nicht von außen in Wechselwirkung treten kann (es ist ja per definitionem geschlossen). Ist der Beobachter andererseits selbst Teil des geschlossenen Systems, so kann er ebenfalls nicht erkennen, da er Teil eines geschlossenen Systems (ohne Aussenkontakte) ist.

Hier wurde nun eine andere Vorstellung entwickelt, weshalb es notwendig erscheint, die Frage nach dem System Mensch neu zu stellen.

4. Der Mensch als humanes, soziales System

Humane Systeme sind nach Nicolis / Prigogine durch Selbstorganisationsphänomene zu beschreiben. Das humane System ist neben seiner inneren Struktur dadurch charakterisiert, daß es eine starke Koppelung an seine Umwelt aufweist, mit der es Masse, Energie und Information austauscht. Die einmalige Spezifik des menschlichen Systems liegt darin, daß es so etwas gibt wie menschliche Vorhaben, Wünsche bzw. den Willen. In diesem Rahmen stellt sich die Frage, ob die Gesamtevolution zu einer Art globalem Optimum führen kann, "oder ob nicht vielmehr jedes menschliche System eine einzigartige Verwirklichung eines komplexen stochastischen Prozesses darstellt, dessen Regeln in keiner Weise vorher bestimmt werden können!" (1987, S. 316).

Nach Nicolis / Prigogine ist das menschliche Verhalten hochgradig unberechenbar und ist von einer komplizierten Reihe von Bifurkationsphänomenen gekennzeichnnet: Unterschiedliche Anfangsbedingungen führen zu verschiedenen Lösungszweigen und zu unterschiedlichen Evolutionen (Geschichtsverläufen). Ein ganz bestimmter Geschichtsverlauf ist dabei keineswegs auf das Wirken eines *globalen Planes* zurückzuführen, "sondern einfach die Tatsache, daß diese spezielle Struktur eine stabile und lebensfähige Verhaltensweise darstellt". Das menschliche System bleibt stabil, so lange nicht irgendwelche massiven Störungen auftreten. D.h. in der Konsequenz auch, daß, wenn eine neue Aktivität begonnen wird, diese zum Erfolg führen kann und sich evtl. weiter ausbreitet, oder auf Null zurückgeht und damit zu einem totalen Verlust wird. "Dies illustriert die Gefahren einer kurzfristigen und engspurigen Planung, die auf der direkten Extrapolation von früher gemachten Erfahrungen beruht" (1987, S. 321ff).

Unser Bildungssystem neigt dazu, die Welt zu trivialisieren. Ein Schüler kommt in die Schule als unvorhersagbare 'nicht triviale Maschine' (so v. Förster 1985, S.13). Der Lehrer weiß nicht, welche Antwort er auf eine Frage geben wird. Will ein Schüler allerdings in diesem System Schule Erfolg haben, dann muß er Antworten, die er auf Fragen des Lehrers gibt, kennen. Diese Antworten sind die sogenannten richtigen Antworten. v. Förster gibt dazu ein Beispiel:

Lehrer: *Wann wurde Napoleon geboren?*

Schüler: *1789*

Lehrer: *richtig* (weil erwartet)

aber:

Lehrer: *Wann wurde Napoleon geboren?*

Schüler: *7 Jahre vor der amerikanischen Unabhängigkeitserklärung*

falsch (weil unerwartet).

"Es wird Orientierung vermittelt, in dem auf die zugrundeliegende Erklärbarkeit Rationalität, Systematik verwiesen wird. Während die Alltagserfahrung zuweilen chaotische Regellosigkeit, Willkür, Zufälligkeit nahezulegen scheint, wird durch Führungstheorien der Glaube an Ordnung wiederhergestellt. Damit der Eindruck der Planbarkeit und Beherrschbarkeit vertieft: Es gibt ein Gesetz! Die Magie solcher Erfolgsformeln schläfert kritisches Prüfen ein. Ein altes Märchen - und Sagenmotiv wird aktiviert: Wer das Geheimnis, die Rätsellösung, den Zauberspruch kennt, kann alle Widerstände überwinden" (Neuberger 1983, S.28).

Schulische Tests sind die besten Instrumente, um - bei falscher Anwendung - ein Maß der Trivialisierung festzulegen. "Ein hervorragendes Testergebnis verweist auf vollkommene Trivialisierung: Der Schüler ist völlig vorhersagbar und darf daher in die Gesellschaft entlassen werden." (v. Förster 1985, S.13).

Die Grundannahmen menschlichen Verhaltens faßt Hejl (1982, S. 281) aufbauend auf Nicolis / Prigogine wie folgt zusammen:

Die Menschen sind, wie alle biologischen Systeme, in energetischer Hinsicht offen.

Sie sind wie alle Organismen geschlossene zustandsdeterminierte Systeme. Ein Beobachter kann das Verhalten eines Menschen nach einem ihm plausibel erscheinenden Konzept erklären, für das Verhalten des beobachteten Menschen ist diese Erklärung aber irrelevant.

Durch das Zusammenleben von Menschen entsteht die Möglichkeit und Notwendigkeit der Herausbildung konzeptuellen Handelns.

Es entsteht Sprache als eine spezifische Form konsensuellen Handelns.

Die Annahme, daß Sender und Empfänger einen gleichen Signalvorrat haben müssen, um zu kommunizieren, ist falsch. Diese Annahme setzt nämlich voraus, daß beide Individuen eine gleiche Sozialisation und Entwicklung hinter sich haben.

Die Interaktion mit der objektiven Umwelt und der sozialen Umwelt unterscheiden sich. Im ersteren Falle paßt sich das Individuum an die objektive Umwelt an, im zweiten Falle gibt es eine gegenseitige Anpassung im Sinne eines zunehmend sich parallelisierenden Verhaltens.

Probst (1987) ergänzt fünf Besonderheiten humaner sozialer Systeme:

a) *Zweckbezogenheit auf verschiedenen Ebenen*: Humane soziale Systeme haben immer einen gesetzten oder immanenten Zweck. Wie bereits erwähnt, gliedern sich humane soziale Systeme oft in Teilsysteme. Die Teile sozialer humaner Systeme haben ihre eigenen Zwecke und wählen, ob sie etwas tun wollen, und was sie tun wollen. Wir hatten bereits gezeigt, daß natürlichen Systemen von Beobachtern ein Zweck zugeschrieben werden kann. Natürliche Systeme sind allerdings auch ohne Zweck verstehbar, dies ist bei humanen sozialen Systemen nicht möglich.

b) *Die Interpretation von Wirklichkeit*: Humane soziale Systeme haben nicht *eine* objektive Wirklichkeit. Vielmehr haben sie viele Wirklichkeiten, die individuell und sozial konstruiert sind. Damit stellt sich die Frage, wie die Wirklichkeit wahrgenommen, interpretiert und genannt wird (Konstruktivismus): "Konstruktionen sind daher nicht in einem positivistischen Sinne wahr oder falsch, sondern sie passen, sie machen Sinn, sie sind stimmig". Dieses Zitat von Probst (1987, S. 72) richtet sich gegen Objektivität der aus seiner Sicht positivistischen Wissenschaft. Probst diskutiert allerdings nicht seinen Wahrheitsbegriff, denn die Stimmigkeit von Modell und Wirklichkeit kann auch als Wahrheit verstanden werden.

c) *Reflektion und Handeln*: Soziale humane Systeme sind zur Reflektion fähig. Damit ist gemeint, daß Ordnung, nicht so wie in biologischen Systemen, eingebaut ist, sondern daß Ordnung ein Produkt von Gestaltungsprozessen ist.

d) *Interaktive Kommunikation und Symbolisierung*: Soziale Systeme erhalten ihre Identität nur durch und in der Beachtung des anderen. An dieser Stelle greift Probst auf die Arbeiten vor allem von Watzlawick zurück, es ist aber keine Frage, daß der Symbolische Interaktionismus ebenfalls ein adäquater Ansatz zur Stützung dieser These wäre.

e) *Sinnhaftigkeit und Urteilsfähigkeit*: Die Suche nach dem Sinn hat eine zentrale Funktion im menschlichen Denken und Handeln. Humane soziale Systeme sind sinnhaft aufgebaut. Prinzipiell können die Ziele, Werte und Normen sozialer humaner Systeme durch diese selbst thematisiert und verändert werden.

Die genannten Beschreibungen sozialer Systeme allgemein und die sozialer, humaner Systeme im Besonderen sind auf den ersten Blick für die Erziehungswissenschaft tragfähig. Dieser Eindruck muß aber dadurch gesichert werden, indem man zeigt, wie Erziehungswirklichkeit vor diesem Hintergrund modifizierbar ist. Sonst wäre die ganze Diskussion unfruchtbar. Aus diesem Grund soll im folgenden gezeigt werden, wie systemisch orientierte Innovationen möglich sind.

III. Innovationsmöglichkeiten im Schulsystem

Röhrs hat sich sehr skeptisch über weitgehende Innovationsvorhaben geäußert: "Je weiter sich ein Reformvorhaben von der herkömmlichen Form der Schule entfernt, umso stärker werden die Eingrenzungen erfahren, die die Rechtsordnung setzt" (1984, S. 508). Röhrs begründet seine Auffassung damit, daß die Rechtsordnung ein rational verengtes Verständnis vom Menschen habe (S. 510). Trotz oder gerade wegen dieses Pessimismus erscheint es angebracht, Möglichkeiten einer Innovation im Schulwesen zu diskutieren.

Eine pädagogisch orientierte Arbeit kommt an der Frage der Umsetzung ihrer Ergebnisse nicht vorbei - wird doch der Pädagogik ein besonders inniges Verhältnis zur Praxis zugeschrieben. Gerade im pädagogischen Feld wird oft eine mangelnde Kooperation zwischen Forscher und Praktiker nachgesagt. Damit ist die schwer zu beantwortende Frage gestellt, wann wissenschaftliche Forschung brauchbar ist. Provakant ist die Aussage von Jäger / Nord-Rüdiger, daß (psychologische) Forschung dann als brauchbar angesehen wird, "wenn aus ihr Aussagen (...) resultieren, die als Grundlage für die Beantwortung von Fragestellungen in der Praxis übernommen oder transformiert werden können, so daß Konsequenzen folgen, die zu einer Entscheidungsoptimierung für Einzelpersonen oder Institutionen führen" (1982, S. 2). Provokant deshalb, weil offensichtlich der Grundlagenforschung (als Alternative zur angewandten Forschung) Brauchbarkeit zugesprochen werden kann. Fragt sich, ob eine Unterscheidung Grundlagenforschung vs. angewandte Forschung unter diesen Gesichtspunkten noch tragfähig ist. Die genannte Entscheidungsoptimierung setzt Planung voraus und "Planung ist Ökonomisierung zukünftiger Interaktionen zwischen Subjekten (oder eines Einzelsubjektes)" (Hejl, 1982, S. 22). Bewerkstelligt wird dies durch Innovation. Innovationen sind etwas Neues, sie erzeugen deshalb Unsicherheit, sind meist komplex und tragen dadurch einen gewissen Konfliktgehalt in sich.

1. Definitionen und Rahmenbedingungen

Der Begriff der Innovation ist zwar keineswegs einheitlich definiert (Meißner, 1989; Scheilke, 1975, S. 233). Hier genügt aber die wörtliche Übersetzung: "Neuerung". Innovationen werden dann durchgeführt, wenn sich herausstellt, daß eine gezielte Veränderung der Organisation diese in die Lage versetzt, ihre Ziele besser zu verwirklichen. Die Ziele der Organisation werden dabei selbst nicht verändert (es sei denn, es handelt sich um Zwischenziele). Es gibt verschiedene Arten von Innovation in Betrieben (Meißner, 1989, S. 27ff): (1) Produktinnovation: Änderungen im Absatzwesen, (2) Prozeßinnovation: Änderung in der Verfahrenstechnik und (3) Sozialinnovation: Änderungen im Human- bzw. Sozialbereich.

Diese Arten der Innovation gelten allerdings auch generell. Die Produktinnovation könnte sich auf das Bild des Schülers beziehen, der die Schule nach Abschluß verläßt. Die Prozeßinnovation würde sich auf die Schul- und Klassenorganisation, insbesondere auf das Verhalten im Unterricht beziehen. Die Sozialinnovation schließlich könnte sich einmal auf die nicht leistungsbezogenen Aspekte der Schüler bzw. auf die berufliche Situation der Lehrer usw. beziehen. Eine Innovation hat folgende Merkmale (Böhnisch, 1979, S. 13):

Der Tatbestand muß subjektiv neu sein,

der Tatbestand muß subjektiv bedeutsam sein,

Innovation ist ein Prozeß der Anpassung und Lernen impliziert,

Träger der Innovation sind Organisationen und deren Mitglieder.

Daraus ergeben sich die Rahmenbedingungen einer Innovation, wie sie von Gebert graphisch veranschaulicht wurden (s. Abbildung 9.1)

Abbildung 8

Rahmenbedingungen zur Analyse der Innovationsmöglichkeit in einer Organisation (n. Gebert, 1978, S. 58)

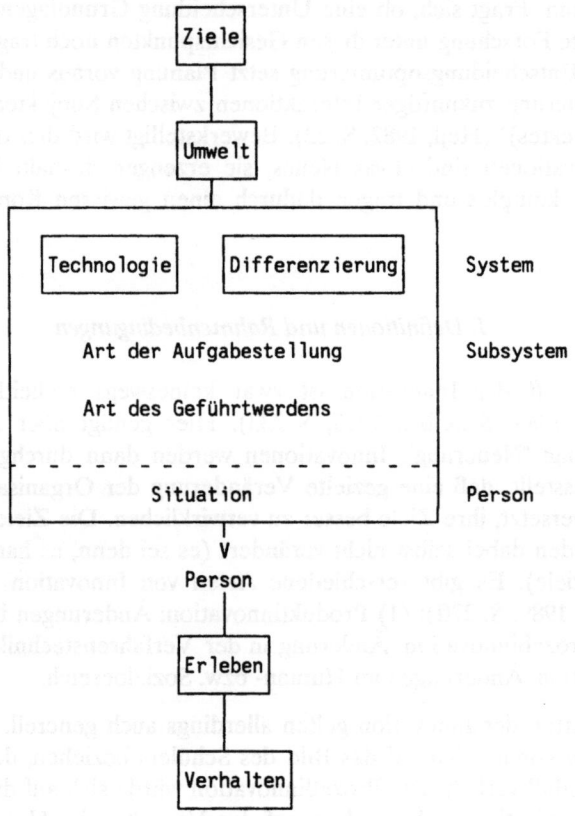

Mit diesem Modell wird nicht suggeriert, daß Innovation letztendlich auf dem Rücken eines Betroffenen abläuft (wie es Scheilke (1975, S. 255) für Lehrer befürchtet), sondern es soll zeigen, daß Innovation letztlich über das Verhalten aller Organisationsmitglieder implementiert wird.

Wie verläuft eine Innovation und warum verläuft sie oft zur Unzufriedenheit der Innovierenden? Es ist einfacher, mit der zweiten Frage zu beginnen.

2. Barrieren gegen eine Innovation

Bevor auf der Innovationsprozeß und die damit verbundenen Probleme eingegangen wird, müssen die vor der eigentlichen Innovation liegenden

Barrieren und Hemmnisse diskutiert werden. Denn sie geben Hinweise auf Implementierungsfelder, die vorwiegend darauf beruhen, daß Erziehungssysteme wie Maschinen funktionieren.

Innovation ohne Barriere wäre ein Ideal: "Wenn der Innovationsprozeß zwangsläufig, gleichsam selbsttätig ablaufen würde, ohne daß sich ihm personelle und sachliche Barrieren in den Weg stellten, so bedürfte es keiner spezifischen Organisationsform zur Förderung der Innovation" (Witte, 1973, S. 5). Nach Witte kann man also die sachliche und die personelle Barriere voneinander unterscheiden:

a) Die sachliche Barriere

Zur sachlichen Barriere gehören Normen, Werte und Ressourcen. Im folgenden wird ein Beispiel für eine sachliche Barriere ausgewählt, weil hier die Situation *Innovation im Bereich der Schule* besonders deutlich wird: die rechtlichen Durchsetzung von Gerichtsentscheidungen im Schulwesen.

Schulpolitische Konfliktfälle sind meist nicht nur juristische Konflikte, sondern es geht meist auch um den Streit um ein bildungspolitisches Programm. Für die Untersuchung der Implementation von Entscheidungen deutscher Gerichte ist zunächst die Behauptung zu belegen, daß in gerichtlichen Entscheidungen sich so etwas wie politische Programme wiederfinden, die einer Implementation fähig sind. Dies ist deshalb wichtig, weil Gerichte selbst mangels eines eigenen Apparates das von ihnen gesetzte *gerichtliche Programm* nicht implementieren kann. Es bedarf also nach Füssel et al. (1987) eines *Umsetzungsprogramms*. Die Problematik dabei liegt vor allem in der Umsetzung selbst: Es sind Dritte daran beteiligt, so daß das Umsetzungsprogramm nicht unbedingt dem gerichtlichen Programm entsprechen muß. Es sind vor allem zwei Rahmenbedingungen, die die Implementation schulrelevanter Gerichtsentscheidungen strukturieren: die Bundesstaatlichkeit und der Parlamentsvorbehalt.

Bekanntermaßen fällt das Schulrecht unter die Zuständigkeit der Länder. Die Länder und damit auch ihr Bildungswesen sind unterschiedlich strukturiert und voneinander unabhängig. Im Grunde hat man es also nicht mit einem Gesetzgeber, sondern mit elf (nunmehr sogar 16) zu tun. Genauso muß man nicht einen Implementationsakteur (die Schulverwaltung) berücksichtigen, sondern man hat es als Gericht mit 16 Schulverwaltungen zu tun.

Parlamentsvorbehalt liegt dann vor, wenn der Gesetzgeber die wesentlichen Regelungen durch ein Gesetz nicht selber trifft, sondern der Schulverwaltung diese Regelungen überläßt. Das Schulwesen ist also traditionell unzureichend vergesetzlicht. Diese Annahme von Füssel et al. (1987) scheint paradox, weil doch in die pädagogische Freiheit durch eine Fehlzahl von

Verordnungen etc. hineinregiert wird. Man darf dabei allerdings nicht übersehen, daß die Gesetze sehr lückenhaft sind, so daß die Schulverwaltung viele Möglichkeiten hat, diese Lücken per Verwaltungsakt zu füllen.

Es wurde eben angedeutet, daß die gerichtliche Entscheidung nicht unmittelbar implementiert werden kann, sondern daß durch ein Umsetzprogramm Urteile implementationsfähig werden. Dabei ist noch nicht berücksichtigt, wie die einzelnen Entscheidungen durch die Hierarchie einer Schulverwaltung laufen. Die Frage ist, was auf der untersten Ebene des Schulsystems (nämlich in der Schule bzw. Klasse) tatsächlich von dem getroffenen Gerichtsentscheid ankommt.

Füssel et al. zeigen an 5 Beispielen (Reform der gymnasialen Oberstufe, Sexualkundeunterricht, Pflichtfachfestlegung in der Orientierungsstufe, Bayerisches Erziehungs- und Unterrichtsgesetz, Förderstufe) die Praxis der Implementation von Gerichtsentscheidungen. Sie kommen zu einer Vielzahl von aufschlußreichen Folgerungen. Sie beziehen sich vor allen Dingen auf die Reaktions- und Implementationsvarianten des oder der Normsetzer. Die Frage ist also, wie Schulverwaltungen mit Gerichtsurteilen umgehen:

> Wenn die Normsetzer ungünstige Gerichtsentscheidungen vermeiden wollen, dann treffen sie schon vor Erlaß der Gerichtsentscheidung eine Regelung, die dem erwarteten Inhalt der Entscheidungen entspricht. Diese Vorabreaktion des Gesetzgebers zeigt also, daß es eine Vorwirkung von Gerichtsentscheidungen gibt.

> Der Gesetzgeber setzt die Gerichtsentscheidung mehr oder weniger wörtlich im Wege der Normsetzung um.

> Auf die gerichtliche Entscheidung folgt eine Überreaktion des Gesetzgebers, eine Art Absicherungsstrategie. Meist ist eine Prozeßniederlage immer auch eine politische Niederlage, die sich nicht wiederholen soll.

> Nicht betroffene Länder setzen Gerichtsentscheidungen eines anderen Landes um. Es liegt eine Fern- oder Sogwirkung vor, man spricht auch von Nebenimplementation, die auch eine Form der Absicherungsstrategie ist.

> Der durch die Gerichtsentscheidung betroffene Gesetzgeber handelt zögernd.

> Nicht unmittelbar betroffene Normsetzer reagieren durch Nichtbeachtung der Gerichtsentscheidung.

> Das Gerichtsurteil wird umgangen oder unterlaufen durch drei Möglichkeiten: Einmal kann man das Richterrecht korrigieren, zum anderen kann man die Normebenen auswechseln (z.B. Vergesetzlichung einer Verwaltungsvorschrift), oder man befolgt die Gerichtsentscheidung un-

ter inhaltlich unveränderter Beibehaltung des ursprünglichen bildungspolitischen Programms.

Der Gesetzgeber implementiert die Gerichtsentscheidung nur symbolisch, wobei unbestimmte Rechtsbegriffe, Generalklauseln und Ermessenstatbestände eingebaut werden, so daß die Entscheidung wieder im Grunde der Exekutive übertragen wird.

Die Anrufung eines Gerichtes zur Lösung pädagogischer Probleme ist zumindest zu hinterfragen. Einmal werden Gerichte gerne als Hebel zur Durchsetzung der gescheiterten Oppositionspolitik eingesetzt, zum anderen verschieben sich die Sprach- und Argumentationsebenen. Letzte Einschränkung scheint wichtig zu sein, denn die pädagogischen Probleme sind ja ursprünglich in erziehungswissenschaftlichen Kategorien formuliert worden. Diese pädagogischen Aussagen müssen durch die Einschaltung der Gerichte in juristische Termini umformuliert werden.

Zusammenfassend läßt sich festhalten, daß die Wirksamkeit einer Durchsetzung gerichtlicher Entscheidungen im pädagogischen Feld keineswegs gesichert ist. Ganz im Gegenteil muß man annehmen, daß der Gesetzgeber verschiedene Strategien kennt, Gerichtsentscheidungen de facto nicht zur Wirkung kommen zu lassen. Soweit zu einem Beispiel einer sachlichen Barriere.

b) Die personelle Barriere

Innovative Entscheidungsprobleme können nur durch multipersonale und multioperationale Entscheidungsprozesse bewältigt werden. Groß angelegte Innovationen benötigen immer wieder erneute Willensakte, um den Innovationsplan in Teilschritten voranzutreiben. Dies setzt natürlich die Bereitschaft und die Fähigkeit zur Mitwirkung der verschiedensten Personengruppen voraus. Dagegen stehen zwei ernstzunehmende Hindernisse: die Willens- und die Fähigkeitsbarriere. Beide Aspekte werden an dem Beispiel Lehrplanänderung deutlich: "In some instances, willing teachers were trying to instruct in the new curriculum but were doing it wrong because of inadequate training. In other cases, teachers were simply unwilling to change their behavior and, since no one was checking on them, they continued in their old, accustomed ways" (Good, Biddle / Brophy, 1975, S. 29).

Die Willensbarriere. Der Wille zur Erhaltung des status quo ist ein Hindernis für eine Innovation. Innovationen verändern Zustände. Ist das Ziel der Veränderung ungewiß oder wird ein ungewißes Ergebnis befürchtet, dann wird der alte Stand bevorzugt. Die Verteidiger des status quo und die konkurrierenden Änderungsprozesse (die parallel zur geplanten Innovation auftreten können) sind in Gegnerschaft zum Innovationsplan. Eine Möglichkeit, die Willensbarriere zu senken, ist es, den Anreiz für die Innovation zu erhöhen, damit die Risikobereitschaft für das Verlassen des Status Quo maximiert wird.

Die Fähigkeitsbarriere. Fähigkeitsbarrieren kann man aus dem Wesen der Innovation selbst erklären. Das Neue an der Innovation und die Nutzung des Neuen sind unbekannt. Völlig neue Ziele treten ins Blickfeld, Verhaltens- und Entscheidungsalternativen werden neu erlernt werden müssen. Es besteht also Unklarheit gegenüber den Zielen, den alternativen Maßnahmen und den Daten der Innovationsentscheidung (Witte, 1973, S. 8). Insbesondere ist die Fähigkeitsbarriere dann hoch, wenn sich das Innovationsproblem komplex strukturiert.

Die Fähigkeitsbarriere kann nur durch Fachwissen überwunden werden. Das bedeutet aber, daß vor der Innovation Fachwissen vermittelt wird. Zudem müßten praktisch arbeitende Pädgogen Heurismen lernen, so wie sie von der Denkpsychologie vorgegeben werden (Gadenne, 1984, S. 12): Verschaffe Dir Klarheit über das Problem, zerlege das Problem in Teilprobleme, halte Ausschau nach einem analogen Problem und plane unter Abstraktion von Einzelheiten einen groben Lösungsweg!

Kreibich (1986, S. 273ff) unterscheidet fünf Merkmale des systemischen Denkens, die noch hinzukommen: (1) integrative Betrachtung, (2) Bildung von Analogien, (3) funktionale Interpretation, (4) Messung der Komplexität und (5) Berücksichtigung des Verhältnisses System/Umwelt.

Die Fähigkeitsbarriere wird um so höher liegen, desto niedriger die Professionalisierung der Betroffenen ist. Die "Professionalität des Lehrers ist pädagogische Handlungskompetenz" (Dannhäuser, 1989).

Was heißt Professionalisierung für Tätige im schulischen Bereich? Sicherlich ist es richtig, wenn man mit Professionalisierung einen Zuwachs an Kompetenz und Verantwortlichkeit versteht. Ziel der Professionalisierung ist es, die beruflichen Handlungsmöglichkeiten zu erweitern, wozu auch eine verstärkte Konfliktbereitschaft gehört (Reinhardt, 1978). Professionalisierung kann allerdings auch heißen, daß die Tätigkeit noch spezieller wird, daß Kooperationsbeziehungen hierarchisch ausdifferenziert werden. Damit verbunden ist eine verstärkte Abhängigkeit und funktionale Unterordnung.

Hier geht es vorwiegend um die Professionalisierung als Kompetenzzuwachs des Berufserziehers. Sein fachliches Wissen und seine praktische Handlungsqualifikation sind unabdingbare Voraussetzungen dafür, daß ein Berufserzieher die beruflichen Kompetenzen qualifiziert für seine Schüler einsetzen kann.[1] Mit Professionalisierung ist ebenso verbunden: Statusaufbesserung und Prestigeanhebung des Lehrerberufes, Ausformulierung eines neuen Berufsverständnisses und zugleich zunehmende Differenzierung der Lehrerfunktion in die Tätigkeiten Unterrichten, Beurteilen und Beraten.

Zu den klassischen Kriterien professionalisierter Berufe gehört nach Dauber (1975, S. 258):

ein definierter, hochgeachteter Aufgabenbereich,

eine akzentmäßig intellektuelle Tätigkeit,

eine Spezialausbildung,

ein großer Entscheidungsspielraum bei persönlicher Verantwortlichkeit,

ein Berufsethos mit explizitem Normenkodex,

eine Berufsorganisation mit Zugangskontrolle.

Diesen Kriterien zufolge kann man den Lehrerberuf nur als begrenzt professionalisiert ansehen. Dauber wirft allerdings auch die Frage auf, ob diese Kriterien für den Lehrerberuf zutreffend sein können.

Eine interessante Kontroverse zur Frage der Professionalisierung ist in der Zeitschrift *Bildung und Erziehung* aus dem Jahre 1974 zu lesen. Ein Promovent von Blankertz (P. Kraft) veröffentlichte dort eine Kurzfassung seiner Dissertation, auf die der damalige Vorsitzende der *Gewerkschaft Erziehung und Wissenschaft*, Erich Frister, vehement reagierte. Auf diese Kritik durfte Kraft antworten. Krafts Ausgangsthese war, daß der am häufigsten von den Lehrern genannte Störfaktor Klassengröße nur eine "Schutzbehauptung für pädagogischen Immobilismus (oder genauer: für unterrichtsmethodische Phantasielosigkeit) darstellt" (1974a, S. 125). Dies suchte er an einer Stichprobe von 109 zwischen 26 und 50 Jahren alten männlichen Lehrern zu belegen, indem er aufzeigte, daß Lehrer einmal eine geringe Einstellung zu professionaler Arbeitskontrolle haben, und zum anderen nicht bereit sind, durch Änderung der Unterrichtsorganisation, Störungen zu verringern. Diese Hypothesen prüfte Kraft mit Fragen über die Bereitschaft zu Weiterbildungsveranstaltungen und über die Reaktion von Lehrern auf Disziplinschwierigkeiten. Es stellte sich heraus, daß Lehrer, die sich gestört fühlen, weniger bereit sind, sich weiter- bzw. fortzubilden. Sie betreiben auch tendenziell weniger Fortbildung. Dieselbe Gruppe von Lehrern sei nicht bereit, Disziplinkonflikte angemessen zu lösen, sondern reagieren eher mit Vorwürfen zur Lethargie der Schüler. Die Prüfung beider Hypothesen ist nicht mit einem statistischen Prüfverfahren erfolgt. Kraft

---

[1] Einen historischen Überblick über die Professionalisierung des Lehrerberufes gibt Tenorth (1986, S. 275).

überprüft nicht, ob Lehrer, die sich gestört fühlen, nicht auch tatsächlich in großen Klassen unterrichten. Trotzdem scheint die Annahme, daß Lehrer in ihrem didaktischen Handeln variabel genug sind, diskussionswürdig.

Die Arbeit von Kraft wurde von Frister (1974) angegriffen. Der Hauptkritikpunkt an dem Vorgehen Krafts liegt in der Tatsache, daß Kraft die tatsächlichen Klassengrößen gar nicht referiert habe ("Forschung ohne Gegenstand"). Frister zeigt auf, welche Fehlinterpretationen seitens Kraft deshalb möglich waren. "Taschenspielertricks" wirft Frister Kraft vor, weil dieser durch Prozentwerte die tatsächlichen Zahlen in der Stichprobenzusammensetzung verdeckt hätte (1974, S. 135). Letztendlich sei Krafts Untersuchung nicht haltbar, eher "Zuarbeit für jeden Finanzminister" (S. 137). Selbst die in der Literaturzusammenfassung Krafts herangezogenen Arbeiten lassen nicht den Schluß zu, daß die Klage über zu große Klassen eine Schutzbehauptung sei.

Das dritte und letzte Glied in dieser Kontroverse ist die Replik Krafts auf die Kritik Fristers (Kraft, 1974b). Hat mit Fristers Kritik sanfte Polemik in die Diskussion Einzug gefunden, so artet Krafts Replik in Sarkasmus aus. Den Satz "Erich Frister bemüht sich, mir Spekulation, Täuschung und fehlendes Wissen zu unterstellen" kann der Leser neunmal im Text finden als Einleitung einer auf einen bestimmten Sachverhalt bezogenen Gegenkritik. Kraft kann Fristers Ungenauigkeiten beim Zitieren und offensichtlichen (bewußten?) Fehlinterpretationen der eigenen Untersuchung nachweisen. Zum Teil arbeitet die Replik allerdings schon ein wenig in Haarspalterei aus. Das, was hier interessiert, nämlich die methodischen Unzulänglichkeiten, kann Kraft nicht wegdiskutieren. Er verweist auf andere Untersuchungen, wo die gleichen Fehler vorkamen, und auf namhafte Wissenschaftler. Letzteres impliziert, daß bekannte Forscher per se genau arbeiten.

Insgesamt betrachtet ist die Kontroverse ein Ärger; sie hat der wissenschaftlichen Diskussion sicher nicht geholfen, die Gräben zwischen Gegnern in der Auseinandersetzung vertieft, und die Suche nach den Innovationsbarrieren polemisiert. Zudem ist die Kernfrage noch gar nicht berührt, nämlich ob eine generelle Beantwortung dieser Frage überhaupt möglich ist, also ungeachtet der einzelnen, individuell gestalteten Schule z.B., in denen Lehrer und Schüler arbeiten.

Was ist zu tun, um die genannten Innovationsbarrieren von vorne herein zu umgehen oder abzubauen? Antworten sind nicht leicht zu finden, allerdings geben einige Innovationsmodelle Hinweise auf erfolgsversprechende Vorgehensweisen. Um aber die Anwendbarkeit von Innovationsmodellen überprüfen zu können, soll zuerst geklärt werden, welche Kriterien des Erfolges es gibt.

3. Erfolgskriterien für eine Innovation

Die Erfolgskriterien einer Innovation sind abhängig von der Gestaltung der Innovation selbst und von der Person des Innovierenden, insbesondere seiner kognitiven Ausstattung.

Die Diffusionswahrscheinlichkeit einer Innovation kann durch fünf Merkmale der Innovation geschrieben werden (Böhnisch, 1979, S. 15):

Die Mitteilbarkeit: einfach zu beschreibende Innovationen finden rascher Verbreitung als kompliziert zu beschreibende.

Komplexität als Bestimmungsfaktor für den Grad der Schwierigkeit des Verstehens.

Das Risiko einer Innovation. Es gibt Hinweise darauf, daß Teilbereiche einer Innovation oder auf Probe eingeführte Innovationen leichter angenommen werden.

Die Kompabilität zwischen der Innovation mit den Überzeugungen und Werten der Mitarbeiter.

Die Vorteilhaftigkeit einer Innovation ist das Verhältnis zwischen Aufwand und Ertrag des passiv Innovierenden.

Der interne aktive Innovierende zeichnet sich durch folgende Merkmale aus:

Bessere Kenntnisse der Interna von Organisationen,

größere Vertrautheit mit den Beteiligten,

besondere Legitimation,

erhöhte Anerkennung als Folge des sozialen Status,

größere Übereinstimmung mit den Überzeugungen der passiv Innovierenden.

Der extern aktiv Innovierende kann wie folgt beschrieben werden:

Geringere Betriebsblindheit,

Vergleich mit ähnlichen Unternehmen,

Fähigkeit, unter speziellen Schwierigkeiten die tiefer liegenden allgemeinen Probleme zu erkennen,

Einbringung neuester wissenschaftlicher Erkenntnisse,

ungefilterte Informationen, da der externe Berater nicht in die Hierarchie des Unternehmens eingeordnet werden kann, größere Unbefangenheit und Objektivität gegenüber den passiv Innovierenden,

Unabhängigkeit von den passiv Innovierenden,

Autorität gegenüber dem Management.

Zur *kognitiven Ausstattung* sei folgendes angemerkt: In organisationspsychologischen Arbeiten stellte sich heraus, daß die Höhe der Rezeptionsbereitschaft "der beste Indikator für die Erfolgschance eines Änderungsprozesses ist" (v. Rosenstiehl et al., 1972).

Gebert (1978) konnte für betriebliche Organisationen feststellen, daß folgende Zusammenhänge zur Innovität von Organisationen hinsichtlich Kommunikation, Zentralisierung und Standardisierung bestehen: (1) Aussenkontakte höher und Informationsaustausch höher, (2) Zentralisierung niedriger und (3) Standardisierung niedriger.

In der Unternehmensforschung ist die Innovationsfreundlichkeit von Mitarbeitern ein wesentliches Kriterium erfolgreicher Unternehmen. Gussmann (1988) hat ebenso wie Meißner (1989, S. 37) verschiedene Merkmalskataloge von innovativen Mitarbeitern zusammengefasst. Zu den zentralen, verschiedenen Autoren gemeinsamen Beschreibungen gehören u.a.: (1) kognitive Fähigkeiten wie Kreativität, Vorstellungskraft, Flexibilität; (2) Orientierung: Autonomie, kosmopolitisches Denken, Problemsensivität; (3) Motivation: Energie, Leistungsbedürfnis, intrinsische Motivation und (4) IchStärke: Ambiguitätstoleranz. Die Anforderungen an Mitarbeiter in Schule und Administration sind also nicht gering.

4. Innovationsmodelle

Es stellt sich die Frage, welche Modelle zur Innovationsdurchsetzung am geeignetsten sind. Scheilke (1975) hat vier Modelle diskutiert, die hier nur noch z.T. wieder auftauchen, weil - wie noch zu begründen sein wird - Innovation in einem sich sozialen Systemen eine ganz andere Qualität hat: Es muß unterschieden werden, ob der Versuch unternommen wird, Änderungen von aussen in die Organisation hineinzutragen oder ob das System selbstinnovierend ist.

a) Hierarchie. Offensichtlich ist die Hierarchie das organisatorische Modell, welches eine Innovation am einfachsten durchsetzen könnte. "Unter den heutigen sozialen und ökonomischen Bedingungen ist allerdings anzunehmen, daß eine hierarchische Organisationsform nicht mehr ausreicht, um Innovationen zu bewältigen" (Witte, 1973, S. 10). Die Hierarchie wäre allerdings das einfachste Mittel, um die Willensbarriere zu überwinden.

Bei diesem Schluß man sich allerdings darüber im Klaren sein, daß Anweisungen von oben formal als durchgesetzt gelten, ob die Innovation aber tatsächlich an der Basis bleibt, muß überprüft werden. Dies scheint im Schulalltag nicht möglich.

b) <u>Kollegium</u>. Das Team- oder Gruppenkonzept bietet sich als Kollegialmodell zur Durchsetzung von Innovationen an, weil hier Informations-, Beratungs- und Entscheidungsgruppen hierarchiefrei miteinander arbeiten. Das ausschlaggebende Kriterium ist die Ausgrenzung hierarchischer Abgrenzungen. Bei Kollegen sollte der Fachaspekt überwiegen, aus diesem Grunde ist das Kollegialmodell dazu geeignet, Fähigkeitsbarrieren zu bewältigen. Das bürokratische deutsche Schulsystem läßt diese Innovationsform kaum zu. Vorstellbar ist es höchstens auf Schulebene, wo sich Lehrer treffen, um gemeinsam Vorgehensweisen festzulegen.

c) <u>Change-Agent</u>. Der Change-Agent ist ein Experte, der Menschen zu einem Sinneswandel veranlassen soll. Für ihn ist es typisch, daß er nicht über formale Macht verfügt (Rosenstiel et al., 1972). Sein Erfolg ist allein durch sein werbendes Verhalten und seine persönliche Überzeugungskraft angewiesen. Ein Beispiel aus dem amerikanischen Schulwesen berichten French / Bell (1977, S. 19ff). Innovation durch einen Change agent (Probst: *Intervenierer*) ist in einem sozialen System allerdings nicht fruchtbar. Ein solcher Intervenierer hat die Aufgabe, bestimmte neue Organisationsstrukturen zu entwerfen und in das System von aussen einzuführen. Dabei wird nicht berücksichtigt, daß das System nicht direkt verändert werden kann. Der primitive Eingriff in die vernetzten interaktiven Prozesse eines Systems führt nicht zum Ziel.

d) <u>Task-Force</u>. Irle (1971) ist der Meinung, daß Entschlüsse dort fallen sollen, wo das Informationsniveau optimal ist. Er schlägt als eine Alternative zum Linie-Stab-Prinzip der bürokratischen Organisation die sogenannte *Task-Force* vor. Sollte in einer Organisation ein Problem entdeckt worden sein, so wird ein vorläufiges Problemlösungs-Team zusammengestellt. In dieses Team sollten Experten einbezogen werden, die allerdings nicht nur berufen werden (Gefahr der einseitigen Selektion), sondern es dürfen Experten auch von außen hin auf eigenen Wunsch hinzutreten. In der ersten Sitzung dieses Teams wird die sogenannte Task-Force konstituiert. Es wird ein Moderator (*Chairman*) bestimmt. Danach tritt die Task-Force in ihre inhaltliche Arbeit ein. In der ersten Phase ist zu entscheiden, ob das Problem für die Organisation irrelevant und zu vernachlässigen ist, oder ob das Problem existenziell ist. Einzelne Teilprobleme können Untergruppen zur Lösung zugewiesen werden. Die endgültige Lösungsalternative wird vom Plenum der Task-Force beschlossen. Diese gewählte Alternative bedarf keiner Autorisierung durch eine hierarchisch höhere Instanz, diese haben allerdings ein

Vetorecht. Dieses Vetorecht ist zeitlich begrenzt. Sollte ein Veto eintreten, wird eine Schiedsinstanz eingerichtet, das die Unterschiede zwischen der hierarchisch höheren Instanz und der Task-Force ausgleichen soll.

Ist die Entscheidung endgültig gefällt, so wird ein Implementator bestimmt. Diese Person muß Experte für die Realisierbarkeit des zu erarbeitenden Entschlusses und vorher Mitglied der Task-Force gewesen sein. Danach löst sich die Task-Force auf, ihre Aufgabe ist beendet. Allerdings wird danach eine neue Task-Force eingerichtet, die kontrolliert, ob die Innovation so wie beschlossen durchgeführt wird.

Eine task force hat also folgende Merkmale (Peters / Waterman, 1983): (1) Sie haben höchstens 10 Mitglieder, (2) sie besteht nur kurze Zeit, (3) die Mitgliedschaft ist freiwillig, (4) sie wird schnell einberufen, (5) es wird schnell nachgefasst (Erfolgskontrolle) und (6) die Dokumentation ist formlos und oft spärlich.

Dieses Konzept von Irle ist auf den ersten Blick mit der bürokratischen Schulorganisation nicht vereinbar. Irle geht aber davon aus, daß sowohl Stabs- als auch Linienmitglieder Experten sind, deren Expertentum es zu nutzen gilt. Die Positionen in einer Task-Force sind nur von begrenzter Dauer, also nicht von "quasi-unendlicher Dauer", wie sie für die Beamten definiert ist.

Mitglieder einer solchen Task-Force können parallel dazu ihren Routineaufgaben kontinuierlich nachgehen. Eine Task-Force ist ein einmaliger Vorgang, sie enthält keine wiederkehrenden, sich wiederholenden Vorgänge. Das Einrichten und Auflösen solcher Task-Forces führt dazu, daß ein Beamter neben seiner ständigen, auch wechselnde Rollen einnehmen muß. Dies führt zu höherer Flexibilität, zudem wird die Neugiermotivation erhöht. Andererseits ist die Arbeit in einer Task Force umfangreich und nicht immer wird sich ein Mitglied einer solchen Gruppe neben seinem Alltagsgeschäft intensiv in die Gruppe einbringen können.

IV. Innovation in Systemen

Diese verschiedenen Innovationsmodelle sind eher klassischer Natur und berücksichtigen nicht die systemische Sichtweise: "Nur wenn die konkreten systemischen Zusammenhänge einer Klasse verändert werden, können pädagogische Reformvorschläge etwas bewirken" (Sander, 1988, S. 336). Systeme im Erziehungsbereich sind eben durch das Maschinenmodell nicht zu beschreiben.

1. Systemische Innovation

Innovation in offenen Systemen setzt voraus, daß man sich der Merkmale von Systemstrukturen bewußt ist. Nöldner (1984, S. 38; s. a. Dörner, 1983) hat sechs Merkmale zusammengestellt:

Komplexität	die gleichzeitige Berücksichtigung vieler Aspekte
Intransparenz	Unkenntnis über Systemvariablen
Abhängigkeit	Vernetzheit verschiedener Bestandteile des Systems
Eigendynamik	Veränderung der Variablen ohne Einwirkung von außen
Polytelie	Das Vorhandensein z.T. entgegengesetzter Ziele
Offene Ziele	Tendenzielle Unbestimmtheit und Offenheit.

Will man die dahinterliegenden systemische Position zusammenfassen, so ergeben sich folgende Punkte:

Lineares Denken wird abgelöst durch systemisches Denken.

Das Postulat der Objektivität wird zugunsten des Konstruktivismus propagiert.

Die selbstreferentielle Beschreibung eines Gegenstandes löst einen objektivierenden Gegenstandsbezug ab.

Die Metastrategie systemischer Wirklichkeitskonstruktion löst die objektsprachliche Bindung an ein vorgegebenes theoretisches Konzept ab.

Innovation wird gesehen als die Schaffung von Bedingungen für die Möglichkeit von selbst durchgeführter Organisation und nicht als technisch-interventionistischer Zugriff auf die Wirklichkeit.

Man muß unterscheiden, inwieweit das System von außen gelenkt ist und wie weit das Lenkungssystem selbst Teil des zu lenkenden Systems ist. Aus der Kybernetik sind die Beispiele für eine einfache Lenkungsstruktur hinlänglich bekannt. Ein Thermostat regelt die Temperatur im Wohnzimmer. Ein solches einfaches System basiert im Grunde auf der Rückkoppelung zwischen Heizungskessel und tatsächlich erreichter Temperatur. Für soziale Systeme ist ein derartiges Modell allerdings nicht zu gebrauchen: "Lenken eines sozialen Systems bedeutet Verhindern, daß das System sich in ungewollte Bahnen bewegt" (Probst, 1987, S. 40). Diese Sichtweise von Lenkung impliziert, daß es einen gewissen Spielraum für das Verhalten des Systems gibt, den man akzeptieren muß.

Zwei Systemtypen wurden vorgestellt: Das autopoietische und das selbstorganisierende System. Wie sieht die Innovation für solche Systeme aus?

a) Innovation im autopoietischen System

Auf der Basis der Theorie selbstreferentieller Systeme ist Innovation und Intervention als Anregung zur Selbststeuerung zu verstehen (Willke, 1984, S. 191). Dabei ist allerdings zu beachten, daß die Geschlossenheit des autopoietischen Systems sich nur auf die Zirkularität der Selbststeuerung der eigenen Reproduktion bezieht, andererseits bezüglich der Aufnahme von Energie und Information notwendigerweise offen ist. Maturana stellt fest, daß die Art, in der ein autopoietisches System auf eine grobe Einwirkung von Seiten der Umwelt reagieren wird, größtenteils vorhersagbar ist, sobald die Art seiner Autopoiesie verstanden ist. "Kluge Politiker können solche Anpassungsprozesse intuitiv erfassen, und sie können von guten Wissenschaftlern, die systemtheoretische Modelle einsetzen, unterstützt werden. Dumme Politiker können nicht verstehen, warum soziale Institutionen ihre Identität nicht einfach über Nacht aufgeben, wenn man ihnen mit perfekter Logik vorrechnet, warum sie dies tun müssen und solche Politiker werden von schlechten Wissenschaftlern unterstützt, die ihre Bemühungen darauf konzentrieren, diese irrelevante Logik zu entwickeln" (Maturana, 1981, S. 179). Dies bedeutet aber auch, daß die Zustände in einem selbstreferentiellen System operational abgeschlossen sind. Sie sind zwar modulierbar bzw. beeinflußbar, sie sind aber nicht vollends steuerbar. Dieses wird dort zum Problem, wo man Systeme von aussen innovativ verändern möchte. Innovationen in autopoietischen Systemen bestimmen nicht die Qualität der Veränderung, sondern können höchstens eine Veränderung auslösen (vgl. Roth, 1987, S. 62). Autopoietische Systeme sind aber nicht nur deshalb kaum steuerbar, weil sie selbstherstellend und selbsterhaltend sind, sondern auch, weil sie sehr komplex sind. Maturanas Ausflug in die Politik muß mit Vorsicht genossen werden, denn nicht jedes System ist autopoietisch, soziale Systeme - wie oben gezeigt - keinesfalls.

b) Innovation im selbstorganisierenden System

"Als Organisation wird alles bezeichnet, was für eine wahrgenommene Ordnung verantwortlich zeichnet" (Probst, 1987, S. 68). Greift man bewußt in die Ordnungsprozesse eines Systems ein, dann spricht man von Organisieren. Ordnung ist nicht starr, eher dynamisch, sie weißt allerdings Konstanz auf. Ein System wird dann als selbstorganisierend verstanden, wenn Organisieren ein wesentlicher Faktor der Ordnungsbildung ist. Folge davon ist, daß in dem Innovationsprozeß kontinuierlich reflektiert, verändert, experimentiert etc. werden muß. Dazu gehört aber auch, daß das System lernt. Lernen wird unvermeidbarer Begleiter für Anpassung und Entwicklung. Dazu kann gehören, daß das System innerhalb seiner Regelsysteme möglichst schnell auf den gewünschten Zustand hinführt und, daß Normen, Werte und Regeln geändert werden, um neue innovative Muster zu bilden.

Der Organisationsbegriff, der unmittelbar an den Begriff der Selbstorganisation angeknüpft ist, ist nicht mehr durch die Gesamtheit aller formalisierten und generalisierten Regeln gekennzeichnet. Soziale Systeme werden von Menschen für bestimmte Zwecke geschaffen. Sie sind nicht entworfen und geplant wie Maschinen. Unter diesem Aspekt müssen Innovation und Organisation betrachtet werden.

Die Selbstorganisation an sich war auch schon in den traditionellen Organisationslehren bekannt. Dort wurde sie aber eher als Störfaktor für eine Innovation betrachtet, was für ein mechanistisches System nicht richtig gewesen wäre. Auch in der Managementlehre sind Prinzipien der Selbstorganisation nicht neues. Dazu gehört die Mitarbeiterbestimmung, die Arbeitszeit, Flexibilisierung, die autonomen Arbeitsgruppen, Dezentralisation etc.

Eine erfolgreiche Innovation für ein selbstorganisierendes System kann nur darum bestehen, daß das System noch stärker selbstorganisierend wird, so daß es sich besser in die Umwelt integrieren und entwickeln kann: "Selbstorganisierende Prozesse sind solche physikalisch-chemischen Prozesse, die innerhalb eines mehr oder weniger breiten Bereichs von Anfangs- und Randbedingungen einen ganz bestimmten geordneten Zustand oder eine geordnete Zustandsfolge (Grenzzyklus) einnehmen" (Roth, 1986, S. 154).

Eine pädagogische Einwirkung nur noch als Störung der homöostatischen Organisation zu betrachten. Selbst harmlose pädagogische Modelle und Versuche, den Lehr-Lern-Prozeß anreichern, wären damit in Frage gestellt. Diese Auffassung vernachlässigt aber, daß Schulklassen selbst als System Bestandteile von hierarchisch höhergelegenen Systemen sind. Sie sind also nicht autonom, wie bereits herausgearbeitet wurde. Autonomie ist ein zentrales Merkmal von Selbstorganisation. Will man die Chancen von Selbstorganisation nutzen, dann muß der Schulklasse oder der Schule vorher mehr Autonomie zukommen. Es sei daran erinnert, daß soziale Systeme als synreferentiell gekennzeichnet wurden. Somit bestehen u.a. Aussenkontakte, die für Innovationen genutzt werden müssen. Die Schulklasse oder Schule sind keine selbstorganisierenden Systeme, weshalb der Erfolg einer Innovation noch lange nicht in Frage gestellt ist. Wie soll man vor diesem Hintergrund eine Innovation durchführen?

2. Substantielles und symbolisches Organisieren

Zuerst stellt sich die Frage, wie ein System auf Umweltstörungen, also letzlich Innovationen, reagieren kann. Röpke unterscheidet drei "Verteidigungslinien" gegenüber Umweltstörungen:

1. Auf der Ebene des Verhaltens durch Auswahl einer Verhaltensweise aus dem bisherigen Verhaltensrepertoire bzw. durch spontane Schöpfung neuer Verhaltensweisen.

2. Durch homöostatische Kontrolle, wobei interne Regelungsvorgänge ausgelöst werden, die die Wirkungen der Umwelt kompensieren und das System stabil halten. In einem globalen Nichtgleichgewichtszustand gibt es kein detailliertes Gleichgewicht. "Infolge dessen ist Nichtgleichgewichtsverhalten anfällig gegenüber Veränderungen: Lokalisierte kleine "Ausreißversuche" werden nicht zwangsläufig durch eine sofort einsetzende Gegenreaktion "niedergeschlagen", vielmehr können sie vom System akzeptiert und sogar verstärkt werden, um so zu Ausgangspunkten von Innovation und Diversifikation zu werden" (Nicolis / Prigogine, 1987, S. 86).

3. Durch Änderung des Regel- und Normensystems.

Ziel einer Innovation ist die letztgenannte Änderung. Probst (1987, S. 91; s.a. Kasper, 1987; Probst / Scheuss, 1984) unterscheidet dafür analytisch zwei Möglichkeiten der Gestaltung in sozialen Systemen: Das substantielle (materielle) Organisieren und das symbolische (geistig-sinnhafte) Organisieren.

a) Substantielles Organisieren

Diese Art der Gestaltung sozialer Systeme umfaßt alle Strukturierungsmaßnahmen auf einer materiellen Ebene. Dabei werden durch Verhaltensvorschriften und Regelungen Möglichkeiten des Verhaltens ausgeschlossen, produziert bzw. kanalisiert. Damit werden formale Strukturen geschaffen. Die hinlänglich bekannten instrumentalen und formalen Organisationstheorien finden sich (ausgehend von Webers Bürokratieansatz) alle unter diesem Aspekt wieder. Die formalen Organisationstheorien gehen davon aus, daß es einen Gestalter gibt, der die Macht und Autorität besitzt, zwischen verschiedenen alternativen Strukturformen zu wählen, um das System/ die Organistion zu ändern. Vorausgesetzt wird dabei, daß das System eine Struktur habe, und daß die Kausalzusammenhänge innerhalb des Systems bekannt sind. Der Sinn des substantiellen Gestaltens liegt letztendlich in der Gewährleistung des Zielerreichens. Dafür meist eingesetzte Mittel sind die Differenzierung und die Koordination.

b) Symbolisches Organisieren

"Die symbolische Perspektive bezieht sich damit auf einen interpretativen Aspekt; ... Die Gestaltungsaufgabe liegt darin, Sprachspiele, Mythen, Symbole, Etiketten, Denkmuster, Leitvorstellungen, Zeremonien, Riten usw. zu strukturieren, verändern, nutzen, fördern oder zu verhindern" (Probst, 1987, S. 92). Strukturen haben also keinen Selbstzweck, sondern sie sind als Vehikel zu sehen, das entworfen wurde, um Sinn zu reflektieren und um sinnmachende Prozesse zu erleichtern.

Eine immer wieder auftauchende Frage ist die, inwieweit die soziale Gruppe zu einer kollektiven Interpretation der Struktur ihrer Gruppe kommt. Probst versteht so ein kollektives Phänomen als "Kultur". Kultur in einem sozialen System versteht er "als erworbenes Wissens- und Erkenntnissystem zur Interpretation der Erfahrungen und zur Generierung von Handlungen" (1987, S. 99). Diese Sichtweise des kollektiven Phänomens erinnert durchaus an das Phänomen des sozialen Klimas von Gruppen (s. v. Saldern, 1987).

Symbolisches Organisieren ist natürlich von der materiellen Organisation nicht unabhängig. Es wird allerdings angenommen, daß die materielle Organisation erst über die Wahrnehmung einen Sinn erhält. Damit werden materielle Organisationsformen mehrdeutig. Das symbolische Organisieren hat nun die Aufgabe, diese Mehrdeutigkeit zu reduzieren, Ungewissenheit und Unsicherheit für die Beteiligten abzubauen. Diese symbolische Organisation manifestiert sich in drei Bereichen: Handeln, Sprache und Artefakte. Probst geht in weiteren (wohl in Anlehnung an den symbolischen Interaktionismus) davon aus, daß die sozialen Strukturen und ihre Bedeutungen nicht in einer objektiven Welt liegen. Folge davon ist, daß dieselben Strukturen verschiedene Sinnzusammenhänge und Bedeutungen repräsentieren können. Damit sind Strukturen mehrdeutig, wobei diese Mehrdeutigkeit durch eine große Unsicherheit und Heterogenität der materiellen Situation erhöht wird. Im Einzelnen:

a) <u>Die symbolische Gestaltung von Handlungen</u>. Normen, Werte und Menschenbilder spiegeln sich in Handlungen wider. Dazu gehören beispielsweise "Traditionen, Gewohnheiten, Routinen, Tabus, Neuerungen im Verhalten!" (Probst, 1987, S. 101). Aus der Organisationssoziologie ist bekannt, daß erfolgreiche Unternehmungen die symbolische Wirkung von Handlungen erkannt haben. Die Unternehmungen, die den Mitarbeitern den Sinn ihrer Tätigkeit nahebringen konnten, sind erfolgreicher.

b) <u>Die symbolische Gestaltung von Artefakten</u>. Artefakte sind alle Gegenstände, Einrichtungen, Hilfsmittel und Instrumente sowie Ausstattungen in einer Organisation. Artefakte sind Werkzeug der Sinnvermittlung (so Probst 1987, S. 102). In ihr und durch sie werden bewußte und unbewußte geistige Vorstellungen realisiert. Damit ist unmittelbar der Gedanke verbunden, daß Artefakte symbolische Bedeutungen haben, sie fördern und unterstützen also Handlungen, die symbolische Bedeutung haben. Es kann allerdings dabei das Problem auftreten, daß Artefakte Lehrformeln darstellen. Regelungen innerhalb der Organisationen werden umgangen oder nicht mehr beachtet.

c) <u>Die symbolische Gestaltung von Sprache</u>. Artefakte und Handlungen sind Daten, die erst Sinn machen, wenn sie zu Informationen werden. Das Medium des Informationsaustausches ist die Sprache und damit sämtliche kommunikativen Prozesse zwischen den Teilen eines sozialen Systems.

d) <u>Der kulturelle Kontext</u>. Organisieren bedeutet das Gestalten und Bewahren der inneren Ordnung einer Organisation. Substantielles und symbolisches Organisieren müssen sich gegenseitig ergänzen, da ersteres durch eine orientierende und legitimierende kulturelle Ebene nicht greifen kann.

3. Ablauf einer systemischen Organisation

Das Organisieren und das Durchsetzen innovativer Pläne wird in bürokratischen Organisationen immer wieder in zeitliche Phasen zerlegt: Organisationsentwurf, Auswahl von Alternativen, Implementierung und Kontrolle. Demgegenüber vollzieht sich das Vorgehen bei einer Innovation in einem System. Probst (1987, S. 113f) unterscheidet zwischen folgenden Regeln, die ein Organisator in einem System beachten muß (zur Anwendung für die Unternehmensführung s. Probst / Gomez, 1989; Probst, 1989):

Behandle das System mit Respekt!

Lerne mit Mehrdeutigkeit, Unbestimmtheit und Unsicherheit umzugehen!

Erhalte und schaffe Möglichkeiten!

Erhöhe Autonomie und Integration!

Nutze und fördere das Potential des Systems!

Definiere und löse Probleme auf!

Beachte die Ebenen und Dimensionen der Gestaltung und Lenkung!

Erhalte und fördere Flexibilität und Eigenschaften der Anpassung und Evolution!

Strebe vom Überleben zu Lebensfähigkeit und letztlich nach Entwicklung!

Synchronisiere Entscheidungen und Handlungen mit zeitgerechtem Systemgeschehen!

Halte die Prozesse in Gang!

Es gibt keine endgültigen Lösungen!

Balanciere die Extreme!

Probst (1987, S. 123f) faßt die typischen Merkmale der organisatorischen Gestaltung einer "demokratischen Hierarchie" (= zirkuläre Organisation) wie folgt zusammen: Die Organisation gliedert sich in relativ autonome Einheiten. Sie besitzt wenig Führungsebenen, wobei die Entscheidungen an tiefstmöglicher Stelle zu finden sind. Die Mitarbeiter partizipieren an den Entscheidungen und planen interaktiv mit. Die ökonomische Lebensfähigkeit, die technologischen Möglichkeiten und die Arbeitsqualität müßten gesichert werden. Die Synergieeffekte werden genutzt und es gibt eine Redundanz in den Funktionen (Arbeitsplatzgestaltung, Planungsteams usw.). Zwischen den Einheiten gibt es einen hohen Informationsaustausch, Ziele werden kooperativ realisiert. Das System im Ganzen ist flexibel lernfähig. Das Problem ist, daß Rigidität solch positive Lernprozesse zerstören kann.

Probst schreibt dem guten Organisierer für ein System folgende Eigenschaften zu: Einmal muß er (oder sie) anpassungs- und entwicklungsfähig sein. Er sollte Prozesse unterstützen und selbst als Katalysator wirken. Er sollte sich nicht nur durch fundiertes Fachwissen auszeichnen, sondern auch über soziale Fähigkeiten und Fertigkeiten verfügen. Er muß die Fähigkeit haben, Prozesse zu analysieren und zu synthetisieren. Dazu gehört, daß er negativ ablaufende Entwicklungen frühzeitig erkennt bzw. notwendige Entwicklungen in Gang setzt. Er muß Prozesse und Entwicklungen innerhalb des Systems betreuen und moderieren können. Dazu gehört, daß er nicht nur Wissensvermittler, sondern auch Lernender ist. Ganz im Sinne der Unterscheidung zwischen substantiellem und symbolischem Organisieren muß der gute Organisierer substantiell und symbolisch gestalten können. Damit sind die Anforderungen an einen Organisierer sehr hoch.

Ein positiver Lernkontext kann nach Probst (1987, S. 132) unter folgenden Bedingungen geschaffen werden: Verschiedene Ebenen und Elemente müssen in die Entscheidungsprozesse einbezogen werden (partizipatives Prinzip). Die dazu notwendigen Interaktionsprozesse müssen unverfälscht und zuverlässig ablaufen. Letzte werden kontinuierlich oder periodisch überprüft. Es muß allseits eine Offenheit und Toleranz gegenüber abweichenden Haltungen, gegenüber Inkonsistenz und Mehrdeutigkeit vorhanden sein. Neue Perspektiven müssens ständig angeregt und diskutiert werden. Frühwarnsysteme müssen installiert werden. Dies führt aber zwangsläufig dazu, daß die Komplexität erhöht wird.

4. Komplexität

v. Foerster analysiert die klassische Innovation als eine "Verkrüppelung des Zugangs" zur potentiellen Komplexität (1988, S. 33). Er fordert deshalb nicht die Reduktion, sondern die Expansion von Komplexität: Handle stehts so, daß Du die Anzahl der Möglichkeiten vergrößerst. Systeme sind also komplex (was nicht mit Kompliziertheit zu verwechseln ist, Probst, 1987, S. 29), ja sie sollen nach v. Foerster sogar ihre Komplexität erhöhen.

Wie wirkt sich Komplexität aus? "Je komplexer ein System, desto abstrakter oder allgemeiner werden seine Regeln und desto abstrakter werden daher auch seine Grenzen sein" (Röpke, 1987, S. 35). Hinzu kommen Differenzierung und Spezialisierung der Teile eines Systems (Hopper / Weymann, 1977, S. 162). Diese Komplexität eines Systems hat eine Reihe von Fragen zur Konsequenz, die letztendlich alle darauf zielen, wie die Komplexität bewältigt werden kann. Der Untersucher muß grundsätzlich davon ausgehen, daß er die volle Varietät eines Systems in seine Untersuchung einschließen muß, denn diese Varietät eines Systems auch jemand bewältigen muß, der in diesem System agiert. Management ist somit Komplexitätsbewältigung. Diese spitzt sich durch Ungewolltes und Unvorhergesehenes noch zu. Diese Erkenntnis hat allerdings wiederum zur Folge, daß wir nie genau wissen können, was in Zukunft in einem System passiert.

Kann man ein System nicht vollständig beschreiben, verwendet man gerne den Wahrscheinlichkeitsbegriff. Hierbei tritt allerdings ein Problem auf: Der klassische Wahrscheinlichkeitsbegriff geht vom Verhältnis der möglichen zu den tatsächlichen Fällen aus. Wenn man aber ein System nicht kennt, dann ist auch die Zahl der tatsächlichen Fälle unbekannt. Die Zahl der tatsächlichen Fälle kann also nur geschätzt werden.

Für den Systemtheoretiker stellt sich die Frage, wie er ein System weiter auflöst, damit er die Komplexität des Systems bewältigen kann. Man kann Teile des Ganzen analysieren, ohne die Struktur des Ganzen dabei zu vergessen. "Der systemischen Diagnostik kommt es weniger auf die Präzision der Erfassung von Teilkomponenten an als vielmehr auf - wenngleich unschärfere - Muster von Zusammenhängen (Schiepek, 1987, S. 22). Aber hierarchische Netzwerke zu durchschauen, fordert von dem Untersucher, daß er fähig ist, auf verschiedenen Abstraktionsebenen zu denken. Wenn man ein komplexes Wirkungsgefüge beschreiben möchte, dann muß es eine Struktur haben. Ist ein komplexes System nicht hierarchisch angeordnet, so wird ebenso schnell die Kapazitätsgrenze einer möglichen Berechnung erreicht. Komplexität läßt sich am besten beschreiben, wenn man Hierarchien erkennt und Redundanzen für die Beschreibung ausnutzen kann. "Ökosysteme können auf Grund ihrer Komplexität, Vernetztheit und permanenten Bewegung im Fließgleichgewicht nur annäherungsweise beschrieben und nur stark vereinfachend abgebildet ... werden (Sander, 1988, S. 338f). Erneut wird eine sehr fähiger Beobachter vorausgesetzt.

Ein Wirkungsgefüge kann komplex genannt werden, "wenn die Information, die aus der Beobachtung des Verhaltens des Gefüges resultiert, größer ist, als die Information, die man aus der Kenntnis von Angaben über Verschaltung, Zustände der Elemente und ihre Überführungsfunktion gewinnt" (Kornwachs / v. Lucadou, 1975, S. 56). Wenn man also das Gefüge kennt, so daß von diesen Angaben auf das Verhalten geschlossen werden kann, ist das System nicht mehr komplex, sondern durchschaubar geworden. Dieser Komplexitätsbegriff ist nicht mehr unabhängig vom jeweiligen Kenntnisstand über das zu untersuchende System.

"Die objektive Komplexität eines Realitätsausschnitts, die Informationsverarbeitungskapazität und der Zeitdruck determinieren die subjektive Komplexität. Formal könnte man sich diese vorstellen als Produkt aus Zeitdruck, Komplexität und Mangel an Informationsverarbeitungskapazität. Die subjektive Komplexität ist maximal bei hohem Zeitdruck, hoher Komplexität und minimaler Informationsverarbeitungskapazität" (Dörner, 1983, S. 44).

Nach Joerges (1977) nimmt Komplexität in den folgenden Schritten immer weiter ab:

-> Sensorischer Input
-> Sensorischer Input, der bemerkt wird
-> Sensorischer Input, der bewußt bemerkt wird
-> Definition der Situation
-> Zahl verfügbarer Verhaltensweisen

Systemhafte Gegenstandskonzeptionen haben also andere Ergebniserwartungen als bloße Input- Output-Relationen. Zur Beseitigung der Unkenntnis über einen bestimmten Realitätsbereich sind nach Dörner (1983, S. 40) folgende kognitive Operationen geeignet: Informationssammlung, Analogiebildung und Verwendung abstrakter Strukturschemata". Was muß ein Beobachter oder Innovierer können? Folgende Fähigkeiten werden vorausgesetzt:

Die Identifizierung von funktionalen Einheiten und Funktionsniveaus (Steuerung, Determination, Integration)

die Herausarbeitung der Funktionsgesetzmäßigkeiten innerhalb der funktionalen Einheiten und Funktionsniveaus

Explikation der Funktionsgesetzmäßigkeiten zwischen funktionalen Einheiten und Funktionsniveaus

Untersuchung der Funktionsgesetzmäßigkeit auf Stabilität/Labilität

Herausarbeitung der Möglichkeiten und Bedingungen von Entwicklungen bzw. qualitativen Sprüngen

Berücksichtigung der Zeitabhängigkeit der untersuchten Phänomene

Identifizierung von Schwellenwerten und Toleranzbereichen für Funktionen

Aufdeckung von Zielen, Zielhierarchien, multiplen Zielen, Zielkonflikten, Zielverschiebungen usw.

Herausarbeitung funktionaler Äquivalenzen

Aufzeigen von Strukturbrücken, Widersprüchen etc.

Zusammenfassung der Detailergebnisse in einem Gesamtergebnis

Kennzeichnung von Handlungsspielräumen und Interventionsmöglichkeiten (Maschewsky 1983, S.130 f).

Wer ist überhaupt in der Lge, diesen Anforderungen gerecht zu werden? Schiepek (1987, S. 25) referiert dazu folgende Problembereiche, die auftreten:

Systeme mit übergroßer Komplexität sind insbesondere unter Zeitdruck von einem Beobachter nur in stark reduzierter Form zu verarbeiten.

Unser kognitives System ist begrenzt hinsichtlich der Wahrnehmung komplexer Systeme.

Der Beobachter weiß nie genau, ob er die für eine Prognose besten Strukturen und Variablen erfaßt hat.

Verschärft wird das Problem durch einen Mangel an Meßgenauigkeit.

Das System erzeugt sich im Laufe der Zeit immer wieder neu,

wodurch sich neue strukturelle und dynamische Muster durch Bifurkationspunkte und Phasenübergänge ergeben.

Praktisch arbeitende Pädagogen wie z.B. Lehrer haben Möglichkeiten inne, hochkomplexe Situationen zu überleben. Luhmann referiert fünf solcher "Notbehelfe" bzw. "Endverzweiflungsversuche", wie er sich ausdrückt:

die Intuition,

die Erhöhung des eigenen Anteils an der Kommunikationszeit,

die Erhöhung der fachlichen Kompetenz und der sachlichen Klarheit der Darstellung der Information,

Einführung des kybernetischen Verfahrens ("abwarten was geschieht, und dann auf die Effekte reagieren"),

Die Erzeugung von Redundanz.

Nun, erneut wird deutlich, daß eine wesentliche Voraussetzung erfolgreichen systemischen Innovierens die Fähigkeit der Person ist. Vor diesem Hintergrund seien die Forderungen aus dem bisher Gesagten noch einmal zusammenfassend formuliert.

V. Erhöht die Flexibilität!

Hier wird die These vertreten, daß Erziehungswissenschaftler systemisch denken müssen, wollen sie gegenstandsadäquat arbeiten. Ziel für pädagogische Systeme ist der Abbau von Kontrollhierarchie (von Jantsch, 1986, S. 352 gefordert), was eine Stärkung der Autonomie zur Folge hat: Subsysteme sollen größere Freiheitsgrade erhalten. Die pädagogische Freiheit würde dem Gegenstande angemessen erhöht.

Die skizzierte Waage zwischen bürokratischer Regelung und notwendiger Freizügigkeit darf aber nicht einseitig ausschlagen: "Strenge allein ist lähmender Tod, aber Phantasie allein ist Geisteskrankheit" (Bateson, 1987, S. 265).

Das Problem einer solchen Strategie liegt in den Kosten, wie Kieser / Kubicek (1978a, S. 146) es ausdrücken: "Flexibilität verursacht Kosten". Aber auch wenn die Kosten zu bewältigen wären, es blieben trotzdem Probleme, denn zu den Grenzen einer systemisch orientierten Innovation im Schulwesen gehören:

Der Glaube an das technisch Machbare, an die Steuerbarkeit sowie an die Kontrollierbarkeit des Schulsystems ist ein Hindernis dafür, systemisches Denken zu etablieren. Konsequenz: Modifikation der Ausbildung von Erziehungswissenschaftlern und Pädagogen.

Die Grenzen der Planbarkeit - und dies ist ein weiterer Unsicherheitsfaktor - resultieren aus der nur begrenzten Prognostizierbarkeit von komplexen Systemen. Konsequenz: Aufgabe bürokratischer Modelle zur Beschreibung pädagogische Situationen.

Die Folge- und Nebenwirkungen in den Veränderungen komplexer Systeme gebietet Praxiskontrolle. Konsequenz: Dauerhafte Evaluation pädagogischer Systeme.

Es gibt für die systemtheoretische Modellbildung keinen eindeutigen Algorithmus, es sind mehrere geeignete Modelle zur Erklärung des Systemverhaltens möglich. Konsequenz: Aufgabe vermeintlich wahrer Modelle.

Kriterien für die intersubjektive Übereinstimmung sind nur sehr schwer zu finden (Schiepek, 1987, S. 27 sieht darin sowieso keinen Sinn). Konsequenz: Akzeptieren anderer Auffassungen der Interpretation sozialer Systeme.

Erfolgreiches, pädagogisches Handeln wird also in spezifischen Situationen immer ein Stück weit unkontrollierbar bleiben müssen. Dennoch: Schule wird in Teilbereichen ein konservatives System bleiben. Ein System wird so beschrieben, wenn "trotz des beständigen Wechselspiels zwischen seinen Teilen ein Urelement existiert, das von allen Veränderungen unberührt bleibt" (Nicolis / Prigogine, 1987, S. 71). Dieses Urelement werden nach wie vor die bürokratischen Reglements sein.

Soweit zu den praktischen Konsequenzen. Abschließend sei über die Anwendung der Systemtheorie innerhalb der Erziehungswissenschaften als Wissenschaft zusammengefaßt:

a) Man muß sich im klaren sein, daß jedes System - in welchem Bereich auch immer - durch Instabilitäten über die Zeit auszeichnet. Die wenigsten sozialwissenschaftlichen Erklärungsmodelle versuchen dies durch Veränderungsgesetze zu beschreiben. Zustandsgesetze machen noch immer die Masse aus.

b) Eine Person wechselt häufig das System. Ein Schüler bspw. täglich zwischen Schulklasse, Familie, peers, um nur einige Systeme zu nennen. Dies erschwert die Erklärung und vermindert die Chance der Zuweisung von Verantwortlichkeiten für das Schülerverhalten.

c) Der Systembegriff in den Sozialwissenschaften ist zu vage und damit kaum überprüfbar. Die übliche Verwendung (wie bei Luhmann) metaphorisch, mit heuristischer Funktion. Witte (1990) zeigte, daß manche Aussagen Luhmanns durchaus präzisiert werden können, wobei Witte luhmannsche Begriffe gleichzeitig gewissermaßen entkleidete: *Sinn* heißt: Es gibt ein System. *Doppelt kontingent* heißt: Das System hat mindestens zwei Personen. *Selbstreferenz* heißt: Es findet Veränderung statt.

d) Mit der Formalisierung stellt sich erneut die Frage der Übertragbarkeit auf die Sozialwissenschaften. Die Umsetzung von Theorien in mathematische Gleichungen scheint nur für sehr einfache Theorien möglich.[2] Formalisierung wird nur dann angenommen werden, wenn sie als Präzisie-

---

[2] Dies hat Witte (1990) - ungewollt - an der Präzisierung der Theorie Homans durch Simon gezeigt.

rung von Inhalten erkennbar ist. Formalisierung ohne inhaltliche Theorie ist Unsinn.

Welche Konsequenzen ergeben sich daraus für die Erziehungswissenschaften? Es sind folgende:

a) Die Methodenausbildung an den Universitäten muß intensiviert werden, und zwar einmal auf rein formalen Sektor (Umsetzung einer inhaltlichen Theorie in Formalismen), weil hier ein Nachholbedarf besteht. Da die Erziehungswissenschaft mit rein quantitativen Methoden nur begrenzt aussagefähig ist, sollte die Methodenausbildung zum anderen auch auf qualitativen Sektor (hermeneutische Methoden etc.) verstärkt werden, vor allem, um metaphorisches Gerede von einer präzisen wissenschaftlichen Aussage unterscheiden zu lernen.

b) Auf dem empirischen Sektor der Erziehungswissenschaft müssen weit mehr Verlaufs- oder Mehrfacherhebungen stattfinden, will man den Prozeßcharakter von Systemen auch nur annähernd berücksichtigen.

c) Es wäre zu überlegen, ob angesichts der hierarchischen Struktur der Realität die flächendeckenden Untersuchungen sinnvoll sind, solange sie z.B. alle Schulklassen unabhängig von Schule, Region etc. als Stichprobe mit einbeziehen. Damit wird nicht der Aktions- oder Handlungsforschung das Wort geredet, sondern gewissermaßen einer Aneinanderreihung von Einzelfallanalysen (Einzelfall Schulklasse) mit anschließender Untersuchung von Parallelen und Unterschieden zwischen den Schulklassen.

d) Die Trennung von Geistes- und Naturwissenschaften muß aus den Köpfen der Menschen verschwinden. Die beiden Welten von Snow sind nämlich weniger objektiv vorhanden als vielmehr durch das Handeln der Wissenschaftler hervorgerufen.

Epilog

Drei Gedanken zum Abschluß

Maturana: Das Universitätssystem hat einen Mangel: Jeder Absolvent muß Spezialist in einer Disziplin werden. Dadurch ist die Situation festgefahren und metadisziplinäres Arbeiten nicht möglich. Man muß über das interdisziplinäre Arbeiten hinausgehen, um die Bildung einer "Liga disziplinärer Paranoiker" zu verhindern.

Prigogine: Zwischen der Wissenschaft und den übrigen kulturellen Bestrebungen des Menschen müssen neue Brücken geschlagen werden. Die Welt ist weder ein Automat noch ein Chaos. Sie ist eine Welt der Ungewißheit, aber auch eine Welt, in der das Handeln des Einzelnen nicht notwendig zur Bedeutungslosigkeit verurteilt ist, eine Welt, die nicht durch eine einzige Wahrheit zu beschreiben ist.

Ashby: Der Beobachter muß jeden Ehrgeiz aufgeben, das gesamte System kennenlernen zu wollen. Sein Ziel muß es sein, zu einer Teilkenntnis zu gelangen, die, wenn auch dem Ganzen gegenüber nur bruchstückhaft, doch in sich selbst vollständig und für sein praktisches Vorhaben ausreichend ist.

Literaturverzeichnis

Aichelberg, P.C. (1984). Der Zeitbegriff in der modernen Physik. In M. Horvat (Hrsg.). Das Phänomen Zeit. Wien: Literas (S. 111-133).

Albert, H. (1971). Konstruktivismus oder Realismus? Bermerkungen zu Holzkamps dialektischer Überwindung der modernen Wissenschaftslehre. Zeitschrift für Sozialpsychologie, 2, 5-23.

Albrow, M. (1972). Bürokratie. München: List.

Alisch, L.-M. (1990). Systemkonzeptionen und deren Konsequenzen für die Sozialpsychologie. In E.H. Witte (Hrsg.). Sozialpsychologie und Systemtheorie. Braunschweig: Braunschweiger Studien (S. 51-144).

Altner, G. (1986a). Einführung: Die Welt als offenes System. In G. Altner (Hrsg.). Die Welt als offenes System. Eine Kontroverse um das Werk von Ilya Prigogine. Frankfurt: Fischer (S. 5-8).

Altner, G. (1986b). Wer ist's, der alles zusammenhält. Das Gespräch zwischen Theologie und Biologie unter der Herausforderung von Prigogines Dialog mit der Natur. In G. Altner (Hrsg.). Die Welt als offenes System. Eine Kontroverse um das Werk von Ilya Prigogine. Frankfurt: Fischer (S. 161-171).

Apel, H. (1979). Simulation sozio-ökonomischer Zusammenhänge. Darmstadt: Töche-Mittler.

Arbeitsgruppe am MPI für Bildungsforschung (1990). Das Bildungswesen in der Bundesrepublik Deutschland. Reinbeck: Rowohlt.

Ashby, W.R. (1985). Einführung in die Kybernetik. Frankfurt: Suhrkamp.

Atkins, P.W. (o.J.). Wärme und Bewegung. Die Welt zwischen Ordnung und Chaos. Heidelberg: Spektrum.

Averch, H.A., Carroll, S.J., Donaldson, T.S., Kiesling, H.J. & Pincus J. (1971). How effective is schooling? Santa Monica: Rand Corporation (ED 058 495).

Ballmer, T.T. & Weizsäcker, E.U.v. (1986). Biogenese und Selbstorganisation. In E. U. v. Weizsäcker (Hrsg.). Stuttgart: Klett-Cotta (S. 229-264).

Balzer, W. (1976). Holismus und Theorienbeladenheit der Beobachtungssprache (ein Beispiel). Erkenntnis, 10, 337-348.

Baron, W. (1968). Methodologische Probleme der Begriffe Klassifikation und Systematik sowie Entwicklung und Entstehung in der Biologie. In Diemer, A. (Hrsg.). System und Klassifikation in Wissenschaft und Dokumentation. Meisenheim: Anton Hain (S. 15-32).

Bart, A. (1989). Im Reißwolf der Geschwindigkeit. Der Spiegel, 20, 200-221.

Bateson, G. (1987). Geist und Natur. Frankfurt: Suhrkamp.

Bauer, E. & Kornwachs, K. (1984). Randzonen im System der Wissenschaft. In K. Kornwachs (Hrsg.). Offenheit - Zeitlichkeit - Komplexität. Frankfurt: Campus (S. 322-365).

Baumert, J. (1980). Bürokratie und Selbständigkeit - zum Verhältnis von Schulaufsicht und Schule. Recht der Schule und des Bildungswesens, 80, 437-467.

Baumert, J. & Leschinksy, A. (1986). Berufliches Selbstverständnis und Einflußmöglichkeiten von Schulleitern. Zeitschrift für Pädagogik, 32, 247-266.

Beckenbach, F. (1989). Die Wirtschaft der Systemtheorie. Das Argument, 13, 887-904.

Becker, F. (1977). Chemie: Irreversible Thermodynamik und dissipative Strukturen. Umschau, 77, 784-785.

Becker, H. (1984). Fragen zum Problem der Zeit in Erziehung und Bildung. In C. Link (Hrsg.). Die Erfahrung der Zeit. Stuttgart: Klett-Cotta (S. 172-178).

Bednarz, J. (1988). Information and meaning: philosophical remarks on some cybernetic concepts. Grundlagen der Kybernetik und Geisteswissenschaften, 29, 17-23.

Bendix, R. (1971). Über die Macht der Bürokratie. In Mayntz, R. (Hrsg): Bürokratische Organisation. Köln: Kiepenheuer & Witsch (S. 359-365).

Berger, J. (1987). Autopoiesis: Wie 'systemisch' ist die Theorie sozialer Systeme? In Schmidt, M. & Haferkamp, H.: Sinn, Kommunikation und soziale Differenzierung. Frankfurt: Suhrkamp (S. 129-153).

Bergius, R. (1976). Sozialpsychologie. Hamburg: Hoffmann & Campe.

Bergmann, W. (1981). Die Zeitstrukturen sozialer Systeme. Berlin: Duncker & Humblot.

Berkel, K. (1984). Konfliktforschung und Konfliktbewältigung. Berlin: Duncker & Humblot.

Bertalanffy, L.v. (1970). Gesetz oder Zufall: Systemtheorie und Selektion. In A. Koestler & J.R. Smythies (Hrsg.). Das neue Menschenbild. Wien: Molden (S. 71-95).

Bieri, P. (1972). Zeit und Zeiterfahrung. Frankfurt: Suhrkamp.

Bischof, N. (1981). Aristoteles, Galilei, Kurt Lewin - und die Folgen. In Michaelis, W. (Hrsg.). Bericht über den 32. Kongress der DGfP in Zürich. Göttingen: Hogrefe (S. 17-39).

Bischof, N. (1989). Emotionale Verwirrungen oder: Von den Schwierigkeiten im Umgang mit der Biologie. In W. Schönpflug (Hrsg.). Bericht über den 36. Kongreß der DGfP Berlin 1988 (S. 50-81).

Blau, P.M. (1971). Die Dynamik bürokratischer Strukturen. In Mayntz, R. (Hrsg): Bürokratische Organisation. Köln: Kiepenheuer & Witsch (S. 310-323).

Böhnisch, W. (1979). Personale Widerstände bei der Durchsetzung von Innovationen. Stuttgart: Poeschel.

Bosetzky, H. (1971). Bürokratische Organisationsformen in Behörden und Industrieverwaltungen. In Mayntz, R. (Hrsg): Bürokratische Organisation. Köln: Kiepenheuer & Witsch (S. 179-188).

Bossel, H. (1987). Systemdynamik. Braunschweig: Vieweg.

Braak, J. (1990). Doe komplementären Strukturen des Selbstorganisationsparadigmas als Elementarprinzipien für dessen Vermittlung. Kiel: IPN.

Brandenburg, A.G. (1971). Systemzwang und Autonomie. Düsseldorf: Bertelsmann.

Bredenkamp, J. (1971). Zwei Anmerkungen zu Münch & Schmidt: Konventionalismus und empirische Forschungspraxis. Zeitschrift für Sozialpsychologie, 2, 273-274.

Breunig, W. (Hrsg.) (1973). Das Zeitproblem im Lernprozeß. München: Ehrenwirth.

Brockard, H. (1974). Zweck. In Krings, H., Baumgartner, H.M. & Wild, C. (Hrsg.). Handbuch philosophischer Grundbegriffe (S. 1817-1828).

Brocke, B., Roehl, W. & Westmeyer, H. (1973). Wissenschaftstheorie auf Abwegen? Probleme der holzkampschen Wissenschaftskonzeption. Stuttgart: Kohlhammer.

Brumlik, M. (1987). Reflexionsgewinne durch Theoriesubstitution? Was kann die Systemtheorie der Sozialpädagogik anbieten? In Oelkers, J. & Tenorth, H.-E. (Hrsg.). Pädagogik, Erziehungswissenschaft und Systemtheorie. Weinheim: Beltz (S. 232-258).

Brunkhorst, H. (1983). Systemtheorie. In D. Lenzen & K. Mollenhauer (Hrsg.). Theorien und Begriffe der Erziehung und Bildung. Stuttgart: Klett-Cotta (S. 193-213).

Brunswik, E. (1939). The conceptual focus of some psychological systems. Erkenntnis, 8, 36-49.

Buddrus, V. (1988). Systemische Pädagogik - ein Beitrag zur Lösung der Überlebensprobleme der Menschen? In V. Buddrus (Hrsg.). Die Zukunft pädagogisch gestalten? (S. 99-138).

Budjko, N. (1972). Entropie und Information. Ideen des exakten Wissens, 5, 313-318.

Bumann, W. et al. (1968). System und Klassifikation. In Diemer, A. (Hrsg.). System und Klassifikation in Wissenschaft und Dokumentation. Meisenheim: Anton Hain (S. 150-156).

Bunge, J. (1985). Generalist und Spezialist. Frankfurt: Campus.

Busch, P. (1984). Theoretische Grundlagen der Evolutionstheorie und ihr Verhältnis zum christlichen Glauben. In E. Gutsche, P.C. Hägele & H. Hafner (Hrsg.). Zur Diskussion um Schöpfung und Evolution (S. 513-524).

Büschges, G. (1983). Einführung in die Organisationssoziologie. Stuttgart: Teubner.

Campbell, H.J. (1973). Der Irrtum mit der Seele. Bern: Scherz.

Capra, F. (1984). Das Tao der Physik. Bern: Scherz.

Capurro, R. (1978). Information. München: Saur.

Chaitin, G.J. (1988). Der Einbruch des Zufalls in die Zahlentheorie. Spektrum der Wissenschaft, , 62-67.

Charlton, M., Dauber, H., Preuß, O. & Scheilke, C.T. (Hrsg.) (1975). Innovation im Schulalltag. Reinbeck: Rowohlt.

Corazza, R. (1985). Zeit, social time un die zeitliche Ordnung des Verhaltens. Diss. St. Gallen.

Cramer, F. (1987). Alternde Zeit, Zeit des Alterns. Leben und Sterben als biologisches Problem. In D. Kamper & C. Wulf (Hrsg.). Die sterbende Zeit (S. 124-132).

*Cranach, M. von, Kalbermatten, U., Ind*ermühle, K. & Gugler, B. (1980). Zielgerichtetes Handeln. Bern: Huber.

Cranach, M.v. (1987). Actions of social systems: theoretical and empirical investigations. In G.R.Semin & B. Krahé. Issues in contemporary german social psychology. London: Sage (S. 119-155).

Cranach, M.v. (1990). Eigenaktivität, Geschichtlichkeit und Mehrstufigkeit. In E.H. Witte (Hrsg.). Sozialpsychologie und Systemtheorie. Braunschweig: Braunschweiger Studien (S. 13-50).

Cranach, M.v., Ochsenbein, G., Tschan, F. & Kohler, H. (1987). Untersuchungen zum Handeln sozialer Systeme. Schweizerische Zeitschrift für Psychologie, 46, 213-226.

*Cranach, Mario v., Ochsenbein, G. & Va*lach, L. (1986). The group as a self-acitve system: outline of a theory of group action. European Journal of Social Psychology, 16, 193-229.

Cronbach, L.J. (1988). Playing with choas (Besprechung von J. Gleick: Chaos. New York: Viking 1987). Educational Researcher, 17, 46-49.

Crozier, M. (1971). Der bürokratische Circulus vitiosus und das Problem des Wandels. In Mayntz, R. (Hrsg): Bürokratische Organisation. Köln: Kiepenheuer & Witsch (S. 277-296).

*Crutchfield, J.P., Farmer, J.D., Packa*rd, N.H. & Shaw, R.S. (1987). Chaos. Spektrum der Wissenschaft, (2), 78-90.

Cube, F.v. (1960). Grundsätzliche Probleme bei der Anwendung der Shannon'schen Formel auf Wahrnehmungstheorie und Lerntheorie. Grundlagenstudien aus Kybernetik und Geisteswissenschaft, 1, 11-16.

Cube, F.v. (1964). Kybernetik und Pädagogik. In H.-H. Groothoff (Hrsg.) Fischer Lexikon Pädagogik. Frankfurt (S.).

Cube, F.v. (1971). Was ist Kybernetik? München: dtv.

Cube, F.v. (1972). Der informationstheoretiche Ansatz der Didaktik. In H. Ruprecht (Hrsg.). Modelle grundlegender didaktischer Theorien. Hannover: Schroedel (S. 117-154).

Cube, F.v. (1981). Die kybernetisch-informationstheoretische Didaktik. In H. Gudjons, R. Teske & R. Winkel (Hrsg.). Didaktische Theorien. Braunschweig: Westermann (S. 47-60).

Dannhäuser, A. (1989). Die Professionalität des Lehrers - Sicherung und Optimierung durch die Schulaufsicht. Forum, 8.

Dauber, H. (1975). Innovation und Professionalisierung. In Charlton, M. et al. (Hrsg.): Innovation im Schulalltag. Reinbeck (S. 256-296).

Dell, P.F. (1985). Von systemischer zur klinischen Epistomologie. I. Von Bateson zu Maturana. Zeitschrift für Systemische Therapie, 2, 147-171.

Diederich, W. (Hrsg.) (1974). Beiträge der diachronischen Wissenschaftstheorie. Frankfurt: Suhrkamp.

Diederich, W. (1974). Konventionalität in der Physik. Berlin: Duncker & Humblot.

Dijksterhuis, E.J. (1983). Die Mechanisierung des Weltbildes. Heidelberg: Springer.

Dörner, D. (1983). Heuristics and Cognition in complex systems. In R. Groner, M. Groner & W.F. Bischof (Hrsg.). Methods of heuristics. New Jersey: Erlbaum (S. 89-107).

Dörner, D., Kreuzig, H.W., Reither, F. & Stäudel, T. (1983). Lohausen. Bern: Huber.

Doyle, W. (1986). Classroom organization and management. In M.C. Wittrock (Hrsg.). Handbook of Research on teaching. New York: Macmillan (S. 392-431).

Dreger, R.M. (1968). Aristotle, Linnaeus, and Lewin, or the place of classification in the evaluative-therapetic process. Journal of General Psychology, 78, 41-59.

Dupré, W. (1974). Zeit. In Krings, H., Baumgartner, H.M. & Wild, C. (Hrsg.). Handbuch philosophischer Grundbegriffe (S. 1799-1817).

Dürr, H.-P. (1986). Über die Notwendigkeit, in offenen Systemen zu denken - der Teil und das Ganze. In G. Altner (Hrsg.). Die Welt als offenes System. Eine Kontroverse um das Werk von Ilya Prigogine. Frankfurt: Fischer (S. 9-31).

Dürr, H.-P. (1988). Das Netz des Physikers. Stuttgart: Hanser.

Dürr, H.-P. & Zimmerli, W.C. (Hrsg.) (1989). Geist und Natur. Bern: Scherz.

Eckel, K. (1978). Das Sozialexperiment - finales Recht als Bindeglied zwischen Politik und Sozialwissenschaft. Zeitschrift für Soziologie, 7, 21-38.

Eigen, M. (1982). Ursprung und Evolution des Lebens auf molekularer Ebene. In H. Haken (Hrsg.). Evolution of order and chaos (S. 6-23).

Eigen, M. & Winkler, R. (1987). Das Spiel. Naturgesetze steuern den Zufall. München: Piper.

Eimer, M. (1987). Konzepte von Kausalität. Bern: Huber.

Eisenstadt, S.N. (1971). Ziele bürokratischer Organisationen und ihr Einfluß auf die Organisationsstruktur. In Mayntz, R. (Hrsg): Bürokratische Organisation. Köln: Kiepenheuer & Witsch (S. 56-61).

Elias, N. (1984). Über die Zeit. Frankfurt: Suhrkamp.

Engfer, H.-J. (1982). Teleologisches Denken, seine Bedeutung für die empirischen Wissenschaften und seine Rolle in der Philosophie. Berichte zur Wissenschaftsgeschichte, 5, 143-152.

Englert, L., Frank, H., Schiefele, H. & Stachowiak, H. (1966). Lexikon der kybernetischen Pädagogik. Quickborn: Schnelle.

Esser, H. (1985). Logik oder Metaphysik der Forschung. Zeitschrift für Soziologie, 14, 257-264.

Evan, W.M. (1971). Möglichkeiten zur Korrektur bürokratischer Entscheidungen. In Mayntz, R. (Hrsg): Bürokratische Organisation. Köln: Kiepenheuer & Witsch (S. 421-428).

Ewald, G. (1984). Der Mensch als Geschöpf und kybernetische Maschine. In E. Gutsche, P.C. Hägele & H. Hafner (Hrsg.). Zur Diskussion um Schöpfung und Evolution (S. 547-555).

Falk, G. & Ruppel, W. (1976). Energie und Entropie. Berlin: Springer.

Fiesel, P. (1990). Skizzen für eine psychologische Theorie lebender Systeme. In Report Psychologie (S. 11-12).

Fingerle, K. (1973). Funktionen und Probleme der Schule. München: Kösel.

Finke, R.A. (1986). Bildhaftes Vorstellen und visuelle Wahrnehmung. In Sprektrum der Wissenschaft (S. 78-86).

Fliedner, D. (1986). Systeme und Prozesse - Gedanken zu einer Theorie. Philosophia Naturalis, 23, 139-180.

Förster, H.v. (1985). Sicht und Einsicht. Braunschweig: Vieweg.

Förster, H.v. (1988). Abbau und Aufbau. In F.B. Simon (Hrsg.). Lebende Systeme. Berlin: Springer (S. 19-33).

Frank, H. (1962). Kausalität und Information als Problemkomplex einer Philosophie der Kybernetik. Grundlagenstudien aus Kybernetik und Geisteswissenschaft, 3, 25-32.

Frank, H. (1980). Zur Abhängigkeit der Effikanz des Klassenunterrichtes von der Klassenstärke. Grundlagenstudien zu Kybernetik und Geisteswissenschaft, 21, 35-41.

French, W.L. & Bell, C.H.jr (1977). Organisationsentwicklung. Bern: Haupt.

Friedmann, J. (1984). Bemerkungen zum Begründungsprogramm im Deutschen Konstruktivismus. Philosophisches Jahrbuch, 91, 130-139.

Friedrich, J. & Sens, E. (1976). Systemtheorie und Theorie der Gesellschaft. Kölner Zeitschrift für Soziologie und Sozialpsychologie, 28, 27-47.

Frister, E. (1974). Forschung ohne Gegenstand. Bildung und Erziehung, 27, 132-138.

Fürstenau, P. (1973). Neuere Entwicklungen der Bürokratieforschung und das Schulwesen. Ein organisationssoziologischer Beitrag. In Hartfiel, G. & Holm, K.(Hrsg.). Bildung und Erziehung in der Industriegesellschaft. Oplanden: Westdeutscher Verlag (S. 336-351).

Füssel, H.-P., Hage, K.-H. & Staupe, J. (1987). Aspekte der Implementation von Verwaltungs- und Verfassungsgerichtentscheidungen im Schulwesen. In Blankenburg, E. & Voigt, R.: Implementation von Gerichtsentscheidungen (S. 395-412).

Gadenne, V. (1984). Theorie und Erfahrung in der psychologischen Forschung. Tübingen: Mohr.

Gaitzsch, R., Graßl, H. & Mäutner, S. (1982). Zeit und Zeitmessung. Stuttgart: Klett.

Garrison, J.W. (1986). Some principles of postpositivistic philosophy of science. Educational Researcher, 15, 12-18.

Gatzemeier, M. (1982). Zweck und Zweckmäßigkeit in der Wissenschaft. Berichte zur Wissenschaftsgeschichte, 5, 17-23.

Gebert, D. (1978). Organisation und Umwelt. Stuttgart: Kohlhammer.

Gérardin, L. (1972). Natur als Vorbild. Die Entdeckung der Bionik. Frankfurt: Fischer.

Gernert, D. (1984). Inkrementelle Modellbildung und Formalismen zur Beschreibung des Strukturwandels in offenen Systemen. In K. Kornwachs (Hrsg.). Offenheit - Zeitlichkeit - Komplexität. Frankfurt: Campus (S. 18-50).

Geser, H. (1982). Gesellschaftliche Folgeprobleme und Grenzen des Wachstums formaler Organisationen. Zeitschrift für Soziologie, 11, 113-132.

Gigerenzer, G. (1988). Woher kommen Theorien über kognitive Prozesse? Psychologische Rundschau, 39, 91-100.

Gitt, W. (1981). Information und Entropie als Bindeglieder diverser Wissenschaftszweige. Mitteilungen der Physikalisch-Technischen-Bundesanstatl, 91, 11-17.

Glasersfeld, E.v. (1981). Einführung in den radikalen Konstruktivismus. In Watzlawik, P.: Die erfundene Wirklichkeit. München: Piper (S. 16-38).

Glasersfeld, E.v. (1987). Wissen, Sprache und Wirklichkeit. Braunschweig: Vieweg.

Good, T.L., Biddle, B.J. & Brophy, J.E. (1975). Teachers make a difference. New York: Holt, Rinehart and Winston.

Gordon, W.C. (1968). Die Schulklasse als soziales System. In Heintz, P. (Hrsg.), Soziologie der Schule. Köln: Westdeutscher Verlag (S. 131-160).

Gouldner, A.W. (1971). 'Disziplinäre' und 'repräsentative' Bürokratie. In Mayntz, R. (Hrsg): Bürokratische Organisation. Köln: Kiepenheuer & Witsch (S. 429-436).

Greiner, W., Neise, L. & Stöcker, H. (1987). Theoretische Physik. Thun: Harri Deutsch.

Grimm, K. (1974). Niklas Lumanns 'soziologische Aufklärung' oder Das Elend der aprioristischen Soziologie. : Hoffmann und Campe.

Großmann, S. (1983). Chaos - Unordnung und Ordnung in nichtlinearen Systemen. Physikalische Blätter, 39, 139-145.

Grunow, D. (1978). Alltagskontakte mit der Verwaltung. Frankfurt: Campus.

Grunow, D. (1988). Bürgernahe Verwaltung. Frankfurt: Campus.

Grunow, D., Hegner, F. & Kaufmann, X. (1978). Steuerzahler und Finanzamt. Frankfurt: Campus.

Grunow, D. & Hegner, F. (1979). Organisatorische Rahmenbedingungen der Gewährung persönlicher und wirtschaftlicher Sozialhilfe und ihre Auswirkungen auf 'Bürgernähe'. In Franz-Xaver Kaufmann (Hrsg.): Bürgernahe Sozialpolitik. Frankfurt: Campus (S. 349-408).

Grüsser, O.-J. (1986). Zeit und Gehirn. In H. Burger (Hrsg.). Zeit, Natur und Mensch. Berlin: Berlin Verlag (S. 198-260).

Gunzenhäuser, R. (1971). Die Gruppenentropie - eine informationstheoretische Massbestimmung zur Untersuchung sozialer Gruppenstrukturen. In M. Vorweg (Hrsg.), (S. 46-56).

Gussmann, B. (1988). Innovationsfördernde Unternehmenskultur. Berlin: Schmidt.

Gutberlet, V. (1984). Komplexität und Komplementarität. Frankfurt: Lang.

Guttmann, W.F. (1986). Prozeß und Zeit in Evolution und Phylogenese. In G. Heinemann (Hrsg.). Zeitbegriffe. Freiburg: Alber.

Haas, A. (1932). Das Naturbild der neuen Physik. Berlin: Walter de Gruyter.

Haase, R. (1957). Der Zweite Hauptsatz der Thermodynamik und die Strukturbildung in der Natur. Naturwissenschaften, 44, 409-415.

Habermas, J. (1989). Verwundete Nation - oder lernende Gesellschaft. Frankfurter Rundschau, 84, 9.

Haferkamp, H. (1987). Autopoietisches soziales System oder konstruktives soziales Handeln? In Schmidt, M. & Haferkamp, H.: Sinn, Kommunikation und soziale Differenzierung. Frankfurt: Suhrkamp (S. 51-88).

Haferkamp, H. & Schmid, M. (Hrsg.) (1987). Sinn, Kommunikation und soziale Differenzierung. Frankfurt: Suhrkamp.

Hafner, H. (1984). Wissenschaftstheoretische Überlegungen und Fragen zur Grundannahme der Evolutionstheorie. In E. Gutsche, P.C. Hägele & H. Hafner (Hrsg.). Zur Diskussion um Schöpfung und Evolution (S. 525-546).

Hägele, P.C. (1984). Strukturbildung, Evolution und die Hauptsätze der Thermodynamik. In E. Gutsche, P.C. Hägele & H. Hafner (Hrsg.). Zur Diskussion um Schöpfung und Evolution (S. 211-291).

Haken, H. (1980). Ein neuer Zweig der Wissenschaft: Synergetik. Bild der Wissenschaft, 17, 84-98.

Haken, H. (1981). Erfolgsgeheimnisse der Natur. Stuttgart: DVA.

Haken, H. (1983). Synergetik. Berlin: Springer.

Haken, H. (1985). Synergetik. Selbstorganisationsvorgänge in Physik, Chemie und Biologie. In Naturwissenschaftliche Rundschau (S. 171-180).

Haken, H. (1987). Die Selbstorganisation der Information in biologischen Systemen aus der Sicht der Synergetik. In Küppers, B.-O.(Hrsg.): Ordnung aus dem Chaos. München: Piper (S. 127-156).

Haken, H. & Haken-Krell, M. (1989). Entstehung von biologischer Informationen und Ordnung. Darmstadt: Wissenschaftliche Buchgesellschaft.

Haken, H. & Wunderlin, A. (1986). Synergetik: Prozesse der Selbstorganisation in der belebten und unbelebten Natur. In Dress, A., Hendrichs, H. & Küppers, G. (Hrsg.). Selbstorganisation. München: Piper (S. 35-60).

Hall, R.H. (1971). Die dimensionale Natur bürokratischer Strukturen. In Mayntz, R. (Hrsg): Bürokratische Organisation. Köln: Kiepenheuer & Witsch (S. 69-81).

Handel, P.v. (1947). Physik und Metaphysik. Bergen: Müller & Kiepenheuer.

Händle, F. & Jensen, S. (1974). Einleitung der Herausgeber. In F. Händle & S. Jensen (Hrsg.). Systemtheorie und Systemtechnik. München: Nymphenburger (S. 7-61).

Harbordt, S. (1978). Probleme der Computersimulation. In Lenk, H. & Ropohl, G. (Hrsg.). Systemtheorie als Wissenschaftsprogramm. Königstein: Athenäum (S. 151-165).

Hartmann, F. (1986). Die immer gefährdete Offenheit der menschlichen Natur. Aspekte ärztlicher Anthropologie. In G. Altner (Hrsg.). Die Welt als offenes System. Eine Kontroverse um das Werk von Ilya Prigogine. Frankfurt: Fischer (S. 85-94).

Hartmann, H. (1971). Bürokratische und voluntaristische Dimensionen im organisierten Sozialgebilde. In Mayntz, R. (Hrsg): Bürokratische Organisation. Köln: Kiepenheuer & Witsch (S. 297-310).

Hartmann, H. (1971). Funktionale Autorität und Bürokratie. In Mayntz, R. (Hrsg): Bürokratische Organisation. Köln: Kiepenheuer & Witsch (S. 191-200).

Haug, R. & Pfister, J. (Hrsg.) (1985). Schule als Organisation. Frankfurt: Deutsches Institut für Internationale Pädagogische Forschung.

Häußermann, H. (1977). Die Politik der Bürokratie. Frankfurt: Campus.

Häußling, A. (1969). Die Reichweite der Physik. Meisenheim: Hain.

Hebal, J.J. (1971). Generalisten kontra Spezialisten: Das Problem der doppelten Unterstellung. In Mayntz, R. (Hrsg): Bürokratische Organisation. Köln: Kiepenheuer & Witsch (S. 228-238).

Hegner, F. (1978). Das bürokratische Dilemma. Frankfurt: Campus.

Hegner, F. & Schmidt, E.-H. (1979). Organisatorische Probleme der horizontalen Politiksegmentierung und Verwaltungsfragmentierung. In Franz-Xaver Kaufmann (Hrsg.): Bürgernahe Sozialpolitik. Frankfurt: Campus (S. 167-195).

Heide, F. (1973). Leistung und Unterrichtsorganisation. Westermanns Pädagogische Beiträge, 5, .

Heiden, U.a.d. (1986). Ordnung und Chaos. Dialektik, 12, 154-167.

Heiden, U.a.d., Roth, G. & Schwegler, H. (1985). Die Organisation der Organismen: Selbstherstellung und Selbsterhaltung. Funktionelle Biologie und Medizin, 5, 330-346.

Heinemann, K. & Ludes, P. (1978). Zeitbewußtsein und Kontrolle der Zeit. In K. Hammerich & M. Klein (Hrsg.). Materialien zur Soziologie des Alltags. Opladen: Westdeutscher Verlag (S. 220-243).

Heinrich, F. (1987). Die Variable Zeit. Zur 'Zeit' in Physik und Biologie. In H. Paflik (Hrsg.). Das Phänomen Zeit in Kunst und Wissenschaft. Weinheim: VCH (S. 85-88).

Heipke, K. (1970). Wissenschaftstheoretische Grundlagen der Unterrichtsforschung. In Ingenkamp, K. (Hrsg.): Handbuch der Unterrichtsforschung. Weinheim: Beltz (S. 137-267).

Heisenberg, W. (1980). Wandlungen in den Grundlagen der Naturwissenschaft. Stuttgart: Hirzel.

Heisenberg, W. (1988). Der Teil und das Ganze. München: dtv.

Hejl, P.M. (1982). Sozialwissenschaft als Theorie selbstreferentieller Systeme. Frankfurt: Campus.

Hejl, P.M. (1985). Konstruktion der sozialen Konstruktion. In H. Gumin & A. Mohler (Hrsg.). Einführung in den Konstruktivismus. München: Oldenbourg (S. 85-115).

Hejl, P.M. (1987). Zum Begriff des Individuums - Bemerkungen zum ungeklärten Verhältnis von Psychologie und Soziologie. In G. Schiepek (Hrsg.). Systeme erkennen Systeme. München: PVU (S. 115-154).

Hejl, P.M. (1987). Konstruktion der sozialen Konstruktion: Grundlinien einer konstruktivistischen Sozialtheorie. In S. J. Schmidt (Hrsg.). Der Diskurs des Radikalen Konstruktivismus. München: Suhrkamp (S. 303-329).

Henning, K. (1980). Die Entropie in der Systemtheorie. RWTH Aachen, Habilitationsschrift.

Hentig, H.v. (Hrsg.) (1988). Wissenschaft. Vortrag. Abgedruckt in Frankfurter Rundschau v. 3. und 4. Juni 1988.

Herzog, W. (1984). Modell und Theorie in der Psychologie. Göttingen: Hogrefe.

Herzog, W. (1988). Das Verständnis der Zeit in psychologischen Theorien der Entwicklung. Schweizerische Zeitschrift für Psychologie, 47, 135-145.

Hirschberger, J. (1976). Geschichte der Philosophie. Freiburg: Herder.

Hoering, W. (1974). Konstruktion. H. Krings, H.M. Baumgartner & C. Wild (Hrsg.). Handbuch philosophischer Grundbegriffe. Stuttgart: Kösel (S. 799-805).

Hoffmann, G. (1987). Intuition, durée, simultanéité. In H. Paflik (Hrsg.). Das Phänomen Zeit in Kunst und Wissenschaft. Weinheim: VCH (S. 39-64).

Hofmann, K.D. (1969). Die Entropie als Parameter sozialer Systeme. Grundlagenstudien aus Kybernetik und Geisteswissenschaft, 10, 1-42.

Hohlfeld, R., Inhetveen, R., Kötter, R. & Müller, E. (1986). Der Wissenschaftler und die Natur - ein Dialog. In G. Altner (Hrsg.). Die Welt als offenes System. Eine Kontroverse um das Werk von Ilya Prigogine. Frankfurt: Fischer (S. 32-47).

Hohn, H.-W. (1984). Die Zerstörung der Zeit. Frankfurt: Fischer.

Holland, P.W. (Hrsg.) (1986). Which comes first, cause or effect? Technical Report 87-74. Princeton: ETS.

Holzkamp, K. (1971). Konventionalismus und Konstruktivismus. Zeitschrift für Sozialpsychologie, 2, 24-39.

Holzkamp, K. (1971). 'Kritischer Rationalismus' als blinder Kritizismus. Zeitschrift für Sozialpsychologie, 2, 248-270.

Hondrich, K.O. (1987). Die andere Seite sozialer Differenzierung. In Schmidt, M. & Haferkamp, H.: Sinn, Kommunikation und soziale Differenzierung. Frankfurt: Suhrkamp (S. 275-306).

Hooykaas, R. (1982). Wissenschaftsgeschichte - eine Brücke zwischen Natur- und Geisteswissenschaften. Berichte zur Wissenschaftsgeschichte, 5, 153-172.

Hoppe, H.-H. (1983). Kritik der kausalwissenschaftlichen Sozialforschung. Opladen: Westdeutscher Verlag.

Hopper, E. & Weymann, A. (1977). Große Gruppen aus soziologischer Sicht. In L. Kreeger (Hrsg.). Die Großgruppe. Stuttgart: Klett (S. 154-183).

Hörz, H. & Pöltz, H.-D. (1980). Philosophische Probleme der Physik. Berlin: VEB Deutscher Verlag der Wissenschaften.

Hoyos, C. Graf (1974). Arbeitspsychologie. Stuttgart: Kohlhammer.

Huber, G.L. & Mandl, H. (1978). Differenziertheit und Integriertheit des Konstruktes der kognitven Komplexität. In Mandl, H. & Huber, G.L. (Hrsg.). Kognitve Komplexität. Göttingen: Hogrefe.

Hummell, H.J. & Opp, K.D. (1971). Die Reduzierbarkeit von Soziologie auf Psychologie. Braunschweig: Vieweg.

Huth, L. (1975). Argumentationstheorie und Textanalyse. Deutschunterricht, 6, 80-111.

Irle, M. (1971). Macht und Entscheidungen in Organisationen. Frankfurt: Akademische Verlagsgesellschaft.

Jacob, F. (1972). Die Logik des Lebenden. Frankfurt: Fischer.

Jäger, R.S. & Nord-Rüdiger, D. (1982). Thesen zur Brauchbarkeit psychologischer Forschung. In Nord-Rüdiger, D. et al. (Hrsg.). Beiträge zu Theorie und Praxis in Psychologie und Pädagogik (S. 1-31).

Jantsch, E. (1986). Die Selbstorganisation des Universums. München: dtv.

Jensen, S. (1978). Interpenetration - Zum Verhältnis personaler und sozialer Systeme? Zeitschrift für Soziologie, 7, 116-129.

Joerges, B. (1977). Gebaute Umwelt und Verhalten. Baden-Baden: Nomos.

Jonas, H. (1984). Das Prinzip Verantwortung. Frankfurt: Suhrkamp.

Juhos, B. (1970). Die methodologische Symmetrie von Verifikation und Falsifikation. Zeitschrift für allgemeine Wissenschaftstheorie, 1, 41-70.

Juhos, B. (1971). Formen des Positivismus. Zeitschrift für Allgemeine Wissenschaftstheorie, 2, 27-62.

Kaiser, W. (1986). Das Problem der 'entscheidenden Experimente'. Berichte zur Wissenschaftsgeschichte, 109-125.

Kakuska, R. (Hrsg.) (1984). Andere Wirklichkeiten. München: Dianus-Trikont Buchverlag.

Kaminsky, R. (1984). Grundelemente der Evolutionstheorie - eine Einführung. In E. Gutsche, P.C. Hägele & H. Hafner (Hrsg.). Zur Diskussion um Schöpfung und Evolution (S. 19-31).

Kamper, D. & Wulf, C. (1987). Die Zeit, die bleibt. In D. Kamper & C. Wulf (Hrsg.). Die sterbende Zeit (S. 7-12).

Kanitschneider, B. (1986). Gibt es Grenzen der physikalischen Beschreibung in Raum und Zeit? In H. Burger (Hrsg.). Zeit, Natur und Mensch. Berlin: Berlin Verlag (S. 116-148).

Kant, I. (1982). Kritik der reinen Vernunft (2 Bände). Frankfurt: Suhrkamp.

Kantrowitz, M. (1985). Has environment and behavior research 'made a difference'? Environment and Behavior, 17, 25-46.

Karamanolis, S. (1989). Phänomen Zeit. Neubiberg: Elektra.

Kasper, H. (1987). Organisationskultur. Wien: Service.

Keller, J.U. (1977). Thermodynamik der irreversiblen Prozesse. Berlin: deGruyter.

Kelsen, H. (1939). Die Entstehung des Kausalgesetzes aus dem Vergeltungsprinzip. Erkenntnis, 8, 69-130.

Kern, B. (1986). Neuerungen im Schulalltag - Initiativen entfalten und aushandeln statt Vorschriften studieren und klagen! Deutsche Schule, , 212-222.

Kieser, A. (1986). Unternehmenskultur und Innovation. In E. Staudt (Hrsg.). Das Management von Innovationen. Frankfurt: FAZ (S. 42-50).

Kieser, A. & Kubicek, H. (1978a). Organisationstheorien. Bd.I: Wissenschaftstheoretische Anforderungen und kritische Analyse klassischer Ansätze. Stuttgart. Kohlhammer.

Kieser, A. & Kubicek, H. (1978b). Organisationstheorien. Bd. II: Kritische Analysen neuerer sozialwissenschaftlicher Ansätze. Stuttgart: Kohlhammer.

Kiss, G. (1986). Grundzüge und Entwicklung der Luhmannschen Systemtheorie. Stuttgart: Enke.

Klement, H.-W. (1973). Notiz zu einem informationellen Deutungsschema für den Aufbau der realen Welt. Grundlagen der Kybernetik und Geisteswissenschaften, 14, 133-136.

Klenovits, K. (Hrsg.) (1988). Wissenschaftstheoretische Aspekte der kausalen Modellierung mit latenten Variablen. Referat. 5. Tagung der Arbeitsgruppe 'Strukturgleichungsmodelle'. Mannheim: ZUMA.

Knorr Cetina, K. (1988). Das naturwissenschaftliche Labor als Ort der 'Verdichtung' von Gesellschaft. Zeitschrift für Soziologie, 17, 85-101.

Köck, W.K. (1987). Kognition - Semantik - Kommunikation. In S. J. Schmidt (Hrsg.). Der Diskurs des Radikalen Konstruktivismus. München: Suhrkamp (S. 340-373).

Kornwachs, K. & Lucadou, W.v. (1975). Beitrag zum Begriff der Komplexität. Grundlagenstudien aus Kybernetik und Geisteswissenschaft, 16, 51-60.

Kornwachs, K. & Lucadou, W.v. (1978). Funktionelle Komplexität und Lernprozesse. Grundlagenstudien aus Kybernetik und Geisteswissenschaft, 19, 1-10.

Kornwachs, K. & Lucadou, W.v. (1984). Komplexe Systeme. In K. Kornwachs (Hrsg.). Offenheit - Zeitlichkeit - Komplexität. Frankfurt: Campus (S. 110-166).

Krafft, F. (1982). Zielgerichtetheit und Zielsetzung in Wissenschaft und Natur. Berichte zur Wissenschaftsgeschichte, 5, 53-74.

Kraft, P. (1974a). Zu große Klassen - ideologische Barriere im Lehrerbewußtsein? Bildung und Erziehung, 27, 115-131.

Kraft, P. (1974b). Spekulation, Täuschung und fehlendes Wissen bei wem? Bildung und Erziehung, 27, 139-150.

Krah, W. (1977). Zum Wert redundanter Information. Grundlagen der Kybernetik und Geisteswissenschaften, 18, 57-60.

Kraus, K. (1973). Über die Richtung der Zeit. Physikalische Blätter, 29, 9-19.

Kreibich, R. (1986). Die Wissenschaftsgesellschaft. Frankfurt: Suhrkamp.

Kriz, J. (1989). Systemische Therapie-Theorie - Möglichkeiten und Grenzen. In W. Schönpflug (Hrsg.). Bericht über den 36. Kongreß der DGfP Berlin 1988 (S. 281-290).

Krockow, C.v. (1988). 'Wie uns die Stunde schlägt'. Universitas, 12, 1277-1287.

Krohn, W., Küppers, G. & Paslack, R. (1987). Selbstorganisation - Zur Genese und Entwicklung einer wissenschaftlichen Revolution. In S. J. Schmidt (Hrsg.). Der Diskurs des Radikalen Konstruktivismus. München: Suhrkamp (S. 441-465).

Krueger, F.R. (1984). Physik und Evolution. Berlin: Parey.

Krummacher, F. (1985). Flexibles Management statt Bürokratie. Zürich: Verlag Moderne Industrie.

Kubicek, H. & Welter, G. (1985). Messung der Organisationsstruktur. Stuttgart: enke.

Kullmann, W. (1982). Wesen und Bedeutung der 'Zweckursache' bei Aristoteles. Berichte zur Wissenschaftsgeschichte, 5, 25-39.

Küppers, B.-O. (1986). Der Ursprung biologischer Information. München: Piper.

Küppers, B.-O. (1987a). Die Komplexität des Lebendigen. In Küppers, B.-O.(Hrsg.): Ordnung aus dem Chaos. München: Piper (S. 15-47).

Küppers, B.-O. (1987b). Entropie, Evolution und Zeitstruktur. In D. Kamper & C. Wulf (Hrsg.). Die sterbende Zeit (S. 133-151).

Kutschera, F.v. (1972). Wissenschaftsthorie II. München: Fink.

Lakatos, I. (1982). Die Methodologie der wissenschaftlichen Forschungsprogramme (= Philosophische Schriften Band 1). Braunschweig: Vieweg.

Lang, L. (1984). Zum Evolutionsbegriff und zur Geschichte des Evolutionsgedankens. In E. Gutsche, P.C. Hägele & H. Hafner (Hrsg.). Zur Diskussion um Schöpfung und Evolution (S. 9-16).

Laszlo, E. (1978). Evolution und Invarianz in der Sicht der allgemeinen Systemtheorie. In Lenk, H. & Ropohl, G. (Hrsg.). Systemtheorie als Wissenschaftsprogramm. Königstein: Athenäum (S. 221-238).

Lauter, J. (1966). Ein Beitrag zur Entropie der deutschen Sprache. Grundlagenstudien aus Kybernetik und Geisteswissenschaften, 2, 33-38.

Leinfellner, W. (1967). Einführung in die Erkenntnis- und Wissenschaftstheorie. Mannheim: Bibliographisches Institut.

Lenk, H. (1978). Wissenschaftstheorie und Systemtheorie. Zehn Thesen zu Paradigma und Wissenschaftsprogramm des Systemansatzes. In Lenk, H. & Ropohl, G. (Hrsg.). Systemtheorie als Wissenschaftsprogramm. Königstein: Athenäum (S. 239-271).

Lenk, H. (1986). Zwischen Wissenschaftstheorie und Sozialwissenschaft. Frankfurt: Suhrkamp.

Lenk, H. & Ropohl, G. (1978). Vorwort. In Lenk, H. & Ropohl, G. (Hrsg.). Systemtheorie als Wissenschaftsprogramm. Königstein: Athenäum (S. 3-8).

Leschinsky, A. (1976). Überlegungen zu einer organisationssoziologischen Analyse der Schule. Neue Sammlung, 16, 309-321.

Leschinsky, A. (1986). Lehrerindividualismus und Schulverfassung. Zeitschrift für Pädagogik, 32, 225-246.

Levold, T. (1984). Einige Gedanken über den Nutzen einer Theorie autopoietischer Systeme für eine klinische Epistemologie on academic achievemtn: a review. Zeitschrift für Systemische Therapie, 2, 173-189.

Litwack, E. (1971). Drei alternative Bürokratiemodelle. In Mayntz, R. (Hrsg): Bürokratische Organisation. Köln: Kiepenheuer & Witsch (S. 117-126).

Lorenzen, P. (1988). Methodisches Denken. Frankfurt: Suhrkamp.

Lübbe, H. (1988). Zeit-Verhältnisse. Universitas, 12, 1239-1248.

Luhmann, N. (1971). Zweck-Herrschaft-System. Grundbegriffe und Prämissen Max Webers. In Mayntz, R. (Hrsg): Bürokratische Organisation. Köln: Kiepenheuer & Witsch (S. 36-55).

Luhmann, N. (1971a). Sinn als Grundbegriff der Soziologie. In J. Habermas & N. Luhmann (Hrsg.). Theorie der Gesellschaft oder Sozialtechnologie. Frankfurt: Suhrkamp (S. 25-100).

Luhmann, N. (1972). Einfache Sozialsysteme. Zeitschrift für Soziologie, 1, 51-65.

Luhmann, N. (1977). Interprenetation - zum Verhältnis personaler und sozialer Systeme. Zeitschrift für Soziologie, 6, 62-76.

Luhmann, N. (1980). Gesellschaftsstruktur und Semantik. Frankfurt: Suhrkamp.

Luhmann, N. (1982). Autopoisis, Handlung und kommunikative Verständigung. Zeitschrift für Soziologie, 11, 366-379.

Luhmann, N. (1984). Soziale Systeme. Frankfurt: Suhrkamp.

Luhmann, N. (1985). Die Autopoiesis des Bewußtseins. Soziale Welt, 36, 402-446.

Luhmann, N. (1986). Systeme verstehen Systeme. In Luhmann, N. & Schorr, E. (Hrsg.): Zwischen Intransparenz und Verstehen. Frankfurt: Suhrkamp (S. 72-117).

Luhmann, N. (1986). Ökologische Kommunikation. Opladen: Westdeutscher Verlag.

Luhmann, N. (1986). Systeme verstehen Systeme. In N. Luhmann & K.E. Schorr (Hrsg.). Zwischen Intransparenz und Verstehen: Fragen an die Pädagogik. Frankfurt: Suhrkamp (S. 72-117).

Luhmann, N. (1987a). Autopoiesis als soziologischer Begriff. In Schmidt, M. & Haferkamp, H.: Sinn, Kommunikation und soziale Differenzierung. Frankfurt: Suhrkamp (S. 307-324).

Luhmann, N. (1987b). Strukturelle Defizite. Bemerkungen zur systemtheoretischen Analyse des Erziehungswesens. In Oelkers, J. & Tenorth, H.-E. (Hrsg.). Pädagogik, Erziehungswissenschaft und Systemtheorie. Weinheim: Beltz (S. 57-75).

Luhmann, N. (1988). Was ist Kommunikation? In F.B. Simon (Hrsg.). Lebende Systeme. Berlin: Springer (S. 10-18).

Luhmann, N. (1988a). Selbstreferentielle Systeme. In F.B. Simon (Hrsg.). Lebende Systeme. Berlin: Springer (S. 47-53).

Luhmann, N. & Schorr, K.-E. (1979b). Reflexionsprobleme im Erziehungssystem. Stuttgart: Klett-Cotta.

Luhmann, N. & Schorr, K.E. (1981). Wie ist Erziehung möglich? Zeitschrift für Sozialisation und Erziehungssoziologie, 1, 37-54.

Mach, E. (1987). Erkenntnis und Irrtum. Darmstadt: Wissenschaftliche Buchgesellschaft.

Mann, G. (1982). Teleologie und Evolutionslehre. Berichte zur Wissenschaftsgeschichte, 5, 83-96.

Markl, H. (1987). Sind die Sozialwissenschaften Naturwissenschaft? ZUMA Nachrichten, 21, 1-19.

Markl, H. (1989). Wissenschaft - zur Rede gestellt. München: Piper.

Markowitz, J. (1987). 'Selbst und Welt' im Unterricht - Über Begriff und Funktion des existentiellen Schematismus. In Oelkers, J. & Tenorth, H.-E. (Hrsg.). Pädagogik, Erziehungswissenschaft und Systemtheorie. Weinheim: Beltz (S. 146-172).

Matis, H. & Stiefel, R. (1987). Unternehmenskultur in Österreich. Wien: Service.

Maturana, H.R. (1981). Erkennen: Die Organisation und Verkörperung von Wirklichkeit. Braunschweig: Vieweg.

Maturana, H.R. (1982). Erkennen: Die Organisation und Verkörperung von Wirklichkeit. Braunschweig: Vieweg.

Mayntz, R. (1971). Max Webers Idealtypus der Bürokratie und die Organisationssoziologie. In Mayntz, R. (Hrsg): Bürokratische Organisation. Köln: Kiepenheuer & Witsch (S. 27-35).

Meinberg, E. (1983). Systemtheorie - Herausforderung an die moderne Erziehungswissenschaft? Zu einigen Rezeptionsproblemen einer systemtheoretisch orientierten Erziehungswissenschaft. Pädagogische Rundschau, 37, 481-499.

Meinberg, E. (1984). Anthropologische Marginalien zur systemtheoretischen Erziehungswissenschaft. Zeitschrift für Pädagogik, 303, 253-271.

Meißner, W. (1989). Innovation und Organisation. Stuttgart: Verlag für Angewandte Psychologie.

Meixner, J. (1976). Entropie einst und jetzt. Rheinisch-Westfälische Akademie der Wissenschaften (Hrsg.). Vorträge N 260. Opladen: Westdeutscher Verlag, , 49-74.

Melcher, H. (1988). Albert Einstein wider Vorurteile und Denkgewohnheiten. Berlin: deb.

Menrath, B. (1979). Zur ideologischen Anfälligkeit der empirisch-pädagogischen Forschung. Frankfurt: Lang.

Metzner, A. (1989). Die ökologische Krise und die Differenz von System und Umwelt. Das Argument, 13, 871-886.

Miller, M. (1987). Selbstreferenz und Differenzerfahrung. In Schmidt, M. & Haferkamp, H.: Sinn, Kommunikation und soziale Differenzierung. Frankfurt: Suhrkamp (S. 187-211).

Mogel, H. (1984). Ökopsychologie. Stuttgart:Kohlhammer.

Molnar, A., Lindquist, B. & Hage, K. (1985). Von der Möglichkeit der Veränderung problematischer Unterrichtssituationen. Zeitschrift für Systemische Therapie, 3, 216-223.

Monod, J. (1988). Zufall und Notwendigkeit. München: dtv.

Müller, A.M.K. (1984). Schöpfung auf dem Weg durch die Zeit. In E. Gutsche, P.C. Hägele & H. Hafner (Hrsg.). Zur Diskussion um Schöpfung und Evolution (S. 556-566).

Müller, A.M.K. (1986). Naturgesetz, Wirklichkeit, Zeitlichkeit. In E. U. v. Weizsäcker (Hrsg.). Stuttgart: Klett-Cotta (S. 303-358).

Müller, D.D. (1967). Bibliographie: Kybernetische Pädagogik. Berlin: Werbegemeinschaft Elwert und Meurer.

Müller, R. (1980). Zur Geschichte des Modellbegriffes und des Modelldenkens im Bezugsfeld der Pädagogik. In H. Stachowiak (Hrsg.). Modell und Modelldenken im Unterricht (S. 202-226).

Münch, R. & Schmid, M. (1970). Konventionalismus und empirische Forschungspraxis. Zeitschrift für Sozialpsychologie, 1, 299-310.

Muschik, W. (1986). Wandel des physikalischen Zeitbegriffs. In H. Burger (Hrsg.). Zeit, Natur und Mensch. Berlin: Berlin Verlag (S. 47-81).

Neuberger, O. (1977). Organisation und Führung. Stuttgart: Kohlhammer.

Nicklis, W.S. (1967). Kybernetik und Erziehungswissenschaft. Bad Heilbrunn: Klinkhardt.

Nicolis, G. & Prigogine, I. (1987). Die Erforschung des Komplexen. München: Piper.

Niederberger, J.M. (1984). Organisationssoziologie der Schule. Stuttgart: Enke.

Nietzsche, F. (1982). Werke in drei Bänden. Band III. München: Hanser.

Nöldner, W. (1984). Psychologie und Umweltprobleme. Regensburg: Diss. phil.

Oelkers, J. (1987). System, Subjekt und Erziehung. In Oelkers, J. & Tenorth, H.-E. (Hrsg.). Pädagogik, Erziehungswissenschaft und Systemtheorie. Weinheim: Beltz (S. 175-201).

Oelkers, J. & Tenorth, H.-E. (1987). Pädagogik, Erziehungswissenschaft und Systemtheorie. In Oelkers, J. & Tenorth, H.-E. (Hrsg.). Pädagogik, Erziehungswissenschaft und Systemtheorie. Weinheim: Beltz (S. 13-56).

Oeser, E. (1976). Wissenschaft und Information. Band 2: Erkenntnis als Informationsprozeß. München: Oldenbourg.

Oeser, E. (1985). Informationsverdichtung als universelles Ökonomieprinzip der Evolution. In J.A. Ott, G.P. Wagner & F.M. Wuketits (Hrsg.) Evolution, Ordnung und Erkenntnis. Berlin: Parey (S. 112-125).

Oeser, E. (1987). Psychozoikum. Berlin: Parey.

Packard, N.H., Crutchfield, J.P., Farmer, J.D. & Shaw, R.S. (1980). Geometry from a time series. Physical Review Letters, 45, 712-716.

Parsons, T. (1972). Das System moderner Gesellschaften. München: Juventa.

Payk, T.R. (1988). Zeit - Lebensbedingung, Anschauungsweise oder Täuschung? Universitas, 12, 1255-1263.

Peters, T.J. & Waterman, R.H. (1983). Auf der Suche nach Spitzenleistungen. Landsberg: Verlag moderne industrie.

Piaget, J. (1973). Einführung in die genetische Erkenntnistheorie. Frankfurt: Suhrkamp.

Picht, G. (1981). Zur Einführung. In K. Maurin, K. Michalski & E. Rudolph (Hrsg.). Offene Systeme II. Stuttgart: Klett-Cotta (S. 9-16).

Pickenhain, L. (1989). Evolutionsgeschichtliche Voraussetzungen tierischen und menschlichen Verhaltens. In W. Schönpflug (Hrsg.). Bericht über den 36. Kongreß der DGfP Berlin 1988 (S. 324-332).

Planck, M. (1965). Vorträge und Erinnerungen. Darmstadt: Wissenschaftliche Buchgesellschaft.

Pohl, K. (1986). Geschichte der Natur und geschichtliche Erfahrung. In G. Altner (Hrsg.). Die Welt als offenes System. Eine Kontroverse um das Werk von Ilya Prigogine. Frankfurt: Fischer (S. 104-123).

Pöppel, E. (1984). Erlebte Zeit und die Zeit überhaupt. In M. Horvat (Hrsg.). Das Phänomen Zeit. Wien: Literas (S. 135-144).

Pöppel, E. (1987). Die Rekonstruktion der Zeit. In H. Paflik (Hrsg.). Das Phänomen Zeit in Kunst und Wissenschaft. Weinheim: VCH (S. 25-37).

Popper, K.R. (1979). Die beiden Grundprobleme der Erkenntnistheorie. Tübingen: Mohr.

Popper, K.R. (1982). Logik der Forschung. Tübingen: Mohr.

Posner, R. (1980). Theorie des Kommentierens. Wiesbaden: Athenaion.

Prigogine, I. (1985). Vom Sein zum Werden. München: Piper.

Prigogine, I. (1986). Dialektik im Gespräch (Interview). In G. Altner (Hrsg.). Die Welt als offenes System. Eine Kontroverse um das Werk von Ilya Prigogine. Frankfurt: Fischer (S. 172-189).

Prigogine, I. & Stengers, I. (1986). Dialog mit der Natur. München: Piper.

Probst, G.J.B. (1987). Selbst-Organisation. Berlin: Parey.

Probst, G.J.B. (1989). Was also mache eine systemorientierte Führungskraft als 'Vertreter des vernetzten Denkens'? In G.J.B. Probst & P. Gomez (Hrsg.). Vernetztes Denken. Wiesbaden: Gabler (S. 229-238).

Probst, G.J.B. & Gomez, P. (1989). Die Methodik des vernetzten Denkens zur Lösung komplexer Probleme. In G.J.B. Probst & P. Gomez (Hrsg.). Vernetztes Denken. Wiesbaden: Gabler (S. 1-18).

Pugh, D.S. & Hickson, D.J. (1971). Eine dimensionale Analyse bürokratischer Strukturen. In Mayntz, R. (Hrsg): Bürokratische Organisation. Köln: Kiepenheuer & Witsch (S. 82-93).

Pütz, K.J. (1976). Bürokratie und Schule. Köln: Pädagogische Hochschule. Dissertation.

Rammstedt, O. (1975). Alltagsbewußtsein und Zeit. Kölner Zeitschrift für Soziologie und Sozialpsychologie, 27, 47-63.

Regelmann, J.-P. (1982). Historische und funktionale Biologie: Die Unzulänglichkeit einer Systemtheorie der Evolution. Acta Biotheoretica, 31a, 205-235.

Regelmann, J.-P. & Schramm, E. (1986). Schlägt Prigogine ein neues Kapitel in der Biologiegeschichte auf? In G. Altner (Hrsg.). Die Welt als offenes System. Eine Kontroverse um das Werk von Ilya Prigogine. Frankfurt: Fischer (S. 55-69).

Reich, R. (1978). Thermodynamik. Weinheim: Verlag Chemie.

Reif, F. (1985). Statistische Physik und Theorie der Wärme. Berlin: Walter de Gruyter.

Reinecker, H. (1987). Verhaltendiagnostik, Systemdiagnostik und der Anspruch auf Erklärung. In G. Schiepek (Hrsg.). Systeme erkennen Systeme. München: PVU (S. 174-193).

Reinhardt, S. (1978). Die Konfliktstruktur der Lehrerrolle. Zeitschrift für Pädagogik, 24, 515-531.

Revermann, K.-D. (1986). Selbstorganisation, Autopoiese (dynamische Systemtheorie) - Beitrag zur Fundierung einer systemtheoretischen pädagogischen Antropologie. In Adam, K. (Hrsg.): Kreativität und Leistung. Köln: Hanns-Martin-Schleyer Stiftung (S. 194-202).

Riedl, R. (1985). Die Folgen des Ursachendenkens. In P. Watzlawik (Hrsg.). Die erfundene Wirklichkeit. München: Piper (S. 61-90).

Riesenhuber, H. (1989). Ansprache. In W. Gerok et al. (Hrsg.). Ordnung und Chaos in der unbelebten und belebten Natur. Stuttgart: Wissenschaftliche Verlagsgesellschaft (S. 13-18).

Riesenhuber, H. (1989). Ansprache bei der 115. Verhandlung der Gesellschaft Deutscher Naturforscher und Ärtze. In W. Gerok (Hrsg.). Ordnung und Chaos in der unbelebten und belebten Natur. Stuttgart: Wissenschaftliche Verlagsgesellschaft (S. 13-18).

Rinderspacher, J.P. (1985). Gesellschaft ohne Zeit. Frankfurt: Campus.

Röhrs, D.G. (1984). Rechtliche und administrative Probleme bei der Verwirklichung von Reformvorhaben. Neue Sammlung, 24, 508-521.

Röpke, J. (1977). Die Strategie der Innovation. Tübingen: Mohr.

Ropohl, G. (1978). Einführung in die allgemeine Systemtheorie. In Lenk, H. & Ropohl, G. (Hrsg.). Systemtheorie als Wissenschaftsprogramm. Königsstein: Athenäum (S. 9-49).

Ropohl, G. (1979). Eine Systemtheorie der Technik. München: Hanser.

Rösel, M. (1975). Die Reduktion der Unterrichtstheorie durch syntaktisch-kybernetische 'Kommunikationsmodelle'. Zeitschrift für Pädagogik, 2, 911-928.

Rosenstiel, L.v., Molt, W. & Rüttiger, B. (1972). Organisationspsychologie. Stuttgart: Kohlhammer.

Rossum, W. van (1990). Maschinenmoral. Der blinde Fleck der Systemtheorie. Frankfurter Allgemeine Zeitung, 135, N3.

Roth, G. (1986). Selbstorganisation - Selbsterhaltung - Selbstreferentilität: Prinzipien der Organisation der Lebewesen und ihre Folgen für die Beziehung zwischen Organismus und Umwelt. In A. Dress, H. Hendrichs & G. Küppers (Hrsg.). Selbstorganisation. München: Piper (S. 149-180).

Roth, G. (1987). Autopoiese und Kognition: Die Theorie H.R. Maturanas und die Notwendigkeit ihrer Weiterentwicklung. In G. Schiepek (Hrsg.). Systeme erkennen Systeme. München: PVU (S. 50-74).

Roth, G. (1987). Erkenntnis und Realität: Das reale Gehirn und seine Wirklichkeit. In S. J. Schmidt (Hrsg.). Der Diskurs des Radikalen Konstruktivismus. München: Suhrkamp (S. 229-255).

Roth, G. (1987). Autopoiese und Kognition: Die Theorie H.R. Maturanas und die Notwendigkeit ihreer Weiterentwicklung. In S. J. Schmidt (Hrsg.). Der Diskurs des Radikalen Konstruktivismus. München: Suhrkamp (S. 256-286).

Rothschuh, K.E. (1982). Einleitung in das Thema Teleologie. Berichte zur Wissenschaftsgeschichte, 5, 7-15.

Rudolph, E. (1986). Metaphysik und Naturwissenschaft. Randbemerkungen zu Progogines Philosophiekritik. In G. Altner (Hrsg.). Die Welt als offenes System. Eine Kontroverse um das Werk von Ilya Prigogine. Frankfurt: Fischer (S. 95-103).

Rusch, G. (1986). Verstehen verstehen. Ein Versuch aus konstruktivistischer Sicht. In N. Luhmann & K.E. Schorr (Hrsg.). Zwischen Intransparenz und Verstehen: Fragen an die Pädagogik. Frankfurt: Suhrkamp (S. 40-71).

Rusch, G. (1987). Autopoisis, Literatur, Wissenschaft. Was die Kognitionstheoriei für die Literaturwissenschaft besagt. In S. J. Schmidt (Hrsg.). Der Diskurs des Radikalen Konstruktivismus. München: Suhrkamp (S. 374-400).

Russell, B. (1950). Philosophie des Abendlandes. Wien: Europaverlag.

Russell, B. (1952). Das menschliche Wissen Darmstadt: Holle.

Russell, B. (1953). Das naturwissenschaftliche Zeitalter. Stuttgart: Humboldt.

Russell, B. (1975). Freiheit ohne Furcht: Erziehung für eine neue Gesellschaft (Lizenz Nymphenburger Verlagsbuchhandlung, München). Reinbek: Rowohlt.

Rüttinger, B. (1980). Konflikt und Konfliktlösen. Goch: Bratt-Institut für Neues Lernen.

Sachsse, H. (1979). Kausalität - Gesetzlichkeit - Wahrscheinlichkeit. Darmstadt: Wissenschaftliche Buchgesellschaft.

Saladin, P. (1984). Organisation menschlicher Gesellschaft. In Svilar, M. & P. Zahler (Hrsg.): Selbstorganistion der Materie? Frankfurt: Lang (S. 215-238).

Saldern, M.v. (1987). Sozialklima von Schulklassen. Frankfurt/M.: Lang.

Saldern, M.v. (1990). Kommunikationstheoretische Grundlagen der Inhaltsanalyse. In W. Bos & C. Tarnai (Hrsg.). Angewandte Inhaltsanalyse in Empirischer Pädagogik und Psychologie. Münster: Waxmann (S. 14-31).

Saldern, M.v. & Stiller, W. (1980). Implizite Persönlichkeitstheorie. Frankfurt: Haag & Herchen.

Sander, A. (1988). Schulversagen aus ökosystemischer Sicht. Vierteljahresschrift für Heilpädagogik und ihre Nachbargebiete, 57, 335-341.

Saperstein, A.M. (1984). Chaos - a model for the outbreak of war. Nature, 309, 303-305.

Sarris, V. (1968). Zum Problem der Kausalität in der Psychologie: Ein Diskussionsbeitrag. Psychologische Beiträge, 1, 172-186.

Sawelski, F.S. (1977). Die Zeit und ihre Messung. Thun: Harri Deutsch.

Scheibe, E. (1976). Kausalgesetz. J. Ritter & K. Gründer (Hrsg.). Historisches Wörterbuch der Philosophie. Darmstadt: Wissenschaftliche Buchgesellschaft.

Scheilke, C.T. (1975). Innovationsstrategien. In Charlton, M. et al. (Hrsg.): Innovation im Schulalltag. Reinbeck (S. 232-255).

Scherer, K.R., Scherer, U. & Klink, M. (1979). Determinanten des Verhaltens öffentlich Bediensteter im Publikumsverkehr. In Franz-Xaver Kaufmann (Hrsg.): Bürgernahe Sozialpolitik. Frankfurt: Campus (S. 408-451).

Schiepek, G. (1987). Das Konzept der systemischen Diagnostik. In G. Schiepek (Hrsg.). Systeme erkennen Systeme. München: PVU (S. 13-46).

Schmid, G. & Treiber, H. (1975). Bürokratie und Politik. München: Fink.

Schmid, M. (1987). Autopoiesis und soziales System: eine Standortbestimmung. In Schmidt, M. & Haferkamp, H.: Sinn, Kommunikation und soziale Differenzierung. Frankfurt: Suhrkamp (S. 25-50).

Schmid, M. & Haferkamp, H. (1987). Einleitung. In Schmidt, M. & Haferkamp, H.: Sinn, Kommunikation und soziale Differenzierung. Frankfurt: Suhrkamp (S. 7-24).

Schmidt, F. (1985). Grundlagen der kybernetischen Evolution. Krefeld: Goecke & Evers.

Schmidt, S.J. (1989). Die Selbstorganisation des Sozialsystems. Frankfurt: Suhrkamp.

Schmied, G. (1985). Soziale Zeit. Berlin: Duncker & Humblot.

Schmutzer, E. (1988). Die fünfte Dimension. Spektrum der Wissenschaft.

Schneider, I. (1979). Die Mathematisierung der Vorhersage künftiger Ereignisse in der Wahrscheinlichkeitstheorie vom 17. bis zum 19. Jahrhundert. Berichte zu Wissenschaftsgeschichte, 2, 101-112.

Schön, B. (1980). Warum Eisdielenbesuche so wichtig sind. Westermanns Pädagogische Beiträge, 140-144.

Schön, B. & Hurrelmann, K. (Hrsg.) (1979). Schulalltag und Empirie. Weinheim: Beltz.

Schönweiss, F. (1984). Autonomie und Organisation. Opladen: Westdeutscher Verlag.

Schoof, D. (1980). Gruppengröße als Systemdeterminante von Interaktions- und Diskussionsprozessen. Zeitschrift für Gruppenpädagogik, 6, 165-175.

Schöpf, A. (1974). Kausalität. H. Krings, H.M. Baumgartner & C. Wild (Hrsg.). Handbuch philosophischer Grundbegriffe. Stuttgart: Kösel, , 779-798.

Schreiner, J. & Schreiner, W. (1983). Anschauliche Thermodynamik. Frankfurt: Diesterweg.

Schuster, H. G. (1984). Deterministic chaos. Weinheim: Physik Verlag.

Schwarzer, R. (1972). Mastery Learning durch programmierte Instruktion? Kiel: Universität Kiel. Disserations.

Scott, R.W. (1971). Konflikte zwischen Spezialisten und bürokratischen Organisationen. In Mayntz, R. (Hrsg): Bürokratische Organisation. Köln: Kiepenheuer & Witsch (S. 201-216).

Scott, W.R. (1986). Grundlagen der Organisationstheorie. Frankfurt: Campus.

Shannon, C. & Weaver, W. (1976). Mathematische Grundlagen der Informationstheorie. München: Oldenbourg.

Sigrist, C. (1989). Das gesellschaftliche Milieu der Luhmannschen Theorie. Das Argument, 13, 837-853.

Simmel, G. (1968). Soziologie. Berlin: Ducker & Humblot.

Simon, F.B. (Hrsg.) (1988). Lebende Systeme. Berlin: Springer.

Simon, F.B. (1988). Wirklichkeitskonstruktionen in der Systemischen Therapie. In F.B. Simon (Hrsg.). Lebende Systeme. Berlin: Springer (S. 1-9).

Simon, H.A. (1974). Die Architektur der Komplexität. In W.L. Bühl (Hrsg.). Reduktionistische Soziologie (S. 231-265).

Specht, W. (1986). Zur Theorie und Methodologie von Umweltmessungen. In H. Fend & W. Specht (Hrsg.). Erziehungsumwelten. Konstanz: Sozialwissenschaftliche Fakultät (S.).

Stachowiak, H. (1973). Allgemeine Modelltheorie. Wien: Springer.

Stachowiak, H. (1978). Erkenntnis in Modellen. In Lenk, H. & Ropohl, G. (Hrsg.). Systemtheorie als Wissenschaftsprogramm. Königsstein: Athenäum (S. 50-64).

Stachowiak, H. (1982). Rezente Gedanken zur Kybernetik. Grundlagen der Kybernetik und Geisteswissenschaften, 23, 95-110.

Stachowiak, H. (1984). Wissenschaftsgraph als Orientierungshilfe. Grundlagen der Kybernetik und Geisteswissenschaften, 25, 15-28.

Stachowiak, H. (1987a). Die Zukunft verspielt? Skizzen zu einer Geschichte der Gesellschaftstheorie. In Müller, N. & Stachowiak, H.: Problemlösungsoperator Sozialwissenschaft. Stuttgart: Enke, Band I (S. 10-48).

Stachowiak, H. (1987b). Gegenwärtige Theorieprobleme der Sozialwissenschaften unter pragmatologischem Aspekt. In Müller, N. & Stachowiak, H.: Problemlösungsoperator Sozialwissenschaft. Stuttgart: Enke, Band I (S. 49-229).

Stegmüller, W. (1961). Einige Beiträge zum Problem der Teleologie und der Analyse von Systemen mit zielgerichteter Organisation. Synthese, 13, 4-40.

Stein, A.v.d. (1968). Der Systembegriff in seiner geschichtlichen Entwicklung. In Diemer, A. (Hrsg.). System und Klassifikation in Wissenschaft und Dokumentation. Meisenheim: Anton Hain (S. 1-14).

Steinbuch, K. (1985). Modell und Mystik. In Naturwissenschaftliche Rundschau (S. 307-311).

Steinkopff, J. (1981). Semantische Betrachtungen zum Begriff 'Gestalt'. Gestalt Theory, 3, 9-18.

Stever, H. (1969). Axiomatische Einführung des Maßes für die mittlere subjektive Information eines Zeichens. Grundlagenstudien aus Kybernetik und Geisteswissenschaft, 10, 67-72.

Stever, H. (1988). Information - Messen oder Bewerten. In E. Dauenhauer & R. Schirmeister (Hrsg.). Wissenschaftsgedanken inmitten des großen Strukturwandels (S. 163-173).

Strasser, H. (1983). Neuer Methodenstreit über das Verhältnis von Mikro- und Makrosoziologie? Kölner Zeitschrift für Soziologie und Sozialpsychologie, 35, 360-367.

Stumpf, H. & Rieckers, A. (1976). Thermodynamik. Braunschweig: Vieweg.

Suarez, A. (1981). Gefährdung der Psychologie durch den 'erkenntnistheoretischen Konstruktivismus '('Konstruktionismus'). In Michaelis, W. (Hrsg.), Bericht über den 32. Kongress der Deutschen Gesellschaft für Psychologie in Zürich, 1980. Göttingen: Hogre (S. 109-136).

Tenorth, H.-E. (1986). 'Lehrerberuf s. Dilettantismus. Wie die Lehrprofession ihr Geschäft verstand. In N. Luhmann & K.E. Schorr (Hrsg.). Zwischen Intransparenz und Verstehen: Fragen an die Pädagogik. Frankfurt: Suhrkamp (S. 275-321).

Teubner, G. (1987). Hyperzyklus in Recht und Organisation. In Schmidt, M. & Haferkamp, H.: Sinn, Kommunikation und soziale Differenzierung. Frankfurt: Suhrkamp (S. 89-128).

Thomas, H. (1967). Allgemeinbildendes Schulwesen: Soziologische Aspkte der Schule als Organisation. In Schulz, W. & Thomas, H.: Schulorganisation und Unterricht. Heidelberg: Quelle und Meyer (S. 9-50).

Thompson, V.A. (1971). Hierarchie, Spezialisierung und organistionsinterner Konflikt. In Mayntz, R. (Hrsg): Bürokratische Organisation. Köln: Kiepenheuer & Witsch (S. 217-227).

Tjaden, K.H. (Hrsg.) (1971). Soziale Systeme. Neuwied: Luchterhand.

Troitzsch, K.G. (1987). Bürgerperzeptionen und Legitimierung. Frankfurt: Lang.

Tulodzieki, G. (1975). Einführung in die Theorie und Praxis objektivierter Lehrverfahren. Stuttgart: Klett.

Türk, K. (1976). Grundlagen einer Pathologie der Organisation. Stuttgart: Enke.

Udy, S.H.jr. (1971). Bürokratische und rationale Elemente in Webers Bürokratiekonzeption. In Mayntz, R. (Hrsg): Bürokratische Organisation. Köln: Kiepenheuer & Witsch (S. 62-68).

Vogel, P. (1977). Die bürokratische Schule. Kastellaun: Henn.

Vogel, P. (1978). 'Bürokratisierung der Schule' - Pädagogischer Topos oder Forschungsparadigma. Pädagogische Rundschau, 32, 965-975.

Vollmer, G. (1980). Evolutionäre Erkenntnistheorie. Stuttgart: Hirzel.

Vollmer, G. (1985). Was können wir wissen? Stuttgart:Hirzel.

Wagner, G. (1987). Analysepotentiale und - grenzen der gegenwärtigen amtlichen und nicht-amtlichen Datenproduktion für einen 'Problemlösungsoperator Sozialwissenschaft'. In Müller, N. & Stachowiak, H.: Problemlösungsoperator Sozialwissenschaft. Stuttgart: Enke, Band II (S. 41-125).

Wagner, M. (1977). Elemente der Theoretischen Physik 2. Reinbeck: Rowohlt.

Wagner, W. (1990). Der Sozialpsychologe, sein Objekt und die Distanz: Alltagswissen durch systemisches Denken. In E.H. Witte (Hrsg.). Sozialpsychologie und Systemtheorie. Braunschweig: Braunschweiger Studien (S. 167-192).

Waismann, F. (1939). Was ist logische Analyse? Erkenntnis, 8, 265-289.

Walter, H. (1977). Einführung in die Unterrichtsforschung. Methodologische, methodische und inhaltliche Probleme. Darmstadt: Wissenschaftliche Buchgesellschaft.

Weber, H. (1987). Das Streßkonzept in Wissenschaft und Laientheorie. Regensburg: Roderer.

Weber, M. (1972). Wirtschaft und Gesellschaft. Grundriss der verstehenden Soziologie. Tübingen: Mohr.

Wehrt, H. (1984). Offene Systeme und Zeitstruktur II. In K. Kornwachs (Hrsg.). Offenheit - Zeitlichkeit - Komplexität. Frankfurt: Campus (S. 414-535).

Weibel, B. (1982). Systemtheorie und soziales Handeln. Zeitschrift für Berufs- und Wirtschaftspädagogik, 78, 311-315.

Weizsäcker, C.F. v. (1972). Die Einheit der Natur. München: Hanser.

Weizsäcker, C.F. v. (1978). Der Garten des Menschlichen. München: Hanser.

Weizsäcker, C.F. v. (1985). Aufbau der Physik. München: Hanser.

Weizsäcker, C.F. v. (1981). Zeit und Wissen. In K. Maurin, K. Michalski & E. Rudolph (Hrsg.). Offene Systeme II. Stuttgart: Klett-Cotta (S. 17-40).

Weizsäcker, C.F. v. (1988). Aufbau der Physik. München: dtv.

Weizsäcker, E. U. v. (1986a). Einleitung. In E. U. v. Weizsäcker (Hrsg.). Stuttgart: Klett-Cotta (S. 9-16).

Weizsäcker, E.U. (1986). Qualitatives Wachstum. Eine Skizze zur Auseinandersetzung mit Ilya Prigogine/Isabelle Stengers: 'Dialog mit der Natur'. In G. Altner (Hrsg.). Die Welt als offenes System. Eine Kontroverse um das Werk von Ilya Prigogine. Frankfurt: Fischer (S. 48-54).

Weizsäcker, E.U. v. (1986). Erstmaligkeit und Bestätigung als Komponenten der pragmatischen Information. In E. U. v. Weizsäcker (Hrsg.). Stuttgart: Klett-Cotta (S. 82-113).

Wendorff, R. (1988). Zeitbewußtsein in Entwicklungsländern. Universitas, 12, 1264-1276.

Wessel, H. (1977). Methodologie der empirischen Wissenschaften als Bestandteil der Logik. In ders (Hrsg.). Logik und empirische Wissenschaften. Berlin: Akademie-Verlag (S. 1-37).

Westerlund, G. & Sjöstrund, S.-E. (1981). Organisationsmythen. Stuttgart: Klett.

Westmeyer, H. (1979). Klinische und statistische Vorhersagen in der psychologischen Diagnstik. Berichte zu Wissenschaftsgeschichte, 2, 87-99.

Westmeyer, H. (1979). Wissenschaftstheoretische Grundlagen der Einzelfallanalyse. In Petermann, F. & Hehl, F.-J.: Einzelfallanalyse. München: Urban & Schwarzenberg (S. 17-34).

Wiener, N. (1964). Mensch und Menschmaschine. Frankfurt: Athenäum.

Wiggershaus, R. (1979). 'Die Bremse ist bei uns immer die Schulleitung'. Frankfurter Hefte, 34, 29-37.

Willke, H. (1976). Funktionen und Konstitutionsbedingungen des normativen Systems der Gruppe. Kölner Zeitschrift für Soziologie und Sozialpsychologie, 28, 427-450.

Willke, H. (1978). Elemente einer Systemtheorie der Gruppe: Umweltbezug und Prozeßsteuerung. Soziale Welt, 29, 343-357.

Willke, H. (1978a). Systemtheorie und Handlungstheorie - Bemerkungen zum Verhältnis von Aggregation und Emergenz. Zeitschrift für Soziologie, 7, 380-389.

Willke, H. (1984). Zum Problem der Intervention in selbstreferentielle Systeme. Zeitschrift für Systemische Therapie, 2, 191-200.

Willke, H. (1987a). Systembeobachtung, Systemdiagnose, Systemintervention - weiße Löcher in schwarzen Kästen? In G. Schiepek (Hrsg.). Systeme erkennen Systeme. München: PVU (S. 94-114).

Willke, H. (1987b). Systemtheorie. 2. Auflage. Stuttgart: Fischer.

Willke, H. (1989). Systemtheorie entwickelter Gesellschaften. Weinheim: Juventa.

Witte, E. (1973). Organisation für Innovationsentscheidungen. Göttingen: Schwartz.

Witte, E.H. (1987). Die Idee einer einheitlichen Wissenschaftslehre für die Sozialpsychologie. Zeitschrift für Sozialpsychologie, 18, 76-87.

Witte, E.H. (1990). Zur Theorie sozialer Syesteme und ihre Verwendung in Soziologie und Sozialpsychologie. In E.H. Witte (Hrsg.). Sozialpsychologie und Systemtheorie. Braunschweig: Braunschweiger Studien (S. 145-166).

Wolschin, G. (1987). Wege zum Chaos. Spektrum der Wissenschaft, 2, 91.

Wrede, A. (1986). Die Theorie lebender Systeme von H. Maturana und einige Schlußfolgerungen für 'professionelle Beeinflusser'. Zeitschrift für Systemische Therapie, 4, 89-97.

Wuchterl, K. (1977). Methoden der Gegenwartsphilosophie. Bern: Paul Haupt.

Wuketis, F.M. (1988). Evolutionstheorien. Darmstadt: Wissenschaftliche Buchgesellschaft.

Wuketits, F.M. (1981). Biologie und Kausalität. Berlin: Parey.

Wuketits, F.M. (1982). Die Überwindung von Mechanismus und Vitalimus - auf dem Weg zu einer neuen Biophilosophie. Philosophia Naturalis.

Wuketits, F.M. (1984). Evolution, Erkenntnis, Ethik. Darmstadt: Wissenschaftliche Buchgesellschaft.

Wunder, B. (1986). Geschichte der Bürokratie in Deutschland. Frankfurt: Suhrkamp.

Wunderer, R. & Grunwald, W. (1980). Führungslehre (2 Bände). Berlin: Walter de Gruyter.

Zierer, E. (1973). Negentropie und Informationsabbau in sprachdidaktischer Sicht. Grundlagen der Kybernetik und Geisteswissenschaften, 14, 19-22.

Zolo, D. (1985). Reflexive Selbstbegründung der Soziologie und Autopoisis. Soziale Welt, 36, 519-534.

Printed by Libri Plureos GmbH
in Hamburg, Germany